工科硕士研究生数学用书

# 应用数学基础

（第四版）

上册

熊洪允 曾绍标 毛云英 编著

（本书荣获国家教育部科技进步二等奖）

## 内容提要

本书有三编:第一编应用数学基础;第二编工程与科学计算;第三编数学物理方程.主要内容包括内积空间、矩阵的标准形、赋范线性空间、矩阵分析、广义逆矩阵、正交多项式和代数方程组数值解法、插值法、数值积分和数值微分、微分方程数值解法、数学物理方程定解问题的解法等.

本书可作为高等学校工科各专业硕士研究生教材,也可供工程技术人员阅读参考.

**图书在版编目(CIP)数据**

应用数学基础/熊洪允,曾绍标,毛云英编著.—天津:天津大学出版社,1993.3 (2021.9重印)
ISBN 978-7-5618-0684-5

Ⅰ.应… Ⅱ.①熊… ②曾… ③毛… Ⅲ.应用数学-高等学校-教材 Ⅳ.029

中国版本图书馆CIP数据核字(2002)第012389号

出版发行 天津大学出版社
地　　址 天津市卫津路92号天津大学内(邮编:300072)
网　　址 publish.tju.edu.cn
电　　话 发行部:022-27403647
印　　刷 天津泰宇印务有限公司
经　　销 全国各地新华书店
开　　本 148mm×210mm
印　　张 8.875
字　　数 301千
版　　次 2004年9月第4版
印　　次 2021年9月第15次
定　　价 48.00元(上、下册)

# 修订版前言

本书是天津大学数学系组织编写的工科硕士研究生数学教材之一,是天津大学工科硕士研究生同名学位课教学用书.

随着现代科学技术的发展,对工科研究生的数学基础提出了越来越高的要求.为了拓宽工科硕士研究生的数学知识面,提高他们的数学修养,从整体上优化其知识结构,天津大学数学系对工科硕士研究生数学课教学内容的取舍和教材体系的选择进行了有益的探索.1990年天津大学出版社出版的由熊洪允、蔡高厅、丁学仁、齐植兰、梁立华、杨凤翔和陆君良组成的编写组编写的《应用数学基础》一书便是探索过程中的一项重大举措.该书以泛函分析为基础,将能较全面覆盖工科各专业所需的矩阵理论、数学物理方程和数值分析的主要数学知识贯串为一体,介绍了原属于四门课程的基本内容,试图用较短的学时,提供工科硕士研究生最需要的数学理论和方法,使学生的数学修养在大学本科的基础上再提高一个层次.实践证明这一方案是可行的.

1992年以来,为完善这套体系,天津大学数学系工科硕士研究生教学组在教学实践中对教学内容的取舍、讲授次序的编排等又做了许多有益的尝试,取得了宝贵的经验.本书是在他们教学实践的基础上,根据高等学校工科数学课程教学指导委员会近期制订的有关课程的基本要求,对《应用数学基础》(1990年版)的体系和内容做了重大调整,重新编写而成.

本书与高等学校工科数学课程教学指导委员会制订的“高等数学”和“线性代数”教学大纲相衔接,以泛函分析为基础,以工科各专业硕士研究生共同需要的数学知识为基本内容,自成体系.本书在注重数学概念的准确性和数学理论的严谨性的同时,略去一些繁难的证明,着重介绍应用数学的基本理论和方法,注意培养学生的抽象思维能力、逻辑推理能力、数学表达能力和获取新知识的自学能力.

在编写中,打破了原四门课程的界限,统一介绍了数学各分支都需要的范数、内积、收敛序列、有界线性算子、广义 Fourier 级数等基本概念和理论,不仅统一了全书的术语和记号,而且避免了不必要的重复,因而压缩了篇幅.为了分散难点,便于学习,将抽象的理论性内容和具体方法性内容做了恰当的编排.此外,根据工科学生的特点,对于抽象概念尽可能由具体模型引入,叙述较为详细,对于具体数学方法,则大多采用简洁的方式加以介绍.

讲授本书全部内容共需 100~120 学时,也可根据专业需要选讲其中部分内容.

本书分上、下两册.上册包括 1~6 章,下册包括 7~13 章.第 1、3、6 章由熊洪允执笔,第 2、4、10、11、12 章由曾绍标执笔,第 5、7、8、9、13 章由毛云英执笔,曾绍标审阅了全部书稿,并对书稿的语言和符号做了认真的修饰.

本书由齐植兰教授担任主审,丁学仁教授审阅了第 2、4 章,研究生关晓菡和张明演算了部分习题和例题,在此表示诚挚的感谢.

衷心感谢原书作者的开创性工作以及长期担任本课程教学的韩维信、韩秀芹、翟瑞彩等老师在教学实践中为本书提供的宝贵经验.

天津大学研究生院和天津大学出版社为本书的编写及出版给予了大力支持,谨致谢意.

由于编者水平所限,加之时间仓促,不当之处在所难免,敬请读者批评指正.

编者

1994 年 4 月

# 第三版前言

本书第三版是在修订版的基础上修改而成的.修订版曾获得国家教育部科技进步二等奖,其独特而科学的体系已为许多院校的老师和同学接受,对于提高工科硕士生的数学素质起到了很好的作用,故第三版仍然保留了修订版的体系和行文风格.本版根据多年的教学实践及兄弟院校老师们的宝贵意见,增加了广义逆矩阵的内容.当然,对于修订版中已发现的错误和欠妥之处均进行了认真的修正.

考虑到许多院校以此书作为研究生数学课的教材,已经有了较成熟的教学大纲和教学安排,此次修订没有改变修订版的章节编号,而是将"广义逆矩阵及其应用"作为上册的附录1出现,但这并不影响有不同教学需要的老师组织教学.

为了帮助读者更好地使用本教材,与此书配套的《应用数学基础学习指导》即将出版,该辅导书将帮助读者解决使用此教材中经常碰到的一些困难,如对一些概念理解不透、做题困难等.

根据我校及一些兄弟院校的教学需要,提出以下方案供参考:

第一,按本书的顺序讲解全部内容(附录1可根据需要选讲,放在第4章之后);

第二,按第1、2、3、4章、附录1、第6章的顺序作为基本理论加以讲解,将第5、7、8、9章作为数值分析进行讲解,而第10、11、12、13章可供需要数理方程知识的硕士生选修,并可与数值分析部分同时进行.

此次修改由曾绍标主持.附录1是根据韩维信老师编写的讲义修改而成的,并得到了任课老师,特别是刘则毅教授的支持,在此表示衷心的感谢!

由于时间和水平所限,本书肯定还有不少错误,敬请广大读者批评指正!

编著者

2003年3月

# 第四版前言

第四版与第三版所包含的内容完全相同,只在形式上有三点改变:

第一,按第三版前言中的第二方案,调整了个别章的次序(见“使用说明”);

第二,根据我校研究生教学大纲,将全部内容分为与课程同名的三编(第一编　应用数学基础(1～6章),第二编　工程与科学计算(7～10章),第三编　数学物理方程(11～14章)),但这丝毫不影响按其他方案进行教学的读者使用本书;

第三,由于同时出版了配套用书——《应用数学基础学习指导》,为减少本书的篇幅,故删去了“习题参考答案”.

在修订过程中除更正错误外,还对全书的语言文字做了进一步的修饰.此次的修订工作由曾绍标完成。有不妥之处,敬请批评指正!

编著者

2004年5月

# 使用说明

本指导书的章目次序与《应用数学基础》第四版完全一致,与第三版稍有不同。持《应用数学基础》第三版的读者在使用本指导书时可参考下面的章目对照表:

| 《应用数学基础》(第三版) | 《应用数学基础》学习指导 |
| --- | --- |
| 第 1 章 | 第 1 章 |
| 第 2 章 | 第 2 章 |
| 第 3 章 | 第 3 章 |
| 第 4 章 | 第 4 章 |
| 第 5 章 | 第 7 章 |
| 第 6 章 | 第 6 章 |
| (上册)附录 1 | 第 5 章 |
| 第 7 章 | 第 8 章 |
| 第 8 章 | 第 9 章 |
| 第 9 章 | 第 10 章 |
| 第 10 章 | 第 11 章 |
| 第 11 章 | 第 12 章 |
| 第 12 章 | 第 13 章 |
| 第 13 章 | * 第 14 章 |

# 目　录

符号索引

第一编　应用数学基础

第1章　线性空间与内积空间 ……………………………… (1)
1.1　集合与映射 ……………………………… (1)
1.1.1　集合及其运算 ……………………………… (1)
1.1.2　映射及其性质 ……………………………… (6)
1.1.3　可数集 ……………………………… (8)
1.1.4　实数集的确界 ……………………………… (11)
1.2　线性空间 ……………………………… (12)
1.2.1　线性空间的定义和例子 ……………………………… (13)
1.2.2　线性空间的子空间 ……………………………… (15)
1.2.3　线性空间的基与维数 ……………………………… (16)
1.2.4　线性算子 ……………………………… (18)
1.2.5　线性算子的零空间 ……………………………… (20)
1.2.6　线性同构 ……………………………… (20)
1.3　内积空间 ……………………………… (21)
1.3.1　内积空间的定义及内积的性质 ……………………………… (22)
1.3.2　内积空间的例子 ……………………………… (24)
1.3.3　正交 ……………………………… (25)
1.3.4　内积空间的子空间与同构 ……………………………… (26)
1.4　内积空间中的正交系 ……………………………… (27)
习题1 ……………………………… (29)

第2章　矩阵的相似标准形 ……………………………… (31)

2.1 特征矩阵及其 Smith 标准形 …………………………………（31）
2.1.1 方阵的特征矩阵 ………………………………………（31）
2.1.2 特征矩阵的 Smith 标准形 ……………………………（33）
2.2 特征矩阵的行列式因子与初等因子……………………（39）
2.2.1 行列式因子 ………………………………………………（39）
2.2.2 初等因子…………………………………………………（42）
2.2.3 初等因子的求法 ………………………………………（43）
2.3 矩阵的相似标准形…………………………………………（46）
2.3.1 矩阵相似的充分必要条件………………………………（46）
2.3.2 Jordan 标准形 …………………………………………（47）
2.3.3 有理标准形………………………………………………（51）
2.4 矩阵的零化多项式与最小多项式………………………（54）
2.4.1 零化多项式 ………………………………………………（54）
2.4.2 最小多项式 ………………………………………………（56）
2.4.3 方阵可对角化的又一充分必要条件 …………………（61）
2.5 正规矩阵及其酉对角化……………………………………（63）
2.5.1 正规矩阵、酉矩阵、Hermite 矩阵………………………（63）
2.5.2 酉矩阵的性质 ……………………………………………（64）
2.5.3 正规矩阵的性质 …………………………………………（68）
2.5.4 Hermite 矩阵的性质 ……………………………………（70）
2.5.5 Hermite 二次型 …………………………………………（73）
2.5.6 正定矩阵及其性质 ………………………………………（74）
习题 2 ……………………………………………………………（77）

**第 3 章 赋范线性空间及有界线性算子** ……………………（80）
3.1 赋范线性空间…………………………………………………（80）
3.1.1 赋范线性空间的定义 ……………………………………（80）
3.1.2 由范数导出的度量 ………………………………………（83）
3.1.3 收敛序列与连续映射 ……………………………………（85）
3.1.4 Cauchy 序列与 Banach 空间……………………………（90）

3.1.5 等价范数 …… (97)
3.1.6 子空间 …… (98)
附录 函数列的一致收敛 …… (99)
3.2 赋范线性空间中的点集 …… (100)
3.2.1 开集和闭集 …… (100)
3.2.2 集合的闭包 …… (102)
3.2.3 稠密集与可分空间 …… (105)
3.3 度量空间 …… (106)
3.3.1 度量空间的定义 …… (106)
3.3.2 度量空间中的点集和序列的收敛 …… (109)
3.3.3 完备化空间 …… (110)
3.3.4 连续映射及其等价命题 …… (111)
3.4 Lebesgue 积分与 $L^p$ 空间 …… (112)
3.4.1 从 Riemann 积分到 Lebesgue 积分 …… (113)
3.4.2 集合的 Lebesgue 测度 …… (115)
3.4.3 可测函数 …… (118)
3.4.4 Lebesgue 积分的定义 …… (119)
3.4.5 Lebesgue 积分的几个重要定理 …… (123)
3.4.6 $L^p[a,b]$空间 …… (124)
3.5 紧性 …… (126)
3.6 有界线性算子 …… (128)
3.6.1 有界线性算子及算子范数 …… (129)
3.6.2 线性算子的有界性与连续性 …… (131)
3.6.3 有界线性算子空间 …… (133)
3.6.4 有界线性算子的乘积 …… (134)
3.7 有限维赋范线性空间 …… (135)
3.7.1 有限维赋范线性空间的完备性 …… (135)
3.7.2 有限维线性空间上范数的等价性 …… (137)
3.7.3 有限维赋范线性空间上线性算子的有界性 …… (139)
3.8 方阵范数 …… (140)

3.8.1 方阵范数 …… (140)
3.8.2 方阵的算子范数 …… (143)
3.8.3 方阵的谱半径 …… (146)
3.9 有界线性泛函 …… (149)
3.9.1 有界线性泛函和 Hahn-Banach 定理 …… (150)
3.9.2 对偶空间 …… (152)
3.9.3 二次对偶空间和自反空间 …… (155)
3.9.4 Hilbert 空间上有界线性泛函的表示 …… (156)
3.9.5 伴随算子 …… (157)
习题 3 …… (163)

第 4 章 矩阵分析 …… (167)
4.1 向量和矩阵的微分与积分 …… (167)
4.1.1 向量值函数的导数 …… (167)
4.1.2 单元函数矩阵的微分 …… (170)
4.1.3 单元函数矩阵的积分 …… (172)
4.2 方阵函数 …… (174)
4.2.1 方阵序列收敛的充分必要条件及性质 …… (174)
4.2.2 方阵幂级数 …… (177)
4.2.3 方阵函数 …… (180)
4.2.4 方阵函数的性质 …… (182)
4.3 方阵函数值的计算 …… (184)
4.3.1 当 $\boldsymbol{A}$ 可对角化时 $f(\boldsymbol{A})$ 的计算 …… (184)
4.3.2 当 $\boldsymbol{A}$ 不能对角化时计算 $f(\boldsymbol{A})$ …… (186)
4.3.3 将 $f(\boldsymbol{A})$ 表示为 $\boldsymbol{A}$ 的多项式 …… (192)
4.3.4 谱映射定理 …… (196)
4.4 $e^{tA}$ 在解线性常微分方程组中的应用 …… (196)
4.4.1 一阶线性常微分方程组的向量表示 …… (196)
4.4.2 一阶线性常微分方程组初值问题的解 …… (197)
习题 4 …… (202)

**第5章　广义逆矩阵及其应用** ……………………………… (205)
5.1　广义逆矩阵 $\boldsymbol{A}^{-}$ ……………………………… (205)
5.2　矩阵的满秩分解 ……………………………… (209)
5.2.1　矩阵的满秩分解 ……………………………… (209)
5.2.2　满秩分解的方法 ……………………………… (209)
5.3　矩阵的奇异值分解 ……………………………… (212)
5.4　广义逆矩阵 $\boldsymbol{A}^{+}$ ……………………………… (216)
5.5　有解方程组的通解及最小范数解 ……………………………… (224)
5.6　无解方程组的最小二乘解 ……………………………… (229)
习题5 ……………………………… (231)

**第6章　广义 Fourier 级数与最佳平方逼近** ……………………………… (233)
6.1　正交投影和广义 Fourier 级数 ……………………………… (233)
6.1.1　正交投影与正交分解 ……………………………… (233)
6.1.2　Fourier 系数与 Bessel 不等式 ……………………………… (236)
6.1.3　完全标准正交系及其等价条件 ……………………………… (239)
6.2　函数的最佳平方逼近 ……………………………… (241)
6.2.1　最佳平方逼近问题 ……………………………… (242)
6.2.2　多项式逼近 ……………………………… (244)
6.3　几种重要的正交多项式 ……………………………… (247)
6.3.1　Legendre 多项式 ……………………………… (247)
6.3.2　关于权函数的正交多项式系 ……………………………… (252)
6.3.3　正交多项式的主要性质 ……………………………… (256)
6.4　曲线拟合的最小二乘法 ……………………………… (261)
习题6 ……………………………… (265)

# 符号索引

$\varnothing$ 空集

$\mathbb{N}$ 全体自然数组成的集合

$\mathbb{Z}$ 全体整数组成的集合

$\mathbb{R}$ 全体实数组成的集合或实数域

$\mathbb{Q}$ 全体有理数组成的集合

$\mathbb{C}$ 全体复数组成的集合或复数域

$B^C$ 集合 $B$ 的余集

$\mathscr{D}(f)$ 映射 $f$ 的定义域

$\mathscr{R}(f)$ 映射 $f$ 的值域

sup 上确界

inf 下确界

$\mathbb{R}^n$ 实 $n$ 维向量空间

$\mathbb{C}^n$ 复 $n$ 维向量空间

$\mathbb{K}$ 数域

$(\xi_1,\cdots,\xi_n)^{\mathrm{T}}$ 行向量$(\xi_1,\cdots,\xi_n)$的转置

$\mathrm{C}[a,b]$ $[a,b]$上连续函数的全体组成的空间

$\mathbb{C}^{n\times n}$ 全体 $n\times n$ 复方阵组成的空间

$\mathbb{R}^{n\times n}$ 全体 $n\times n$ 实方阵组成的空间

$l^p(1\leqslant p<\infty)$ 满足$\sum\limits_{i=1}^{\infty}|\xi_i|^p<+\infty$的序列空间

$\mathrm{Span}\,M$ $M$ 张成的子空间

$M_1\oplus M_2$ $M_1$ 与 $M_2$ 的直和

$\dim X$ $X$ 的维数

$P_n[a,b]$ $[a,b]$上次数小于或等于 $n$ 的多项式的全体

$\mathscr{N}(T)$ 算子 $T$ 的零空间

$\langle x,y\rangle$ $x$ 与 $y$ 的内积

$\|x\|$　$x$ 的范数

$\perp$　正交

$A^{\perp}$　集 $A$ 的正交补

$\det \boldsymbol{A}$　方阵 $\boldsymbol{A}$ 的行列式

$\operatorname{tr} \boldsymbol{A}$　方阵 $\boldsymbol{A}$ 的迹

$\sigma(\boldsymbol{A})$　方阵 $\boldsymbol{A}$ 的谱

$\operatorname{rank} \boldsymbol{A}$　矩阵 $\boldsymbol{A}$ 的秩

$\mathbb{R}[\lambda]^{m\times n}$　$m\times n$ 实系数多项式矩阵的全体

$\mathbb{C}[\lambda]^{m\times n}$　$m\times n$ 复系数多项式矩阵的全体

$\mathbb{K}[\lambda]^{m\times n}$　$m\times n$ 多项式矩阵的全体

$\operatorname{rank} \boldsymbol{A}(\lambda)$　多项式矩阵 $\boldsymbol{A}(\lambda)$的秩

$\det \boldsymbol{A}(\lambda)$　多项式矩阵 $\boldsymbol{A}(\lambda)$的行列式

$\boldsymbol{A}^{-1}(\lambda)$　多项式矩阵 $\boldsymbol{A}(\lambda)$的逆矩阵

$\operatorname{adj} \boldsymbol{A}(\lambda)$　多项式矩阵 $\boldsymbol{A}(\lambda)$的伴随矩阵

$\deg f(\lambda)$　多项式 $f(\lambda)$的次数

$\deg \boldsymbol{A}(\lambda)$　多项式矩阵 $\boldsymbol{A}(\lambda)$的次数

$\operatorname{diag}(\lambda_1,\lambda_2,\cdots,\lambda_n)$　对角方阵$\begin{bmatrix} \lambda_1 & 0 & \cdots & 0 \\ 0 & \lambda_2 & \cdots & 0 \\ \vdots & \vdots & & \vdots \\ 0 & 0 & \cdots & \lambda_n \end{bmatrix}$

$p(\lambda)\mid q(\lambda)$　多项式 $p(\lambda)$能除尽多项式 $q(\lambda)$

$p(\lambda)\nmid q(\lambda)$　多项式 $p(\lambda)$不能除尽多项式 $q(\lambda)$

$D_i(\lambda)$　多项式矩阵的 $i$ 阶行列式因子

$d_i(\lambda)$　多项式矩阵的第 $i$ 个不变因子

$\overline{\boldsymbol{A}}$　矩阵 $\boldsymbol{A}$ 的共轭矩阵

$\boldsymbol{A}^{\mathrm{T}}$　矩阵 $\boldsymbol{A}$ 的转置矩阵

$\boldsymbol{A}^{\mathrm{H}}$　矩阵 $\boldsymbol{A}$ 的共轭转置矩阵

$d(x,y)$　$x$ 与 $y$ 的距离

$d(A,B)$　集 $A$ 与集 $B$ 的距离

$d(x_0, B)$　$x_0$ 与集 $B$ 的距离

$\delta(A)$　集 $A$ 的直径

$l^\infty$　有界数列空间

$P[a,b]$　$[a,b]$上多项式的全体

$B(x_0, r)$　以 $x_0$ 为中心 $r$ 为半径的开球

$\tilde{B}(x_0, r)$　以 $x_0$ 为中心 $r$ 为半径的闭球

$S(x_0, r)$　以 $x_0$ 为中心 $r$ 为半径的球面

$\bar{A}$　集 $A$ 的闭包

$m^* E$　集 $E$ 的外测度

$m_* E$　集 $E$ 的内测度

$mE$　集 $E$ 的测度

$\mathrm{L}^p[a,b](1 \leqslant p < \infty)$　$[a,b]$上 $p$ 幂可积函数空间

$\| T \|$　算子 $T$ 的范数

$\mathrm{C}^k[a,b]$　$[a,b]$上具有连续 $k$ 阶导函数的函数空间

$\mathscr{B}(X, Y)$　$X$ 到 $Y$ 的有界线性算子空间

$\rho(\boldsymbol{A})$　方阵 $\boldsymbol{A}$ 的谱半径

$X^*$　赋范线性空间 $X$ 的对偶空间

$X^{**}$　赋范线性空间 $X$ 的二次对偶空间

$T^\times$　赋范线性空间上 $T$ 的伴随算子

$T^*$　Hilbert 空间上 $T$ 的伴随算子

$\mathrm{cond}\, \boldsymbol{A}$　矩阵 $\boldsymbol{A}$ 的条件数

$\mathrm{p}_n(x)$　$n$ 阶 Legendre 多项式

$\mathrm{L}_\rho^2[a,b]$　$[a,b]$上关于权函数 $\rho$ 的平方可积函数空间

$\mathrm{H}_n(x)$　$n$ 阶 Hermite 多项式

$\mathrm{L}_n(x)$　$n$ 阶 Laguerre 多项式

$\mathrm{T}_n(x)$　$n$ 阶 Чебышев 多项式

$\dfrac{D(\xi, \eta)}{D(x, y)}$　Jacobi 行列式 $\begin{vmatrix} \xi_x & \xi_y \\ \eta_x & \eta_y \end{vmatrix}$

$\nabla$　Hamilton 算子

$\Delta, \nabla^2$　Laplace 算子

grad $u$　数量场 $u$ 的梯度

div $\boldsymbol{A}$　向量场 $\boldsymbol{A}$ 的散度

rot $\boldsymbol{A}$　向量场 $\boldsymbol{A}$ 的旋度

$J_\nu(x)$　$\nu$ 阶第一类 Bessel 函数

$Y_\nu(x)$　$\nu$ 阶第二类 Bessel 函数

$\mathscr{F}[f(x)], \mathscr{F}[f]$　$f(x)$的 Fourier 变换

$\mathscr{F}^{-1}[F(\omega)], \mathscr{F}^{-1}[F]$　$F(\omega)$的 Fourier 逆变换

$\mathscr{L}[f(t)], \mathscr{L}[f]$　$f(t)$的 Laplace 变换

$\mathscr{L}^{-1}[F(p)], \mathscr{L}^{-1}[F]$　$F(p)$的 Laplace 逆变换

# 第一编　应用数学基础

## 第 1 章　线性空间与内积空间

集合论是现代数学的一个重要基础.在集合中赋予不同的结构,如代数、度量、范数、内积、测度等结构,可以构成不同的抽象空间.本章前两节简要介绍集合与映射、线性空间与线性算子的基本概念和性质,规范本书中采用的有关术语和记号.在后两节中,将研究内积空间及内积空间中的正交系.

### 1.1　集合与映射

关于集合与映射的基本概念和性质概括叙述于本节中,本书中采用的有关集合与映射的术语和记号在这里做一个明确的交待,以后引用时不再一一说明.

#### 1.1.1　集合及其运算

集合(或称为集)是数学中一个最基本的概念,也是人们能够直观理解的一个概念.如同几何中的"点"与"直线"的概念一样,很难给"集合"下一个严格的定义.所谓集合,就是指具有确定的或适合一定条件的事物的全体.组成集合的这些"事物"称为集合的元素.若 $A$ 是集合,$x$ 是 $A$ 的元素,则记为 $x \in A$;若 $x$ 不是 $A$ 的元素,则记为 $x \notin A$.

集合常用大写字母表示,集合的元素常用小写字母表示.通常,表示集合的方法采用列举法和描述法.

如果集合 $A$ 的所有元素都能列举出来,则可把它们写在大括号里

表示该集合 $A$.例如由元素 $a,b,c$ 所组成的集合记为

$$\{a,b,c\}.$$

应该注意,$a$ 与 $\{a\}$ 是不同的.$a$ 表示一个元素;而 $\{a\}$ 表示仅含有一个元素 $a$ 的集合,称之为单元素集.

如果集合 $A$ 是由满足某种条件或性质 $p(x)$ 的元素 $x$ 的全体所组成,则可记 $A$ 为

$$\{x \mid p(x)\}.$$

例如,方程 $x^2-1=0$ 的实数解的全体组成的集合可记为

$$\{x \mid x^2-1=0\}.$$

显然,这个集合也可以用列举法表示为 $\{-1,1\}$.

只含有限个元素的集合称为**有限集**.不含任何元素的集合称为**空集**,空集常记为 $\varnothing$.既非空集又非有限集的集合称为**无限集**.

设 $A$ 和 $B$ 是两个集合,若对于每一个 $x\in A$ 必有 $x\in B$,则称 $A$ 是 $B$ 的**子集**,记为 $A\subset B$(或 $B\supset A$),也称 $A$ 含于 $B$(或 $B$ 包含 $A$).若 $A\subset B$ 且 $B\subset A$,即 $A$ 与 $B$ 中的元素完全相同,则称 $A$ 和 $B$ 相等,记为 $A=B$.若 $A$ 和 $B$ 不相等,则记为 $A\neq B$.若 $A\subset B$ 且 $A\neq B$,则称 $A$ 是 $B$ 的**真子集**,记为 $A\subsetneqq B$,读作 $A$ 真包含于 $B$.

对于任意的集 $A$,规定 $\varnothing\subset A$.

常用集合记号如下:

$\mathbb{N}$　表示全体自然数组成的集合,即 $\mathbb{N}=\{1,2,3,\cdots\}$;

$\mathbb{Z}$　表示全体整数组成的集合,即 $\mathbb{Z}=\{\cdots,-2,-1,0,1,2,\cdots\}$;

$\mathbb{R}$　表示全体实数组成的集合(有时也称 $\mathbb{R}$ 为数直线);

$\mathbb{Q}$　表示全体有理数组成的集合;

$\mathbb{C}$　表示全体复数组成的集合.

**定义 1.1**　设 $A$ 和 $B$ 是两个集合.

(1)由集 $A$ 与集 $B$ 共有的元素组成的集称为 $A$ 与 $B$ 的交,记为 $A\cap B$,即

$$A\cap B=\{x \mid x\in A \text{ 且 } x\in B\}.$$

(2)由集 $A$ 与集 $B$ 的所有元素组成的集称为 $A$ 与 $B$ 的并,记为

$A\cup B$,即

$$A\cup B=\{x\mid x\in A \text{ 或 } x\in B\}.$$

(3)由属于集 $A$ 而不属于集 $B$ 的元素组成的集称为 $A$ 与 $B$ 的差,记为 $A\setminus B$,即

$$A\setminus B=\{x\mid x\in A \text{ 且 } x\notin B\}.$$

(4)若 $B\subset A$,则差集 $A\setminus B$ 称为 $B$ 关于 $A$ 的余集或补集.当所讨论的集合皆为某一个固定集 $X$(称之为基本集)的子集时,$X$ 的子集 $B$ 关于 $X$ 的余集称为 $B$ 的余集,记为 $B^C$,即

$$B^C=X\setminus B.$$

两个集的交与并的定义可以推广到更一般的情况.

设 $D$ 是一个非空集,当 $\alpha$ 遍取集 $D$ 时,$\{A_\alpha\mid\alpha\in D\}$是所有以集 $A_\alpha$ 为元素的集合,称之为以 $D$ 为指标集的集族.这一集族的交 $\bigcap\limits_{\alpha\in D}A_\alpha$ 与并 $\bigcup\limits_{\alpha\in D}A_\alpha$ 定义为

$$\bigcap_{\alpha\in D}A_\alpha=\{x\mid \text{对于每一个 } \alpha\in D \text{ 皆有 } x\in A_\alpha\};$$

$$\bigcup_{\alpha\in D}A_\alpha=\{x\mid \text{存在 } \alpha\in D, \text{使得 } x\in A_\alpha\}.$$

当 $D=\mathbb{N}$时,$\bigcap\limits_{n\in\mathbb{N}}A_n$ 和 $\bigcup\limits_{n\in\mathbb{N}}A_n$ 可分别记为$\bigcap\limits_{n=1}^{\infty}A_n$ 和$\bigcup\limits_{n=1}^{\infty}A_n$.

**例 1.1**　数直线$\mathbb{R}$上的闭区间$[0,1]$表示所有满足 $0\leqslant x\leqslant 1$ 的实数 $x$ 的全体,因此

$$[0,1]=\{x\mid x\in\mathbb{R},0\leqslant x\leqslant 1\}.$$

上式右端也可记为$\{x\in\mathbb{R}\mid 0\leqslant x\leqslant 1\}$.当视$\mathbb{R}$为基本集时,还可简记为　$\{x\mid 0\leqslant x\leqslant 1\}$.

**例 1.2**　设$\mathbb{Q}^+$为全体正有理数组成的集,由于每一个正有理数都可以表示为$\dfrac{p}{q}$的形式(其中 $p,q\in\mathbb{N}$),对于每一个 $q\in\mathbb{N}$,令

$$A_q=\left\{\frac{1}{q},\frac{2}{q},\frac{3}{q},\cdots\right\},$$

则有　$\mathbb{Q}^+=\bigcup\limits_{q=1}^{\infty}A_q$.

**例 1.3**　设 $E$ 是数直线$\mathbb{R}$中所有开区间的全体组成的集,则

$$E=\{(a,b)\mid a,b\in\mathbb{R},a<b\},$$

$E$ 的元素$(a,b)$是开区间.

从上面的定义容易得到下面各条性质.

(1)对于任何集 $A,B,C$,下列性质成立:

幂等性 $A\cup A=A,A\cap A=A$;

传递性 若 $A\subset B$ 且 $B\subset C$,则 $A\subset C$.

(2)设 $X$ 是基本集,对于任何集 $A$、$B$,则有

$A\setminus B=A\cap B^C$; $A\cup A^C=X,A\cap A^C=\varnothing$;

$X^C=\varnothing,\varnothing^C=X$; $(A^C)^C=A$;

若 $A\subset B$,则 $A^C\supset B^C$;

若 $A\cap B=\varnothing$,则 $A\subset B^C$ 且 $B\subset A^C$.

**定理** 1.1 设$\{A_\alpha\mid\alpha\in D\}$是一个集族,$A$、$B$、$C$ 是任意的集,则下列运算性质成立:

(1)交换律 $A\cap B=B\cap A,A\cup B=B\cup A$;

(2)结合律 $(A\cap B)\cap C=A\cap(B\cap C)$,

$(A\cup B)\cup C=A\cup(B\cup C)$;

(3)分配律 $(\bigcap\limits_{\alpha\in D}A_\alpha)\cup A=\bigcap\limits_{\alpha\in D}(A_\alpha\cup A)$,

$(\bigcup\limits_{\alpha\in D}A_\alpha)\cap A=\bigcup\limits_{\alpha\in D}(A_\alpha\cap A)$.

**证明** 只证(3)的第二式,其余的证明方法类似.

对于任意 $x\in(\bigcup\limits_{\alpha\in D}A_\alpha)\cap A$,则 $x\in\bigcup\limits_{\alpha\in D}A_\alpha$ 且 $x\in A$.于是存在 $\alpha\in D$ 使 $x\in A_\alpha$ 且 $x\in A$,从而 $x\in A_\alpha\cap A$,故 $x\in\bigcup\limits_{\alpha\in D}(A_\alpha\cap A)$.这表明包含关系$(\bigcup\limits_{\alpha\in D}A_\alpha)\cap A\subset\bigcup\limits_{\alpha\in D}(A_\alpha\cap A)$成立.

另一方面,对于任意 $x\in\bigcup\limits_{\alpha\in D}(A_\alpha\cap A)$,则存在 $\alpha\in D$,使得 $x\in A_\alpha\cap A$,从而 $x\in A_\alpha$ 且 $x\in A$,故 $x\in(\bigcup\limits_{\alpha\in D}A_\alpha)\cap A$.这表明如下包含关系成立:

$$\bigcup_{\alpha\in D}(A_\alpha\cap A)\subset(\bigcup_{\alpha\in D}A_\alpha)\cap A.$$

综上所述,等式$(\bigcup\limits_{\alpha\in D}A_\alpha)\cap A=\bigcup\limits_{\alpha\in D}(A_\alpha\cap A)$得证.

**定理** 1.2 设 $X$ 是基本集,$\{A_\alpha\mid\alpha\in D\}$是一集族,则下列运算满足对偶原理:

$$(\bigcup_{\alpha\in D}A_\alpha)^C=\bigcap_{\alpha\in D}A_\alpha^C,\qquad (\bigcap_{\alpha\in D}A_\alpha)^C=\bigcup_{\alpha\in D}A_\alpha^C.$$

上面二式称为 De Morgan 公式.

**证明**　先证第一式.对于每一个 $x\in(\bigcup_{\alpha\in D}A_\alpha)^C$,即 $x\notin\bigcup_{\alpha\in D}A_\alpha$,则对于每一个 $\alpha\in D$,皆有 $x\notin A_\alpha$,从而 $x\in A_\alpha^C$,故 $x\in\bigcap_{\alpha\in D}A_\alpha^C$.于是

$$(\bigcup_{\alpha\in D}A_\alpha)^C\subset\bigcap_{\alpha\in D}A_\alpha^C.$$

另一方面,对于每一个 $x\in\bigcap_{\alpha\in D}A_\alpha^C$,每一个 $\alpha\in D$,皆有 $x\in A_\alpha^C$,从而 $x\notin A_\alpha$,故 $x\notin\bigcup_{\alpha\in D}A_\alpha$,即 $x\in(\bigcup_{\alpha\in D}A_\alpha)^C$.于是 $\bigcap_{\alpha\in D}A_\alpha^C\subset(\bigcup_{\alpha\in D}A_\alpha)^C$.第一式得证.

对第一式两端取余集得到

$$\bigcup_{\alpha\in D}A_\alpha=((\bigcup_{\alpha\in D}A_\alpha)^C)^C=(\bigcap_{\alpha\in D}A_\alpha^C)^C.$$

由于上式对任意的集族 $\{A_\alpha\mid\alpha\in D\}$ 成立,若把 $A_\alpha$ 换为 $A_\alpha^C$,则第二式得证.

一般来讲,对于任意的集 $E$ 及集族 $\{A_\alpha\mid\alpha\in D\}$,De Morgan 公式有下列形式:

$$E\setminus\bigcup_{\alpha\in D}A_\alpha=\bigcap_{\alpha\in D}(E\setminus A_\alpha),\qquad E\setminus\bigcap_{\alpha\in D}A_\alpha=\bigcup_{\alpha\in D}(E\setminus A_\alpha).$$

具体证明留给读者自己去完成.

下面介绍集合的直积的概念.

**定义 1.2**　设 $A$ 和 $B$ 是两个集.对于 $a\in A$ 及 $b\in B$,以 $(a,b)$ 表示一个有次序的元素对,简称为序对.序对 $(a,b)$ 的次序规定为:先 $A$ 中的元素 $a$,后 $B$ 中的元素 $b$.$(a_1,b_1)=(a_2,b_2)$ 是指 $a_1=a_2$ 且 $b_1=b_2$.所有由 $A$ 中的元素 $a$ 及 $B$ 中的元素 $b$ 构成的序对 $(a,b)$ 的全体组成的集合记为 $A\times B$,即

$$A\times B=\{(a,b)\mid a\in A,b\in B\}.$$

$A\times B$ 称为 $A$ 与 $B$ 的直积(或称为 Descartes 乘积).

当 $A$ 和 $B$ 中有一个为空集时,规定 $A\times B=\varnothing$.

类似地,若 $A_1,A_2,\cdots,A_n(n\geqslant 2)$ 是 $n$ 个集合,则它们的直积 $A_1\times A_2\times\cdots\times A_n$(或记为 $\bigtimes_{i=1}^{n}A_i$)定义为

$$A_1\times A_2\times\cdots\times A_n=\{(a_1,\cdots,a_n)\mid a_i\in A_i,i=1,\cdots,n\},$$

即所有有次序的元素组$(a_1,\cdots,a_n)$的全体组成的集合.其中每一个$A_i$ $(i=1,\cdots,n)$称为此直积的坐标集.

例如,两个数直线$\mathbb{R}$的直积就是实平面$\mathbb{R}^2$,即$\mathbb{R}^2=\mathbb{R}\times\mathbb{R}$.$\mathbb{R}^n$是$n$个数直线$\mathbb{R}$的直积.同样,$\mathbb{C}^n$是$n$个$\mathbb{C}$的直积.

### 1.1.2　映射及其性质

在微积分中我们熟悉的函数实质上是实数集$\mathbb{R}$的子集$A$到$\mathbb{R}$的一种对应关系.这里,更为一般地给出两个集合间的映射的概念,它是两个集合之间的一种对应关系.

**定义** 1.3　设$A$和$B$是两个非空集.若存在一个对应规律$f$,使得对于每一个$x\in A$有唯一的$y\in B$与之对应,则称$f$为$A$到$B$的**映射**(也称为算子或变换),记为

$$f:A\to B,$$

或者

$$f:x\mapsto y\qquad(x\in A).$$

$y$称为$x$在映射$f$下的**像**,记为$y=f(x)$或$y=fx$.集$A$称为映射$f$的定义域,记为$\mathscr{D}(f)$.集

$$f(A)=\{f(x)\mid x\in A\},$$

称为映射$f$的值域,记为$\mathscr{R}(f)$.

若$A_1\subset A$,记

$$f(A_1)=\{f(x)\mid x\in A_1\},$$

则称$f(A_1)$为$A_1$在映射$f$下的**像**;若$B_1\subset B$,记

$$f^{-1}(B_1)=\{x\in A\mid f(x)\in B_1\},$$

则称$f^{-1}(B_1)$为$B_1$在映射$f$下的**逆像**(或原像).对于$y\in B$,单元素集$\{y\}$在映射$f$下的逆像$f^{-1}(\{y\})$简记为$f^{-1}(y)$,即

$$f^{-1}(y)=\{x\in A\mid f(x)=y\}.$$

$f^{-1}(y)$也称为$y$在映射$f$下的逆像.

值得注意的是,$f^{-1}(y)$是$A$中的集合,可能不只包含一个元素,但是$f^{-1}(y)$中每一个元素的像都是$y$.还应指出,$f^{-1}(y)$与$f^{-1}(B_1)$一样都应看作一个整体记号.

特别地,对于映射 $f:A\to B$,当 $B$ 为数集(例如 $B\subset\mathbb{R}$或 $B\subset\mathbb{C}$)时,映射 $f$ 通常称为**泛函**;当 $A$ 与 $B$ 皆为数集时,$f$ 就是通常所说的函数.

**定义** 1.4　设映射 $f:A\to B$.

(1)若 $\mathscr{R}(f)=B$,则称 $f$ 为**满射**,或者称为 $A$ 到 $B$ 上的映射.

(2)若对于每一个 $y\in\mathscr{R}(f)$,存在唯一的 $x\in A$ 使得 $f(x)=y$(等价地说,对于 $A$ 中任意的元素 $x_1$ 和 $x_2$,若 $x_1\neq x_2$ 就有 $f(x_1)\neq f(x_2)$),则称 $f$ 为**单射**,或称为 $A$ 到 $B$ 的一一映射.

(3)若 $f$ 既是满射又是单射,则称 $f$ 为**双射**,或称为 $A$ 到 $B$ 上的一一映射.

(4)当 $f$ 是单射时,对于每一个 $y\in\mathscr{R}(f)$,由关系式 $f(x)=y$ 可确定一个唯一的 $x\in A$ 与之对应,于是得到了一个 $\mathscr{R}(f)$到 $A$ 的映射,记为

$$f^{-1}:\mathscr{R}(f)\to A.$$

称 $f^{-1}$为 $f$ 的**逆映射**.当 $f$ 是双射时,$f$ 的逆映射为

$$f^{-1}:B\to A.$$

**定义** 1.5　对于映射 $f:A\to B$ 和映射 $g:B\to C$,对每一个 $x\in A$ 有 $f(x)\in B$,则

$$x\mapsto g(f(x))(x\in A)$$

是一个 $A$ 到 $C$ 的映射,记为 $g\circ f:A\to C$,称 $g\circ f$ 为$f$ 与 $g$ 的**复合映射**.

下面给出两个特殊的映射.

**例** 1.4　若映射 $f:A\to B$ 定义为:对于每一个 $x\in A$ 皆有

$$f(x)=y_0$$

(其中 $y_0\in B$),则称 $f$ 为常值映射.这时 $\mathscr{R}(f)=\{y_0\}$.

**例** 1.5　设 $A$ 为非空集合.定义映射 $I:A\to A$ 使得对每一个$x\in A$,有

$$I(x)=x,$$

则称映射 $I$ 为$A$ 上的恒等映射.显然,恒等映射是双射.

**定理** 1.3　对于映射 $f:A\to B$ 和映射 $g:B\to C$,下列结论成立.

(1)对于任意 $E\subset A$ 和 $F\subset B$,有

$$E\subset f^{-1}(f(E)),\qquad f(f^{-1}(F))\subset F,$$
$$f^{-1}(F^C)=(f^{-1}(F))^C.$$

当 $f$ 是满射时,$f(f^{-1}(F))=F$;当 $f$ 是单射时,$f^{-1}(f(E))=E$.

(2)对于 $A_\alpha\subset A(\alpha\in D)$及 $B_\alpha\subset B(\alpha\in D)$,有

$$f(\bigcup_{\alpha\in D}A_\alpha)=\bigcup_{\alpha\in D}f(A_\alpha);\qquad f(\bigcap_{\alpha\in D}A_\alpha)\subset\bigcap_{\alpha\in D}f(A_\alpha);$$
$$f^{-1}(\bigcup_{\alpha\in D}B_\alpha)=\bigcup_{\alpha\in D}f^{-1}(B_\alpha);\qquad f^{-1}(\bigcap_{\alpha\in D}B_\alpha)=\bigcap_{\alpha\in D}f^{-1}(B_\alpha).$$

当 $f$ 是单射时,$f(\bigcap_{\alpha\in D}A_\alpha)=\bigcap_{\alpha\in D}f(A_\alpha)$.

(3)若 $f$ 是双射,则 $f^{-1}:B\to A$ 也是双射,且 $f^{-1}\circ f$ 和 $f\circ f^{-1}$ 分别是 $A$ 和 $B$ 上的恒等映射.

(4)若 $f$、$g$ 是满射,则 $g\circ f$ 也是满射;若 $f$、$g$ 是单射,则 $g\circ f$ 也是单射;若 $f$、$g$ 是双射,则 $g\circ f$ 也是双射.

此定理的证明不难由有关定义直接推出,下面举例说明定理中的三处包含关系可以是真包含关系.

**例 1.6** 设 $A=\{1,2,3\}$,$B=\{a,b,c\}$.定义 $f:A\to B$ 使得

$$f(1)=a,\quad f(2)=b,\quad f(3)=b.$$

记 $E=\{2\}$,$F=\{b,c\}$,则

$$E\subsetneqq\{2,3\}=f^{-1}(f(E)),\quad f(f^{-1}(F))=\{b\}\subsetneqq F.$$

记 $A_1=\{1,2\}$,$A_2=\{1,3\}$,则

$$f(A_1\cap A_2)=\{a\}\subsetneqq\{a,b\}=f(A_1)\cap f(A_2).$$

### 1.1.3 可数集

在集合的分类方法中,如下定义具有重要的意义.

**定义 1.6** 设 $A$ 和 $B$ 是两个集合,若存在一个双射 $f:A\to B$,则称 $A$ 与 $B$ 是对等的,记为 $A\sim B$.若 $A$ 与 $B$ 是对等的,则称 $A$ 与 $B$ 有相同的**基数**(或**势**).

关于集合之间的对等关系具有如下明显的性质:

(1)自反性 $A\sim A$;

(2)对称性 若 $A\sim B$,则 $B\sim A$;

(3)传递性 若 $A\sim B$,且 $B\sim C$,则 $A\sim C$.

值得注意的是,$A \sim B$ 与 $A = B$ 具有不同的含义.换句话说,对等的两个集合不一定是相等的.对于有限集 $A$ 和 $B$ 而言,$A \sim B$ 等价于它们的元素的个数是相同的.因此,任意两个元素个数相同的有限集有相同的基数.可以规定:含有 $n$ 个元素的有限集的基数为 $n$;空集的基数为0.但是,对于有限集的按元素个数的分类方法不能照搬到无限集中去.对于无限集而言,定义1.6提供了一种有效的分类方法.无限集中一种常用的集合可做如下定义.

**定义1.7**　凡与自然数集$\mathbb{N}$对等的集称为**可数集**或可列集.不是可数集的无限集称为**不可数集**.有限集和可数集统称为**至多可数集**.

**例1.7**　正奇数的全体组成的集$\mathbb{N}_1$、正偶数的全体组成的集$\mathbb{N}_2$、整数的全体组成的集$\mathbb{Z}$,都是可数集,因为这些集都与$\mathbb{N}$对等.例如,定义映射 $f$ 使得$f(n)=2n(n\in\mathbb{N})$,则 $f$ 是$\mathbb{N}$到$\mathbb{N}_2$ 的双射.

若 $A$ 是可数集,即 $A\sim\mathbb{N}$,则存在双射 $f:\mathbb{N}\to A$.对每一个 $n\in\mathbb{N}$,记 $a_n=f(n)\in A$.因 $f$ 是双射,故 $A$ 中所有的元素可以用自然数编号,或者说 $A$ 中的元素可以排列成无穷序列的形式,即

$$A=\{a_1,a_2,\cdots,a_n,\cdots\}. \tag{1.1}$$

反之,若一个集合 $A$ 中的元素可以排列成无穷序列(1.1)的形式,则映射

$$f: n\mapsto a_n \quad (n\in\mathbb{N})$$

是$\mathbb{N}$到 $A$ 的双射,故$\mathbb{N}\sim A$,即 $A$ 是可数集.

因此,$A$ 是可数集的充分必要条件是$A$ 的元素可以排列成无穷序列(1.1)的形式.

可数集是一类无限集,然而不是可数集的无限集是很多的.例如数直线$\mathbb{R}$以及$\mathbb{R}$上的区间都是不可数的无限集.下面主要研究可数集及其性质.

**定理1.4**　下列各结论成立:

(1)可数集的子集是至多可数集;

(2)有限或可数多个可数集的并是可数集;

(3)有限个可数集的直积是可数集.

**证明**　(1)设 $A$ 为可数集,则 $A$ 中的元素可以排列成无穷序列

$$\{a_1, a_2, \cdots, a_n, \cdots\} \tag{1.2}$$

设 $B$ 是 $A$ 的子集(不妨设 $B \neq \varnothing$),在(1.2)中按排列次序把属于 $B$ 的元素逐一挑选出来,记第 $k$ 次挑选出来的元素为 $a_{n_k}$.若 $B$ 不是有限集,则 $B$ 中的元素可排列成

$$\{a_{n_1}, a_{n_2}, \cdots, a_{n_k}, \cdots\},$$

因而 $B$ 是可数集.

(2)只需证明可数多个可数集的并是可数集.设有可数多个可数集 $A_n(n=1,2,\cdots)$.将每一个可数集 $A_n$ 的元素排列如下:

$$\begin{array}{lllll}
A_1: a_{11}, & \rightarrow a_{12}, & a_{13}, & \rightarrow a_{14}, \cdots \\
 & \swarrow & \nearrow & \swarrow & \\
A_2: a_{21}, & a_{22}, & a_{23}, & a_{24}, \cdots \\
\quad\downarrow & \nearrow & \swarrow & & \\
A_3: a_{31}, & a_{32}, & a_{33}, & a_{34}, \cdots \\
 & \swarrow & & & \\
\cdots\cdots & & & & \\
A_n: a_{n1}, & a_{n2}, & a_{n3}, & a_{n4}, \cdots \\
\cdots\cdots & & & &
\end{array}$$

按上面箭头指向的顺序排列得到

$$\{a_{11}, a_{12}, a_{21}, a_{31}, a_{22}, a_{13}, a_{14}, \cdots\},$$

从中删去重复的元素.这样,$\bigcup\limits_{n=1}^{\infty} A_n$ 中的元素可以排成一个无穷序列,故它是可数集.

(3)证明留给读者.

**例 1.8**　全体有理数组成的集合 $\mathbb{Q}$ 是可数集.

**证明**　设 $\mathbb{Q}^+$ 和 $\mathbb{Q}^-$ 分别表示全体正有理数和全体负有理数组成的集,则

$$\mathbb{Q} = \mathbb{Q}^+ \cup \{0\} \cup \mathbb{Q}^-.$$

由例 1.2 知,

$$\mathbb{Q}^+ = \bigcup_{q=1}^{\infty} A_q, \text{其中 } A_q = \left\{\frac{1}{q}, \frac{2}{q}, \frac{3}{q}, \cdots\right\}.$$

根据定理 1.4(2),$\mathbb{Q}^+$ 是可数集.易知$\mathbb{Q}^+ \sim \mathbb{Q}^-$,故$\mathbb{Q}^-$ 是可数集.再应用定理 1.4(2),则$\mathbb{Q}$是可数集.

### 1.1.4　实数集的确界

在本段中,首先介绍实数集合的上确界和下确界的概念,然后给出确界存在原理.

本段中所涉及的集合皆为数直线$\mathbb{R}$的子集.

设 $E$ 是$\mathbb{R}$中的非空集合,$a$ 和 $b$ 是两个实数.若对于每一个 $x\in E$ 皆有$x\leqslant b$,则称 $b$ 为$E$ 的上界;若对于每一个 $x\in E$ 皆有$a\leqslant x$,则称 $a$ 为 $E$ 的下界.

显然,若 $E$ 有一个上界$b$,则 $E$ 的上界不是唯一的,因为任何大于 $b$ 的数都是$E$ 的上界.同样,若 $E$ 有一个下界,则 $E$ 的下界也不是唯一的.对于实数集 $E$ 而言,是否存在最小上界和最大下界？这是更为关注的问题.下面对于一般实数集的最小上界和最大下界给予一个确切的定义.

**定义 1.8**　设 $E$ 是$\mathbb{R}$中的非空集合.

(1)若存在一个实数 $\mu$ 满足下列两个条件:

(a)对于每一个 $x\in E$,皆有 $x\leqslant\mu$,

(b)对于任意的 $\varepsilon>0$,存在 $x_0\in E$ 使得$x_0>\mu-\varepsilon$,

则称 $\mu$ 为$E$ 的**上确界**,记为

$$\mu=\sup E, \text{或 } \mu=\sup\{x \mid x\in E\}.$$

(2)若存在一个实数 $\nu$ 满足下列两个条件:

(a)对于每一个 $x\in E$,皆有 $x\geqslant\nu$,

(b)对于任意的 $\varepsilon>0$,存在 $x_0\in E$ 使得$x_0<\nu+\varepsilon$,

则称 $\nu$ 为$E$ 的**下确界**,记为

$$\nu=\inf E, \text{或 } \nu=\inf\{x \mid x\in E\}.$$

由此定义,当 $\mu$ 是 $E$ 的上确界时,$\mu$ 满足的第一个条件意味着$\mu$ 是$E$ 的一个上界,而第二个条件表明凡小于 $\mu$ 的任何数都不是$E$ 的上界.因此,“$\mu$ 是$E$ 的上确界”就是“$\mu$ 是$E$ 的最小上界”之意.

同样,“$\nu$ 是 $E$ 的下确界”就是“$\nu$ 是 $E$ 的最大下界”之意.

注意,并非所有的集合都存在上确界和下确界.比如,自然数集$\mathbb{N}$的上确界不存在.那么,满足什么条件的集合存在上确界和下确界呢?下面的确界存在原理回答了这个问题.由于实数的完备性理论包含了若干互相等价的结论,只要把其中任意一个结论作为公理(或原理),据此可以推出其他的结论.因此,这些互相等价的结论组成了实数完备性公理体系.由于这个原因,可以把确界存在原理作为一个公理来看,当然从直观上也很容易理解它的合理性.

**确界存在原理** 任何非空有上界的实数集必有上确界;任何非空有下界的实数集必有下确界.

应用确界存在原理可以证明下面的单调有界准则.

**定理** 1.5 单调有界数列必有极限.

**证明** 设$\{x_n\}$是单调增加有上界的数列.由确界存在原理,$\{x_n\}$有上确界 $\mu$,即

$$\mu = \sup\{x_n \mid n \in \mathbb{N}\}.$$

现在证明,$\mu$ 就是数列$\{x_n\}$的极限,即 $x_n \to \mu$.

事实上,对任意 $\varepsilon > 0$,由上确界的定义,存在 $x_N \in \{x_n\}$,使得

$$\mu - \varepsilon < x_N \leqslant \mu.$$

由于$\{x_n\}$是单调增加的,因此当 $n > N$ 时,有

$$\mu - \varepsilon < x_N \leqslant x_n \leqslant \mu,$$

从而$|x_n - \mu| < \varepsilon$,这就证明了 $x_n \to \mu$.

同样可以证明单调减少有下界的数列的极限存在,并且其极限就是此数列的下确界.

## 1.2 线性空间

赋予线性结构且满足适当条件的集合构成线性空间.在线性代数中,$\mathbb{R}^n$ 和$\mathbb{C}^n$ 是已为大家熟知的线性空间的具体例子.本节主要介绍线性空间以及线性空间上的线性算子的基本概念和性质.

### 1.2.1　线性空间的定义和例子

本书中也用$\mathbb{R}$表示实数域,$\mathbb{C}$表示复数域.为了叙述方便,用$\mathbb{K}$表示实数域$\mathbb{R}$或者复数域$\mathbb{C}$.

**定义 1.9**　设 $X$ 是一个非空集合.若在 $X$ 中任意二元素之间可以定义加法运算“+”,在$\mathbb{K}$中的数与 $X$ 中的元素之间可以定义数乘运算“·”,并且满足下述条件.

加法运算“+”(即对任意 $x,y\in X, x+y\in X$)对任意 $x,y,z\in X$,满足:

(1)$x+y=y+x$;

(2)$(x+y)+z=x+(y+z)$;

(3)存在 $0\in X$,使得对一切 $x\in X$ 有 $x+0=x$(此元素 0 称为 $X$ 的零元素);

(4)对任意 $x\in X$,存在 $x$ 的负元素(或称加法逆元素),记为 $-x$,使得 $x+(-x)=0$.

数乘运算“·”(即对任意 $\alpha\in\mathbb{K}$以及任意 $x\in X$,有 $\alpha\cdot x\in X$(将 $\alpha\cdot x$ 简记为 $\alpha x$))对任意 $x,y\in X,\alpha,\beta\in\mathbb{K}$满足:

(5)$1x=x$;

(6)$\alpha(\beta x)=(\alpha\beta)x$;

(7)$\alpha(x+y)=\alpha x+\alpha y$;

(8)$(\alpha+\beta)x=\alpha x+\beta x$.

则称 $X$ 为数域$\mathbb{K}$上的**线性空间**,或称为向量空间.当$\mathbb{K}$是实数域$\mathbb{R}$时,称 $X$ 为实线性空间;当$\mathbb{K}$是复数域$\mathbb{C}$时,称 $X$ 为复线性空间.

线性空间 $X$ 中的元素有时称为点或称为向量.$X$ 上的加法运算和数乘运算统称为线性运算.

**例 1.9**　在集合$\mathbb{R}^n$ 上定义加法运算和数乘运算,使得对任意 $\boldsymbol{x}=(\xi_1,\cdots,\xi_n)^{\mathrm{T}}, \boldsymbol{y}=(\eta_1,\cdots,\eta_n)^{\mathrm{T}}\in\mathbb{R}^n$(这里$(\xi_1,\cdots,\xi_2)^{\mathrm{T}}$ 表示行向量$(\xi_1,\cdots,\xi_n)$的转置,它是一个列向量),以及任意 $\alpha\in\mathbb{R}$,有

$$\boldsymbol{x}+\boldsymbol{y}=(\xi_1+\eta_1,\cdots,\xi_n+\eta_n)^{\mathrm{T}},$$

$$\alpha\boldsymbol{x}=(\alpha\xi_1,\cdots,\alpha\xi_n)^{\mathrm{T}}.$$

容易验证,$\mathbb{R}^n$ 是实线性空间.

**例 1.10** 在集合$\mathbb{C}^n$上,对任意 $\boldsymbol{x}=(\xi_1,\cdots,\xi_n)^{\mathrm{T}}$, $\boldsymbol{y}=(\eta_1,\cdots,\eta_n)^{\mathrm{T}} \in \mathbb{C}^n$ 及 $\alpha \in \mathbb{C}$,定义加法运算和数乘运算如同上例.容易验证,$\mathbb{C}^n$ 是复线性空间.

**例 1.11** $C[a,b]$表示闭区间$[a,b]$上实值(或复值)连续函数的全体组成的集合.按照通常的函数的加法和数乘定义其上的线性运算,即对于任意 $x,y \in C[a,b]$及任意 $\alpha \in \mathbb{R}$(或$\mathbb{C}$),有

$$(x+y)(t)=x(t)+y(t),$$

$$(\alpha x)(t)=\alpha x(t), \quad (t \in [a,b]).$$

容易验证,$C[a,b]$是线性空间.

**例 1.12** $\mathbb{C}^{n \times n}$表示 $n \times n$ 复方阵的全体组成的集合.按照通常的方阵加法和数乘定义其上的线性运算,即对任意

$$\boldsymbol{A}=\begin{bmatrix} a_{11} & \cdots & a_{1n} \\ \vdots & & \vdots \\ a_{n1} & \cdots & a_{nn} \end{bmatrix}, \quad \boldsymbol{B}=\begin{bmatrix} b_{11} & \cdots & b_{1n} \\ \vdots & & \vdots \\ b_{n1} & \cdots & b_{nn} \end{bmatrix} \in \mathbb{C}^{n \times n},$$

及 $\alpha \in \mathbb{C}$,有

$$\boldsymbol{A}+\boldsymbol{B}=\begin{bmatrix} a_{11}+b_{11} & \cdots & a_{1n}+b_{1n} \\ \vdots & & \vdots \\ a_{n1}+b_{n1} & \cdots & a_{nn}+b_{nn} \end{bmatrix}, \quad \alpha\boldsymbol{A}=\begin{bmatrix} \alpha a_{11} & \cdots & \alpha a_{1n} \\ \vdots & & \vdots \\ \alpha a_{n1} & \cdots & \alpha a_{nn} \end{bmatrix}.$$

容易验证,$\mathbb{C}^{n \times n}$是线性空间.

同样,$n \times n$ 实方阵的全体组成的集合$\mathbb{R}^{n \times n}$,在实数域$\mathbb{R}$上按如同上面定义的线性运算成为线性空间.

**例 1.13** $l^p(1 \leqslant p < \infty)$表示满足

$$\sum_{i=1}^{\infty} |\xi_i|^p < +\infty$$

的实数(或复数)列$(\xi_1,\xi_2,\cdots)$的全体组成的集合.对任意 $x=(\xi_1,\xi_2,\cdots)$, $y=(\eta_1,\eta_2,\cdots) \in l^p$ 及 $\alpha \in \mathbb{R}$(或$\mathbb{C}$),定义加法运算和数乘运算为

$$x+y=(\xi_1+\eta_1,\xi_2+\eta_2,\cdots), \quad \alpha x=(\alpha\xi_1,\alpha\xi_2,\cdots).$$

为了证明 $x+y \in l^p$,需要引用如下两个重要的不等式(详细证明可参见文献[1],[2],或[4]).

**引理** 1.1　对于任意 $x=(\xi_1,\xi_2,\cdots)\in l^p$，$y=(\eta_1,\eta_2,\cdots)\in l^q$（这里 $p>1,q>1$ 且满足 $\frac{1}{p}+\frac{1}{q}=1$），Hölder 不等式

$$\sum_{i=1}^{\infty}|\xi_i\eta_i|\leqslant(\sum_{i=1}^{\infty}|\xi_i|^p)^{\frac{1}{p}}(\sum_{i=1}^{\infty}|\eta_i|^q)^{\frac{1}{q}}$$

成立.并且由此可知 $xy=(\xi_1\eta_1,\xi_2\eta_2,\cdots)\in l^1$.

**引理** 1.2　对于任意 $x=(\xi_1,\xi_2,\cdots)$，$y=(\eta_1,\eta_2,\cdots)\in l^p(1\leqslant p<\infty)$，Minkowski 不等式

$$(\sum_{i=1}^{\infty}|\xi_i+\eta_i|^p)^{\frac{1}{p}}\leqslant(\sum_{i=1}^{\infty}|\xi_i|^p)^{\frac{1}{p}}+(\sum_{i=1}^{\infty}|\eta_i|^p)^{\frac{1}{p}}$$

成立.

应用 Minkowski 不等式，容易验证 $l^p$ 是线性空间.

### 1.2.2　线性空间的子空间

**定义** 1.10　设 $X$ 是线性空间，$\varnothing\neq Y\subset X$.若对于任意 $x,y\in Y$ 和 $\alpha\in\mathbb{K}$，有

$$x+y\in Y,\quad \alpha x\in Y,$$

则称 $Y$ 为线性空间 $X$ 的**线性子空间**，简称为 $X$ 的子空间.

易知，线性空间 $X$ 的线性子空间 $Y$ 在 $X$ 的线性运算下也是一个线性空间.

显然，线性空间 $X$ 是它自己的子空间；仅含零元素的单元素集 $\{0\}$ 也是 $X$ 的子空间.这两个子空间称为 $X$ 的平凡子空间.除上述两个平凡子空间之外的子空间称为 $X$ 的真子空间.容易证明，线性空间 $X$ 的任意多个子空间的交也是 $X$ 的子空间.但是，一般来说，$X$ 的两个子空间的并可能不是 $X$ 的子空间.

**例** 1.14　在线性空间 $\mathbb{R}^3$ 中，通过零点 $(0,0,0)$ 的平面是 $\mathbb{R}^3$ 的子空间.

线性空间 $X$ 的元素 $x_1,x_2,\cdots,x_n$ 的一个线性组合是指这样一个表达式

$$\alpha_1x_1+\alpha_2x_2+\cdots+\alpha_nx_n,$$

其中 $\alpha_i\in\mathbb{K}(i=1,2,\cdots,n)$.

**定义 1.11** 设 $X$ 是线性空间,$\varnothing \neq M \subset X$.记

$$\operatorname{span} M = \{\alpha_1 x_1 + \cdots + \alpha_n x_n \mid x_i \in M, \alpha_i \in \mathbb{K}, i = 1, \cdots, n, \quad n \in \mathbb{N}\},$$

即 span $M$ 是由 $M$ 中任意有限个元素的线性组合的全体组成的集合.易知,span $M$ 是 $X$ 的一个子空间.span $M$ 称为 $M$ **张成的**(或称为 $M$ 生成的)**子空间**.

可以证明,span $M$ 是线性空间 $X$ 中包含 $M$ 的最小子空间,换句话说,

$$\operatorname{span} M = \bigcap \{Y \mid Y \text{ 是 } X \text{ 的子空间且 } M \subset Y\}.$$

通常,将包含 $M$ 的所有 $X$ 的子空间的交称为 $M$ 的**线性包**.因此,span $M$是 $M$ 的线性包.

**定义 1.12** 设 $M_1$ 和 $M_2$ 是线性空间 $X$ 的两个子空间.

(1)记 $$M_1 + M_2 = \{x_1 + x_2 \mid x_1 \in M_1, x_2 \in M_2\}.$$

显然,$M_1 + M_2$ 是 $X$ 的子空间.$M_1 + M_2$ 称为 $M_1$ 与 $M_2$ 的**和**.

(2)若对于每一个 $x \in M_1 + M_2$,存在唯一的 $x_1 \in M_1$ 和 $x_2 \in M_2$,使得 $x = x_1 + x_2$,则 $X$ 的子空间 $M_1$ 与 $M_2$ 的和称为**直和**,记为 $M_1 \oplus M_2$.特别地,当 $X = M_1 \oplus M_2$ 时,$M_1$ 与 $M_2$ 互称为补子空间.

容易证明,$X$ 的子空间 $M_1$ 与 $M_2$ 的和是直和的充分必要条件是

$$M_1 \cap M_2 = \{0\}.$$

### 1.2.3 线性空间的基与维数

设 $X$ 是线性空间,$M = \{x_1, \cdots, x_n\} \subset X$,若关系式

$$\alpha_1 x_1 + \alpha_2 x_2 + \cdots + \alpha_n x_n = 0 \tag{1.3}$$

(其中 $\alpha_i \in \mathbb{K}(i = 1, 2, \cdots, n)$)仅当 $\alpha_1 = \alpha_2 = \cdots = \alpha_n = 0$ 时才成立,则称集 $M$ 是线性无关的.若 $M$ 不是线性无关的,则称集 $M$ 是线性相关的.当 $M$ 线性相关时,必存在一组不全为零的数 $\alpha_1, \alpha_2, \cdots, \alpha_n$,使得关系式(1.3)成立,或者说,$M$ 中必有一个元素可以表示为其他元素的线性组合.因为这一组不全为零的数中至少有一个不为零,不妨设 $\alpha_1 \neq 0$,由关系式(1.3)可解出

$$x_1 = -\frac{\alpha_2}{\alpha_1} x_2 - \cdots - \frac{\alpha_n}{\alpha_1} x_n,$$

即 $x_1$ 可以表示为 $x_2,\cdots,x_n$ 的线性组合.

一般来说,设 $M$ 是线性空间 $X$ 的非空子集(不一定是有限集).若 $M$ 的每一个有限子集都是线性无关的,则称集 $M$ 是**线性无关的**.若 $M$ 不是线性无关的,则称集 $M$ 是**线性相关的**.

**定义** 1.13　设 $X$ 是线性空间.若存在一个正整数 $n$,满足

(1)$X$ 包含一个由 $n$ 个元素组成的线性无关集,

(2)任何多于或等于 $n+1$ 个元素组成的集都是线性相关的.

则称此正整数 $n$ 为 $X$ 的**维数**,记为 $\dim X=n$.

当 $X=\{0\}$ 时,记 $\dim X=0$.若 $X$ 的维数为正整数 $n$ 或 0 时,则称 $X$ 是**有限维的**.若 $X$ 不是有限维的,则称 $X$ 是**无限维的**,这时记为 $\dim X=\infty$.

**定义** 1.14　设 $X$ 是线性空间,$B\subset X$.若集 $B$ 是线性无关的,且 $\operatorname{span} B=X$,即对于任意 $x\in X$,存在 $x_1,\cdots,x_n\in B$ 以及 $\alpha_1,\cdots,\alpha_n\in\mathbb{K}$,使得

$$x=\alpha_1x_1+\cdots+\alpha_nx_n, \tag{1.4}$$

则称 $B$ 为 $X$ 的一个**基**(或 Hamel 基).

显然,当 $B$ 是 $X$ 的基时,对于任意非零元素 $x\in X$,必存在唯一的 $x_1,\cdots,x_n\in B$ 以及不全为零的数 $\alpha_1,\cdots,\alpha_n$,使得式(1.4)成立.

线性空间 $X$ 的基可能包含有限多个元素也可能包含无限多个元素.当 $\dim X=n$ 时,由定义知,$X$ 的任何一个基包含 $n$ 个元素,并且由 $n$ 个元素组成的线性无关集都是 $X$ 的基.

应该指出,每一个线性空间都存在基(具体证明略).

线性空间 $C[a,b]$,$l^p(1\leqslant p<\infty)$都是无限维空间的例子.下面是关于有限维空间的例子,其结论是明显的.

**例** 1.15　$\mathbb{R}^n$ 和 $\mathbb{C}^n$ 都是 $n$ 维线性空间.下列元素

$$\begin{aligned}
\boldsymbol{e}_1&=(1,0,0,\cdots,0)^{\mathrm{T}},\\
\boldsymbol{e}_2&=(0,1,0,\cdots,0)^{\mathrm{T}},\\
&\cdots\cdots\\
\boldsymbol{e}_n&=(0,0,0,\cdots,1)^{\mathrm{T}}
\end{aligned} \tag{1.5}$$

组成线性无关集,故是一个基.

**例 1.16** $P_n[0,1]$表示闭区间$[0,1]$上次数小于或等于 $n$ 的多项式(包括零多项式)的全体组成的集.它是线性空间 $C[0,1]$的子空间. $P_n[0,1]$是 $n+1$ 维空间.取 $x_i \in P_n[0,1](i=0,1,\cdots,n)$满足

$$x_i(t)=t^i \quad (t\in[0,1]),$$

则集$\{x_0,x_1,\cdots,x_n\}$是 $P_n[0,1]$的基.

**例 1.17** $\mathbb{R}^{n\times n}$和$\mathbb{C}^{n\times n}$都是$n^2$ 维线性空间.用 $\boldsymbol{A}_{ij}$表示第 $i$ 行第 $j$ 列元素为 1 其余元素全为零的 $n\times n$ 方阵,则

$$\{\boldsymbol{A}_{ij}\mid i,j=1,2,\cdots,n\}$$

是$\mathbb{R}^{n\times n}$和$\mathbb{C}^{n\times n}$的基.

### 1.2.4 线性算子

**定义 1.15** 设 $X$ 和 $Y$ 是同一数域$\mathbb{K}$上的两个线性空间($\mathbb{K}=\mathbb{R}$或$\mathbb{K}=\mathbb{C}$),$T$ 是 $X$ 到 $Y$ 的映射.若对于任意 $x,y\in X$ 和$\alpha\in\mathbb{K}$,有

$$T(x+y)=Tx+Ty, \quad T(\alpha x)=\alpha Tx,$$

则称 $T$ 为线性空间 $X$ 到线性空间 $Y$ 的**线性算子**,或称为线性变换.

特别地,当 $Y=\mathbb{K}$时,$T$ 称为**线性泛函**.

显然,$T:X\to Y$ 是线性算子当且仅当对任意 $x,y\in X$ 以及 $\alpha,\beta\in\mathbb{K}$,有

$$T(\alpha x+\beta y)=\alpha Tx+\beta Ty.$$

**例 1.18** 定义积分算子 $T:C[0,1]\to C[0,1]$,使对任意

$$x\in C[0,1],$$

有
$$(Tx)(t)=\int_0^t x(s)\mathrm{d}s, \quad t\in[0,1],$$

则 $T$ 是线性算子.

**例 1.19** 有限维线性空间到有限维线性空间的线性算子.

设 $X$ 和 $Y$ 是同一数域$\mathbb{K}$上的线性空间,$\dim X=n$,$\dim Y=m$.设 $E=\{e_1,\cdots,e_n\}$是 $X$ 的基,$B=\{b_1,\cdots,b_m\}$是 $Y$ 的基,且 $E$ 和 $B$ 中的元素保持固定的次序.

若 $T:X\to Y$ 是任意一个线性算子,对于每一个 $x\in X$,在基 $E$ 下 $x$ 可表示为

$$x=\xi_1 e_1+\cdots+\xi_n e_n,$$

则 $x$ 的像为

$$y=Tx=T\Big(\sum_{j=1}^{n}\xi_j e_j\Big)=\sum_{j=1}^{n}\xi_j Te_j. \tag{1.6}$$

可见线性算子 $T$ 完全由 $Te_1,\cdots,Te_n$ 唯一确定.设 $y$ 及每一个 $Te_j$ 在基 $B$ 下分别表示为

$$y=\sum_{i=1}^{m}\eta_i b_i,\quad Te_j=\sum_{i=1}^{m}t_{ij}b_i\quad(j=1,\cdots,n).$$

把上面二式代入式(1.6),得到

$$\sum_{i=1}^{m}\eta_i b_i=y=\sum_{j=1}^{n}\xi_j Te_j=\sum_{j=1}^{n}\xi_j\sum_{i=1}^{m}t_{ij}b_i=\sum_{i=1}^{m}\Big(\sum_{j=1}^{n}t_{ij}\xi_j\Big)b_i,$$

因为$\{b_1,\cdots,b_m\}$线性无关,所以等式两端各个 $b_i$ 的系数相等,即

$$\eta_i=\sum_{j=1}^{n}t_{ij}\xi_j\quad(i=1,\cdots,m). \tag{1.7}$$

这表明,在映射 $T$ 下,$x=\sum_{j=1}^{n}\xi_j e_j$ 的像 $y=Tx=\sum_{i=1}^{m}\eta_i b_i$ 由式(1.7)确定.

把式(1.7)写成矩阵运算的形式,有

$$\begin{bmatrix}\eta_1\\ \vdots\\ \eta_m\end{bmatrix}=\begin{bmatrix}t_{11}&\cdots&t_{1n}\\ \vdots&&\vdots\\ t_{m1}&\cdots&t_{mn}\end{bmatrix}\begin{bmatrix}\xi_1\\ \vdots\\ \xi_n\end{bmatrix}, \tag{1.8}$$

记

$$\boldsymbol{A}=\begin{bmatrix}t_{11}&\cdots&t_{1n}\\ \vdots&&\vdots\\ t_{m1}&\cdots&t_{mn}\end{bmatrix}=[t_{ij}]_{m\times n},$$

则 $n$ 维线性空间 $X$ 到 $m$ 维线性空间 $Y$ 的线性算子 $T$ 对应于一个(关于 $X$ 和 $Y$ 的选定的基的)矩阵 $\boldsymbol{A}$. $\boldsymbol{A}$ 的第 $j$ 列正是 $Te_j$ 在基$\{b_1,\cdots,b_m\}$下的坐标.

反过来,每一个 $m$ 行 $n$ 列矩阵 $\boldsymbol{A}=[t_{ij}]_{m\times n}$ 可决定一个 $X$ 到 $Y$ 的线性算子 $T$,使得对每一个 $x=\sum_{j=1}^{n}\xi_j e_j\in X$,由式(1.8)(或(1.7))得到 $\eta_1$,

$\cdots,\eta_m$,从而得到 $x$ 的像

$$y = Tx = \sum_{i=1}^{m} \eta_i b_i .$$

当 $X=Y$ 时,设$\{e_1,\cdots,e_n\}$是 $X$ 的基,则每一个 $X$ 到 $X$ 的线性变换 $T$ 与一个 $n\times n$ 方阵 $\boldsymbol{A}=[t_{ij}]_{n\times n}$ 是一一对应的,即对任意 $x=\sum_{j=1}^{n}\xi_j e_j$,有

$$y = Tx = \sum_{i=1}^{n} \eta_i b_i , \tag{1.9}$$

或者写成矩阵运算的形式

$$\begin{bmatrix} \eta_1 \\ \vdots \\ \eta_n \end{bmatrix} = \begin{bmatrix} t_{11} & \cdots & t_{1n} \\ \vdots & & \vdots \\ t_{n1} & \cdots & t_{nn} \end{bmatrix} \begin{bmatrix} \xi_1 \\ \vdots \\ \xi_n \end{bmatrix} . \tag{1.10}$$

### 1.2.5 线性算子的零空间

**定义** 1.16 设 $X$ 和 $Y$ 是线性空间,$T: X\to Y$ 是线性算子.记

$$\mathscr{N}(T) = \{x\in X \mid Tx = 0\},$$

$\mathscr{N}(T)$称为算子 $T$ 的**零空间**,或称为算子 $T$ 的核.

显然,$T$ 的零空间 $\mathscr{N}(T)$ 是 $X$ 的线性子空间.

**例** 1.20 方阵 $\boldsymbol{A}=[a_{ij}]_{n\times n}\in\mathbb{C}^{n\times n}$,在$\mathbb{C}^n$ 的一个给定的基下,由例 1.19 知,可看作$\mathbb{C}^n$ 到$\mathbb{C}^n$ 的一个线性算子,即任一元素 $\boldsymbol{x}=(\xi_1,\cdots,\xi_n)^{\mathrm{T}}\in\mathbb{C}^n$ 的像

$$\boldsymbol{Ax} = \begin{bmatrix} a_{11} & \cdots & a_{1n} \\ \vdots & & \vdots \\ a_{n1} & \cdots & a_{nn} \end{bmatrix} \begin{bmatrix} \xi_1 \\ \vdots \\ \xi_n \end{bmatrix} \in \mathbb{C}^n .$$

于是线性算子 $\boldsymbol{A}$ 的零空间就是 $\boldsymbol{Ax}=\boldsymbol{0}$ 的解集

$$\{\boldsymbol{x}\in\mathbb{C}^n \mid \boldsymbol{Ax}=\boldsymbol{0}\},$$

它是$\mathbb{C}^n$ 的线性子空间.

### 1.2.6 线性同构

**定义** 1.17 设 $X$ 和 $Y$ 是同一数域$\mathbb{K}$上的两个线性空间,$T: X\to Y$ 是一个映射.

(1)若 $T$ 是双射,又是线性算子,则称 $T$ 是 $X$ 到 $Y$ 上的**线性同构映射**;

(2)若存在一个 $X$ 到 $Y$ 上的线性同构映射,则称 $X$ 和 $Y$ 是**线性同构的**.

定义中,两个同构的线性空间的"同构"二字意味着两个空间的元素一一对应,且两个空间的代数结构(即线性运算)可以看作是相同的.

显然,每一个 $n$ 维实(或复)的线性空间都和$\mathbb{R}^n$(或$\mathbb{C}^n$)线性同构.

例如,当 $X$ 是 $n$ 维实线性空间时,设$\{e_1,\cdots,e_n\}$是 $X$ 的基,则 $X$ 中的每一个元素 $x$ 在此基下有唯一的表示,即 $x=\sum\limits_{i=1}^{n}\xi_i e_i$,定义映射 $T:X\to\mathbb{R}^n$使得

$$Tx=(\xi_1,\cdots,\xi_n)^{\mathrm{T}},$$

则 $T$ 是 $X$ 到$\mathbb{R}^n$ 上的线性同构映射.

不难证明下面一个更为一般的结论.

**定理** 1.6　在同一数域上的两个有限维线性空间是线性同构的,当且仅当它们具有相同的维数.

## 1.3　内积空间

本节研究内积空间及其性质,包括由内积导出的元素的范数和二元素的正交性质.简单地讲,内积空间是一个赋予内积结构的线性空间.

在二维线性空间$\mathbb{R}^2$ 中,每一个点 $x=(\xi_1,\xi_2)$,对应于一个以原点为起点、以$(\xi_1,\xi_2)$为终点的向量$(\xi_1,\xi_2)^{\mathrm{T}}$,因此在$\mathbb{R}^2$ 中的点 $x$ 也可看作向量 $\boldsymbol{x}$.

$\mathbb{R}^2$ 中二向量 $\boldsymbol{x}=(\xi_1,\xi_2)^{\mathrm{T}}$ 和 $\boldsymbol{y}=(\eta_1,\eta_2)^{\mathrm{T}}$ 的点积定义为

$$\boldsymbol{x}\cdot\boldsymbol{y}=\xi_1\eta_1+\xi_2\eta_2,$$

其等价于

$$\boldsymbol{x}\cdot\boldsymbol{y}=|\boldsymbol{x}||\boldsymbol{y}|\cos\alpha,$$

这里$|\boldsymbol{x}|$和$|\boldsymbol{y}|$分别表示向量 $\boldsymbol{x}$ 和 $\boldsymbol{y}$ 的长度,$\alpha$ 表示二向量 $\boldsymbol{x}$ 和 $\boldsymbol{y}$ 之间的夹角.应用点积的定义,任一向量 $\boldsymbol{x}$ 的长度$|\boldsymbol{x}|$可以表示为

$$|\boldsymbol{x}| = \sqrt{\boldsymbol{x}\cdot\boldsymbol{x}};$$

同时,任意二非零向量 $\boldsymbol{x}$ 与 $\boldsymbol{y}$ 之间的夹角 $\alpha$ 可由下式确定

$$\cos\alpha = \frac{\boldsymbol{x}\cdot\boldsymbol{y}}{|\boldsymbol{x}||\boldsymbol{y}|}.$$

因此,二向量 $\boldsymbol{x}$ 与 $\boldsymbol{y}$ 垂直(或称为正交)的充分必要条件是点积 $\boldsymbol{x}\cdot\boldsymbol{y} = 0$.二向量的点积也称为二向量的内积.定义了点积的线性空间$\mathbb{R}^2$ 称为二维欧氏空间.它可作为下面更一般的内积空间的具体模型.

### 1.3.1 内积空间的定义及内积的性质

**定义** 1.18 设 $X$ 是数域$\mathbb{K}$($\mathbb{K}$是实数域$\mathbb{R}$或复数域$\mathbb{C}$)上的线性空间.若映射$\langle\cdot,\cdot\rangle: X\times X\to\mathbb{K}$(即任意$(x,y)\in X\times X$ 的像$\langle x,y\rangle\in\mathbb{K}$),对于任意 $x,y,z\in X$ 以及$\alpha,\beta\in\mathbb{K}$,满足下列条件:

(1)对第一变元的线性性

$$\langle\alpha x+\beta y, z\rangle = \alpha\langle x,z\rangle + \beta\langle y,z\rangle;$$

(2)共轭对称性 $\langle x,y\rangle = \overline{\langle y,x\rangle}$;

(3)正定性 $\langle x,x\rangle\geqslant 0$,并且$\langle x,x\rangle = 0$ 当且仅当 $x=0$.

则称$\langle\cdot,\cdot\rangle$为 $X$ 上的**内积**,$(X,\langle\cdot,\cdot\rangle)$称为**内积空间**,通常简记为 $X$.对于 $x,y\in X$,$\langle x,y\rangle$称为 $x$ 与 $y$ 的内积.

当$\mathbb{K}$为复数域$\mathbb{C}$时,内积空间 $X$ 称为复内积空间.(为了使所讨论的问题具有一般性,在没有事先声明的情况下,我们总是假定所讨论的空间是复内积空间.)当$\mathbb{K}$为实数域$\mathbb{R}$时,内积空间 $X$ 称为实内积空间.这时,上述定义中的条件(2)变为$\langle x,y\rangle = \langle y,x\rangle$,即实内积空间中内积具有对称性.

由内积的定义,立即可得到下面的性质:

(1)内积对第二个变元是共轭线性的,即对任意 $x,y,z\in X$ 以及 $\alpha,\beta\in\mathbb{K}$,有

$$\langle x,\alpha y+\beta z\rangle = \bar{\alpha}\langle x,y\rangle + \bar{\beta}\langle x,z\rangle;$$

(2)若 $x=0$ 或 $y=0$,则$\langle x,y\rangle = 0$.

**引理** 1.3 内积空间 $X$ 中的任意二元素 $x$ 和 $y$ 都满足下面的

Schwarz 不等式

$$|\langle x,y\rangle|\leqslant\sqrt{\langle x,x\rangle}\sqrt{\langle y,y\rangle}. \tag{1.11}$$

**证明**　当 $y=0$ 时,不等式(1.11)显然成立.现设 $y\neq 0$,对于任意的数 $\alpha$,由内积的正定性有

$$\begin{aligned}0&\leqslant\langle x-\alpha y,x-\alpha y\rangle\\&=\langle x,x\rangle-\bar{\alpha}\langle x,y\rangle-\alpha\langle y,x\rangle+\alpha\bar{\alpha}\langle y,y\rangle\\&=\langle x,x\rangle-\bar{\alpha}\langle x,y\rangle-\alpha[\langle y,x\rangle-\bar{\alpha}\langle y,y\rangle],\end{aligned}$$

只要令 $\bar{\alpha}=\dfrac{\langle y,x\rangle}{\langle y,y\rangle}$,可使上式中方括号内的表达式为零,并且上面的不等式化为

$$0\leqslant\langle x,x\rangle-\frac{\langle y,x\rangle}{\langle y,y\rangle}\langle x,y\rangle=\langle x,x\rangle-\frac{|\langle x,y\rangle|^2}{\langle y,y\rangle}.$$

由此式立即得到不等式(1.11).　　证毕.

**定义 1.19**　设 $X$ 是内积空间,$\forall x\in X$,记

$$\|x\|=\sqrt{\langle x,x\rangle},$$

称 $\|\cdot\|$ 为 $X$ 上**由内积导出的范数**.

易知,$X$ 上由内积导出的范数 $\|\cdot\|$,对于任意 $x,y\in X$ 及 $\alpha\in\mathbb{K}$,满足以下条件:

(1) $\|x\|\geqslant 0$,且 $\|x\|=0$ 当且仅当 $x=0$;

(2) $\|\alpha x\|=|\alpha|\,\|x\|$;

(3) $\|x+y\|\leqslant\|x\|+\|y\|$.

下面仅证明(3).由于

$$\begin{aligned}\|x+y\|^2&=\langle x+y,x+y\rangle=\langle x,x\rangle+\langle x,y\rangle+\langle y,x\rangle+\langle y,y\rangle\\&=\langle x,x\rangle+2\mathrm{Re}\,\langle x,y\rangle+\langle y,y\rangle,\end{aligned}$$

式中 $\mathrm{Re}\,\langle x,y\rangle$ 表示 $\langle x,y\rangle$ 的实部.由 Schwarz 不等式

$$\mathrm{Re}\,\langle x,y\rangle\leqslant|\langle x,y\rangle|\leqslant\|x\|\,\|y\|.$$

因此

$$\begin{aligned}\|x+y\|^2&\leqslant\|x\|^2+2\|x\|\,\|y\|+\|y\|^2\\&=(\|x\|+\|y\|)^2.\end{aligned}$$

两端开平方,得到 $\|x+y\|\leqslant\|x\|+\|y\|$.

内积空间 $X$ 中向量 $x$ 的范数 $\|x\|$ 在直观上可理解为向量 $x$ 的"度量".例如在$\mathbb{R}^2$ 中,两个向量 $\boldsymbol{x}$ 和 $\boldsymbol{y}$ 的内积定义为此二向量的点积,即$\langle \boldsymbol{x}, \boldsymbol{y}\rangle = \boldsymbol{x}\cdot\boldsymbol{y}$,因此$\mathbb{R}^2$ 上由内积导出的范数 $\|\boldsymbol{x}\|$ 就是向量 $\boldsymbol{x}$ 的长度$|\boldsymbol{x}|$.

内积空间上由内积导出的范数具有如下性质.

**引理 1.4**　设 $X$ 是内积空间.对任意 $x, y\in X$,由内积导出的范数满足下列各恒等式:

(1)平行四边形公式

$$\|x+y\|^2+\|x-y\|^2=2(\|x\|^2+\|y\|^2); \tag{1.12}$$

(2)极化恒等式,即当 $X$ 是实内积空间时

$$\langle x, y\rangle=\frac{1}{4}(\|x+y\|^2-\|x-y\|^2), \tag{1.13}$$

当 $X$ 是复内积空间时

$$\langle x, y\rangle=\frac{1}{4}(\|x+y\|^2-\|x-y\|^2+\mathrm{i}\|x+\mathrm{i}y\|^2-\mathrm{i}\|x-\mathrm{i}y\|^2). \tag{1.14}$$

**证明**　恒等式(1.12),(1.13),(1.14)可经直接计算验证.例如

$$\begin{aligned}\|x+y\|^2+\|x-y\|^2&=\langle x+y, x+y\rangle+\langle x-y, x-y\rangle\\&=2\langle x, x\rangle+2\langle y, y\rangle=2(\|x\|^2+\|y\|^2).\end{aligned}$$

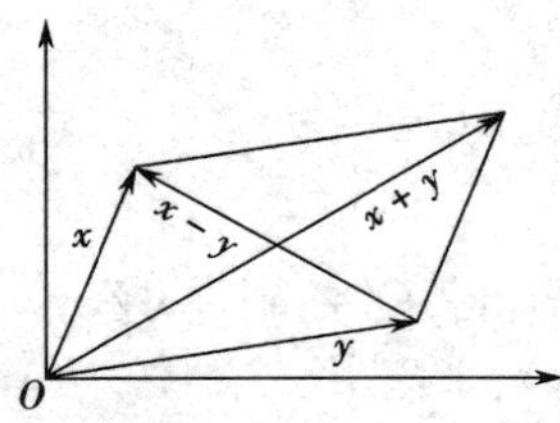


图 1-1

从图 1-1 中可以看出,恒等式(1.12)是平面几何中"平行四边形四条边长的平方和等于两条对角线的平方和"这一平行四边形公式在内积空间中的推广,因此也称为平行四边形公式.

### 1.3.2　内积空间的例子

**例 1.21**　在线性空间$\mathbb{C}^n$ 和$\mathbb{R}^n$ 上,对于任意 $\boldsymbol{x}=(\xi_1,\cdots,\xi_n)^{\mathrm{T}}, \boldsymbol{y}=(\eta_1,\cdots,\eta_n)^{\mathrm{T}}\in\mathbb{C}^n$,定义

$$\langle \boldsymbol{x}, \boldsymbol{y}\rangle=\xi_1\overline{\eta}_1+\cdots+\xi_n\overline{\eta}_n=\boldsymbol{y}^{\mathrm{H}}\boldsymbol{x}(其中\ \boldsymbol{y}^{\mathrm{H}}=(\overline{\eta}_1,\overline{\eta}_2,\cdots,\overline{\eta}_n)), \tag{1.15}$$

则不难验证$\mathbb{C}^n$ 按照式(1.15)定义的内积成为复内积空间.

对于任意 $\boldsymbol{x}=(\xi_1,\cdots,\xi_n)^{\mathrm{T}},\boldsymbol{y}=(y_1,\cdots,y_n)^{\mathrm{T}}\in\mathbb{R}^n$,定义

$$\langle\boldsymbol{x},\boldsymbol{y}\rangle=\xi_1\eta_1+\cdots+\xi_n\eta_n=\boldsymbol{x}^{\mathrm{T}}\boldsymbol{y},\tag{1.16}$$

则同样可验证$\mathbb{R}^n$ 按照式(1.16)定义的内积成为实内积空间.

由式(1.15)或式(1.16)定义的内积可导出$\mathbb{C}^n$(或$\mathbb{R}^n$)中的任一元素 $\boldsymbol{x}$ 的范数为

$$\|\boldsymbol{x}\|_2=\sqrt{\langle\boldsymbol{x},\boldsymbol{x}\rangle}=\Big(\sum_{i=1}^{n}|\xi_i|^2\Big)^{\frac{1}{2}}.$$

**例 1.22**　在线性空间 $l^2$ 上,对于任意 $x=(\xi_1,\xi_2,\cdots),y=(\eta_1,\eta_2,\cdots)\in l^2$,定义

$$\langle x,y\rangle=\sum_{i=1}^{\infty}\xi_i\overline{\eta}_i,\tag{1.17}$$

则 $l^2$ 按式(1.17)定义的内积成为内积空间.对于 $l^2$ 中的元素 $x$,由内积导出的范数为

$$\|x\|_2=\Big(\sum_{i=1}^{\infty}|\xi_i|^2\Big)^{\frac{1}{2}}.$$

**例 1.23**　在线性空间 $C[a,b]$上,对任意 $x,y\in C[a,b]$,定义

$$\langle x,y\rangle=\int_a^b x(t)\overline{y(t)}\mathrm{d}t,\tag{1.18}$$

则 $C[a,b]$按式(1.18)定义的内积成为内积空间.对于 $C[a,b]$中的元素 $x$,由内积导出的范数为

$$\|x\|_2=\left(\int_a^b|x(t)|^2\mathrm{d}t\right)^{\frac{1}{2}}.$$

### 1.3.3　正交

与熟知的欧氏空间(如$\mathbb{R}^2$)一样,可以在一般的内积空间中定义两个元素正交的概念,并且将欧氏空间中关于正交的一些几何特征类似地在内积空间中建立.

**定义 1.20**　设 $X$ 是内积空间,$x,y\in X$ 及$A,B\subset X$.

(1)若$\langle x,y\rangle=0$,则称 $x$ 与 $y$ 是**正交**的(或直交的),记为 $x\perp y$.

(2)若对于每一个 $a\in A$ 和每一个 $b\in B$,都有 $a\perp b$,则称 $A$ 与 $B$ 是正交的(或直交的),记为 $A\perp B$.特别地,$\{x\}\perp B$ 记为$x\perp B$.

(3)令

$$A^{\perp} = \{x \in X \mid x \perp A\},$$

称 $A^{\perp}$ 为 $A$ 的**正交补**(或直交补).

由定义,显然零元素与 $X$ 中任何元素正交.关于正交,常用到下面的性质.

**引理 1.5** 设 $X$ 是内积空间,$x, y \in X, A \subset X$.

(1)若 $x \perp y$,则 $\| x+y \|^2 = \| x \|^2 + \| y \|^2$(勾股定理);

(2)$A \cap A^{\perp} \subset \{0\}$,即 $A \cap A^{\perp}$ 至多包含零元素;若 $0 \in A$(例如 $A$ 是 $X$ 的子空间),则 $A \cap A^{\perp} = \{0\}$.

**证明** (1)若 $x \perp y$,则$\langle x, y \rangle = 0$,从而$\langle y, x \rangle = 0$.于是

$$\begin{aligned} \| x+y \|^2 &= \langle x+y, x+y \rangle \\ &= \langle x, x \rangle + \langle x, y \rangle + \langle y, x \rangle + \langle y, y \rangle \\ &= \langle x, x \rangle + \langle y, y \rangle = \| x \|^2 + \| y \|^2. \end{aligned}$$

(2)若 $x \in A \cap A^{\perp}$,则 $x \perp x$,即$\langle x, x \rangle = 0$,故 $x = 0$.因此 $A \cap A^{\perp} \subset \{0\}$.若 $0 \in A$(当 $A$ 是 $X$ 的子空间时,必有 $0 \in A$),显然又有 $0 \in A^{\perp}$,故 $A \cap A^{\perp} = \{0\}$.

### 1.3.4 内积空间的子空间与同构

**定义 1.21** 设$(X, \langle \cdot, \cdot \rangle)$是内积空间,$Y$ 是 $X$ 的线性子空间.对于任意 $x, y \in Y$,在 $Y$ 中定义 $x$ 与 $y$ 的内积为 $x$ 与 $y$ 作为 $X$ 中的元素的内积$\langle x, y \rangle$,则 $Y$ 本身成为一个内积空间.此内积空间 $Y$ 称为内积空间 $X$ 的子空间,或称 $Y$ 是 $X$ 的内积子空间.

由此定义,内积空间 $X$ 的任意一个线性子空间,按照 $X$ 中定义的内积,皆可成为 $X$ 的内积子空间.

两个内积空间的同构有如下定义.

**定义 1.22** 设 $X$ 和 $Y$ 是同一数域 $\mathbb{K}$ 上的两个内积空间,$T: X \to Y$ 是一个映射.若 $T$ 是双射且对于任意 $x, y \in X$ 以及 $\alpha, \beta \in \mathbb{K}$ 满足:

(1)$T$ 是线性算子,即 $T(\alpha x + \beta y) = \alpha Tx + \beta Ty$,

(2)$T$ 保持内积,即$\langle Tx, Ty \rangle = \langle x, y \rangle$,

则称 $T$ 为 $X$ 到 $Y$ 上的**同构映射**.

若存在一个 $X$ 到 $Y$ 上的同构映射,则 $X$ 和 $Y$ 称为是**同构**的.

由此定义，两个同构的内积空间可认为具有相同的线性结构和内积．因此在同构的意义下，可以把两个同构的内积空间看作是同一的．

## 1.4　内积空间中的正交系

作为内积空间的模型，考察$\mathbb{R}^3$．取$\mathbb{R}^3$中的元素 $\boldsymbol{e}_1=(1,0,0)^{\mathrm{T}}$，$\boldsymbol{e}_2=(0,1,0)^{\mathrm{T}}$，$\boldsymbol{e}_3=(0,0,1)^{\mathrm{T}}$．容易看出，集$\{\boldsymbol{e}_1,\boldsymbol{e}_2,\boldsymbol{e}_3\}$中的元素是两两正交的，每一个 $\boldsymbol{x}\in\mathbb{R}^3$ 有唯一的表示式

$$\boldsymbol{x}=\alpha_1\boldsymbol{e}_1+\alpha_2\boldsymbol{e}_2+\alpha_3\boldsymbol{e}_3.$$

数组$(\alpha_1,\alpha_2,\alpha_3)$称为 $\boldsymbol{x}$ 的坐标，$\mathbb{R}^3$ 的每一个元素 $\boldsymbol{x}$ 的坐标可以由内积确定，即

$$\langle\boldsymbol{x},\boldsymbol{e}_j\rangle=\langle\sum_{i=1}^{3}\alpha_i\boldsymbol{e}_i,\boldsymbol{e}_j\rangle=\sum_{i=1}^{3}\alpha_i\langle\boldsymbol{e}_i,\boldsymbol{e}_j\rangle=\alpha_j\quad(j=1,2,3).$$

由此，很自然地在内积空间中给出如下的定义．

**定义** 1.23　设 $X$ 是内积空间，$0\notin M\subset X$．

(1)若 $M$ 中的元素是两两正交的，则称 $M$ 为 $X$ 中的一个**正交系**．

(2)若 $M$ 是 $X$ 中的正交系并且 $M$ 中每一个元素的范数都是 1，即

$$\langle x,y\rangle=\begin{cases}0, & \text{当 } x\neq y,\\ 1, & \text{当 } x=y,\end{cases}$$

则称 $M$ 为 $X$ 中的一个**标准正交系**(或规范正交系)．

当正交系(或标准正交系)$M$ 是可数集时，有时也称 $M$ 为**正交序列**(或标准正交序列)．

关于内积空间 $X$ 中的正交系和标准正交系具有如下性质．

(1)若$\{x_1,\cdots,x_n\}$是 $X$ 中的正交系，则

$$\|x_1+\cdots+x_n\|^2=\|x_1\|^2+\cdots+\|x_n\|^2.$$

事实上，由于当 $i\neq j$ 时$\langle x_i,x_j\rangle=0$，故

$$\begin{aligned}\|\sum_{i=1}^{n}x_i\|^2&=\langle\sum_{i=1}^{n}x_i,\sum_{j=1}^{n}x_j\rangle=\sum_{i=1}^{n}\sum_{j=1}^{n}\langle x_i,x_j\rangle\\&=\sum_{i=1}^{n}\langle x_i,x_i\rangle=\sum_{i=1}^{n}\|x_i\|^2.\end{aligned}$$

(2)$X$ 中任何正交系 $M$ 都是线性无关的.

事实上,取任意有限集$\{x_1,\cdots,x_n\}\subset M$.若

$$\alpha_1 x_1+\cdots+\alpha_n x_n=0,$$

则对每一个 $j=1,2,\cdots,n$,都有

$$0=\langle\sum_{i=1}^{n}\alpha_i x_i,x_j\rangle=\sum_{i=1}^{n}\alpha_i\langle x_i,x_j\rangle=\alpha_j\langle x_j,x_j\rangle=\alpha_j\|x_j\|^2.$$

而 $\|x_j\|\neq 0$,必有 $\alpha_j=0(j=1,2,\cdots,n)$,这表明$\{x_1,\cdots,x_n\}$是线性无关的.因此 $M$ 是线性无关的.

(3)若$\{e_1,\cdots,e_n\}$是 $X$ 中的标准正交系,则 $\mathrm{span}\{e_1,\cdots,e_n\}$中的每一个元素 $x$ 都可唯一地表示为

$$x=\sum_{i=1}^{n}\langle x,e_i\rangle e_i.$$

事实上,由于$\{e_1,\cdots,e_n\}$是线性无关的,$\mathrm{span}\{e_1,\cdots,e_n\}$中的每一个元素 $x$ 都可唯一地表示为

$$x=\sum_{i=1}^{n}\alpha_i e_i$$

的形式,故对每一个 $j=1,2,\cdots,n$,有

$$\langle x,e_j\rangle=\langle\sum_{i=1}^{n}\alpha_i e_i,e_j\rangle=\alpha_j\langle e_j,e_j\rangle=\alpha_j.$$

(4)对于 $X$ 中任何线性无关的序列$\{x_i\}$,可以应用 Gram-Schmidt **标准正交化方法**得到一个标准正交序列$\{e_i\}$,且 $\forall\, n\in\mathbb{N}$皆有

$$\mathrm{span}\{e_1,\cdots,e_n\}=\mathrm{span}\{x_1,\cdots,x_n\}. \tag{1.19}$$

具体做法如下.

令 $$e_1=\frac{x_1}{\|x_1\|}.$$

$x_2$ 可以表示为 $x_2=\langle x_2,e_1\rangle e_1+v_2$,这里 $v_2=x_2-\langle x_2,e_1\rangle e_1$.由于 $x_1,x_2$ 线性无关,则 $v_2\neq 0$,并且易知$\langle v_2,e_1\rangle=0$,即 $v_2\perp e_1$.令

$$e_2=\frac{v_2}{\|v_2\|}.$$

同样,记 $v_3=x_3-\langle x_3,e_1\rangle e_1-\langle x_3,e_2\rangle e_2$,则 $v_3\neq 0$,并且 $v_3\perp e_1$,

$v_3 \perp e_2$.令

$$e_3 = \frac{v_3}{\| v_3 \|}.$$

依此方法继续下去,可以得到一个标准正交序列$\{e_i\}$:

$$e_i = \frac{v_i}{\| v_i \|},\text{其中 } v_i = x_i - \sum_{j=1}^{i-1} \langle x_i, e_j \rangle e_j.$$

显然,对每一个 $n \in \mathbb{N}$,式(1.19)成立.

**例 1.24**　在内积空间$\mathbb{C}^n$ 和$\mathbb{R}^n$(内积的定义见例 1.21)中,$\{\boldsymbol{e}_1, \cdots, \boldsymbol{e}_n\}$是一个标准正交系,其中

$$\boldsymbol{e}_1 = (1,0,0,\cdots,0)^{\mathrm{T}}, \quad \boldsymbol{e}_2 = (0,1,0,\cdots,0)^{\mathrm{T}}, \quad \cdots\cdots,$$
$$\boldsymbol{e}_n = (0,0,0,\cdots,1)^{\mathrm{T}}.$$

**例 1.25**　在内积空间 $l^2$(内积的定义见例 1.22)中,$\{e_1, e_2, \cdots\}$是一个标准正交系,其中

$$e_1 = (1,0,0,0,\cdots), \quad e_2 = (0,1,0,0,\cdots),$$
$$e_3 = (0,0,1,0,\cdots), \quad \cdots\cdots.$$

**例 1.26**　在实线性空间 $C[0,2\pi]$中,对于任意两个元素 $x, y \in C[0,2\pi]$,定义

$$\langle x, y \rangle = \int_0^{2\pi} x(t) y(t) \mathrm{d}t,$$

则 $C[0,2\pi]$成为实内积空间.令

$$u_0 = \frac{1}{\sqrt{2\pi}}, \quad u_n(t) = \frac{1}{\sqrt{\pi}} \cos nt \quad (n \in \mathbb{N}),$$

$$v_n(t) = \frac{1}{\sqrt{\pi}} \sin nt \quad (n \in \mathbb{N}),$$

易验证$\{u_0, u_1, v_1, u_2, v_2, \cdots, u_n, v_n, \cdots\}$是一个标准正交系.

## 习　题　1

1.证明数直线上的开区间$(-2,2)$和闭区间$[-2,2]$可分别表示为

$$(-2,2) = \bigcup_{n=1}^{\infty} \left[ -2 + \frac{1}{n}, 2 - \frac{1}{n} \right], \quad [-2,2] = \bigcap_{n=1}^{\infty} \left( -2 - \frac{1}{n}, 2 + \frac{1}{n} \right).$$

2. 对于映射 $f:A\to B$ 及任意的 $E\subset A,F\subset B$,证明:

$$E\subset f^{-1}(f(E));\quad f(f^{-1}(F))\subset F;\quad f^{-1}(F^C)=(f^{-1}(F))^C.$$

3. 对于映射 $f:A\to B$ 及任意的 $A_1,A_2\subset A$,证明:

$$f(A_1\cap A_2)\subset f(A_1)\cap f(A_2).$$

4. 证明 $\mathbb{R}^n$ 中的有理点的全体组成一个可数集.

5. 证明所有系数为有理数的多项式的全体组成一个可数集.

6. 证明线性空间 $X$ 的任意多个子空间的交仍然是 $X$ 的子空间.但是 $X$ 的两个子空间的并,不一定是 $X$ 的子空间,试举例说明.

7. 设 $M$ 是线性空间 $X$ 的子集,证明 $\operatorname{span} M$ 是包含 $M$ 的最小子空间.

8. 在线性空间 $\mathbb{R}^3$ 上定义线性算子 $T:\mathbb{R}^3\to\mathbb{R}^3$,使得对任意 $\boldsymbol{x}=(\xi_1,\xi_2,\xi_3)^{\mathrm{T}}\in\mathbb{R}^3$,有

$$T\boldsymbol{x}=(\xi_1,\xi_2,-\xi_1-\xi_2)^{\mathrm{T}}.$$

求 $T$ 的值域 $\mathscr{R}(T)$,零空间 $\mathscr{N}(T)$ 以及 $T$ 在基 $\{\boldsymbol{e}_1,\boldsymbol{e}_2,\boldsymbol{e}_3\}$ 下的矩阵.

9. 设 $X$ 是实内积空间,对任意 $x,y\in X$,验证极化恒等式

$$\langle x,y\rangle=\frac{1}{4}(\|x+y\|^2-\|x-y\|^2)$$

成立.

10. 对于任意 $x=(\xi_1,\xi_2,\cdots),y=(\eta_1,\eta_2,\cdots)\in l^2$,定义

$$\langle x,y\rangle=\sum_{i=1}^{\infty}\xi_i\bar{\eta}_i.$$

验证按此定义的 $\langle\cdot,\cdot\rangle$ 是 $l^2$ 上的内积,从而 $l^2$ 成为内积空间.

11. 设 $u$ 和 $v$ 是内积空间 $X$ 中的二元素,若对于每一个 $x\in X$,皆有 $\langle x,u\rangle=\langle x,v\rangle$,证明 $u=v$.特别地,若对于每一个 $x\in X$ 皆有 $\langle x,u\rangle=0$,则 $u=0$.

12. 设 $A$ 和 $B$ 是内积空间 $X$ 的子集,证明:

(1)若 $A\subset B$,则 $B^{\perp}\subset A^{\perp}$;

(2)$A\subset(A^{\perp})^{\perp}$.

13. 证明任何 $n$ 维实内积空间都与 $\mathbb{R}^n$ 同构;任何 $n$ 维复内积空间都与 $\mathbb{C}^n$ 同构.

# 第 2 章　矩阵的相似标准形

矩阵的相似标准形有着广泛的应用.在线性代数中,已讨论了可对角化方阵的相似标准形——对角形矩阵.但并不是所有方阵都可对角化,本章将从任意方阵的特征矩阵入手,介绍矩阵相似的判别法和两种常用的相似标准形,并进一步讨论方阵可对角化的条件.最后给出一类特殊矩阵的对角化方法.

## 2.1　特征矩阵及其 Smith 标准形

### 2.1.1　方阵的特征矩阵

设 $\boldsymbol{A}=[a_{ij}]\in\mathbb{C}^{n\times n}$,$\lambda\in\mathbb{C}$.含参数 $\lambda$ 的 $n$ 阶方阵

$$\lambda\boldsymbol{E}-\boldsymbol{A}=\begin{bmatrix}\lambda-a_{11} & -a_{12} & \cdots & -a_{1n}\\ -a_{21} & \lambda-a_{22} & \cdots & -a_{2n}\\ \vdots & \vdots & & \vdots\\ -a_{n1} & -a_{n2} & \cdots & \lambda-a_{nn}\end{bmatrix}$$

称为 $n$ 阶方阵 $\boldsymbol{A}$ 的**特征矩阵**.其行列式

$$f(\lambda)=\det(\lambda\boldsymbol{E}-\boldsymbol{A})=\begin{vmatrix}\lambda-a_{11} & -a_{12} & \cdots & -a_{1n}\\ -a_{21} & \lambda-a_{22} & \cdots & -a_{2n}\\ \vdots & \vdots & & \vdots\\ -a_{n1} & -a_{n2} & \cdots & \lambda-a_{nn}\end{vmatrix}$$

$$=\lambda^{n}+a_{1}\lambda^{n-1}+\cdots+a_{i}\lambda^{n-i}+\cdots+a_{n},$$

其中 $a_1=-(a_{11}+a_{22}+\cdots+a_{nn})=-\operatorname{tr}\boldsymbol{A}$, $a_n=(-1)^n\det\boldsymbol{A}$, $a_i$ 是 $(-1)^i$与$\boldsymbol{A}$ 的所有 $i$ 阶主子式之和的乘积.这个最高次项系数为 1(简称为首 1)的 $n$ 次多项式称为$\boldsymbol{A}$ 的**特征多项式**.$f(\lambda)$的零点称为 $\boldsymbol{A}$ 的**特征值**,$f(\lambda)$的 $k$ 重零点就叫做$\boldsymbol{A}$ 的 $k$ 重特征值.$\boldsymbol{A}$ 的全部特征值的

集合$\sigma(\boldsymbol{A})$称为 $\boldsymbol{A}$ 的**谱**.设 $\lambda$ 是$\boldsymbol{A}$ 的一个特征值,若非零向量 $\boldsymbol{x}\in\mathbb{C}^n$ 满足

$$\lambda\boldsymbol{x}=\boldsymbol{A}\boldsymbol{x},$$

则称 $\boldsymbol{x}$ 是$\boldsymbol{A}$ 的对应于$\lambda$ 的**特征向量**,有时简称为 $\boldsymbol{A}$ 的特征向量.

关于特征值和特征向量有下述结论.

(1)$\boldsymbol{A}\in\mathbb{C}^{n\times n}$有 $n$ 个特征值$\lambda_i\in\mathbb{C}, i=1,2,\cdots,n$($k$ 重特征值以 $k$ 个计).注意,即使 $\boldsymbol{A}$ 是实矩阵,其特征值也可能是复数.

(2)$\boldsymbol{A}\in\mathbb{C}^{n\times n}$的 $n$ 个特征值之和等于$\boldsymbol{A}$ 的迹,即$\sum\limits_{i=1}^{n}\lambda_i=\operatorname{tr}\boldsymbol{A}$,而$\prod\limits_{i=1}^{n}\lambda_i=\det\boldsymbol{A}$.

(3)$\boldsymbol{A}$ 的对应于不同特征值的特征向量是线性无关的.

(4)若$\lambda$ 是$\boldsymbol{A}$ 的特征值,则$\lambda^m$ 是$\boldsymbol{A}^m(m\in\mathbb{N})$的特征值;又若 $\boldsymbol{x}$ 是$\boldsymbol{A}$ 的对应于 $\lambda$ 的特征向量,则 $\boldsymbol{x}$ 也是$\boldsymbol{A}^m$ 的对应于$\lambda^m$ 的特征向量.

(5)若 $\boldsymbol{A}$ 可逆,$\lambda_0$ 是 $\boldsymbol{A}$ 的特征值,则$\dfrac{1}{\lambda_0}$是 $\boldsymbol{A}^{-1}$的特征值.

$\boldsymbol{A}$ 的特征矩阵$\lambda\boldsymbol{E}-\boldsymbol{A}$ 的元素是$\lambda$ 的一次函数或常数.一般地,以函数为元素的矩阵叫做函数矩阵.特别地,以关于 $\lambda$ 的多项式为元素的矩阵叫做**多项式矩阵**或$\lambda$-矩阵,通常记为 $\boldsymbol{A}(\lambda),\boldsymbol{B}(\lambda),\cdots$.今后用$\mathbb{R}[\lambda]^{m\times n}$和$\mathbb{C}[\lambda]^{m\times n}$分别表示全体$m\times n$ 阶的元素是实系数和复系数多项式的矩阵的集合,当不必区分是实的或复的多项式矩阵时,也可以记为$\mathbb{K}[\lambda]^{m\times n}$.相应地,以常数为元素的矩阵叫做数字矩阵或常数矩阵,当然它也可视为特殊的多项式矩阵.多项式矩阵的行列式、子式、伴随矩阵、分块等概念以及加法、数乘、乘法及其运算法则,都与数字矩阵相同,不再赘述.多项式矩阵也有秩、可逆、初等变换等概念,但与数字矩阵不尽相同.

**定义 2.1** 设有 $\boldsymbol{A}(\lambda)\in\mathbb{K}[\lambda]^{m\times n}$,若 $\boldsymbol{A}(\lambda)$中有一个 $r(1\leqslant r\leqslant\min\{m,n\})$阶子式是非零多项式(即不恒为零),而一切 $r+1$ 阶子式(若有的话)都是零多项式(即0),则称 $\boldsymbol{A}(\lambda)$的**秩**为 $r$,记为$\operatorname{rank}\boldsymbol{A}(\lambda)=r$,规定零矩阵的秩为零,即 $\operatorname{rank}\boldsymbol{0}=0$.

由定义 2.1 知 $\boldsymbol{A}\in\mathbb{C}^{n\times n}$的特征矩阵$\lambda\boldsymbol{E}-\boldsymbol{A}$ 的秩为$n$.

**定义 2.2** 若 $\boldsymbol{A}(\lambda)\in\mathbb{K}[\lambda]^{n\times n}$,且 $\det\boldsymbol{A}(\lambda)$不恒为零,即

rark $\boldsymbol{A}(\lambda)=n$,则称$\boldsymbol{A}(\lambda)$是**满秩的或非奇异的**.

由定义2.2知任意方阵的特征矩阵都是满秩的.

**定义2.3**　设 $\boldsymbol{A}(\lambda)\in\mathbb{K}[\lambda]^{n\times n}$,若存在 $\boldsymbol{B}(\lambda)\in\mathbb{K}[\lambda]^{n\times n}$,使得

$$\boldsymbol{A}(\lambda)\boldsymbol{B}(\lambda)=\boldsymbol{B}(\lambda)\boldsymbol{A}(\lambda)=\boldsymbol{E},$$

则称 $\boldsymbol{A}(\lambda)$是**可逆的或单模态的**,$\boldsymbol{B}(\lambda)$称为 $\boldsymbol{A}(\lambda)$的逆矩阵.可逆的多项式矩阵的逆矩阵是唯一的.$\boldsymbol{A}(\lambda)$的逆矩阵记为 $\boldsymbol{A}^{-1}(\lambda)$.

应当注意,对于多项式矩阵来说,非奇异与可逆并不等价,而是有下述关系.

**定理2.1**　(1)若 $\boldsymbol{A}(\lambda)\in\mathbb{K}[\lambda]^{n\times n}$可逆,则 $\boldsymbol{A}(\lambda)$非奇异;反之不真.

(2)$\boldsymbol{A}(\lambda)\in\mathbb{K}[\lambda]^{n\times n}$可逆的充分必要条件是 det $\boldsymbol{A}(\lambda)$等于非零的常数 $c$.

**证明**　(1)若 $\boldsymbol{A}(\lambda)$可逆,则

$$\boldsymbol{A}(\lambda)\boldsymbol{A}^{-1}(\lambda)=\boldsymbol{E},$$

于是有

$$\det\boldsymbol{A}(\lambda)\cdot\det\boldsymbol{A}^{-1}(\lambda)=\det[\boldsymbol{A}(\lambda)\boldsymbol{A}^{-1}(\lambda)]=\det\boldsymbol{E}=1,$$

所以 det $\boldsymbol{A}(\lambda)$是非零的常数,从而 $\boldsymbol{A}(\lambda)$是非奇异的.

反之不真,例如 $\boldsymbol{A}(\lambda)=\begin{bmatrix}\lambda & 0\\ 0 & \lambda\end{bmatrix}$,det $\boldsymbol{A}(\lambda)=\lambda^2$ 是非零多项式,不是非零常数,故它是非奇异的,但不是可逆的.

(2)必要性已在(1)中证明了,现证充分性.设 det $\boldsymbol{A}(\lambda)=c\neq0$,$\boldsymbol{A}(\lambda)$的伴随矩阵记为 adj $\boldsymbol{A}(\lambda)$,则

$$\boldsymbol{A}(\lambda)\cdot\frac{1}{c}\operatorname{adj}\boldsymbol{A}(\lambda)=\frac{1}{c}\operatorname{adj}\boldsymbol{A}(\lambda)\cdot\boldsymbol{A}(\lambda)=\boldsymbol{E},$$

故 $\boldsymbol{A}(\lambda)$可逆,且 $\boldsymbol{A}^{-1}(\lambda)=\frac{1}{c}\operatorname{adj}\boldsymbol{A}(\lambda)$.　　证毕.

### 2.1.2　特征矩阵的 Smith 标准形

同研究数字矩阵一样,初等变换也是研究多项式矩阵的有效方法.

对多项式矩阵 $\boldsymbol{A}(\lambda)$施行的下述变换称为初等行(或列)变换:

(1)互换 $\boldsymbol{A}(\lambda)$的第 $i,j$ 两行(或第 $i,j$ 两列),记为

$$\boldsymbol{A}(\lambda)\xrightarrow{[i,j]}\boldsymbol{B}(\lambda)\quad(\text{或 }\boldsymbol{A}(\lambda)\xrightarrow[{[i,j]}]{}\boldsymbol{B}(\lambda));$$

(2) $\boldsymbol{A}(\lambda)$的第 $i$ 行(或第 $i$ 列)乘以非零常数 $a$,记为

$$\boldsymbol{A}(\lambda)\xrightarrow{[i(a)]}\boldsymbol{B}(\lambda)\quad(\text{或 }\boldsymbol{A}(\lambda)\xrightarrow[{[i(a)]}]{}\boldsymbol{B}(\lambda));$$

(3) $\boldsymbol{A}(\lambda)$的第 $j$ 行(或第 $j$ 列)乘以多项式 $\varphi(\lambda)$后再加到第 $i$ 行(或 $i$ 列)上去,记为

$$\boldsymbol{A}(\lambda)\xrightarrow{[i+j\cdot\varphi(\lambda)]}\boldsymbol{B}(\lambda)\quad(\text{或 }\boldsymbol{A}(\lambda)\xrightarrow[{[i+j\cdot\varphi(\lambda)]}]{}\boldsymbol{B}(\lambda)).$$

同样地,对多项式矩阵施行一次初等行(或列)变换,相当于左乘(或右乘)一个相应的初等矩阵.因为初等矩阵都是可逆的,因此施行有限次初等行(或列)变换的结果,就相当于左乘(或右乘)一个单模态矩阵.

**定义 2.4**　设有 $\boldsymbol{A}(\lambda),\boldsymbol{B}(\lambda)\in\mathbb{K}[\lambda]^{m\times n}$,若 $\boldsymbol{A}(\lambda)$可经过有限次初等变换化为$\boldsymbol{B}(\lambda)$,即存在单模态矩阵 $\boldsymbol{P}(\lambda)\in\mathbb{K}[\lambda]^{m\times m}$和 $\boldsymbol{Q}(\lambda)\in\mathbb{K}[\lambda]^{n\times n}$,使得

$$\boldsymbol{B}(\lambda)=\boldsymbol{P}(\lambda)\boldsymbol{A}(\lambda)\boldsymbol{Q}(\lambda),$$

则称 $\boldsymbol{A}(\lambda)$与 $\boldsymbol{B}(\lambda)$**等价**,记为 $\boldsymbol{A}(\lambda)\simeq\boldsymbol{B}(\lambda)$.

同数字矩阵一样,可以证明,初等变换不改变多项式矩阵的秩,故有如下定理.

**定理 2.2**　若 $\boldsymbol{A}(\lambda)\simeq\boldsymbol{B}(\lambda)$,则 $\operatorname{rank}\boldsymbol{A}(\lambda)=\operatorname{rank}\boldsymbol{B}(\lambda)$.

不难验证,多项式矩阵的等价关系"$\simeq$"具有如下性质:

(1)自反性　$\boldsymbol{A}(\lambda)\simeq\boldsymbol{A}(\lambda)$;

(2)对称性　若 $\boldsymbol{A}(\lambda)\simeq\boldsymbol{B}(\lambda)$,则 $\boldsymbol{B}(\lambda)\simeq\boldsymbol{A}(\lambda)$;

(3)传递性　若 $\boldsymbol{A}(\lambda)\simeq\boldsymbol{B}(\lambda)$,$\boldsymbol{B}(\lambda)\simeq\boldsymbol{C}(\lambda)$,则 $\boldsymbol{A}(\lambda)\simeq\boldsymbol{C}(\lambda)$.

一般地,凡具有上述三条性质的"关系",统称为等价关系.例如,数的相等关系、三角形的相似关系及集合的对等关系等都是等价关系.

$\mathbb{K}[\lambda]^{m\times n}$的全体元素可按关系"$\simeq$"分成若干个等价类.每一类中任意两个多项式矩阵都等价,不同类的矩阵不等价.彼此等价的多项式矩阵有许多共同的性质(例如它们的秩相同),因此在涉及这些共同性质时,只需就该等价类中形式最简单的代表元进行讨论,这个代表元通

常称为标准形或法式.

**定义 2.5**　若 $n$ 阶对角形矩阵

$$S(\lambda)=\begin{bmatrix} d_1(\lambda) & & & \\ & d_2(\lambda) & & \\ & & \ddots & \\ & & & d_n(\lambda) \end{bmatrix}$$

中,每一个不为零的 $d_i(\lambda)$ 都是首 1 多项式,且 $d_i(\lambda) \mid d_{i+1}(\lambda)$①, $i\in\{1,2,\cdots,n-1\}$,则称 $\boldsymbol{S}(\lambda)$ 是一个 **Smith 标准形**或法对角形.

由定义可知,若 $\boldsymbol{S}(\lambda)$ 是一个 Smith 标准形,则当 $d_i(\lambda)=1$ 且 $i>1$ 时,有 $d_1(\lambda)=d_2(\lambda)=\cdots=d_{i-1}(\lambda)=1$,而当 $d_k(\lambda)=0$ 且 $k<n$ 时,有 $d_{k+1}(\lambda)=\cdots=d_n(\lambda)=0$.

**定理 2.3**　任意 $\boldsymbol{A}(\lambda)\in\mathbb{K}[\lambda]^{n\times n}$ 都与一个 Smith 标准形 $\boldsymbol{S}(\lambda)$ 等价,并称这个 $\boldsymbol{S}(\lambda)$ 为 $\boldsymbol{A}(\lambda)$ 的 **Smith 标准形**.

**证明**　若 $\boldsymbol{A}(\lambda)$ 是零矩阵,则 $\boldsymbol{A}(\lambda)$ 本身就是一个 Smith 标准形.现证 $\boldsymbol{A}(\lambda)$ 是非零矩阵的情况.

在所有与 $\boldsymbol{A}(\lambda)$ 等价的多项式矩阵中,必存在(1,1)位置元素的次数最低者,将其记为

$$\boldsymbol{G}(\lambda)=[g_{ij}(\lambda)]\in\mathbb{K}[\lambda]^{n\times n},$$

即　$\boldsymbol{G}(\lambda)\simeq\boldsymbol{A}(\lambda)$,且对任意的 $\boldsymbol{B}(\lambda)=[b_{ij}(\lambda)]\simeq\boldsymbol{A}(\lambda)$,恒有

$$\deg g_{11}(\lambda)\leqslant\deg b_{11}(\lambda)\quad(\text{当 } b_{11}\neq 0 \text{ 时}),\tag{1}$$

于是必有　$g_{11}(\lambda)\mid g_{1j}(\lambda),\ g_{11}(\lambda)\mid g_{i1}(\lambda),\ i,j=2,3,\cdots,n$.

事实上,若 $g_{11}(\lambda)\nmid g_{1j}(\lambda)$,则应有

$$g_{1j}(\lambda)=g_{11}(\lambda)q_{1j}(\lambda)+r_{1j}(\lambda),$$

其中 $r_{1j}(\lambda)$ 是非零多项式,且 $\deg r_{1j}(\lambda)<\deg g_{11}(\lambda)$.进行初等变换

$$\boldsymbol{G}(\lambda)\xrightarrow[{[j-1\cdot q_{1j}(\lambda)]}]{}\boldsymbol{G}_1(\lambda)\xrightarrow[{[1,j]}]{}\boldsymbol{G}_2(\lambda).$$

因为 $\boldsymbol{G}_1(\lambda)$ 的 $(1,j)$ 位置的元素为 $r_{1j}(\lambda)$,故 $\boldsymbol{G}_2(\lambda)$ 的(1,1)位置的元

① 记号 $p(\lambda)\mid q(\lambda)$ 表示多项式 $p(\lambda)$ 能整除多项式 $q(\lambda)$,类似地 $p(\lambda)\nmid q(\lambda)$ 表示 $p(\lambda)$ 不能整除 $q(\lambda)$.

素为 $r_{1j}(\lambda)$,于是 $\boldsymbol{G}_2(\lambda)\simeq\boldsymbol{G}(\lambda)\simeq\boldsymbol{A}(\lambda)$,但 $\deg g_{11}(\lambda)>\deg r_{1j}(\lambda)$,这与式⟨1⟩矛盾,所以

$$g_{11}(\lambda)\mid g_{1j}(\lambda).$$

同理可证 $g_{11}(\lambda)\mid g_{i1}(\lambda)$.故 $\boldsymbol{G}(\lambda)$可通过初等变换化为

$$\boldsymbol{H}(\lambda)=\begin{bmatrix} g_{11}(\lambda) & 0 & 0 & \cdots & 0 \\ 0 & h_{22}(\lambda) & h_{23}(\lambda) & \cdots & h_{2n}(\lambda) \\ \vdots & \vdots & \vdots & & \vdots \\ 0 & h_{n2}(\lambda) & h_{n3}(\lambda) & \cdots & h_{nn}(\lambda) \end{bmatrix},$$

且可以证明 $g_{11}(\lambda)\mid h_{ij}(\lambda),i,j=2,\cdots,n$.如若不然,必有某个 $h_{ij}(\lambda)$ 不能被 $g_{11}(\lambda)$整除,则

$$h_{ij}(\lambda)=g_{11}(\lambda)q_{ij}(\lambda)+r_{ij}(\lambda),$$

其中 $r_{ij}(\lambda)$是非零多项式,且 $\deg r_{ij}(\lambda)<\deg g_{11}(\lambda)$.进行初等变换

$$\boldsymbol{H}(\lambda)\xrightarrow{[1+i]}\widetilde{\boldsymbol{H}}_1(\lambda)\xrightarrow[{[j-1\cdot q_{ij}(\lambda)]}]{}\widetilde{\boldsymbol{H}}_2(\lambda)\xrightarrow[{[1,j]}]{[1,i]}\widetilde{H}_3(\lambda),$$

$\widetilde{\boldsymbol{H}}_3(\lambda)$的(1,1)位置的元素为 $r_{ij}(\lambda)$,得 $\widetilde{\boldsymbol{H}}_3(\lambda)\simeq\boldsymbol{A}(\lambda)$,但 $\deg g_{11}(\lambda)>\deg r_{1j}(\lambda)$,这也与式⟨1⟩矛盾.令

$$\boldsymbol{H}_1(\lambda)=\begin{bmatrix} h_{22}(\lambda) & \cdots & h_{2n}(\lambda) \\ \vdots & & \vdots \\ h_{n2}(\lambda) & \cdots & h_{nn}(\lambda) \end{bmatrix},$$

当 $\boldsymbol{H}_1(\lambda)$不是零矩阵时,对 $\boldsymbol{H}_1(\lambda)$使用上述方法得

$$\boldsymbol{H}_1(\lambda)\simeq\boldsymbol{\Phi}(\lambda)=\begin{bmatrix} \varphi_{22}(\lambda) & 0 & \cdots & 0 \\ 0 & \varphi_{33}(\lambda) & \cdots & \varphi_{3n}(\lambda) \\ \vdots & \vdots & & \vdots \\ 0 & \varphi_{n3}(\lambda) & \cdots & \varphi_{nn}(\lambda) \end{bmatrix},$$

且 $\varphi_{22}(\lambda)\mid\varphi_{ij}(\lambda),i,j=3,4,\cdots,n$.

因为 $\boldsymbol{H}_1(\lambda)\simeq\boldsymbol{\Phi}(\lambda)$,且 $g_{11}(\lambda)\mid h_{ij}(\lambda)$,故 $g_{11}(\lambda)$也能除尽 $\boldsymbol{\Phi}(\lambda)$的所有元素.至此我们得到

$$A(\lambda)\simeq\begin{bmatrix} g_{11}(\lambda) & 0 & 0 & \cdots & 0 \\ 0 & \varphi_{22}(\lambda) & 0 & \cdots & 0 \\ 0 & 0 & \varphi_{33}(\lambda) & \cdots & \varphi_{3n}(\lambda) \\ \vdots & \vdots & \vdots & & \vdots \\ 0 & 0 & \varphi_{n3}(\lambda) & \cdots & \varphi_{nn}(\lambda) \end{bmatrix},$$

且 $g_{11}(\lambda)\mid\varphi_{22}(\lambda),\varphi_{22}(\lambda)\mid\varphi_{ij}(\lambda),i,j=3,4,\cdots,n$.

继续以上作法,经过 $n-1$ 次之后得

$$A(\lambda)\simeq\begin{bmatrix} f_1(\lambda) & & & \\ & f_2(\lambda) & & \\ & & \ddots & \\ & & & f_n(\lambda) \end{bmatrix},$$

其中 $f_i(\lambda)\mid f_{i+1}(\lambda),i=1,2,\cdots,n-1$.

最后,当 $f_i(\lambda)$为非零多项式时,以 $f_i(\lambda)$的首项系数去除第 $i$ 行即得 $A(\lambda)$的 Smith 标准形.　　证毕.

**定理** 2.4　对任意 $A\in\mathbb{C}^{n\times n}$,其特征矩阵 $\lambda E-A$ 的 Smith 标准形 $S(\lambda)=\mathrm{diag}(d_1(\lambda),d_2(\lambda),\cdots,d_n(\lambda))$中,所有 $d_i(\lambda)$都是非零多项式.称 $d_i(\lambda)$为 $\lambda E-A$ 的**第 $i$ 个不变因子**,$i=1,2,\cdots,n$.

**证明**　因为 $\mathrm{rank}(\lambda E-A)=n$,由定理 2.2 知 $\mathrm{rank}\ S(\lambda)=n$.所以每个 $d_i(\lambda)$都是非零多项式.

定理 2.3 表明,可用初等变换求多项式矩阵的 Smith 标准形.

**例** 2.1　设 $A=\begin{bmatrix} 4 & 6 & 0 \\ -3 & -5 & 0 \\ -3 & -6 & 1 \end{bmatrix}$,求 $\lambda E-A$ 的 Smith 标准形和不变因子.

**解**

$$\lambda E-A=\begin{bmatrix} \lambda-4 & -6 & 0 \\ 3 & \lambda+5 & 0 \\ 3 & 6 & \lambda-1 \end{bmatrix}$$

$$\xrightarrow{[1,2]}\begin{bmatrix}3 & \lambda+5 & 0\\ \lambda-4 & -6 & 0\\ 3 & 6 & \lambda-1\end{bmatrix}$$

$$\xrightarrow{[3+1\cdot(-1)]}\begin{bmatrix}3 & \lambda+5 & 0\\ \lambda-4 & -6 & 0\\ 0 & -\lambda+1 & \lambda-1\end{bmatrix}$$

$$\xrightarrow[{[2+3]}]{\left[1\cdot\left(\frac{1}{3}\right)\right]}\begin{bmatrix}1 & \frac{1}{3}(\lambda+5) & 0\\ \lambda-4 & -6 & 0\\ 0 & 0 & \lambda-1\end{bmatrix}$$

$$\xrightarrow{[2+1\cdot(-\lambda+4)]}\begin{bmatrix}1 & \frac{1}{3}(\lambda+5) & 0\\ 0 & \frac{-1}{3}(\lambda^2+\lambda-2) & 0\\ 0 & 0 & \lambda-1\end{bmatrix}$$

$$\xrightarrow[{\left[2+1\cdot\left(\frac{\lambda+5}{-3}\right)\right]}]{[2\cdot(-3)]}\begin{bmatrix}1 & 0 & 0\\ 0 & \lambda^2+\lambda-2 & 0\\ 0 & 0 & \lambda-1\end{bmatrix}$$

$$\xrightarrow[{[2,3]}]{[2,3]}\begin{bmatrix}1 & & \\ & \lambda-1 & \\ & & (\lambda-1)(\lambda+2)\end{bmatrix}.$$

$\lambda\boldsymbol{E}-\boldsymbol{A}$ 的三个不变因子分别是

$$d_1(\lambda)=1,\quad d_2(\lambda)=\lambda-1,\quad d_3(\lambda)=(\lambda-1)(\lambda+2).$$

对于任意的多项式矩阵 $\boldsymbol{A}(\lambda)\in\mathbb{K}[\lambda]^{m\times n}$，也可经有限次初等变换化为 Smith 标准形

$$\begin{bmatrix}\boldsymbol{S}(\lambda) & \boldsymbol{0}\\ \boldsymbol{0} & \boldsymbol{0}\end{bmatrix},$$

这是一个分块对角形矩阵.其中左上角的对角矩阵

$$\boldsymbol{S}(\lambda)=\mathrm{diag}(d_1(\lambda),d_2(\lambda),\cdots,d_r(\lambda)),$$

$1\leqslant r=\mathrm{rank}\,\boldsymbol{A}(\lambda)\leqslant\min\{m,n\}$，$d_i(\lambda)$是首 1 多项式，且 $d_i(\lambda)\mid d_{i+1}(\lambda)$，

$i=1,2,\cdots,r-1$.而右下角的零矩阵可能不出现.$d_i(\lambda)$称为$\boldsymbol{A}(\lambda)$的第 $i$ 个不变因子,$i=1,2,\cdots,r$.

## 2.2　特征矩阵的行列式因子与初等因子

### 2.2.1　行列式因子

**定义** 2.6　设$\boldsymbol{A}\in\mathbb{C}^{n\times n}$,$\lambda\boldsymbol{E}-\boldsymbol{A}$ 中一切非零的$k(1\leqslant k\leqslant n,k\in\mathbb{N})$阶子式的首 1 的最高公因式称为 $\lambda\boldsymbol{E}-\boldsymbol{A}$ 的 $k$ **阶行列式因子**,记为$D_k(\lambda)$.

在例 2.1 中,$\lambda\boldsymbol{E}-\boldsymbol{A}$ 的不为零的全部一阶子式

$$\lambda-4,\quad -6,\quad 3,\quad \lambda+5,\quad 6,\quad \lambda-1$$

的首 1 最高公因式为 1,故 $D_1(\lambda)=1$.不为零的全部二阶子式

$$(\lambda-1)(\lambda+5),\quad 3(\lambda-1),\quad -3(\lambda-1),\quad -6(\lambda-1),$$
$$(\lambda-1)(\lambda-4),\quad 6(\lambda-1),\quad (\lambda-1)(\lambda+2)$$

的首 1 最高公因式为 $\lambda-1$,故 $D_2(\lambda)=\lambda-1$.由于 3 阶子式只有$\det(\lambda\boldsymbol{E}-\boldsymbol{A})=(\lambda-1)^2(\lambda+2)$,且它是首 1 的,故

$$D_3(\lambda)=(\lambda-1)^2(\lambda+2).$$

由定义可知,$\lambda\boldsymbol{E}-\boldsymbol{A}$ 的各阶行列式因子$D_k(\lambda)(k=1,2,\cdots,n)$是由 $\lambda\boldsymbol{E}-\boldsymbol{A}$(从而由 $\boldsymbol{A}$)唯一确定的.

**定理** 2.5　初等变换不改变 $\lambda\boldsymbol{E}-\boldsymbol{A}$ 的各阶行列式因子.

由初等变换定义及行列式的性质可证明此定理,具体证明过程请见[6],此处从略.

当 $n$ 较大时,按定义求各阶行列式因子相当复杂.一般说来,当 $n\geqslant3$ 时,先对 $\lambda\boldsymbol{E}-\boldsymbol{A}$ 施行若干次初等变换后,再求其行列式因子较为方便.特别地,若已知 $\lambda\boldsymbol{E}-\boldsymbol{A}$ 的 Smith 标准形,则可立即写出它的各阶行列式因子:

$$D_1(\lambda)=d_1(\lambda),D_2(\lambda)=d_1(\lambda)d_2(\lambda),\cdots,$$
$$D_n(\lambda)=d_1(\lambda)d_2(\lambda)\cdots d_n(\lambda).\tag{2.1}$$

由式(2.1)可知,$D_i(\lambda)\mid D_{i+1}(\lambda)$,$i=1,2,\cdots,n-1$.此外注意到 $D_n(\lambda)$

$=\det(\lambda\boldsymbol{E}-\boldsymbol{A})$是有益的.

若在式(2.1)中解出 $d_i(\lambda)$,便有

$$d_1(\lambda)=D_1(\lambda),d_2(\lambda)=\frac{D_2(\lambda)}{D_1(\lambda)},\cdots,d_n(\lambda)=\frac{D_n(\lambda)}{D_{n-1}(\lambda)}. \tag{2.2}$$

由式(2.2)及行列因子的唯一性可知,$\lambda\boldsymbol{E}-\boldsymbol{A}$ 的不变因子也是由 $\lambda\boldsymbol{E}-\boldsymbol{A}$(从而由 $\boldsymbol{A}$)唯一确定的.这就证明了 $\lambda\boldsymbol{E}-\boldsymbol{A}$ 的 Smith 标准形的唯一性.

由于 $\lambda\boldsymbol{E}-\boldsymbol{A}$ 的不变因子和行列式因子都是由 $\boldsymbol{A}$ 唯一确定的,故有时将它们简称为 $\boldsymbol{A}$ 的不变因子和行列式因子.

**例 2.2**　求

$$\boldsymbol{A}(\lambda)=\begin{bmatrix}\lambda & & & & & & a_n\\ -1 & \lambda & & & & & a_{n-1}\\ & -1 & \lambda & & & & a_{n-2}\\ & & -1 & \ddots & & & \vdots\\ & & & \ddots & \ddots & & \vdots\\ & & & & \ddots & \lambda & a_2\\ & & & & & -1 & \lambda+a_1\end{bmatrix}$$

(空白处元素为 0)的 Smith 标准形.

**解**　记 $\varphi(\lambda)=\lambda^n+a_1\lambda^{n-1}+\cdots+a_{n-1}\lambda+a_n$,则

$$\det\boldsymbol{A}(\lambda)=\begin{vmatrix}\lambda & & & & & & a_n\\ -1 & \lambda & & & & & a_{n-1}\\ & -1 & \lambda & & & & a_{n-2}\\ & & -1 & \ddots & & & \vdots\\ & & & \ddots & \ddots & & \vdots\\ & & & & \ddots & \lambda & a_2\\ & & & & & -1 & \lambda+a_1\end{vmatrix}$$

$$\xlongequal[(i=2,3,\cdots,n)]{[1+i\cdot(\lambda^{i-1})]}\begin{vmatrix} 0 & 0 & 0 & & & \varphi(\lambda) \\ -1 & \lambda & 0 & & & a_{n-1} \\ & -1 & \lambda & & & a_{n-2} \\ & & \ddots & \ddots & & \vdots \\ & & & \ddots & \lambda & a_2 \\ & & & & -1 & \lambda+a_1 \end{vmatrix}$$

$$=(-1)^{1+n}\varphi(\lambda)\begin{vmatrix} -1 & \lambda & & & \\ & -1 & \lambda & & \\ & & -1 & \ddots & \\ & & & \ddots & \lambda \\ & & & & -1 \end{vmatrix}$$

$$=\varphi(\lambda),$$

所以　　$$D_n(\lambda)=\lambda^n+a_1\lambda^{n-1}+\cdots+a_{n-1}\lambda+a_n.$$

又因为有一个 $n-1$ 阶子式

$$\begin{vmatrix} -1 & \lambda & & & \\ & -1 & \lambda & & \\ & & -1 & \ddots & \\ & & & \ddots & \lambda \\ & & & & -1 \end{vmatrix}=(-1)^{n-1}$$

是不为零的常数,故 $D_{n-1}(\lambda)=1$,于是

$$D_{n-2}(\lambda)=D_{n-3}(\lambda)=\cdots=D_1(\lambda)=1.$$

因此

$$d_1(\lambda)=d_2(\lambda)=\cdots=d_{n-1}(\lambda)=1,$$

$$d_n(\lambda)=\lambda^n+a_1\lambda^{n-1}+\cdots+a_{n-1}\lambda+a_n.$$

$\boldsymbol{A}(\lambda)$的 Smith 标准形为

$$\begin{bmatrix} 1 & & & & \\ & 1 & & & \\ & & \ddots & & \\ & & & 1 & \\ & & & & \lambda^n+a_1\lambda^{n-1}+\cdots+a_{n-1}\lambda+a_n \end{bmatrix}.$$

对于一般的多项式矩阵 $\boldsymbol{A}(\lambda)\in\mathbb{K}[\lambda]^{m\times n}$，只要将 $n$ 改为 $r(=\operatorname{rank}\boldsymbol{A}(\lambda))$，上述关于行列式因子的定义及定理 2.5、公式(2.1)和(2.2)对 $\boldsymbol{A}(\lambda)$ 仍然是成立的.

### 2.2.2 初等因子

**定义** 2.7　设 $d_1(\lambda),d_2(\lambda),\cdots,d_n(\lambda)$ 是 $\lambda\boldsymbol{E}-\boldsymbol{A}$ 的 $n$ 个不变因子，在 $\mathbb{C}$ 上将每个 $d_i(\lambda)$ 分解成一次因式的方幂之乘积

$$d_i(\lambda)=(\lambda-\lambda_1)^{k_{i1}}(\lambda-\lambda_2)^{k_{i2}}\cdots(\lambda-\lambda_j)^{k_{ij}}\cdots(\lambda-\lambda_t)^{k_{it}}$$

(其中 $k_{ij}\in\mathbb{N}\cup\{0\},i=1,2,\cdots,n,j=1,2,\cdots,t$，且 $\sum\limits_{j=1}^{t}k_{ij}=\deg d_i(\lambda)$，当 $l\neq j$ 时，$\lambda_l\neq\lambda_j$). $k_{ij}>0$ 的那些因式 $(\lambda-\lambda_j)^{k_{ij}}(i=1,2,\cdots,n,j=1,2,\cdots,t)$ 统称为 $\lambda\boldsymbol{E}-\boldsymbol{A}$ 的**初等因子**，$\lambda\boldsymbol{E}-\boldsymbol{A}$ 的全部初等因子称为 $\lambda\boldsymbol{E}-\boldsymbol{A}$ 的初等因子组(计算初等因子组中初等因子的个数时，重复出现的按出现的次数计).

所有 $(\lambda-\lambda_j)^{k_{ij}}$ 都称为与 $\lambda-\lambda_j$ 相当的初等因子. 由于 $d_i(\lambda)\mid d_{i+1}(\lambda)$，所以必有

$$k_{1j}\leqslant k_{2j}\leqslant\cdots\leqslant k_{nj},j=1,2,\cdots,t.$$

例 2.1 中 $\lambda\boldsymbol{E}-\boldsymbol{A}$ 的不变因子为 $d_1(\lambda)=1,d_2(\lambda)=\lambda-1,d_3(\lambda)=(\lambda-1)(\lambda+2)$，于是初等因子组为

$$\lambda-1,\quad\lambda-1,\quad\lambda+2.$$

类似地可定义一般多项式矩阵 $\boldsymbol{A}(\lambda)\in\mathbb{K}[\lambda]^{m\times n}$ 的初等因子.

若已知 $\boldsymbol{A}(\lambda)$ 的初等因子组，则也能很快写出 $\boldsymbol{A}(\lambda)$ 的不变因子. 因为初等因子组是由各个 $d_i(\lambda)(i=1,2,\cdots,r)$ 分解而得的，而且 $d_i(\lambda)\mid d_{i+1}(\lambda)$，故与 $\lambda-\lambda_j$ 相当的各初等因子中，方幂最高的一个必出现在 $d_r(\lambda)$ 中，余下的方幂最高的一个必出现在 $d_{r-1}(\lambda)$ 中，依次类推. 这就是说，与 $\lambda-\lambda_j$ 相当的各初等因子出现在第几个不变因子的分解式中，是由 $\boldsymbol{A}(\lambda)$ 唯一确定的.

**例** 2.3　设 $\boldsymbol{A}\in\mathbb{C}^{4\times 4}$，已知 $\lambda\boldsymbol{E}-\boldsymbol{A}$ 的初等因子组为

$$\lambda,\quad\lambda^2,\quad\lambda+1,$$

求 $\lambda\boldsymbol{E}-\boldsymbol{A}$ 的 Smith 标准形.

**解**　$d_4(\lambda)=\lambda^2(\lambda+1)$，　$d_3(\lambda)=\lambda$，　$d_2(\lambda)=1$，　$d_1(\lambda)=1$，故 $\lambda\boldsymbol{E}-\boldsymbol{A}$ 的 Smith 标准形为

$$S(\lambda)=\begin{bmatrix}1 & & & \\ & 1 & & \\ & & \lambda & \\ & & & \lambda^2(\lambda+1)\end{bmatrix}.$$

综合前述关于多项式矩阵的讨论，可以得出下面的结果.

**定理 2.6**　设 $\boldsymbol{A}(\lambda),\boldsymbol{B}(\lambda)\in\mathbb{K}[\lambda]^{m\times n}$，则下列各条件等价：

(1)$\boldsymbol{A}(\lambda)\simeq\boldsymbol{B}(\lambda)$；

(2)$\boldsymbol{A}(\lambda)$与 $\boldsymbol{B}(\lambda)$有相同的各阶行列式因子；

(3)$\boldsymbol{A}(\lambda)$与 $\boldsymbol{B}(\lambda)$有相同的不变因子；

(4)$\boldsymbol{A}(\lambda)$与 $\boldsymbol{B}(\lambda)$有相同的 Smith 标准形；

(5)$\boldsymbol{A}(\lambda)$与 $\boldsymbol{B}(\lambda)$有相同的秩和相同的初等因子组.

**注意**　对于(5)若去掉条件“有相同的秩”，则结论可能不成立.例如

$$\boldsymbol{A}(\lambda)=\begin{bmatrix}1 & & \\ & 1 & \\ & & \lambda(\lambda+1)\end{bmatrix}\text{与 }\boldsymbol{B}(\lambda)=\begin{bmatrix}1 & & \\ & \lambda(\lambda+1) & \\ & & 0\end{bmatrix},$$

有相同的初等因子组 $\lambda,(\lambda+1)$.但显然不等价，因为它们的秩不同.

### 2.2.3　初等因子的求法

根据定义求初等因子时，为了求出不变因子，就必须先求 $\boldsymbol{A}(\lambda)$的 Smith 标准形或各阶行列式因子，一般说来是很麻烦的.但定理 2.6 表明，等价的多项式矩阵有相同的初等因子组，这就为简化求初等因子组的运算提供了依据.下面先介绍两个结论(但不予证明)，然后举例说明初等因子的求法.

**结论 1**　若 $\boldsymbol{A}(\lambda)$与一个对角形多项式矩阵等价，即

$$A(\lambda)\simeq\begin{bmatrix} f_1(\lambda) & & & & & & \\ & f_2(\lambda) & & & & & \\ & & \ddots & & & & \\ & & & f_r(\lambda) & & & \\ & & & & 0 & & \\ & & & & & \ddots & \\ & & & & & & 0 \end{bmatrix},$$

则多项式 $f_1(\lambda),f_2(\lambda),\cdots,f_r(\lambda)$的所有一次因式的方幂(首 1 的)就组成了 $A(\lambda)$的初等因子组.

**结论 2** 若 $A(\lambda)$与一个准对角(即分块对角)多项式矩阵等价,即

$$A(\lambda)\simeq\begin{bmatrix} A_1(\lambda) & & & \\ & A_2(\lambda) & & \\ & & \ddots & \\ & & & A_r(\lambda) \end{bmatrix},$$

则 $A_1(\lambda),A_2(\lambda),\cdots,A_r(\lambda)$的初等因子的全体就是 $A(\lambda)$的初等因子组.

**例 2.4** 求

$$A(\lambda)=\begin{bmatrix} \lambda+1 & -1 & 0 \\ 4 & \lambda-3 & 0 \\ -1 & 0 & \lambda-2 \end{bmatrix}$$

的初等因子组.

**解**

$$A(\lambda)\simeq\begin{bmatrix} 0 & -1 & 0 \\ \lambda^2-2\lambda+1 & \lambda-3 & 0 \\ -1 & 0 & \lambda-2 \end{bmatrix}$$

$$\simeq\begin{bmatrix} -1 & 0 & 0 \\ \lambda-3 & \lambda^2-2\lambda+1 & 0 \\ 0 & -1 & \lambda-2 \end{bmatrix}=B(\lambda).$$

因为 $\det B(\lambda)=-(\lambda-2)(\lambda^2-2\lambda+1)$,所以 $D_3(\lambda)=(\lambda-2)(\lambda^2-2\lambda$

$+1)$，又由于 $\begin{vmatrix} -1 & 0 \\ 0 & -1 \end{vmatrix} = 1 \neq 0$，故 $D_2(\lambda)=1, D_1(\lambda)=1$. 因此

$$d_1(\lambda)=d_2(\lambda)=1,\quad d_3(\lambda)=(\lambda-2)(\lambda^2-2\lambda+1),$$

而初等因子组为　$\lambda-2,(\lambda-1)^2$.

**例 2.5**　求

$$A(\lambda)=\begin{bmatrix} 0 & 0 & 0 & \lambda^2 \\ 0 & 0 & \lambda^2-\lambda & 0 \\ 0 & (\lambda-1)^2 & 0 & 0 \\ \lambda^2-\lambda & 0 & 0 & 0 \end{bmatrix}$$

的 Smith 标准形.

**解**　因为

$$A(\lambda)\simeq\begin{bmatrix} \lambda^2 & & & \\ & \lambda^2-\lambda & & \\ & & (\lambda-1)^2 & \\ & & & \lambda^2-\lambda \end{bmatrix},$$

所以 $A(\lambda)$ 的初等因子组为

$$\lambda,\quad \lambda,\quad \lambda^2,\quad \lambda-1,\quad \lambda-1,\quad (\lambda-1)^2.$$

于是 $A(\lambda)$ 的不变因子为

$$d_4(\lambda)=\lambda^2(\lambda-1)^2,\quad d_3(\lambda)=\lambda(\lambda-1),$$
$$d_2(\lambda)=\lambda(\lambda-1),\quad d_1(\lambda)=1.$$

故 $A(\lambda)$ 的 Smith 标准形是

$$\begin{bmatrix} 1 & & & \\ & \lambda(\lambda-1) & & \\ & & \lambda(\lambda-1) & \\ & & & \lambda^2(\lambda-1)^2 \end{bmatrix}.$$

**例 2.6**　求

$$A(\lambda)=\begin{bmatrix} 1 & 0 & 0 & \lambda \\ \lambda & 0 & 0 & 0 \\ 0 & \lambda & 0 & 0 \\ 0 & 0 & \lambda-1 & 0 \end{bmatrix}$$

的初等因子组.

**解**

$$A(\lambda)\simeq\begin{bmatrix}\lambda & 1 & 0 & 0\\ 0 & \lambda & 0 & 0\\ 0 & 0 & \lambda & 0\\ 0 & 0 & 0 & \lambda-1\end{bmatrix}=\begin{bmatrix}A_1(\lambda) & \\ & A_2(\lambda)\end{bmatrix},$$

易知 $A_1(\lambda)$的初等因子为 $\lambda^2$,$A_2(\lambda)$的初等因子组为 $\lambda,\lambda-1$.故 $A(\lambda)$的初等因子组为 $\lambda,\lambda^2,\lambda-1$.

## 2.3 矩阵的相似标准形

### 2.3.1 矩阵相似的充分必要条件

**定义** 2.8 设有 $A,B\in\mathbb{C}^{n\times n}$,若存在可逆矩阵 $P\in\mathbb{C}^{n\times n}$,使得 $P^{-1}AP=B$,则称 $A$ 与 $B$ **相似**,记为 $A\sim B$.通常将映射 $A\mapsto B=P^{-1}AP$称为**相似变换**,而可逆矩阵 $P$ 称为**相似变换矩阵**.

容易验证矩阵的相似关系也具有自反性、对称性和传递性,即它是集合$\mathbb{C}^{n\times n}$上的一种等价关系.

由定义 2.8 知,若 $A\sim B$,则存在可逆方阵 $P$,使得 $B=P^{-1}AP$,于是

$$\lambda E-B=\lambda E-P^{-1}AP=P^{-1}(\lambda E-A)P.$$

因 $P,P^{-1}$是可逆的数字矩阵,自然是单模态的,故$\lambda E-A\simeq\lambda E-B$.反之,也可以证明(因证明过程复杂,故从略):若 $\lambda E-A\simeq\lambda E-B$,则 $A\sim B$.这就得到了判定同阶方阵是否相似的一种简便方法.

**定理** 2.7 设 $A,B\in\mathbb{C}^{n\times n}$,则 $A\sim B$ 的充分必要条件是

$$\lambda E-A\simeq\lambda E-B.$$

定理 2.6 给出了判断 $\lambda E-A$ 与 $\lambda E-B$ 等价的许多方法,从而也就有了许多判定两个矩阵相似的方法.

**例** 2.7 证明

$$A=\begin{bmatrix}-1 & 1 & 0\\ -4 & 3 & 0\\ 1 & 0 & 2\end{bmatrix}\text{ 与 }J=\begin{bmatrix}2 & 0 & 0\\ 0 & 1 & 0\\ 0 & 1 & 1\end{bmatrix}$$

相似.

**证明**　由例 2.4 知，$\lambda\boldsymbol{E}-\boldsymbol{A}$ 的初等因子组为 $\lambda-2,(\lambda-1)^2$，且易求出

$$\lambda\boldsymbol{E}-\boldsymbol{J}=\begin{bmatrix}\lambda-2 & 0 & 0\\ 0 & \lambda-1 & 0\\ 0 & -1 & \lambda-1\end{bmatrix}$$

的初等因子组也是 $\lambda-2,(\lambda-1)^2$，由定理 2.6 知 $\lambda\boldsymbol{E}-\boldsymbol{A}\simeq\lambda\boldsymbol{E}-\boldsymbol{J}$，故 $\boldsymbol{A}\sim\boldsymbol{J}$.

### 2.3.2　Jordan 标准形

形式最简单的方阵是对角形矩阵.我们知道，即使是在复数域上，也不是所有方阵都可以对角化的.一个 $n$ 阶方阵可对角化的充分必要条件是：$\boldsymbol{A}$ 有 $n$ 个线性无关的特征向量或对 $\boldsymbol{A}$ 的每个 $k_i$ 重特征值 $\lambda_i$，特征矩阵 $\lambda_i\boldsymbol{E}-\boldsymbol{A}$ 的秩为 $n-k_i$.下面还将给出 $\boldsymbol{A}$ 可对角化的其他一些充分必要条件.

如果将对角化的要求降低为“准对角化”，则对于所有 $n$ 阶方阵 $\boldsymbol{A}$，就都可找到一个与之相似的准对角形矩阵 $\boldsymbol{J}=\mathrm{diag}(\boldsymbol{J}_1,\cdots,\boldsymbol{J}_i,\cdots,\boldsymbol{J}_s)$，其中每个 $\boldsymbol{J}_i$ 的特征矩阵 $\lambda\boldsymbol{E}_i-\boldsymbol{J}_i$ 只有一个初等因子 $(\lambda-\lambda_i)^{n_i}$ $\left(\sum\limits_{i=1}^{s}n_i=n\right)$.这样的分块对角矩阵（包括对角矩阵）$\boldsymbol{J}$ 就称为 $\boldsymbol{A}$ 的 Jordan 标准形.

$$n_i\text{ 阶方阵}\quad \boldsymbol{J}_i=\begin{bmatrix}\lambda_i & & & & \\ 1 & \lambda_i & & & \\ & 1 & \lambda_i & & \\ & & \ddots & \ddots & \\ & & & 1 & \lambda_i\end{bmatrix}$$

称为属于（或对应于）初等因子 $(\lambda-\lambda_i)^{n_i}$ 的 Jordan 块①.

显然 $(\lambda-\lambda_i)^{n_i}$ 是 $\lambda\boldsymbol{E}_i-\boldsymbol{J}_i$（其中 $\boldsymbol{E}_i$ 是 $n_i$ 阶单位矩阵）的唯一初等

---

① 也可将 Jordan 块写为 $\begin{bmatrix}\lambda_i & 1 & & & \\ & \lambda_i & 1 & & \\ & & \lambda_i & \ddots & \\ & & & \ddots & 1\\ & & & & \lambda_i\end{bmatrix}$.

因子.

**定义 2.9** $n$ 阶准对角形矩阵

$$J=\begin{bmatrix} J_1 & & & \\ & J_2 & & \\ & & \ddots & \\ & & & J_s \end{bmatrix},$$

称为一个 **Jordan 标准形**,其中 $J_i$ 是 $n_i$ 阶 Jordan 块,$\sum_{i=1}^{s} n_i = n$.

例 2.7 中的 $J=\begin{bmatrix} 2 & & \\ & 1 & \\ & 1 & 1 \end{bmatrix}$就是一个 Jordan 标准形.

**定理 2.8** 任何 $A\in\mathbb{C}^{n\times n}$ 都与一个 Jordan 标准形相似,除了各Jordan块排列的次序外,与 $A$ 相似的 Jordan 标准形是由 $A$ 唯一确定的.

**证明** 设 $A$ 的特征矩阵 $\lambda E-A$ 的初等因子组为

$$(\lambda-\lambda_1)^{n_1},\cdots,(\lambda-\lambda_i)^{n_i},\cdots,(\lambda-\lambda_s)^{n_s},$$

其中 $\sum_{i=1}^{s} n_i = n$.又设 $J_i$ 是属于$(\lambda-\lambda_i)^{n_i}$的 Jordan 块($i=1,2,\cdots,s$).要证

$$A\sim J=\begin{bmatrix} J_1 & & & \\ & J_2 & & \\ & & \ddots & \\ & & & J_s \end{bmatrix},$$

根据定理 2.6 和 2.7,只需证明 $\lambda E-J$ 的初等因子组也是$(\lambda-\lambda_1)^{n_1}$,$\cdots$,$(\lambda-\lambda_i)^{n_i}$,$\cdots$,$(\lambda-\lambda_s)^{n_s}$即可.事实上,

$$\begin{aligned}\lambda E-J &= \lambda E-\mathrm{diag}(J_1,J_2,\cdots,J_s)\\ &= \mathrm{diag}(\lambda E_1-J_1,\lambda E_2-J_2,\cdots,\lambda E_s-J_s),\end{aligned}$$

其中 $E_i$ 是 $n_i$ 阶单位矩阵($i=1,2,\cdots,s$).因为$(\lambda-\lambda_i)^{n_i}$是$\lambda E_i-J_i$ 的唯一的初等因子($i=1,2,\cdots,s$),所以 $\lambda E-J$ 的初等因子组为

$$(\lambda-\lambda_1)^{n_1},(\lambda-\lambda_2)^{n_2},\cdots,(\lambda-\lambda_s)^{n_s}.$$

因为各个 Jordan 块 $J_i$ 是由 $A$ 的初等因子组唯一确定的,因此若不

计各 $J_i$ 的排列次序，则 $J$ 是唯一的，并将 $J$ 称为 $A$ 的 Jordan **标准形**.

证毕.

当 $n_1 = n_2 = \cdots = n_n = 1$，即 $\lambda E - A$ 的初等因子都是一次方幂时，Jordan 标准形就是对角形. 于是有如下定理.

**定理 2.9**　$A \in \mathbb{C}^{n\times n}$ 能对角化的充分必要条件是 $\lambda E - A$ 的初等因子都是一次方幂.

这里给出了矩阵可对角化的又一个充分必要条件，其证明作为练习留给读者.

求方阵 $A \in \mathbb{C}^{n\times n}$ 的 Jordan 标准形的关键在于求 $\lambda E - A$ 的各个初等因子及其所属的 Jordan 块，举例说明如下.

**例 2.8**　设

$$A = \begin{bmatrix} 13 & 16 & 16 \\ -5 & -7 & -6 \\ -6 & -8 & -7 \end{bmatrix},$$

求 $A$ 的 Jordan 标准形 $J$.

**解**

$$\lambda E - A = \begin{bmatrix} \lambda - 13 & -16 & -16 \\ 5 & \lambda + 7 & 6 \\ 6 & 8 & \lambda + 7 \end{bmatrix} \simeq \begin{bmatrix} 1 & -\lambda + 1 & \lambda + 1 \\ 5 & \lambda + 7 & 6 \\ \lambda - 13 & -16 & -16 \end{bmatrix}$$

$$\simeq \begin{bmatrix} 1 & -\lambda + 1 & \lambda + 1 \\ 0 & 6\lambda + 2 & -5\lambda + 1 \\ 0 & \lambda^2 - 14\lambda - 3 & -\lambda^2 + 12\lambda - 3 \end{bmatrix}$$

$$\simeq \begin{bmatrix} 1 & 0 & 0 \\ 0 & \lambda + 3 & -5\lambda + 1 \\ 0 & -2(\lambda + 3) & -\lambda^2 + 12\lambda - 3 \end{bmatrix}$$

$$\simeq \begin{bmatrix} 1 & 0 & 0 \\ 0 & \lambda + 3 & 5\lambda - 1 \\ 0 & 0 & (\lambda - 1)^2 \end{bmatrix},$$

显然 $D_1(\lambda) = 1, D_3(\lambda) = (\lambda + 3)(\lambda - 1)^2$. 又因为

$$\begin{vmatrix} 1 & 0 \\ 0 & \lambda+3 \end{vmatrix} = \lambda+3 \text{ 与 } \begin{vmatrix} 1 & 0 \\ 0 & (\lambda-1)^2 \end{vmatrix} = (\lambda-1)^2$$

没有公因式,故 $D_2(\lambda)=1$.因此

$$d_1(\lambda)=d_2(\lambda)=1,\ d_3(\lambda)=(\lambda+3)(\lambda-1)^2,$$

初等因子组为 $\lambda+3,(\lambda-1)^2$.

属于 $\lambda+3$ 的 Jordan 块 $\boldsymbol{J}_1=[-3]$,属于$(\lambda-1)^2$ 的 Jordan 块

$$\boldsymbol{J}_2=\begin{bmatrix} 1 & 0 \\ 1 & 1 \end{bmatrix},$$

所以

$$\boldsymbol{A} \sim \boldsymbol{J}=\begin{bmatrix} \boldsymbol{J}_1 & \\ & \boldsymbol{J}_2 \end{bmatrix}=\begin{bmatrix} -3 & 0 & 0 \\ 0 & 1 & 0 \\ 0 & 1 & 1 \end{bmatrix}.$$

**例 2.9** 设

$$\boldsymbol{A}=\left[\begin{array}{cc:ccc} 0 & -1 & & & \\ 1 & 0 & & \boldsymbol{0} & \\ \hdashline & & -1 & 1 & 0 \\ & \boldsymbol{0} & -4 & 3 & 0 \\ & & 1 & 0 & 2 \end{array}\right],$$

求 $\boldsymbol{A}$ 的 Jordan 标准形 $\boldsymbol{J}$.

**解** 设

$$\boldsymbol{A}_1=\begin{bmatrix} 0 & -1 \\ 1 & 0 \end{bmatrix},\quad \boldsymbol{A}_2=\begin{bmatrix} -1 & 1 & 0 \\ -4 & 3 & 0 \\ 1 & 0 & 2 \end{bmatrix},$$

则

$$\boldsymbol{A}=\begin{bmatrix} \boldsymbol{A}_1 & \boldsymbol{0} \\ \boldsymbol{0} & \boldsymbol{A}_2 \end{bmatrix}.$$

$\boldsymbol{A}_1,\boldsymbol{A}_2$ 的 Jordan 标准形分别记为 $\boldsymbol{J}^{(1)}$ 与 $\boldsymbol{J}^{(2)}$.于是有

$$\lambda\boldsymbol{E}_1-\boldsymbol{A}_1 \simeq \lambda\boldsymbol{E}_1-\boldsymbol{J}^{(1)},\quad \lambda\boldsymbol{E}_2-\boldsymbol{A}_2 \simeq \lambda\boldsymbol{E}_2-\boldsymbol{J}^{(2)},$$

从而

$$\begin{aligned}\lambda E - A &= \lambda E - \mathrm{diag}(A_1, A_2) = \mathrm{diag}(\lambda E_1 - A_1, \lambda E_2 - A_2)\\ &\simeq \mathrm{diag}(\lambda E_1 - J^{(1)}, \lambda E_2 - J^{(2)}) = \lambda E - \mathrm{diag}(J^{(1)}, J^{(2)}).\end{aligned}$$

所以

$$A \sim \mathrm{diag}(J^{(1)}, J^{(2)}).$$

又因为　$\mathrm{diag}(J^{(1)}, J^{(2)})$是一个 Jordan 标准形,故

$$J = \mathrm{diag}(J^{(1)}, J^{(2)}).$$

不难求得

$$J^{(1)} = \begin{bmatrix} \mathrm{i} & 0 \\ 0 & -\mathrm{i} \end{bmatrix}, \quad J^{(2)} = \begin{bmatrix} 2 & 0 & 0 \\ 0 & 1 & 0 \\ 0 & 1 & 1 \end{bmatrix} \quad (\text{见例 } 2.7),$$

所以

$$A \sim J = \begin{bmatrix} \mathrm{i} & 0 & 0 & 0 & 0 \\ 0 & -\mathrm{i} & 0 & 0 & 0 \\ 0 & 0 & 2 & 0 & 0 \\ 0 & 0 & 0 & 1 & 0 \\ 0 & 0 & 0 & 1 & 1 \end{bmatrix}.$$

在第 4 章及后续课程中,读者将会看到,矩阵的 Jordan 标准形有着广泛的用途.但是,我们也注意到,即使是实矩阵,由于其特征值不一定是实数,故在实数范围内求实矩阵的 Jordan 标准形有时是不可能的.这时,我们需要引入其他类型的相似标准形.由于篇幅所限,本书只介绍有理标准形.

### 2.3.3　有理标准形

设有首 1 多项式 $\varphi(\lambda) = \lambda^n + a_1\lambda^{n-1} + \cdots + a_{n-1}\lambda + a_n$,　$n$ 阶方阵

$$C = \begin{bmatrix} 0 & 0 & \cdots & 0 & -a_n \\ 1 & 0 & \cdots & 0 & -a_{n-1} \\ 0 & 1 & \cdots & 0 & -a_{n-2} \\ \vdots & \vdots & & \vdots & \vdots \\ 0 & 0 & \cdots & 0 & -a_2 \\ 0 & 0 & \cdots & 1 & -a_1 \end{bmatrix} = \begin{bmatrix} 0 \quad 0 \quad \cdots \quad 0 & -a_n \\ & -a_{n-1} \\ E_{n-1} & \vdots \\ & -a_2 \\ & -a_1 \end{bmatrix}$$

称为 $\varphi(\lambda)$的**相伴矩阵**.

**定理 2.10** 设 $\boldsymbol{A}\in\mathbb{C}^{n\times n}$,若特征矩阵 $\lambda\boldsymbol{E}-\boldsymbol{A}$ 的非常数的不变因子为

$$\varphi_i(\lambda)=\lambda^{n_i}+a_{i1}\lambda^{n_i-1}+\cdots+a_{i(n_i-1)}\lambda+a_{in_i}\quad(\sum_{i=1}^{s}n_i=n),$$

则 $$\boldsymbol{A}\sim\boldsymbol{C}=\mathrm{diag}(\boldsymbol{C}_1,\boldsymbol{C}_2,\cdots,\boldsymbol{C}_s),$$

其中 $\boldsymbol{C}_i$ 是$\varphi_i(\lambda)$的相伴矩阵,$i=1,2,\cdots,s$.

**证明** 因为

$$\lambda\boldsymbol{E}-\boldsymbol{C}=\mathrm{diag}(\lambda\boldsymbol{E}_1-\boldsymbol{C}_1,\lambda\boldsymbol{E}_2-\boldsymbol{C}_2,\cdots,\lambda\boldsymbol{E}_s-\boldsymbol{C}_s),$$

而

$$\lambda\boldsymbol{E}_i-\boldsymbol{C}_i=\begin{bmatrix}\lambda & & & & a_{in_i}\\ -1 & \lambda & & & a_{i(n_i-1)}\\ & -1 & \ddots & & \vdots\\ & & \ddots & \lambda & a_{i2}\\ & & & -1 & \lambda+a_{i1}\end{bmatrix}$$

$$\simeq\begin{bmatrix}1 & & & & \\ & 1 & & & \\ & & \ddots & & \\ & & & \ddots & \\ & & & & \lambda^{n_i}+a_{i1}\lambda^{n_i-1}+\cdots+a_{in_i}\end{bmatrix}$$

(见例 2.2),$i=1,2,\cdots,s$.

由上节结论 2 知,$\lambda\boldsymbol{E}-\boldsymbol{C}$ 的非常数不变因子为

$$\lambda^{n_i}+a_1\lambda^{n_i-1}+\cdots+a_{i(n_i-1)}\lambda+a_{in_i}=\varphi_i(\lambda),\quad i=1,2,\cdots,s.$$

于是

$$\lambda\boldsymbol{E}-\boldsymbol{A}\simeq\lambda\boldsymbol{E}-\boldsymbol{C},$$

所以 $\boldsymbol{A}\sim\boldsymbol{C}$. 证毕.

因为不变因子不因初等变换而改变,故 $\boldsymbol{C}_i$ 是唯一确定的,因此当不计各 $\boldsymbol{C}_i$ 的排列次序时,$\boldsymbol{C}$ 也是唯一确定的,称 $\boldsymbol{C}$ 为 $\boldsymbol{A}$ **的有理标准**

形.求矩阵 $\boldsymbol{A}$ 的有理标准形,关键是求出 $\lambda\boldsymbol{E}-\boldsymbol{A}$ 的非常数不变因子及其相伴矩阵.

**例** 2.10　求

$$\boldsymbol{A}=\left[\begin{array}{cc|ccc} 0 & 1 & 0 & 0 & 0 \\ -1 & 0 & 0 & 0 & 0 \\ \hline 0 & 0 & 0 & 1 & 1 \\ 0 & 0 & 1 & 0 & 1 \\ 0 & 0 & 1 & 1 & 0 \end{array}\right]$$

的 Jordan 标准形 $\boldsymbol{J}$ 和有理标准形 $\boldsymbol{C}$.

**解**　令

$$\boldsymbol{A}_1=\begin{bmatrix} 0 & 1 \\ -1 & 0 \end{bmatrix},\quad \boldsymbol{A}_2=\begin{bmatrix} 0 & 1 & 1 \\ 1 & 0 & 1 \\ 1 & 1 & 0 \end{bmatrix}.$$

$\lambda\boldsymbol{E}-\boldsymbol{A}_1=\begin{bmatrix} \lambda & -1 \\ 1 & \lambda \end{bmatrix}$ 的初等因子组为　$\lambda-\mathrm{i},\lambda+\mathrm{i}$.

$$\lambda\boldsymbol{E}-\boldsymbol{A}_2=\begin{bmatrix} \lambda & -1 & -1 \\ -1 & \lambda & -1 \\ -1 & -1 & \lambda \end{bmatrix}\simeq\begin{bmatrix} 0 & -\lambda-1 & \lambda^2-1 \\ 0 & \lambda+1 & -\lambda-1 \\ -1 & -1 & \lambda \end{bmatrix}$$

$$\simeq\begin{bmatrix} 1 & 0 & 0 \\ 0 & \lambda+1 & -\lambda-1 \\ 0 & -\lambda-1 & \lambda^2-1 \end{bmatrix}\simeq\begin{bmatrix} 1 & 0 & 0 \\ 0 & \lambda+1 & 0 \\ 0 & 0 & \lambda^2-\lambda-2 \end{bmatrix}$$

的初等因子组为　$\lambda+1,\lambda+1,\lambda-2$.因此 $\lambda\boldsymbol{E}-\boldsymbol{A}$ 的初等因子组是

$$\lambda-\mathrm{i},\quad \lambda+\mathrm{i},\quad \lambda+1,\quad \lambda+1,\quad \lambda-2.$$

其不变因子为

$$d_1(\lambda)=d_2(\lambda)=d_3(\lambda)=1,$$

$$d_4(\lambda)=\lambda+1,$$

$$d_5(\lambda)=(\lambda^2+1)(\lambda+1)(\lambda-2)=\lambda^4-\lambda^3-\lambda^2-\lambda-2,$$

故

$$J=\begin{bmatrix} i & & & & \\ & -i & & & \\ & & -1 & & \\ & & & -1 & \\ & & & & 2 \end{bmatrix}, C=\begin{bmatrix} -1 & 0 & 0 & 0 & 0 \\ 0 & 0 & 0 & 0 & 2 \\ 0 & 1 & 0 & 0 & 1 \\ 0 & 0 & 1 & 0 & 1 \\ 0 & 0 & 0 & 1 & 1 \end{bmatrix}.$$

## 2.4 矩阵的零化多项式与最小多项式

### 2.4.1 零化多项式

设有 $\boldsymbol{A}\in\mathbb{K}^{n\times n}$ 及 $\varphi(\lambda)=a_0\lambda^s+a_1\lambda^{s-1}+\cdots+a_{s-1}\lambda+a_s\in\mathbb{K}[\lambda]$.
称
$$\varphi(\boldsymbol{A})=a_0\boldsymbol{A}^s+a_1\boldsymbol{A}^{s-1}+\cdots+a_{s-1}\boldsymbol{A}+a_s\boldsymbol{E}\in\mathbb{K}^{n\times n}$$
为 $n$ 阶方阵 $\boldsymbol{A}$ 的多项式.当 $a_0\neq 0$,称 $\varphi(\boldsymbol{A})$是 $s$ 次的矩阵多项式.

**定义** 2.10 设 $\boldsymbol{A}\in\mathbb{C}^{n\times n}$ 且 $\boldsymbol{A}\neq\boldsymbol{0}$.若存在非零多项式 $\varphi(\lambda)\in\mathbb{C}[\lambda]$,使得 $\varphi(\boldsymbol{A})=\boldsymbol{0}$,则称 $\varphi(\lambda)$是 $\boldsymbol{A}$ 的一个**零化多项式**.

例如,若 $\boldsymbol{A}^2=\boldsymbol{E}$,则 $\varphi(\lambda)=\lambda^2-1$ 是 $\boldsymbol{A}$ 的一个零化多项式.

是不是任意的非零方阵都有零化多项式呢?回答是肯定的,而且不只一个.因为对任意的 $\boldsymbol{A}\in\mathbb{C}^{n\times n}$,在 $n^2$ 维向量空间$\mathbb{C}^{n\times n}$中,下述 $n^2+1$ 个向量
$$\boldsymbol{E},\boldsymbol{A},\boldsymbol{A}^2,\cdots,\boldsymbol{A}^n,\boldsymbol{A}^{n+1},\cdots,\boldsymbol{A}^{n^2}$$
必定线性相关,故存在不全为零的 $n^2+1$ 个数 $a_i\in\mathbb{C}(i=0,1,\cdots,n^2)$,使得
$$a_0\boldsymbol{A}^{n^2}+a_1\boldsymbol{A}^{n^2-1}+\cdots+a_{n^2-1}\boldsymbol{A}+a_{n^2}\boldsymbol{E}=\boldsymbol{0},$$
即非零多项式
$$\varphi(\lambda)=a_0\lambda^{n^2}+a_1\lambda^{n^2-1}+\cdots+a_{n^2-1}\lambda+a_{n^2}$$
是 $\boldsymbol{A}$ 的一个零化多项式.

下面的定理 2.11 说明了方阵的零化多项式不唯一.

在介绍定理 2.11 之前,我们指出:任何 $m\times n$ 阶多项式矩阵 $\boldsymbol{A}(\lambda)$,都可以表示成以 $m\times n$ 阶数字矩阵为系数的多项式.$\boldsymbol{A}(\lambda)$中各元素的最高次数称为该多项式的次数,记为 $\deg\boldsymbol{A}(\lambda)$.例如

$$A(\lambda)=\begin{bmatrix}\lambda^2+1 & 1 & \lambda^3+\lambda\\ \lambda^3 & -\lambda^2 & 5\lambda\end{bmatrix}$$

$$=\begin{bmatrix}0 & 0 & 1\\ 1 & 0 & 0\end{bmatrix}\lambda^3+\begin{bmatrix}1 & 0 & 0\\ 0 & -1 & 0\end{bmatrix}\lambda^2+\begin{bmatrix}0 & 0 & 1\\ 0 & 0 & 5\end{bmatrix}\lambda+\begin{bmatrix}1 & 1 & 0\\ 0 & 0 & 0\end{bmatrix},$$

这里 $\deg \boldsymbol{A}(\lambda)=3$.

**定理** 2.11(Hamilton-Cayley 定理)　方阵的特征多项式是其零化多项式.

**证明**　设有 $\boldsymbol{A}\in\mathbb{C}^{n\times n}$, $f(\lambda)=\det(\lambda\boldsymbol{E}-\boldsymbol{A})=\lambda^n+a_1\lambda^{n-1}+\cdots+a_{n-1}\lambda+a_n$,欲证

$$f(\boldsymbol{A})=\boldsymbol{A}^n+a_1\boldsymbol{A}^{n-1}+\cdots+a_{n-1}\boldsymbol{A}+a_n\boldsymbol{E}=\boldsymbol{0}.$$

$\lambda\boldsymbol{E}-\boldsymbol{A}$ 的伴随矩阵 $\boldsymbol{B}(\lambda)=\operatorname{adj}(\lambda\boldsymbol{E}-\boldsymbol{A})$ 在 $(i,j)$ 位置的元素 $b_{ij}(\lambda)$ 是 $\lambda\boldsymbol{E}-\boldsymbol{A}$ 的代数余子式,故 $\deg b_{ij}(\lambda)\leqslant n-1$,于是 $\boldsymbol{B}(\lambda)$ 可表示为

$$\boldsymbol{B}(\lambda)=\boldsymbol{B}_0\lambda^{n-1}+\boldsymbol{B}_1\lambda^{n-2}+\cdots+\boldsymbol{B}_{n-2}\lambda+\boldsymbol{B}_{n-1},$$

其中 $\boldsymbol{B}_0,\boldsymbol{B}_1,\cdots,\boldsymbol{B}_n$ 都是 $n$ 阶数字矩阵.因此

$$\begin{aligned}&(\lambda\boldsymbol{E}-\boldsymbol{A})\cdot\operatorname{adj}(\lambda\boldsymbol{E}-\boldsymbol{A})\\ &=(\lambda\boldsymbol{E}-\boldsymbol{A})(\boldsymbol{B}_0\lambda^{n-1}+\boldsymbol{B}_1\lambda^{n-2}+\cdots+\boldsymbol{B}_{n-2}\lambda+\boldsymbol{B}_{n-1})\\ &=\boldsymbol{B}_0\lambda^n+(\boldsymbol{B}_1-\boldsymbol{A}\boldsymbol{B}_0)\lambda^{n-1}+\cdots+(\boldsymbol{B}_{n-1}-\boldsymbol{A}\boldsymbol{B}_{n-2})\lambda-\boldsymbol{A}\boldsymbol{B}_{n-1},\end{aligned}$$

又

$$\begin{aligned}(\lambda\boldsymbol{E}-\boldsymbol{A})\cdot\operatorname{adj}(\lambda\boldsymbol{E}-\boldsymbol{A})&=\det(\lambda\boldsymbol{E}-\boldsymbol{A})\cdot\boldsymbol{E}=f(\lambda)\boldsymbol{E}\\ &=\boldsymbol{E}\lambda^n+a_1\boldsymbol{E}\lambda^{n-1}+\cdots+a_{n-1}\boldsymbol{E}\lambda+a_n\boldsymbol{E},\end{aligned}$$

于是得　$\boldsymbol{B}_0=\boldsymbol{E}$,　$\boldsymbol{B}_1-\boldsymbol{A}\boldsymbol{B}_0=a_1\boldsymbol{E}$,　$\boldsymbol{B}_2-\boldsymbol{A}\boldsymbol{B}_1=a_2\boldsymbol{E}$,　……,

$\boldsymbol{B}_{n-1}-\boldsymbol{A}\boldsymbol{B}_{n-2}=a_{n-1}\boldsymbol{E}$,　$-\boldsymbol{A}\boldsymbol{B}_{n-1}=a_n\boldsymbol{E}$.

以 $\boldsymbol{A}^n,\boldsymbol{A}^{n-1},\cdots,\boldsymbol{A},\boldsymbol{E}$ 自上至下依次左乘等式两边,然后相加得

$$\boldsymbol{0}=\boldsymbol{A}^n+a_1\boldsymbol{A}^{n-1}+\cdots+a_{n-1}\boldsymbol{A}+a_n\boldsymbol{E}=f(\boldsymbol{A}).$$

证毕.

可以用此定理简化求矩阵多项式的运算,因为对于任意的 $\boldsymbol{A}\in\mathbb{C}^{n\times n}$,当 $k\geqslant n$ 时,$\boldsymbol{A}$ 的 $k$ 次多项式可转化为次数小于 $n$ 的多项式来计算.

**例 2.11**　设

$$A=\begin{bmatrix}1 & 0 & 2\\ 0 & -1 & 1\\ 0 & 1 & 0\end{bmatrix},$$

求　$$2A^8-3A^5+A^4+A^2-4E.$$

**解**　若直接计算,则需求 $A^8$,计算量很大,若使用 Hamilton-Cayley 定理,则只需计算 $A^2$.

$$f(\lambda)=\begin{vmatrix}\lambda-1 & 0 & -2\\ 0 & \lambda+1 & -1\\ 0 & -1 & \lambda\end{vmatrix}=\lambda^3-2\lambda+1,$$

记 $g(A)=2A^8-3A^5+A^4+A^2-4E$.以 $f(\lambda)$去除 $g(\lambda)=2\lambda^8-3\lambda^5+\lambda^4+\lambda^2-4$ 得余式 $r(\lambda)=24\lambda^2-37\lambda+10$ 及商式 $q(\lambda)$,即

$$g(\lambda)=f(\lambda)q(\lambda)+r(\lambda)=f(\lambda)q(\lambda)+24\lambda^2-37\lambda+10.$$

所以　$$g(A)=f(A)q(A)+r(A)=r(A)=24A^2-37A+10E$$

$$=\begin{bmatrix}-3 & 48 & -26\\ 0 & 95 & -61\\ 0 & -61 & 34\end{bmatrix}.$$

### 2.4.2　最小多项式

**定义** 2.11　$A$ 的次数最低且首 1 的零化多项式 $m(\lambda)$,称为 $A$ 的**最小多项式**.

由定义及定理 2.11 可知,$n$ 阶方阵 $A$ 的最小多项式 $m(\lambda)$一定存在且次数不超过 $n$.最小多项式还有下述重要性质:

(1)最小多项式能整除任一零化多项式;

(2)最小多项式是唯一的;

(3)最小多项式与特征多项式有相同的零点,不同的只可能是零点的重数;

(4)最小多项式等于特征矩阵的最后一个不变因子.

**证明**　设 $A\in\mathbb{C}^{n\times n}$ 且 $A\neq 0$, $m(\lambda)$是 $A$ 的最小多项式,$f(\lambda)$是 $A$ 的特征多项式.

(1)因为对于 $A$ 的任一零化多项式 $\varphi(\lambda)$,有 $\deg m(\lambda)\leqslant\deg\varphi(\lambda)$,于是 $\varphi(\lambda)=m(\lambda)\psi(\lambda)+r(\lambda)$,且

$$\deg r(\lambda) < \deg m(\lambda), \tag{*}$$

故只需证明 $r(\lambda) \equiv 0$.

假设 $r(\lambda)$ 不恒为零. 由 $\varphi(\boldsymbol{A}) = \boldsymbol{0}, m(\boldsymbol{A}) = \boldsymbol{0}$, 知 $r(\boldsymbol{A}) = \boldsymbol{0}$, 即 $r(\lambda)$ 是 $\boldsymbol{A}$ 的一个零化多项式. 于是有

$$\deg r(\lambda) \geqslant \deg m(\lambda),$$

与 $(*)$ 式矛盾, 所以 $r(\lambda) \equiv 0$, 即 $m(\lambda) \mid \varphi(\lambda)$.

(2)请读者自证.

(3)由 Hamilton-Cayley 定理及性质(1)知

$$f(\lambda) = m(\lambda) q(\lambda), q(\lambda) \in \mathbb{C}[\lambda].$$

若 $\lambda_0$ 是 $m(\lambda)$ 的任一零点, 即 $m(\lambda_0) = 0$, 则

$$f(\lambda_0) = m(\lambda_0) q(\lambda_0) = 0,$$

即 $\lambda_0$ 也是 $f(\lambda)$ 的零点.

反之, 设 $\lambda_0$ 是 $f(\lambda)$ 的任一零点, 即 $\lambda_0$ 是 $\boldsymbol{A}$ 的特征值. 设 $\boldsymbol{x}_0 \in \mathbb{C}^n$ 是对应于 $\lambda_0$ 的特征向量, 则有 $\boldsymbol{A}\boldsymbol{x}_0 = \lambda \boldsymbol{x}_0$, 且 $\boldsymbol{x}_0 \neq \boldsymbol{0}$.

设　$m(\lambda) = \lambda^s + b_1 \lambda^{s-1} + \cdots + b_{s-1}\lambda + b_s, \quad 1 \leqslant s \leqslant n,$

于是有

$$\begin{aligned}
m(\boldsymbol{A})\boldsymbol{x}_0 &= \boldsymbol{A}^s \boldsymbol{x}_0 + b_1 \boldsymbol{A}^{s-1} \boldsymbol{x}_0 + \cdots + b_{s-1} \boldsymbol{A}\boldsymbol{x}_0 + b_s \boldsymbol{E}\boldsymbol{x}_0 \\
&= \boldsymbol{A}^{s-1} \boldsymbol{A}\boldsymbol{x}_0 + b_1 \boldsymbol{A}^{s-2} \boldsymbol{A}\boldsymbol{x}_0 + \cdots + b_{s-1} \boldsymbol{A}\boldsymbol{x}_0 + b_s \boldsymbol{E}\boldsymbol{x}_0 \\
&= \boldsymbol{A}^{s-1} \lambda_0 \boldsymbol{x}_0 + b_1 \boldsymbol{A}^{s-2} \lambda_0 \boldsymbol{x}_0 + \cdots + b_{s-1} \lambda_0 \boldsymbol{x}_0 + b_s \boldsymbol{x}_0 \\
&= \lambda_0 \boldsymbol{A}^{s-2} \boldsymbol{A}\boldsymbol{x}_0 + \lambda_0 b_1 \boldsymbol{A}^{s-3} \boldsymbol{A}\boldsymbol{x}_0 + \cdots + b_{s-1} \lambda_0 \boldsymbol{x}_0 + b_s \boldsymbol{x}_0 \\
&= \lambda_0^2 \boldsymbol{A}^{s-2} \boldsymbol{x}_0 + \lambda_0^2 b_1 \boldsymbol{A}^{s-3} \boldsymbol{x}_0 + \cdots + b_{s-1} \lambda_0 \boldsymbol{x}_0 + b_s \boldsymbol{x}_0 \\
&= \cdots\cdots \\
&= \lambda_0^{s-1} \boldsymbol{A}\boldsymbol{x}_0 + b_1 \lambda_0^{s-1} \boldsymbol{x}_0 + \cdots + b_{s-1} \lambda_0 \boldsymbol{x}_0 + b_s \boldsymbol{x}_0 \\
&= \lambda_0^{s-1} \lambda_0 \boldsymbol{x}_0 + b_1 \lambda_0^{s-1} \boldsymbol{x}_0 + \cdots + b_{s-1} \lambda_0 \boldsymbol{x}_0 + b_s \boldsymbol{x}_0 \\
&= (\lambda_0^s + b_1 \lambda_0^{s-1} + \cdots + b_{s-1} \lambda_0 + b_s) \boldsymbol{x}_0 \\
&= m(\lambda_0) \boldsymbol{x}_0.
\end{aligned}$$

因为 $m(\boldsymbol{A}) = \boldsymbol{0}, \boldsymbol{x}_0 \neq \boldsymbol{0}$, 所以 $m(\lambda_0) = 0$.

显然, 当 $f(\lambda)$ 无重零点时, $m(\lambda) = f(\lambda)$.

(4)设 $\lambda \boldsymbol{E} - \boldsymbol{A}$ 的最后一个, 即第 $n$ 个不变因子为 $d_n(\lambda)$. 由于 $\lambda \boldsymbol{E} - \boldsymbol{A}$ 的 $n-1$ 阶行列式因子 $D_{n-1}(\lambda)$ 是伴随矩阵 adj $(\lambda \boldsymbol{E} - \boldsymbol{A})$ 各元素

的最高公因式,令

$$\operatorname{adj}(\lambda\boldsymbol{E}-\boldsymbol{A})=D_{n-1}(\lambda)\boldsymbol{C}(\lambda),$$

则多项式矩阵 $\boldsymbol{C}(\lambda)$的各元素互质.由

$$\operatorname{adj}(\lambda\boldsymbol{E}-\boldsymbol{A})\cdot(\lambda\boldsymbol{E}-\boldsymbol{A})=\det(\lambda\boldsymbol{E}-\boldsymbol{A})\cdot\boldsymbol{E},$$

即

$$D_{n-1}(\lambda)\boldsymbol{C}(\lambda)(\lambda\boldsymbol{E}-\boldsymbol{A})=D_n(\lambda)\boldsymbol{E},$$

得

$$\boldsymbol{C}(\lambda)(\lambda\boldsymbol{E}-\boldsymbol{A})=\frac{D_n(\lambda)}{D_{n-1}(\lambda)}\boldsymbol{E}=d_n(\lambda)\boldsymbol{E}. \qquad \langle 1\rangle$$

设 $d_n(\lambda)=\lambda^s+b_1\lambda^{s-1}+\cdots+b_{s-1}\lambda+b_s,\quad 1\leqslant s\leqslant n,$
则多项式矩阵 $\boldsymbol{C}(\lambda)$可表示成以数字矩阵为系数的 $s-1$ 次多项式

$$\boldsymbol{C}(\lambda)=\boldsymbol{C}_0\lambda^{s-1}+\boldsymbol{C}_1\lambda^{s-2}+\cdots+\boldsymbol{C}_{s-2}\lambda+\boldsymbol{C}_{s-1}.$$

将 $d_n(\lambda)$及 $\boldsymbol{C}(\lambda)$的表达式代入式⟨1⟩并应用证明定理 2.11 中的同样技巧,不难验证 $d_n(\boldsymbol{A})=\boldsymbol{0}$,即 $d_n(\lambda)$是 $\boldsymbol{A}$ 的零化多项式,所以 $m(\lambda)\mid d_n(\lambda)$.

另一方面,由 $\xi-\eta$ 能除尽 $m(\xi)-m(\eta)$,于是有

$$m(\xi)-m(\eta)=(\xi-\eta)g(\xi,\eta),$$

其中 $g(\xi,\eta)$是一个二元多项式.用 $\lambda\boldsymbol{E}$ 代 $\xi$,用 $\boldsymbol{A}$ 代 $\eta$ 得

$$m(\lambda\boldsymbol{E})-m(\boldsymbol{A})=(\lambda\boldsymbol{E}-\boldsymbol{A})g(\lambda\boldsymbol{E},\boldsymbol{A}),$$

即

$$m(\lambda)\boldsymbol{E}=(\lambda\boldsymbol{E}-\boldsymbol{A})g(\lambda\boldsymbol{E},\boldsymbol{A}).$$

等式两边左乘以 $\operatorname{adj}(\lambda\boldsymbol{E}-\boldsymbol{A})$得

$$\begin{aligned}m(\lambda)\operatorname{adj}(\lambda\boldsymbol{E}-\boldsymbol{A})&=\operatorname{adj}(\lambda\boldsymbol{E}-\boldsymbol{A})\cdot(\lambda\boldsymbol{E}-\boldsymbol{A})g(\lambda\boldsymbol{E},\boldsymbol{A})\\&=\det(\lambda\boldsymbol{E}-\boldsymbol{A})\cdot g(\lambda\boldsymbol{E},\boldsymbol{A}),\end{aligned}$$

即

$$m(\lambda)D_{n-1}(\lambda)\boldsymbol{C}(\lambda)=D_n(\lambda)g(\lambda\boldsymbol{E},\boldsymbol{A}),$$

所以

$$m(\lambda)\boldsymbol{C}(\lambda)=d_n(\lambda)g(\lambda\boldsymbol{E},\boldsymbol{A}).$$

上式表明,$d_n(\lambda)$能整除多项式矩阵 $m(\lambda)\boldsymbol{C}(\lambda)$的各个元素,但 $\boldsymbol{C}(\lambda)$的各元素互质,故 $d_n(\lambda)\mid m(\lambda)$.

由于 $m(\lambda)$和 $d_n(\lambda)$都是首 1 多项式,所以

$$m(\lambda)=d_n(\lambda).$$

证毕.

**例 2.12**　试证相似矩阵有相同的最小多项式.并举例说明逆命题不真.

**证明**　设 $\boldsymbol{A}$ 与 $\boldsymbol{B}$ 相似且最小多项式分别为 $m(\lambda)$ 与 $\varphi(\lambda)$. 假定

$$m(\lambda)=\lambda^s+b_1\lambda^{s-1}+\cdots+b_{s-1}\lambda+b_s,$$

则

$$m(\boldsymbol{A})=\boldsymbol{A}^s+b_1\boldsymbol{A}^{s-1}+\cdots+b_{s-1}\boldsymbol{A}+b_s\boldsymbol{E}=\boldsymbol{0}.$$

设 $\boldsymbol{B}=\boldsymbol{P}^{-1}\boldsymbol{AP}$, 又 $\boldsymbol{B}^k=(\boldsymbol{P}^{-1}\boldsymbol{AP})^k=\boldsymbol{P}^{-1}\boldsymbol{A}^k\boldsymbol{P}\quad(k\in\mathbb{N})$,

故

$$\begin{aligned}m(\boldsymbol{B})&=\boldsymbol{B}^s+b_1\boldsymbol{B}^{s-1}+\cdots+b_{s-1}\boldsymbol{B}+b_s\boldsymbol{E}\\&=\boldsymbol{P}^{-1}(\boldsymbol{A}^s+b_1\boldsymbol{A}^{s-1}+\cdots+b_{s-1}\boldsymbol{A}+b_s\boldsymbol{E})\boldsymbol{P}\\&=\boldsymbol{P}^{-1}m(\boldsymbol{A})\boldsymbol{P}=\boldsymbol{0},\end{aligned}$$

即 $m(\lambda)$是 $\boldsymbol{B}$ 的零化多项式. 由性质(1)知 $\varphi(\lambda)\mid m(\lambda)$. 同理可证 $m(\lambda)\mid\varphi(\lambda)$. 故$m(\lambda)=\varphi(\lambda)$. 于是命题得证. 反之不真, 例如矩阵

$$\boldsymbol{A}=\begin{bmatrix}2&0&0\\0&1&0\\0&0&1\end{bmatrix}\quad与\quad\boldsymbol{B}=\begin{bmatrix}2&0&0\\0&2&0\\0&0&1\end{bmatrix},$$

显然不相似, 但却有相同的最小多项式$(\lambda-1)(\lambda-2)$.

事实上, 由定理 2.7、2.6(3)及性质(4)即知命题为真.

下面举例说明最小多项式的求法.

**例 2.13**　求

$$\boldsymbol{A}=\begin{bmatrix}2&1&0\\-4&-2&0\\2&1&0\end{bmatrix}$$

的最小多项式.

**解**

$$f(\lambda)=\begin{vmatrix}\lambda-2&-1&0\\4&\lambda+2&0\\-2&-1&\lambda\end{vmatrix}=\lambda^3,$$

$\boldsymbol{A}$ 的最小多项式只可能是$\lambda,\lambda^2,\lambda^3$ 三者之一. 因 $\boldsymbol{A}\neq\boldsymbol{0}$, 故 $m(\lambda)\neq\lambda$. 因为

$$\boldsymbol{A}^2=\begin{bmatrix}2&1&0\\-4&-2&0\\2&1&0\end{bmatrix}^2=\boldsymbol{0},$$

所以 $\boldsymbol{A}$ 的最小多项式$m(\lambda)=\lambda^2$.

为便于记忆,我们不妨把例 2.13 中求最小多项式的方法称为“分解-检验法”.

**例 2.14**　求

$$A=\begin{bmatrix}7&4&-1\\4&7&-1\\-4&-4&4\end{bmatrix}$$

的最小多项式 $m(\lambda)$.

**解**

$$\begin{aligned}\lambda E-A&=\begin{bmatrix}\lambda-7&-4&1\\-4&\lambda-7&1\\4&4&\lambda-4\end{bmatrix}\simeq\begin{bmatrix}\lambda-7&-4&1\\-\lambda+3&\lambda-3&0\\0&\lambda-3&\lambda-3\end{bmatrix}\\&\simeq\begin{bmatrix}\lambda-7&-5&1\\-\lambda+3&\lambda-3&0\\0&0&\lambda-3\end{bmatrix}\simeq\begin{bmatrix}\lambda-12&-5&1\\0&\lambda-3&0\\0&0&\lambda-3\end{bmatrix}\\&\simeq\begin{bmatrix}\lambda-12&-5&1\\0&\lambda-3&0\\-(\lambda-3)(\lambda-12)&5(\lambda-3)&0\end{bmatrix}\\&\simeq\begin{bmatrix}0&0&1\\0&\lambda-3&0\\(\lambda-3)(\lambda-12)&0&0\end{bmatrix}\\&\simeq\begin{bmatrix}1&0&0\\0&\lambda-3&0\\0&0&(\lambda-3)(\lambda-12)\end{bmatrix},\end{aligned}$$

所以　$m(\lambda)=d_3(\lambda)=(\lambda-3)(\lambda-12)$.

**例 2.15**　求

$$A=\begin{bmatrix} a & 0 & 0 & \cdots & 0 & 0 \\ 1 & a & 0 & \cdots & 0 & 0 \\ 0 & 1 & a & \cdots & 0 & 0 \\ \vdots & \vdots & \vdots & & \vdots & \vdots \\ 0 & 0 & 0 & \cdots & a & 0 \\ 0 & 0 & 0 & \cdots & 1 & a \end{bmatrix}_{n\times n}$$

的最小多项式.

**解**　$\boldsymbol{A}$ 是一个 $n$ 阶 Jordan 块,其唯一的初等因子为 $(\lambda-a)^n$,于是 $d_n(\lambda)=(\lambda-a)^n$,所以

$$m(\lambda)=d_n(\lambda)=(\lambda-a)^n.$$

例 2.14 和例 2.15 的方法不妨称为“不变因子法”.

### 2.4.3　方阵可对角化的又一充分必要条件

方阵的最小多项式有广泛的用途,下面介绍它在判定方阵是否能对角化方面的应用.

**定理 2.12**　$\boldsymbol{A}\in\mathbb{C}^{n\times n}$ 可对角化的充分必要条件是 $\boldsymbol{A}$ 的最小多项式无重零点.

**证明**　由定理 2.9 及最小多项式的性质(4)即得.

**推论**　$\boldsymbol{A}\in\mathbb{C}^{n\times n}$ 可对角化的充分必要条件是,$\boldsymbol{A}$ 存在一个无重零点的零化多项式.

证明作为练习留给读者.

**例 2.16**　设 $\boldsymbol{A}\in\mathbb{C}^{n\times n}$ 满足 $\boldsymbol{A}^2=\boldsymbol{E}$,试证

$$\boldsymbol{A}\sim\begin{bmatrix} \boldsymbol{E}_r & \boldsymbol{0} \\ \boldsymbol{0} & -\boldsymbol{E}_{n-r} \end{bmatrix}.$$

**证明**　因为 $\boldsymbol{A}^2=\boldsymbol{E}$,即 $\boldsymbol{A}^2-\boldsymbol{E}=\boldsymbol{0}$,于是 $\varphi(\lambda)=\lambda^2-1$ 是 $\boldsymbol{A}$ 的零化多项式且无重零点,所以 $\boldsymbol{A}$ 可对角化.

由 $\lambda^2-1=0$,得 $\boldsymbol{A}$ 的谱 $\sigma(\boldsymbol{A})\subset\{-1,1\}$.

设有 $r$ 个 $+1$,$n-r$ 个 $-1(0\leqslant r\leqslant n)$,故

$$A \sim \begin{bmatrix} 1 & & & & & \\ & \ddots & & & & \\ & & 1 & & & \\ & & & -1 & & \\ & & & & \ddots & \\ & & & & & -1 \end{bmatrix} = \begin{bmatrix} E_r & \\ & -E_{n-r} \end{bmatrix}.$$

（其中 1 共 $r$ 个）

**例 2.17** 设

$$A = \begin{bmatrix} 1 & 4 & 2 \\ 0 & -3 & 4 \\ 0 & 4 & 3 \end{bmatrix},$$

利用 $A$ 的 Jordan 标准形 $J$ 求 $A^5$.

**解** 由于

$$f(\lambda) = \det(\lambda E - A) = \begin{vmatrix} \lambda - 1 & -4 & -2 \\ 0 & \lambda + 3 & -4 \\ 0 & -4 & \lambda - 3 \end{vmatrix}$$

$$= (\lambda - 1)(\lambda - 5)(\lambda + 5),$$

无重零点，故 $A$ 可对角化，$A$ 的 Jordan 标准形

$$J = \begin{bmatrix} 1 & 0 & 0 \\ 0 & 5 & 0 \\ 0 & 0 & -5 \end{bmatrix}.$$

余下的主要工作就是求出相似变换矩阵 $P$ 及其逆矩阵.

因为 $P^{-1}AP = J, A = PJP^{-1}$，所以

$$A^5 = PJ^5P^{-1} = P\begin{bmatrix} 1 & 0 & 0 \\ 0 & 5^5 & 0 \\ 0 & 0 & -5^5 \end{bmatrix}P^{-1}.$$

设 $P = [x \quad y \quad z]$，$x, y, z \in \mathbb{C}^3$ 且为列向量. 由 $AP = PJ$，即

$$A[x \quad y \quad z] = [x \quad y \quad z]\begin{bmatrix} 1 & 0 & 0 \\ 0 & 5 & 0 \\ 0 & 0 & -5 \end{bmatrix},$$

得

$$(A - E)x = 0, \quad (A - 5E)y = 0, \quad (A + 5E)z = 0.$$

解之可得

$$x = \begin{bmatrix} 1 \\ 0 \\ 0 \end{bmatrix}, \quad y = \begin{bmatrix} 2 \\ 1 \\ 2 \end{bmatrix}, \quad z = \begin{bmatrix} 1 \\ -2 \\ 1 \end{bmatrix}.$$

于是

$$P = \begin{bmatrix} 1 & 2 & 1 \\ 0 & 1 & -2 \\ 0 & 2 & 1 \end{bmatrix}, \quad P^{-1} = \frac{1}{5}\begin{bmatrix} 5 & 0 & -5 \\ 0 & 1 & 2 \\ 0 & -2 & 1 \end{bmatrix}.$$

所以

$$A^5 = PJ^5P^{-1} = \begin{bmatrix} 1 & 2 & 1 \\ 0 & 1 & -2 \\ 0 & 2 & 1 \end{bmatrix}\begin{bmatrix} 1 & 0 & 0 \\ 0 & 5^5 & 0 \\ 0 & 0 & -5^5 \end{bmatrix} \cdot \frac{1}{5}\begin{bmatrix} 5 & 0 & -5 \\ 0 & 1 & 2 \\ 0 & -2 & 1 \end{bmatrix}$$

$$= \begin{bmatrix} 1 & 2500 & 1874 \\ 0 & -1875 & 2500 \\ 0 & 2500 & 1875 \end{bmatrix}.$$

读者可能已经注意到，相似变换矩阵 $P$ 并不唯一，但这不影响最后结果.

## 2.5　正规矩阵及其酉对角化

本节的主要内容是：正规矩阵概念及其性质；正规矩阵（重点是 Hermite 矩阵）的酉对角化方法；Hermite 矩阵和 Hermite 二次型的标准形及其分类.

### 2.5.1　正规矩阵、酉矩阵、Hermite 矩阵

**定义 2.12**　设 $A = [a_{ij}] \in \mathbb{C}^{n \times n}$. 若 $A^H A = AA^H$（其中 $A^H = \overline{A^T} = (\overline{A})^T$ 称为 $A$ 的共轭转置矩阵），则称 $A$ 是正规矩阵. 若 $A^H A = AA^H = E$，则称 $A$ 是**酉矩阵**. 若 $A^H = A$，即 $a_{ji} = \overline{a_{ij}}$ $(i, j = 1, 2, \cdots, n)$，则称 $A$ 是 Hermite **矩阵**.

**例 2.18**　直接验证可知：

(1)$\boldsymbol{A}=\begin{bmatrix}1 & -1\\1 & 1\end{bmatrix}$是正规矩阵,

$$\boldsymbol{B}=\begin{bmatrix}\frac{-\mathrm{i}}{\sqrt{2}} & \frac{\mathrm{i}}{\sqrt{2}}\\ \frac{1}{\sqrt{2}} & \frac{1}{\sqrt{2}}\end{bmatrix}\text{是酉矩阵},\boldsymbol{C}=\begin{bmatrix}0 & 1 & \mathrm{i}\\ 1 & 0 & -\mathrm{i}\\ -\mathrm{i} & \mathrm{i} & 0\end{bmatrix}\text{是 Hermite 矩阵}.$$

(2)酉矩阵和 Hermite 矩阵都是正规矩阵.

(3)若 $\boldsymbol{A}^{\mathrm{H}}=-\boldsymbol{A}$,则称 $\boldsymbol{A}$ 是反 Hermite 矩阵.反 Hermite 矩阵也是正规矩阵,因为 $\boldsymbol{A}^{\mathrm{H}}\boldsymbol{A}=(-\boldsymbol{A})(-\boldsymbol{A}^{\mathrm{H}})=\boldsymbol{A}\boldsymbol{A}^{\mathrm{H}}$.

在空间$\mathbb{C}^n$ 的一组标准正交基下,正规矩阵、酉矩阵和 Hermite 矩阵所对应的线性变换,分别称为**正规算子**、**酉算子**和 Hermite **算子**(或自伴算子).

当 $\boldsymbol{A}$ 是实矩阵时,酉矩阵就是正交矩阵,Hermite 矩阵就是对称矩阵.

### 2.5.2 酉矩阵的性质

同正交矩阵类似,酉矩阵也具有很好的性质.

**性质 1** 设 $\boldsymbol{A}\in\mathbb{C}^{n\times n}$,则下列各条件等价:

(1)$\boldsymbol{A}$ 是酉矩阵;

(2)$\boldsymbol{A}^{-1}=\boldsymbol{A}^{\mathrm{H}}$;

(3)$\boldsymbol{A}$ 的列向量组$\{\boldsymbol{\alpha}_1,\boldsymbol{\alpha}_2,\cdots,\boldsymbol{\alpha}_n\}$是标准正交的,即

$$\langle\boldsymbol{\alpha}_i,\boldsymbol{\alpha}_j\rangle=\begin{cases}0, & \text{当 } i\neq j,\\ 1, & \text{当 } i=j;\end{cases}$$

(4)$\boldsymbol{A}$ 的行向量组是标准正交的.

**证明** 由酉矩阵定义立即可知(1)与(2)等价,现证(1)与(3)等价.设

$$\boldsymbol{A}=\begin{bmatrix}a_{11} & a_{12} & \cdots & a_{1n}\\ a_{21} & a_{22} & \cdots & a_{2n}\\ \vdots & \vdots & & \vdots\\ a_{n1} & a_{n2} & \cdots & a_{nn}\end{bmatrix}=[\boldsymbol{\alpha}_1\quad\boldsymbol{\alpha}_2\quad\cdots\quad\boldsymbol{\alpha}_n],\quad\boldsymbol{\alpha}_j=\begin{bmatrix}a_{1j}\\ a_{2j}\\ \vdots\\ a_{nj}\end{bmatrix}\in\mathbb{C}^n,$$

$j=1,2,\cdots,n$.

(1)⇒(3)　因为 $\boldsymbol{A}^{\mathrm{H}}\boldsymbol{A}=\boldsymbol{E}$,即

$$\begin{bmatrix}\boldsymbol{\alpha}_1^{\mathrm{H}}\\ \boldsymbol{\alpha}_2^{\mathrm{H}}\\ \vdots\\ \boldsymbol{\alpha}_n^{\mathrm{H}}\end{bmatrix}\begin{bmatrix}\boldsymbol{\alpha}_1 & \boldsymbol{\alpha}_2 & \cdots & \boldsymbol{\alpha}_n\end{bmatrix}=\begin{bmatrix}\boldsymbol{\alpha}_1^{\mathrm{H}}\boldsymbol{\alpha}_1 & \boldsymbol{\alpha}_1^{\mathrm{H}}\boldsymbol{\alpha}_2 & \cdots & \boldsymbol{\alpha}_1^{\mathrm{H}}\boldsymbol{\alpha}_n\\ \boldsymbol{\alpha}_2^{\mathrm{H}}\boldsymbol{\alpha}_1 & \boldsymbol{\alpha}_2^{\mathrm{H}}\boldsymbol{\alpha}_2 & \cdots & \boldsymbol{\alpha}_2^{\mathrm{H}}\boldsymbol{\alpha}_n\\ \vdots & \vdots & & \vdots\\ \boldsymbol{\alpha}_n^{\mathrm{H}}\boldsymbol{\alpha}_1 & \boldsymbol{\alpha}_n^{\mathrm{H}}\boldsymbol{\alpha}_2 & \cdots & \boldsymbol{\alpha}_n^{\mathrm{H}}\boldsymbol{\alpha}_n\end{bmatrix}$$

$$=\begin{bmatrix}1 & 0 & \cdots & 0\\ 0 & 1 & \cdots & 0\\ \vdots & \vdots & & \vdots\\ 0 & 0 & \cdots & 1\end{bmatrix},$$

所以　$\boldsymbol{\alpha}_i^{\mathrm{H}}\boldsymbol{\alpha}_j=\begin{cases}0, & 当\ i\neq j,\\ 1, & 当\ i=j,\end{cases}$　即　$\langle\boldsymbol{\alpha}_j,\boldsymbol{\alpha}_i\rangle=\begin{cases}0, & 当\ i\neq j,\\ 1, & 当\ i=j,\end{cases}$

$(i,j=1,2,\cdots,n)$.于是$\{\boldsymbol{\alpha}_1,\boldsymbol{\alpha}_2,\cdots,\boldsymbol{\alpha}_n\}$是标准正交的.

(3)⇒(1)　以上过程是可逆的,于是有 $\boldsymbol{A}^{\mathrm{H}}\boldsymbol{A}=\boldsymbol{E}$.又因为 $\boldsymbol{BA}=\boldsymbol{E}$,当且仅当 $\boldsymbol{AB}=\boldsymbol{E}$,所以也有 $\boldsymbol{AA}^{\mathrm{H}}=\boldsymbol{E}$,即 $\boldsymbol{A}$ 是酉矩阵.

类似地可证(1)与(4)等价.　　证毕.

**性质 2**　设 $\boldsymbol{U}\in\mathbb{C}^{n\times n}$是酉矩阵,则

(1)$\overline{\boldsymbol{U}},\boldsymbol{U}^{\mathrm{T}},\boldsymbol{U}^{\mathrm{H}},\boldsymbol{U}^{-1}$及 adj $\boldsymbol{U}$ 都是酉矩阵;

(2)$|\det\boldsymbol{U}|=1$;

(3)设 $\boldsymbol{y}\in\mathbb{C}^n$,若 $\boldsymbol{x}=\boldsymbol{Uy}$,则

$$\|\boldsymbol{x}\|_2=\|\boldsymbol{Uy}\|_2=\|\boldsymbol{y}\|_2,$$

即酉变换是保持范数的;

(4)$\boldsymbol{U}$ 的所有特征值的模都等于 1;

(5)若 $\boldsymbol{V}\in\mathbb{C}^{n\times n}$是酉矩阵,则 $\boldsymbol{UV}$ 是酉矩阵.

**证明**　(1)、(5)由定义直接可得.

(2)因为　$\boldsymbol{U}^{\mathrm{H}}\boldsymbol{U}=\boldsymbol{E}$,所以有

$$\begin{aligned}1&=\det(\boldsymbol{U}^{\mathrm{H}}\boldsymbol{U})=(\det\boldsymbol{U}^{\mathrm{H}})(\det\boldsymbol{U})\\&=(\overline{\det\boldsymbol{U}})(\det\boldsymbol{U})=|\det\boldsymbol{U}|^2,\end{aligned}$$

即　　$|\det\boldsymbol{U}|=1$.

(3) $\|\boldsymbol{x}\|_2^2=\|\boldsymbol{Uy}\|_2^2=(\boldsymbol{Uy})^{\mathrm{H}}(\boldsymbol{Uy})=\boldsymbol{y}^{\mathrm{H}}\boldsymbol{U}^{\mathrm{H}}\boldsymbol{Uy}=\boldsymbol{y}^{\mathrm{H}}\boldsymbol{y}$,

所以 $\|\boldsymbol{U}\boldsymbol{y}\|_2=\|\boldsymbol{y}\|_2$.

(4)设 $\lambda$ 是 $\boldsymbol{U}$ 的任一特征值,$\boldsymbol{x}$ 是对应于 $\lambda$ 的特征向量,于是有

$$|\lambda|\,\|\boldsymbol{x}\|_2=\|\lambda\boldsymbol{x}\|_2=\|\boldsymbol{U}\boldsymbol{x}\|_2=\|\boldsymbol{x}\|_2.$$

因为 $\|\boldsymbol{x}\|_2\neq 0$,所以 $|\lambda|=1$. 证毕.

**定理 2.13**(Schur 酉三角化定理) 设 $\boldsymbol{A}\in\mathbb{C}^{n\times n}$,则必存在酉矩阵 $\boldsymbol{U}\in\mathbb{C}^{n\times n}$,使得 $\boldsymbol{U}^{\mathrm{H}}\boldsymbol{A}\boldsymbol{U}=\boldsymbol{T}$,其中 $\boldsymbol{T}=\begin{bmatrix}\lambda_1 & & & \\ 0 & \lambda_2 & * & \\ 0 & 0 & \ddots & \\ 0 & 0 & 0 & \lambda_n\end{bmatrix}$是上三角矩阵,$\lambda_1,\lambda_2,\cdots,\lambda_n$ 是$\boldsymbol{A}$ 的 $n$ 个特征值.若 $\boldsymbol{A}\in\mathbb{R}^{n\times n}$,$\lambda_1,\lambda_2,\cdots,\lambda_n$ 全为实数,则可选择 $\boldsymbol{U}$ 为实正交矩阵.

**证明** 设 $\boldsymbol{x}^{(1)}$是 $\boldsymbol{A}$ 的对应于$\lambda_1$ 的单位特征向量,则 $\boldsymbol{x}^{(1)}$可扩充为$\mathbb{C}^n$ 的一个基

$$\boldsymbol{x}^{(1)},\boldsymbol{y}^{(2)},\boldsymbol{y}^{(3)},\cdots,\boldsymbol{y}^{(n)}.$$

再用 Gram-Schmidt 标准正交化方法,将其化为$\mathbb{C}^n$ 的一个标准正交基

$$\boldsymbol{x}^{(1)},\boldsymbol{z}^{(2)},\boldsymbol{z}^{(3)},\cdots,\boldsymbol{z}^{(n)}.$$

于是 $\boldsymbol{U}_1=[\boldsymbol{x}^{(1)}\quad \boldsymbol{z}^{(2)}\quad \cdots\quad \boldsymbol{z}^{(n)}]$是酉矩阵.

因为 $\boldsymbol{A}\boldsymbol{U}_1=[\boldsymbol{A}\boldsymbol{x}^{(1)}\quad \boldsymbol{A}\boldsymbol{z}^{(2)}\quad\cdots\quad \boldsymbol{A}\boldsymbol{z}^{(n)}]=[\lambda_1\boldsymbol{x}^{(1)}\quad \boldsymbol{A}\boldsymbol{z}^{(2)}\quad\cdots\quad \boldsymbol{A}\boldsymbol{z}^{(n)}]$,

所以

$$\boldsymbol{U}_1^{\mathrm{H}}\boldsymbol{A}\boldsymbol{U}_1=\begin{bmatrix}(\boldsymbol{x}^{(1)})^{\mathrm{H}}\\ (\boldsymbol{z}^{(2)})^{\mathrm{H}}\\ \vdots\\ (\boldsymbol{z}^{(n)})^{\mathrm{H}}\end{bmatrix}[\lambda_1\boldsymbol{x}^{(1)}\quad \boldsymbol{A}\boldsymbol{z}^{(2)}\quad\cdots\quad \boldsymbol{A}\boldsymbol{z}^{(n)}]=\left[\begin{array}{c:c}\lambda_1 & * \\ \hdashline \boldsymbol{0} & \boldsymbol{A}_1\end{array}\right]\xlongequal{\text{记为}}\boldsymbol{B}.$$

因为 $\boldsymbol{A}\sim\boldsymbol{B}$,所以 $\boldsymbol{B}$ 的特征多项式

$$\begin{aligned}g(\lambda)&=(\lambda-\lambda_1)f_1(\lambda)=\det(\lambda\boldsymbol{E}-\boldsymbol{A})\\&=(\lambda-\lambda_1)(\lambda-\lambda_2)\cdots(\lambda-\lambda_n),\end{aligned}$$

故 $\boldsymbol{A}_1$ 的特征多项式

$$f_1(\lambda)=(\lambda-\lambda_2)\cdots(\lambda-\lambda_n).$$

设 $\boldsymbol{x}^{(2)}\in\mathbb{C}^{n-1}$ 是 $\boldsymbol{A}_1$ 的对应于 $\lambda_2$ 的单位特征向量.完全重复上述步骤,我们得到一个酉矩阵 $\boldsymbol{U}_2\in\mathbb{C}^{(n-1)\times(n-1)}$,使得

$$\boldsymbol{U}_2^{\mathrm{H}}\boldsymbol{A}_1\boldsymbol{U}_2=\left[\begin{array}{c:c}\lambda_2 & * \\ \hdashline \boldsymbol{0} & \boldsymbol{A}_2\end{array}\right].$$

若令 $\boldsymbol{V}_2=\left[\begin{array}{c:c}1 & \boldsymbol{0} \\ \hdashline \boldsymbol{0} & \boldsymbol{U}_2\end{array}\right]$,

则 $\boldsymbol{V}_2$ 和 $\boldsymbol{U}_1\boldsymbol{V}_2$ 都是 $n$ 阶酉矩阵,于是

$$\begin{aligned}(\boldsymbol{U}_1\boldsymbol{V}_2)^{\mathrm{H}}\boldsymbol{A}(\boldsymbol{U}_1\boldsymbol{V}_2)&=\boldsymbol{V}_2^{\mathrm{H}}\boldsymbol{U}_1^{\mathrm{H}}\boldsymbol{A}\boldsymbol{U}_1\boldsymbol{V}_2\\&=\left[\begin{array}{c:c}1 & \boldsymbol{0} \\ \hdashline \boldsymbol{0} & \boldsymbol{U}_2^{\mathrm{H}}\end{array}\right]\left[\begin{array}{c:c}\lambda_1 & * \\ \hdashline \boldsymbol{0} & \boldsymbol{A}_1\end{array}\right]\left[\begin{array}{c:c}1 & \boldsymbol{0} \\ \hdashline \boldsymbol{0} & \boldsymbol{U}_2\end{array}\right]\\&=\left[\begin{array}{c:c}\lambda_1 & ※ \\ \hdashline \boldsymbol{0} & \boldsymbol{U}_2^{\mathrm{H}}\boldsymbol{A}_1\boldsymbol{U}_2\end{array}\right]\\&=\begin{bmatrix}\lambda_1 & & ※ \\ 0 & \lambda_2 & ☆ \\ 0 & \boldsymbol{0} & \boldsymbol{A}_2\end{bmatrix}.\end{aligned}$$

继续做这种化简,便得到 $n-1$ 个酉矩阵

$$\boldsymbol{U}_1\in\mathbb{C}^{n\times n},\quad \boldsymbol{U}_2\in\mathbb{C}^{(n-1)\times(n-1)},\quad \cdots,\quad \boldsymbol{U}_{n-1}\in\mathbb{C}^{2\times 2},$$

及 $n-2$ 个酉矩阵 $\boldsymbol{V}_i\in\mathbb{C}^{n\times n}$, $i=2,3,\cdots,n-1$.

令 $\boldsymbol{U}=\boldsymbol{U}_1\boldsymbol{V}_2\boldsymbol{V}_3\cdots\boldsymbol{V}_{n-1}$,则 $\boldsymbol{U}$ 是酉矩阵,且使得

$$\boldsymbol{U}^{\mathrm{H}}\boldsymbol{A}\boldsymbol{U}=\begin{bmatrix}\lambda_1 & & & \\ 0 & \lambda_2 & * & \\ 0 & 0 & \ddots & \\ 0 & 0 & 0 & \lambda_n\end{bmatrix}$$

——其主对角元素为 $\boldsymbol{A}$ 的特征值的上三角矩阵.

若 $\boldsymbol{A}\in\mathbb{R}^{n\times n}$ 的特征值全为实数,则相应的特征向量可选为实向量,且上述步骤均可在实数域上完成,即 $\boldsymbol{U}$ 可为实的正交矩阵. 证毕.

将定理 2.13 中的“上三角矩阵”改为“下三角矩阵”,结论仍然成立,当然要对应不同的酉矩阵.

### 2.5.3 正规矩阵的性质

**定理 2.14** 设 $\boldsymbol{A}\in\mathbb{C}^{n\times n}$ 是三角矩阵.若 $\boldsymbol{A}$ 又是正规矩阵,则 $\boldsymbol{A}$ 是对角矩阵.

**证明** 设 $\boldsymbol{A}=[a_{ij}]_{n\times n}$,当 $i>j$ 时 $a_{ij}=0$.由 $\boldsymbol{A}^{\mathrm{H}}\boldsymbol{A}=\boldsymbol{A}\boldsymbol{A}^{\mathrm{H}}$,可得

$$\sum_{i=1}^{n}\bar{a}_{ik}a_{ik}=\sum_{j=1}^{n}\bar{a}_{kj}a_{kj},\quad k=1,2,\cdots,n.$$

因为当 $i>j$ 时,$a_{ij}=0$,所以

$$\sum_{i=1}^{k}\bar{a}_{ik}a_{ik}=\sum_{j=k}^{n}\bar{a}_{kj}a_{kj},$$

即
$$\sum_{i=1}^{k}|a_{ik}|^2=\sum_{j=k}^{n}|a_{kj}|^2\quad(k=1,2,\cdots,n).\qquad\langle 1\rangle$$

当 $k=1$ 时,式⟨1⟩为

$$|a_{11}|^2=|a_{11}|^2+\sum_{j=2}^{n}|a_{1j}|^2,$$

于是
$$\sum_{j=2}^{n}|a_{1j}|^2=0,$$

所以
$$a_{1j}=0,\quad j=2,3,\cdots,n.$$

当 $k=2$ 时,式⟨1⟩为

$$|a_{12}|^2+|a_{22}|^2=|a_{22}|^2+\sum_{j=3}^{n}|a_{2j}|^2.$$

因为 $a_{12}=0$,故可得 $a_{2j}=0,\quad j=3,4,\cdots,n$.

对 $k=3,4,\cdots,n$ 采用同样方法即可得:当 $i<j$ 时,$a_{ij}=0,i=1,2,\cdots,n$.所以 $\boldsymbol{A}$ 是对角矩阵. 证毕.

**定理 2.15** 设 $\boldsymbol{A}=[a_{ij}]\in\mathbb{C}^{n\times n}$ 的特征值为 $\lambda_1,\lambda_2,\cdots,\lambda_n$,则下列各条件等价:

(1) $\boldsymbol{A}$ 是正规矩阵;

(2) $\boldsymbol{A}$ 可酉对角化,即存在酉矩阵 $\boldsymbol{U}\in\mathbb{C}^{n\times n}$,使得

$$\boldsymbol{U}^{\mathrm{H}}\boldsymbol{A}\boldsymbol{U}=\boldsymbol{\Lambda}=\mathrm{diag}(\lambda_1,\lambda_2,\cdots,\lambda_n);$$

(3) $\sum\limits_{i,j=1}^{n}|a_{ij}|^2=\sum\limits_{i=1}^{n}|\lambda_i|^2$;

(4)空间$\mathbb{C}^n$ 存在由 $\boldsymbol{A}$ 的 $n$ 个特征向量组成的标准正交基.

**证明**　为完成定理的证明,我们将证明(1)、(3)、(4)均与(2)等价.

(1)$\Rightarrow$(2)　由定理 2.13 知,对于 $\boldsymbol{A}$ 必存在酉矩阵 $\boldsymbol{U}\in\mathbb{C}^{n\times n}$,使得 $\boldsymbol{U}^{\mathrm{H}}\boldsymbol{A}\boldsymbol{U}=\boldsymbol{T}$,其中 $\boldsymbol{T}$ 是三角矩阵.若 $\boldsymbol{A}$ 是正规矩阵,则

$$\begin{aligned}\boldsymbol{T}^{\mathrm{H}}\boldsymbol{T}&=(\boldsymbol{U}^{\mathrm{H}}\boldsymbol{A}\boldsymbol{U})^{\mathrm{H}}(\boldsymbol{U}^{\mathrm{H}}\boldsymbol{A}\boldsymbol{U})=\boldsymbol{U}^{\mathrm{H}}\boldsymbol{A}^{\mathrm{H}}\boldsymbol{U}\boldsymbol{U}^{\mathrm{H}}\boldsymbol{A}\boldsymbol{U}=\boldsymbol{U}^{\mathrm{H}}\boldsymbol{A}^{\mathrm{H}}\boldsymbol{A}\boldsymbol{U}\\&=\boldsymbol{U}^{\mathrm{H}}\boldsymbol{A}\boldsymbol{A}^{\mathrm{H}}\boldsymbol{U}=(\boldsymbol{U}^{\mathrm{H}}\boldsymbol{A}\boldsymbol{U})(\boldsymbol{U}^{\mathrm{H}}\boldsymbol{A}^{\mathrm{H}}\boldsymbol{U})=\boldsymbol{T}\boldsymbol{T}^{\mathrm{H}},\end{aligned}$$

即三角矩阵 $\boldsymbol{T}$ 也是正规矩阵.由定理 2.14 知,$\boldsymbol{T}$ 是对角矩阵,且

$$\boldsymbol{T}=\mathrm{diag}\,(\lambda_1,\lambda_2,\cdots,\lambda_n).$$

(2)$\Rightarrow$(1)　因为 $\boldsymbol{A}=\boldsymbol{U}\boldsymbol{\Lambda}\boldsymbol{U}^{\mathrm{H}}$,容易验证 $\boldsymbol{A}^{\mathrm{H}}\boldsymbol{A}=\boldsymbol{A}\boldsymbol{A}^{\mathrm{H}}$,故 $\boldsymbol{A}$ 是正规矩阵.

(2)$\Rightarrow$(3)　进行矩阵的乘法便知

$$\sum_{i,j=1}^{n}|a_{ij}|^2=\mathrm{tr}\,(\boldsymbol{A}^{\mathrm{H}}\boldsymbol{A}).$$

由(2),$\boldsymbol{A}=\boldsymbol{U}\boldsymbol{\Lambda}\boldsymbol{U}^{\mathrm{H}}$,于是有

$$\boldsymbol{A}^{\mathrm{H}}\boldsymbol{A}=(\boldsymbol{U}\boldsymbol{\Lambda}\boldsymbol{U}^{\mathrm{H}})^{\mathrm{H}}(\boldsymbol{U}\boldsymbol{\Lambda}\boldsymbol{U}^{\mathrm{H}})=\boldsymbol{U}\bar{\boldsymbol{\Lambda}}\boldsymbol{\Lambda}\boldsymbol{U}^{\mathrm{H}}=\boldsymbol{U}\bar{\boldsymbol{\Lambda}}\boldsymbol{\Lambda}\boldsymbol{U}^{-1},$$

即 $\boldsymbol{A}^{\mathrm{H}}\boldsymbol{A}\sim\bar{\boldsymbol{\Lambda}}\boldsymbol{\Lambda}$,所以

$$\sum_{i,j=1}^{n}|a_{ij}|^2=\mathrm{tr}\,(\boldsymbol{A}^{\mathrm{H}}\boldsymbol{A})=\mathrm{tr}\,(\bar{\boldsymbol{\Lambda}}\boldsymbol{\Lambda})=\sum_{i=1}^{n}|\lambda_i|^2.$$

(3)$\Rightarrow$(2)　由 Schur 酉三角化定理知,存在酉矩阵 $\boldsymbol{U}$,使得 $\boldsymbol{U}^{\mathrm{H}}\boldsymbol{A}\boldsymbol{U}=\boldsymbol{T}$,故 $\boldsymbol{A}=\boldsymbol{U}\boldsymbol{T}\boldsymbol{U}^{\mathrm{H}}$,其中

$$\boldsymbol{T}=\begin{bmatrix}\lambda_1&t_{12}&\cdots&t_{1n}\\0&\lambda_2&\cdots&t_{2n}\\\vdots&\vdots&&\vdots\\0&0&\cdots&\lambda_n\end{bmatrix}.$$

而　$\boldsymbol{A}^{\mathrm{H}}\boldsymbol{A}=(\boldsymbol{U}\boldsymbol{T}\boldsymbol{U}^{\mathrm{H}})^{\mathrm{H}}(\boldsymbol{U}\boldsymbol{T}\boldsymbol{U}^{\mathrm{H}})=\boldsymbol{U}\boldsymbol{T}^{\mathrm{H}}\boldsymbol{T}\boldsymbol{U}^{\mathrm{H}}$,即 $\boldsymbol{A}^{\mathrm{H}}\boldsymbol{A}\sim\boldsymbol{T}^{\mathrm{H}}\boldsymbol{T}$,

故　$\mathrm{tr}\,(\boldsymbol{A}^{\mathrm{H}}\boldsymbol{A})=\mathrm{tr}\,(\boldsymbol{T}^{\mathrm{H}}\boldsymbol{T})$,因为 $\mathrm{tr}\,(\boldsymbol{T}^{\mathrm{H}}\boldsymbol{T})=\sum\limits_{i=1}^{n}|\lambda_i|^2+\sum\limits_{i<j}|t_{ij}|^2$,

所以　$$\sum_{i,j=1}^{n}|a_{ij}|^2=\sum_{i=1}^{n}|\lambda_i|^2+\sum_{i<j}|t_{ij}|^2.$$

但条件(3)意味着 $\sum\limits_{i<j}|t_{ij}|^2=0$,即 $t_{ij}=0\ (i<j)$.因此 $\boldsymbol{T}$ 是对角矩阵

$\mathrm{diag}(\lambda_1,\lambda_2,\cdots,\lambda_n)$.

(2)⇒(4) 因为存在酉矩阵 $\boldsymbol{U}$,使得

$$\boldsymbol{U}^{\mathrm{H}}\boldsymbol{A}\boldsymbol{U}=\boldsymbol{\Lambda}=\mathrm{diag}(\lambda_1,\lambda_2,\cdots,\lambda_n),$$

于是 $\boldsymbol{AU}=\boldsymbol{U\Lambda}$.设 $\boldsymbol{U}=[\boldsymbol{u}^{(1)}\quad \boldsymbol{u}^{(2)}\quad\cdots\quad \boldsymbol{u}^{(n)}]$,所以

$$[\boldsymbol{Au}^{(1)}\quad \boldsymbol{Au}^{(2)}\quad\cdots\quad \boldsymbol{Au}^{(n)}]=[\lambda_1\boldsymbol{u}^{(1)}\quad \lambda_2\boldsymbol{u}^{(2)}\quad\cdots\quad \lambda_n\boldsymbol{u}^{(n)}],$$

$$\boldsymbol{Au}^{(i)}=\lambda_i\boldsymbol{u}^{(i)},\ i=1,2,\cdots,n,$$

即 $\boldsymbol{u}^{(1)},\boldsymbol{u}^{(2)},\cdots,\boldsymbol{u}^{(n)}$ 是 $\boldsymbol{A}$ 的 $n$ 个特征向量.又因为$\{\boldsymbol{u}^{(1)}\quad \boldsymbol{u}^{(2)}\quad\cdots\quad \boldsymbol{u}^{(n)}\}$是标准正交的,故成为$\mathbb{C}^n$ 的一个标准正交基.

(4)⇒(2) 设$\mathbb{C}^n$ 有一个由 $\boldsymbol{A}$ 的 $n$ 个特征向量组成的标准正交基$\{\boldsymbol{x}^{(1)},\boldsymbol{x}^{(2)},\cdots,\boldsymbol{x}^{(n)}\}$.

令 $\boldsymbol{P}=[\boldsymbol{x}^{(1)}\quad \boldsymbol{x}^{(2)}\quad\cdots\quad \boldsymbol{x}^{(n)}]$,则 $\boldsymbol{P}$ 是酉矩阵.所以

$$\begin{aligned}\boldsymbol{P}^{\mathrm{H}}\boldsymbol{AP}&=\boldsymbol{P}^{\mathrm{H}}\boldsymbol{A}[\boldsymbol{x}^{(1)}\quad \boldsymbol{x}^{(2)}\quad\cdots\quad \boldsymbol{x}^{(n)}]\\&=\boldsymbol{P}^{\mathrm{H}}[\boldsymbol{Ax}^{(1)}\quad \boldsymbol{Ax}^{(2)}\quad\cdots\quad \boldsymbol{Ax}^{(n)}]\\&=\boldsymbol{P}^{\mathrm{H}}[\lambda_1\boldsymbol{x}^{(1)}\quad \lambda_2\boldsymbol{x}^{(2)}\quad\cdots\quad \lambda_n\boldsymbol{x}^{(n)}]\\&=\boldsymbol{P}^{\mathrm{H}}[\boldsymbol{x}^{(1)}\quad \boldsymbol{x}^{(2)}\quad\cdots\quad \boldsymbol{x}^{(n)}]\mathrm{diag}(\lambda_1,\lambda_2,\cdots,\lambda_n)\\&=\boldsymbol{P}^{\mathrm{H}}\boldsymbol{P}\mathrm{diag}(\lambda_1,\lambda_2,\cdots,\lambda_n)\\&=\mathrm{diag}(\lambda_1,\lambda_2,\cdots,\lambda_n).\end{aligned}$$

证毕.

(1)与(2)的等价性通常称为正规矩阵的谱定理,它表明任何正规矩阵必与对角矩阵相似且可酉对角化.

### 2.5.4 Hermite 矩阵的性质

由于 Hermite 矩阵是正规矩阵,故由定理 2.15 立即可得 Hermite 矩阵的谱定理.

**定理** 2.16 若 $\boldsymbol{A}\in\mathbb{C}^{n\times n}$是 Hermite 矩阵,则 $\boldsymbol{A}$ 可酉对角化.

Hermite 矩阵除具有正规矩阵的性质外,还有以下重要性质.

设 $\boldsymbol{A}\in\mathbb{C}^{n\times n}$是 Hermite 矩阵,则

(1)$\boldsymbol{A}$ 的主对角元素都是实数;

(2)对任意的 $\boldsymbol{x}\in\mathbb{C}^n$,$f=\boldsymbol{x}^{\mathrm{H}}\boldsymbol{Ax}$ 是实数,且

$$\boldsymbol{x}^{\mathrm{H}}\boldsymbol{Ax}=\langle\boldsymbol{Ax},\boldsymbol{x}\rangle=\langle\boldsymbol{x},\boldsymbol{Ax}\rangle;$$

(3)$\boldsymbol{A}$ 的所有特征值都是实数;

(4)对应于不同特征值的特征向量是正交的;

(5)对于任意的 $C\in\mathbb{C}^{n\times n}$, $C^{H}AC$ 是 Hermite 矩阵.

**证明**　(1)设 $A=[a_{ij}]_{n\times n}$,由 $A^{H}=A$ 得 $\bar{a}_{ii}=a_{ii}$,故 $a_{ii}$ 是实数, $i=1,2,\cdots,n$.

(2) $\overline{x^{H}Ax}=(\overline{x^{H}Ax})^{T}=(x^{H}Ax)^{H}=x^{H}A^{H}x=x^{H}Ax$,所以 $f=x^{H}Ax$ 是实数.且

$$x^{H}Ax=\langle Ax,x\rangle=\overline{\langle Ax,x\rangle}=\langle x,Ax\rangle.$$

(3)设 $\lambda$ 是 $A$ 的任一特征值, $x$ 是对应于 $\lambda$ 的特征向量,即 $Ax=\lambda x$ 且 $x\neq 0$.于是有

$$\lambda\langle x,x\rangle=\langle\lambda x,x\rangle=\langle Ax,x\rangle=\langle x,Ax\rangle=\langle x,\lambda x\rangle=\bar{\lambda}\langle x,x\rangle,$$

因为 $x\neq 0$,所以 $\langle x,x\rangle\neq 0$,故 $\lambda=\bar{\lambda}$,即 $\lambda$ 是实数.

(4)设 $\lambda,\mu$ 是 $A$ 的任意两个不相等的特征值, $x,y$ 分别是对应于 $\lambda$ 和 $\mu$ 的特征向量,则

$$\begin{aligned}\lambda\langle x,y\rangle&=\langle\lambda x,y\rangle=\langle Ax,y\rangle=y^{H}Ax=y^{H}A^{H}x\\&=(Ay)^{H}x=\langle x,Ay\rangle=\langle x,\mu y\rangle=\mu\langle x,y\rangle.\end{aligned}$$

因为 $\lambda\neq\mu$,所以 $\langle x,y\rangle=0$,即 $x$ 与 $y$ 正交.

(5)因为 $(C^{H}AC)^{H}=C^{H}A^{H}C=C^{H}AC$,故 $C^{H}AC$ 是 Hermite 矩阵.

证毕.

**例 2.19**　$A\in\mathbb{C}^{n\times n}$ 是 Hermite 矩阵的充分必要条件是 $A$ 为正规矩阵且 $A$ 的特征值均为实数.

**证明**　必要性由例 2.18 及定理 2.16 得证,下证充分性.

因为 $A$ 是正规矩阵,故存在酉矩阵 $U$,使得

$$U^{H}AU=\mathrm{diag}(\lambda_1,\lambda_2,\cdots,\lambda_n),$$

从而
$$A=U\mathrm{diag}(\lambda_1,\lambda_2,\cdots,\lambda_n)U^{H},$$

于是由 $\lambda_1,\lambda_2,\cdots,\lambda_n$ 均为实数,有

$$\begin{aligned}A^{H}&=(U\mathrm{diag}(\lambda_1,\lambda_2,\cdots,\lambda_n)U^{H})^{H}\\&=U\mathrm{diag}(\lambda_1,\lambda_2,\cdots,\lambda_n)U^{H}=A,\end{aligned}$$

故 $A$ 是 Hermite 矩阵.

**例 2.20** 求使 $A=\begin{bmatrix}0 & 1 & \mathrm{i}\\ 1 & 0 & -\mathrm{i}\\ -\mathrm{i} & \mathrm{i} & 0\end{bmatrix}$ 对角化的酉矩阵 $\boldsymbol{U}$,并写出与 $\boldsymbol{A}$ 相应的对角矩阵 $\boldsymbol{\Lambda}$.

**解** 因 $\boldsymbol{A}$ 是 Hermite 矩阵,故可酉对角化.下面分三步求 $\boldsymbol{U}$.

(1)令

$$\det(\lambda\boldsymbol{E}-\boldsymbol{A})=\begin{vmatrix}\lambda & -1 & -\mathrm{i}\\ -1 & \lambda & \mathrm{i}\\ \mathrm{i} & -\mathrm{i} & \lambda\end{vmatrix}=(\lambda-1)^2(\lambda+2)=0,$$

得 $\boldsymbol{A}$ 的全部特征值 $\lambda_{1,2}=1,\lambda_3=-2$.

(2)对于 $\lambda=1$,解方程 $(\boldsymbol{E}-\boldsymbol{A})\boldsymbol{x}=\boldsymbol{0}$.

设 $\boldsymbol{x}=(\xi_1,\xi_2,\xi_3)^{\mathrm{T}}$,则方程化为

$$\begin{cases}\xi_1-\xi_2-\mathrm{i}\xi_3=0,\\ -\xi_1+\xi_2+\mathrm{i}\xi_3=0,\\ \mathrm{i}\xi_1-\mathrm{i}\xi_2+\xi_3=0,\end{cases}$$

解之得 $\xi_1=\xi_2+\mathrm{i}\xi_3$.

若取 $\xi_2=1,\xi_3=0$,得 $\boldsymbol{x}_1^{(1)}=(1,1,0)^{\mathrm{T}}$.若取 $\xi_2=0,\xi_3=1$,得 $\boldsymbol{x}_1^{(2)}=(\mathrm{i},0,1)^{\mathrm{T}}$.$\{\boldsymbol{x}_1^{(1)},\boldsymbol{x}_1^{(2)}\}$ 线性无关但不正交,用 Gram-Schmidt 正交化方法将其正交化:

$$\boldsymbol{\beta}_1=\boldsymbol{x}_1^{(1)}=(1,1,0)^{\mathrm{T}},\quad \boldsymbol{\beta}_2=\boldsymbol{x}_1^{(2)}-\frac{\langle\boldsymbol{x}_1^{(2)},\boldsymbol{\beta}_1\rangle}{\langle\boldsymbol{\beta}_1,\boldsymbol{\beta}_1\rangle}\boldsymbol{\beta}_1=\left(\frac{\mathrm{i}}{2},-\frac{\mathrm{i}}{2},1\right)^{\mathrm{T}}.$$

显然 $\boldsymbol{\beta}_2$ 仍是 $\boldsymbol{A}$ 的对应于 $\lambda=1$ 的特征向量.

对于 $\lambda=-2$,解方程 $(-2\boldsymbol{E}-\boldsymbol{A})\boldsymbol{x}=\boldsymbol{0}$,得 $\boldsymbol{x}_2=(\mathrm{i},-\mathrm{i},-1)^{\mathrm{T}}$.

令 $\boldsymbol{\beta}_3=\boldsymbol{x}_2=(\mathrm{i},-\mathrm{i},-1)^{\mathrm{T}}$,则 $\boldsymbol{\beta}_1,\boldsymbol{\beta}_2,\boldsymbol{\beta}_3$ 是 $\boldsymbol{A}$ 的三个正交的特征向量.

(3)将 $\boldsymbol{\beta}_1,\boldsymbol{\beta}_2,\boldsymbol{\beta}_3$ 单位化为

$$\boldsymbol{\alpha}_1=\begin{bmatrix}1/\sqrt{2}\\ 1/\sqrt{2}\\ 0\end{bmatrix},\quad \boldsymbol{\alpha}_2=\begin{bmatrix}\mathrm{i}/\sqrt{6}\\ -\mathrm{i}/\sqrt{6}\\ 2/\sqrt{6}\end{bmatrix},\quad \boldsymbol{\alpha}_3=\begin{bmatrix}\mathrm{i}/\sqrt{3}\\ -\mathrm{i}/\sqrt{3}\\ -1/\sqrt{3}\end{bmatrix}.$$

则

$$U=[\boldsymbol{\alpha}_1\quad \boldsymbol{\alpha}_2\quad \boldsymbol{\alpha}_3]=\begin{bmatrix}1/\sqrt{2} & \mathrm{i}/\sqrt{6} & \mathrm{i}/\sqrt{3}\\ 1/\sqrt{2} & -\mathrm{i}/\sqrt{6} & -\mathrm{i}/\sqrt{3}\\ 0 & 2/\sqrt{6} & -1/\sqrt{3}\end{bmatrix}$$

即为所求,且

$$\boldsymbol{U}^{\mathrm{H}}\boldsymbol{A}\boldsymbol{U}=\mathrm{diag}\,(1,1,-2)=\boldsymbol{\Lambda}.$$

注意,$\boldsymbol{U}$ 不是唯一的,且在 $\boldsymbol{\Lambda}$ 中各特征值 $\lambda_i$ 的次序应与其对应的特征向量 $\boldsymbol{\alpha}_i$ 在 $\boldsymbol{U}$ 中的位置一致.

### 2.5.5 Hermite 二次型

**定义 2.13**　设 $\boldsymbol{A}=[a_{ij}]\in\mathbb{C}^{n\times n}$, $\boldsymbol{x}=(x_1,x_2,\cdots,x_n)^{\mathrm{T}}\in\mathbb{C}^n$. 若 $\boldsymbol{A}^{\mathrm{H}}=\boldsymbol{A}$, 即 $a_{ji}=\overline{a_{ij}}(i,j=1,2,\cdots,n)$, 则

$$f(x_1,x_2,\cdots,x_n)=\sum_{i,j=1}^{n}a_{ij}\bar{x}_i x_j \text{ 即 } f=\boldsymbol{x}^{\mathrm{H}}\boldsymbol{A}\boldsymbol{x},$$

称为复变量 $x_1,x_2,\cdots,x_n$ 的 Hermite 二次型. 并称 rank $\boldsymbol{A}$ 为 Hermite 二次型 $f=\boldsymbol{x}^{\mathrm{H}}\boldsymbol{A}\boldsymbol{x}$ 的秩.

对于 $f=\boldsymbol{x}^{\mathrm{H}}\boldsymbol{A}\boldsymbol{x}$,同实二次型一样,常常要用到它的标准形

$$f=\boldsymbol{y}^{\mathrm{H}}\boldsymbol{\Lambda}\boldsymbol{y}=\lambda_1\bar{y}_1y_1+\lambda_2\bar{y}_2y_2+\cdots+\lambda_n\bar{y}_ny_n, \tag{2.3}$$

及规范形

$$f=\bar{z}_1z_1+\cdots+\bar{z}_pz_p-\bar{z}_{p+1}z_{p+1}-\cdots-\bar{z}_rz_r, \tag{2.4}$$

其中 $\boldsymbol{y}=(y_1,y_2,\cdots,y_n)^{\mathrm{T}}\in\mathbb{C}^n$, $z_i\in\mathbb{C}$, $i=1,2,\cdots,r$. $r=\mathrm{rank}\,\boldsymbol{A}$.

定理 2.15 指出,通过酉变换 $\boldsymbol{x}=\boldsymbol{U}\boldsymbol{y}$,即可将 $f=\boldsymbol{x}^{\mathrm{H}}\boldsymbol{A}\boldsymbol{x}$ 化为标准形 $f=\boldsymbol{y}^{\mathrm{H}}\boldsymbol{\Lambda}\boldsymbol{y}$, $\boldsymbol{\Lambda}=\mathrm{diag}\,(\lambda_1,\lambda_2,\cdots,\lambda_n)$, $\lambda_i$ 是 $\boldsymbol{A}$ 的特征值$(i=1,2,\cdots,n)$. 再做一个简单的满秩线性变换就可将标准形化为规范形.

**例 2.21**　求一个酉变换 $\boldsymbol{x}=\boldsymbol{U}\boldsymbol{y}$,将 Hermite 二次型

$$f(x_1,x_2,x_3)=\bar{x}_1x_2+\mathrm{i}\bar{x}_1x_3+\bar{x}_2x_1-\mathrm{i}\bar{x}_2x_3-\mathrm{i}\bar{x}_3x_1+\mathrm{i}\bar{x}_3x_2$$

化为标准形. 然后再化为规范形.

**解**

$$f=(\bar{x}_1,\bar{x}_2,\bar{x}_3)\begin{bmatrix}0 & 1 & \mathrm{i}\\ 1 & 0 & -\mathrm{i}\\ -\mathrm{i} & \mathrm{i} & 0\end{bmatrix}\begin{bmatrix}x_1\\ x_2\\ x_3\end{bmatrix}\overset{\text{记为}}{=\!=\!=}\boldsymbol{x}^{\mathrm{H}}\boldsymbol{A}\boldsymbol{x},\ \mathrm{rank}\,\boldsymbol{A}=3.$$

由例 2.20,存在酉矩阵

$$U=\begin{bmatrix}1/\sqrt{2} & \mathrm{i}/\sqrt{6} & \mathrm{i}/\sqrt{3}\\ 1/\sqrt{2} & -\mathrm{i}/\sqrt{6} & -\mathrm{i}/\sqrt{3}\\ 0 & 2/\sqrt{6} & -1/\sqrt{3}\end{bmatrix}$$

使得 $\boldsymbol{A}=\boldsymbol{U}\mathrm{diag}\,(1,1,-2)\boldsymbol{U}^{\mathrm{H}}$.作酉变换 $\boldsymbol{x}=\boldsymbol{U}\boldsymbol{y}$(其中 $\boldsymbol{y}=(y_1,y_2,y_3)^{\mathrm{T}}\in\mathbb{C}^3$),便得标准形

$$\begin{aligned}f=\boldsymbol{x}^{\mathrm{H}}\boldsymbol{A}\boldsymbol{x}&=(\boldsymbol{U}\boldsymbol{y})^{\mathrm{H}}\boldsymbol{U}\mathrm{diag}\,(1,1,-2)\boldsymbol{U}^{\mathrm{H}}(\boldsymbol{U}\boldsymbol{y})\\&=\boldsymbol{y}^{\mathrm{H}}\mathrm{diag}\,(1,1,-2)\boldsymbol{y}\\&=\bar{y}_1y_1+\bar{y}_2y_2-2\bar{y}_3y_3.\end{aligned}$$

再进行变换 $\boldsymbol{y}=\boldsymbol{B}\boldsymbol{z}$,其中 $\boldsymbol{B}=\mathrm{diag}\left(1,1,\dfrac{1}{\sqrt{2}}\right)$,$\boldsymbol{z}=(z_1,z_2,z_3)^{\mathrm{T}}\in\mathbb{C}^3$,

即令 $\quad y_1=z_1,\quad y_2=z_2,\quad y_3=\dfrac{1}{\sqrt{2}}z_3,$

得规范形

$$f=\bar{z}_1z_1+\bar{z}_2z_2-\bar{z}_3z_3.$$

同实二次型一样,规范形中正的项数和负的项数与所做的满秩线性变换无关,并分别称为正惯性指数和负惯性指数.显然正惯性指数 $p$ 与负惯性指数 $N$ 之和等于 Hermite 二次型的秩 $r$.

### 2.5.6 正定矩阵及其性质

**定义** 2.14 设 $\boldsymbol{A}\in\mathbb{C}^{n\times n}$ 是 Hermite 矩阵.对任意非零向量 $\boldsymbol{x}=(x_1,x_2,\cdots,x_n)^{\mathrm{T}}\in\mathbb{C}^n$,若恒有 $f=\boldsymbol{x}^{\mathrm{H}}\boldsymbol{A}\boldsymbol{x}>0$,则称 $f$ 是**正定的 Hermite 二次型**,$\boldsymbol{A}$ 称为**正定矩阵**.若恒有 $f=\boldsymbol{x}^{\mathrm{H}}\boldsymbol{A}\boldsymbol{x}\geqslant 0$,则称 $f$ 是**半正定**的二次型,$\boldsymbol{A}$ 是**半正定矩阵**.

同样可定义负定、半负定 Hermite 二次型和负定、半负定矩阵.若存在 $\mathbb{C}^n$ 中的向量 $\boldsymbol{x}\neq\boldsymbol{0}$ 和 $\boldsymbol{y}\neq\boldsymbol{0}$,使得 $f=\boldsymbol{x}^{\mathrm{H}}\boldsymbol{A}\boldsymbol{x}>0$,而 $f=\boldsymbol{y}^{\mathrm{H}}\boldsymbol{A}\boldsymbol{y}<0$,则称 $f$(或 $\boldsymbol{A}$)是**不定的**.

**定理** 2.17 若 $\boldsymbol{A}=[a_{ij}]\in\mathbb{C}^{n\times n}$ 是正定(或半正定)矩阵,则 $\boldsymbol{A}$ 的各阶顺序主子阵 $\boldsymbol{A}_k\,(k=1,2,\cdots,n)$ 都是正定(或半正定)矩阵.

**证明**

$$A_k = \begin{bmatrix} a_{11} & \cdots & a_{1k} \\ \vdots & & \vdots \\ a_{k1} & \cdots & a_{kk} \end{bmatrix}, \quad k = 1,2,\cdots,n.$$

若记

$$B = \begin{bmatrix} a_{1(k+1)} & \cdots & a_{1n} \\ \vdots & & \vdots \\ a_{k(k+1)} & \cdots & a_{kn} \end{bmatrix}, \quad C = \begin{bmatrix} a_{(k+1)1} & \cdots & a_{(k+1)k} \\ \vdots & & \vdots \\ a_{n1} & \cdots & a_{nk} \end{bmatrix},$$

$$D = \begin{bmatrix} a_{(k+1)(k+1)} & \cdots & a_{(k+1)n} \\ \vdots & & \vdots \\ a_{n(k+1)} & \cdots & a_{nn} \end{bmatrix},$$

则 $A = \begin{bmatrix} A_k & B \\ C & D \end{bmatrix}$.显然 $A_k$ 是 Hermite 矩阵.

设 $u = (x_1, x_2, \cdots, x_k)^T \in \mathbb{C}^k$ 是任意的非零列向量.若令 $x = (x_1, x_2, \cdots, x_k, 0, \cdots, 0)^T \in \mathbb{C}^n$,则 $x$ 是 $n$ 维非零列向量.记

$$x = \begin{bmatrix} u \\ 0 \end{bmatrix},$$

其中 $0$ 是 $n-k$ 维零向量.

由题设,$A$ 是正定矩阵,故有 $x^H A x > 0$.而

$$x^H A x = [u^H \quad 0] \begin{bmatrix} A_k & B \\ C & D \end{bmatrix} \begin{bmatrix} u \\ 0 \end{bmatrix} = u^H A_k u,$$

即 $u^H A_k u > 0$,故 $A_k$ 是正定的.将“$>$”改为“$\geqslant$”,就证明了半正定的情况.

证毕.

**定理 2.18**　$n$ 阶 Hermite 矩阵 $A$ 是正定的,当且仅当 $A$ 满足下列诸条件之一:

(1)$A$ 的所有特征值都大于零;

(2)存在可逆矩阵 $P \in \mathbb{C}^{n \times n}$,使得 $P^H A P = E$;

(3)存在可逆矩阵 $Q \in \mathbb{C}^{n \times n}$,使得 $A = Q^H Q$;

(4)$A$ 的各阶顺序主子式 $\det A_k$ 均大于零.

**证明**

(1)必要性.设 $\lambda$ 是 $\boldsymbol{A}$ 的任一特征值,$\boldsymbol{x}\neq\boldsymbol{0}$ 是对应于 $\lambda$ 的特征向量.因为 $\boldsymbol{A}$ 是正定的,故

$$\lambda\langle \boldsymbol{x},\boldsymbol{x}\rangle=\langle \lambda\boldsymbol{x},\boldsymbol{x}\rangle=\langle \boldsymbol{A}\boldsymbol{x},\boldsymbol{x}\rangle=\boldsymbol{x}^{\mathrm{H}}\boldsymbol{A}\boldsymbol{x}>0.$$

又因为 $\boldsymbol{x}\neq\boldsymbol{0}$,则$\langle \boldsymbol{x},\boldsymbol{x}\rangle>0$,所以 $\lambda>0$.

充分性.设 $\boldsymbol{A}$ 的全部特征值为$\lambda_1,\lambda_2,\cdots,\lambda_n$.因为 $\boldsymbol{A}$ 是 Hermite 矩阵,故存在酉变换 $\boldsymbol{x}=\boldsymbol{U}\boldsymbol{y}$,使得

$$\boldsymbol{x}^{\mathrm{H}}\boldsymbol{A}\boldsymbol{x}=\boldsymbol{y}^{\mathrm{H}}\mathrm{diag}\,(\lambda_1,\lambda_2,\cdots,\lambda_n)\boldsymbol{y}=\sum_{i=1}^{n}\lambda_i\bar{y}_i y_i=\sum_{i=1}^{n}\lambda_i\,|\,y_i\,|^2.$$

对于任意的非零向量 $\boldsymbol{x}$,$\boldsymbol{y}=\boldsymbol{U}^{-1}\boldsymbol{x}$ 也是非零向量,故 $y_1,y_2,\cdots,y_n$ 不全为零.因为所有的 $\lambda_i>0$,所以

$$\boldsymbol{x}^{\mathrm{H}}\boldsymbol{A}\boldsymbol{x}=\sum_{i=1}^{n}\lambda_i\,|\,y_i\,|^2>0,$$

即 $\boldsymbol{A}$ 是正定的.

(2)若 $\boldsymbol{A}$ 是正定的,由(1)知 $\lambda_1,\lambda_2,\cdots,\lambda_n$ 均大于零.

令 $$\boldsymbol{B}=\mathrm{diag}\left(\frac{1}{\sqrt{\lambda_1}},\frac{1}{\sqrt{\lambda_2}},\cdots,\frac{1}{\sqrt{\lambda_n}}\right),$$

则 $\boldsymbol{B}$ 可逆.又因为存在酉矩阵 $\boldsymbol{U}$,使得

$$\boldsymbol{U}^{\mathrm{H}}\boldsymbol{A}\boldsymbol{U}=\mathrm{diag}\,(\lambda_1,\lambda_2,\cdots,\lambda_n),$$

所以　$\boldsymbol{B}^{\mathrm{H}}\boldsymbol{U}^{\mathrm{H}}\boldsymbol{A}\boldsymbol{U}\boldsymbol{B}=\boldsymbol{E}$.即存在可逆矩阵 $\boldsymbol{P}=\boldsymbol{U}\boldsymbol{B}$,使得 $\boldsymbol{P}^{\mathrm{H}}\boldsymbol{A}\boldsymbol{P}=\boldsymbol{E}$.

反之,若存在可逆矩阵 $\boldsymbol{P}$,使得 $\boldsymbol{P}^{\mathrm{H}}\boldsymbol{A}\boldsymbol{P}=\boldsymbol{E}$,则 $\boldsymbol{A}=(\boldsymbol{P}^{\mathrm{H}})^{-1}\boldsymbol{P}^{-1}=(\boldsymbol{P}^{-1})^{\mathrm{H}}\boldsymbol{P}^{-1}=\boldsymbol{Q}^{\mathrm{H}}\boldsymbol{Q}$,其中 $\boldsymbol{Q}=\boldsymbol{P}^{-1}$,对于任意非零向量 $\boldsymbol{x}$,$\boldsymbol{Q}\boldsymbol{x}\neq\boldsymbol{0}$,故

$$\boldsymbol{x}^{\mathrm{H}}\boldsymbol{A}\boldsymbol{x}=\boldsymbol{x}^{\mathrm{H}}\boldsymbol{Q}^{\mathrm{H}}\boldsymbol{Q}\boldsymbol{x}=\langle \boldsymbol{Q}\boldsymbol{x},\boldsymbol{Q}\boldsymbol{x}\rangle>0,$$

即 $\boldsymbol{A}$ 是正定矩阵.

(3)在证明(2)的过程中已证明了本结论.

(4)由(1)及定理 2.17 易知条件是必要的.关于充分性的证明比较复杂(参见[7]),此处从略.　证毕.

**推论**　若 $\boldsymbol{A}$ 是正定(或半正定)矩阵,则 $\boldsymbol{A}$ 的行列式、迹、各阶主子式都是正(或非负)的.

由于当 $\boldsymbol{A}$ 负定时,$-\boldsymbol{A}$ 是正定的,故可得 $\boldsymbol{A}$ 是负定的充分必要条件是:$\boldsymbol{A}$ 的所有特征值都是负的,或所有偶数阶的顺序主子式都大于

零，而一切奇数阶顺序主子式都小于零.

## 习　题　2

1. 已知数字矩阵 $\boldsymbol{A}$，试用初等变换求 $\lambda\boldsymbol{E}-\boldsymbol{A}$ 的 Smith 标准形和不变因子.

(1) $\boldsymbol{A}=\begin{bmatrix}2&1&0\\0&2&1\\0&0&2\end{bmatrix}$；　(2) $\boldsymbol{A}=\begin{bmatrix}0&1&1\\1&0&1\\1&1&0\end{bmatrix}$；

(3) $\boldsymbol{A}=\begin{bmatrix}0&1&0&0\\0&0&1&0\\0&0&0&1\\-5&-4&-3&-2\end{bmatrix}$；　(4) $\boldsymbol{A}=\begin{bmatrix}3&1&0&0\\-4&-1&0&0\\7&1&2&1\\-7&-6&-1&0\end{bmatrix}$.

2. 求下列多项式矩阵的不变因子和初等因子组.

(1) $\boldsymbol{A}(\lambda)=\begin{bmatrix}0&0&1&\lambda+2\\0&1&\lambda+2&0\\1&\lambda+2&0&0\\\lambda+2&0&0&0\end{bmatrix}$；

(2) $\boldsymbol{B}(\lambda)=\begin{bmatrix}\lambda+\alpha&0&1&0\\0&\lambda+\alpha&0&1\\0&0&\lambda+\alpha&0\\0&0&0&\lambda+\alpha\end{bmatrix}$；

(3) $\boldsymbol{C}(\lambda)=\begin{bmatrix}\lambda-3&0&-8\\-3&\lambda+1&-6\\2&0&\lambda+5\end{bmatrix}$；

(4) $\boldsymbol{D}(\lambda)=\begin{bmatrix}\lambda-3&-1&0&0\\4&\lambda+1&0&0\\-7&-1&\lambda-2&-1\\7&6&1&\lambda\end{bmatrix}$.

3*. 求下列多项式矩阵的 Smith 标准形和初等因子组.

(1) $\begin{bmatrix}1-\lambda&\lambda^2&\lambda\\\lambda&\lambda&-\lambda\\1+\lambda^2&\lambda^2&-\lambda^2\end{bmatrix}$；　(2) $\begin{bmatrix}\lambda^2+\lambda&0&0\\0&\lambda&0\\0&0&(\lambda+1)^2\end{bmatrix}$；

(3) $\begin{bmatrix} 0 & 0 & 0 & 2\lambda^2 \\ 0 & 0 & \lambda^2-\lambda & 0 \\ 0 & (\lambda-1)^2 & 0 & 0 \\ \lambda^2-\lambda & 0 & 0 & 0 \end{bmatrix}$.

4.证明 $\boldsymbol{A}\in\mathbb{C}^{n\times n}$ 与 $\boldsymbol{A}^{\mathrm{T}}$ 相似.

5.证明下列矩阵

$$\boldsymbol{A}=\begin{bmatrix} a & 0 & 0 \\ 0 & a & 0 \\ 0 & 0 & a \end{bmatrix}, \boldsymbol{B}=\begin{bmatrix} a & 0 & 0 \\ 0 & a & 1 \\ 0 & 0 & a \end{bmatrix} \text{和} \boldsymbol{C}=\begin{bmatrix} a & 1 & 0 \\ 0 & a & 1 \\ 0 & 0 & a \end{bmatrix}$$

中的任何两个都不能相似.

6.求下列矩阵的 Jordan 标准形.

(1) $\begin{bmatrix} 1 & 2 & 0 \\ 0 & 2 & 0 \\ -2 & -1 & -1 \end{bmatrix}$;　　(2) $\begin{bmatrix} 3 & 7 & -3 \\ -2 & -5 & 2 \\ -4 & -10 & 3 \end{bmatrix}$;

(3) $\begin{bmatrix} 3 & 1 & 0 & 0 \\ -4 & -1 & 0 & 0 \\ 7 & 1 & 2 & 1 \\ -17 & -6 & -1 & 0 \end{bmatrix}$;　　(4) $\begin{bmatrix} 0 & \cdots & 0 & 0 \\ 1 & \cdots & 0 & 0 \\ & \ddots & \vdots & \vdots \\ & & 1 & 0 \end{bmatrix}$.

7.求下列矩阵的有理标准形.

(1) $\boldsymbol{A}=\begin{bmatrix} 0 & 1 & 1 \\ 1 & 0 & 1 \\ 1 & 1 & 0 \end{bmatrix}$;　　(2) $\boldsymbol{B}=\begin{bmatrix} 0 & 1 & 0 & 0 \\ 0 & 0 & 1 & 0 \\ 0 & 0 & 0 & 1 \\ -5 & -4 & -3 & -2 \end{bmatrix}$.

8.已知 $\boldsymbol{A}$ 的 Jordan 的标准形是

$$\boldsymbol{J}=\begin{bmatrix} 1 & & & & \\ 1 & 1 & & & \\ & & 2 & & \\ & & & 2 & \\ & & & 1 & 2 \end{bmatrix},$$

求 $\boldsymbol{A}$ 的有理标准形 $\boldsymbol{C}$.

9.设

$$\boldsymbol{A}=\begin{bmatrix} -1 & 1 & 0 \\ -4 & 3 & 0 \\ 1 & 0 & 2 \end{bmatrix},$$

求 $g(\boldsymbol{A})=\boldsymbol{A}^7-\boldsymbol{A}^5-19\boldsymbol{A}^4+28\boldsymbol{A}^3+6\boldsymbol{A}-4\boldsymbol{E}$.

10. 设 $A\in\mathbb{C}^{n\times n}$ 可逆，试证 $A^{-1}$ 可表示为 $A$ 的多项式.

11. 求下列矩阵的最小多项式.

(1) $A=\begin{bmatrix}7&4&-4\\4&-8&-1\\-4&-1&-8\end{bmatrix}$；　(2) $B=\begin{bmatrix}0&1&0\\0&0&1\\2&3&0\end{bmatrix}$；

(3) $C=\begin{bmatrix}3&1&0&0&0\\0&3&0&0&0\\0&0&3&1&0\\0&0&0&3&1\\0&0&0&0&3\end{bmatrix}$.

12. (1) 证明定理 2.9.

(2) 证明定理 2.12 的推论.

13. 证明满足下列条件之一的矩阵 $A\in\mathbb{C}^{n\times n}$ 可对角化：

(1) $A^2+A=2E$；　(2) $A^m=E$　$(m\in\mathbb{N})$.

14. 设 $A\in\mathbb{C}^{n\times n}$ 是正规矩阵，试证

(1) $A$ 是反 Hermite 矩阵的充分必要条件是 $A$ 的特征值为零或纯虚数；

(2) 对应于不同特征值的特征向量是正交的.

15. 设 $A,B\in\mathbb{C}^{n\times n}$ 都是 Hermite 矩阵，试证 $AB$ 是 Hermite 矩阵的充分必要条件是 $AB=BA$.

16. 将矩阵 $A$ 酉对角化：

(1) $A=\begin{bmatrix}0&\mathrm{i}&1\\-\mathrm{i}&0&0\\1&0&0\end{bmatrix}$；　(2) $A=\begin{bmatrix}0&1&-\mathrm{i}\\1&0&\mathrm{i}\\\mathrm{i}&-\mathrm{i}&0\end{bmatrix}$.

17. 求使二次型　$f=-\bar{x}_1x_1+\mathrm{i}\bar{x}_1x_2-\mathrm{i}\bar{x}_2x_1-\mathrm{i}\bar{x}_2x_3+\mathrm{i}\bar{x}_3x_2-\bar{x}_3x_3$ 成为标准形的酉变换，并判断 $f$ 是否是正定二次型.

18. 设 $A\in\mathbb{C}^{n\times n}$ 是半正定矩阵，则 $A$ 是正定的当且仅当 $A$ 是非奇异的.

19. 设 $\{u_1,u_2,\cdots,u_n\}$ 是内积空间 $\mathbb{C}^n$ 中任一向量组，令

$$H_n=[h_{ij}]=[\langle u_j,u_i\rangle]=\begin{bmatrix}\langle u_1,u_1\rangle&\langle u_2,u_1\rangle&\cdots&\langle u_n,u_1\rangle\\\langle u_1,u_2\rangle&\langle u_2,u_2\rangle&\cdots&\langle u_n,u_2\rangle\\\vdots&\vdots&&\vdots\\\langle u_1,u_n\rangle&\langle u_2,u_n\rangle&\cdots&\langle u_n,u_n\rangle\end{bmatrix}.$$

(1) 验证 $H_n$ 是 Hermite 矩阵；

(2) 验证 $H_n$ 是半正定的；

(3) 证明 $H_n$ 是非奇异的充分必要条件是 $\{u_1,u_2,\cdots,u_n\}$ 线性无关.

# 第3章 赋范线性空间及有界线性算子

赋予范数的线性空间构成为赋范线性空间.赋范线性空间是泛函分析研究的一类重要的空间.任何内积空间(关于由内积导出的范数)都是赋范线性空间.

本章中,首先介绍赋范线性空间的定义,空间中序列的收敛性和映射的连续性等基本的分析性质.在此基础上,研究赋范线性空间中的各种点集、空间或集合的紧性、有界线性算子和有界线性泛函.为了有助于本书后继部分的学习,本章还介绍有限维赋范线性空间的性质以及方阵范数的内容.

另外,从本书的结构来讲,3.3 关于度量空间的内容是独立的,即后面未用到 3.3 的结论.度量空间是比赋范线性空间更广泛的一类空间.度量空间不具有线性结构.但是容易看到,赋范线性空间的很多分析性质,实际上在度量空间中也是成立的.在 3.4 中,简略地介绍了建立 Lebesgue 积分的思想、Lebesgue 积分的有关性质以及在数学许多分支中应用较多的 $L^p$ 空间.

## 3.1 赋范线性空间

在熟知的$\mathbb{R}^2$ 空间中,每一个向量 $\boldsymbol{x}=(\xi_1,\xi_2)^{\mathrm{T}}$ 对应于它的长度 $\|\boldsymbol{x}\|=(\xi_1^2+\xi_2^2)^{\frac{1}{2}}$.把此对应(即一个映射)所具有的几条基本性质抽象到一般线性空间,作为赋范线性空间的定义.赋范线性空间中序列的收敛性和映射的连续性等基本的分析性质是本节研究的主要内容.完备的赋范线性空间,即 Banach 空间,也是本节研究的一个重要内容.

### 3.1.1 赋范线性空间的定义

**定义** 3.1 设 $X$ 是数域$\mathbb{K}$上的线性空间.若 $\|\cdot\|$ 是 $X$ 到实数域$\mathbb{R}$

的映射，对于任意 $x,y\in X$ 以及 $\alpha\in\mathbb{K}$ 满足条件：

(1) $\|x\|\geqslant 0$，并且 $\|x\|=0$ 当且仅当 $x=0$，

(2) $\|\alpha x\|=|\alpha|\,\|x\|$，

(3) $\|x+y\|\leqslant\|x\|+\|y\|$（三角不等式），

则称 $\|\cdot\|$ 为 $X$ 上的**范数**，称 $(X,\|\cdot\|)$ 为**赋范线性空间**.

在范数不至于混淆的情况下，赋范线性空间 $(X,\|\cdot\|)$ 可简记为 $X$. 对于 $x\in X$，称 $\|x\|$ 为 $x$ 的范数.

当 $\mathbb{K}$ 为复数域 $\mathbb{C}$ 时，赋范线性空间 $X$ 称为复赋范线性空间；当 $\mathbb{K}$ 为实数域 $\mathbb{R}$ 时，赋范线性空间 $X$ 称为实赋范线性空间.

由定义可知，任何内积空间（关于由内积导出的范数）都是赋范线性空间. 具体地说，若 $(X,\langle\cdot,\cdot\rangle)$ 是内积空间，对于任意 $x\in X$，令

$$\|x\|=\sqrt{\langle x,x\rangle}$$

（见定义 1.19），则 $\|\cdot\|$ 满足定义 3.1 的条件. 因此，$(X,\|\cdot\|)$ 是赋范线性空间.

内积空间 $\mathbb{C}^n$，$\mathbb{R}^n$，$l^2$ 等（关于由内积导出的范数）都是赋范线性空间.

在 $\mathbb{R}^2$ 中，定义 3.1 的条件(3)的几何意义，就是"三角形两边之和大于第三边"这一原理（见图 3-1）.

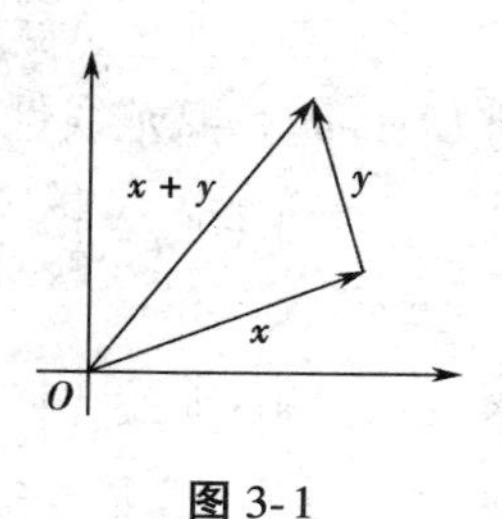

图 3-1

下面再举一些赋范线性空间的例子.

**例 3.1**　在线性空间 $l^p\ (1\leqslant p<\infty)$ 上，对于任意 $x=(\xi_1,\xi_2,\cdots)\in l^p$，通常定义

$$\|x\|_p=\left(\sum_{i=1}^{\infty}|\xi_i|^p\right)^{\frac{1}{p}},$$

则 $l^p$ 是赋范线性空间.

**例 3.2**　$l^\infty$ 表示有界实数（或复数）列 $(\xi_1,\xi_2,\cdots)$ 的全体组成的集合. 对任意 $x=(\xi_1,\xi_2,\cdots)$，$y=(\eta_1,\eta_2,\cdots)\in l^\infty$ 及 $\alpha\in\mathbb{R}$（或 $\mathbb{C}$），定义线性运算为

$$x+y=(\xi_1+\eta_1,\xi_2+\eta_2,\cdots),\ \alpha x=(\alpha\xi_1,\alpha\xi_2,\cdots),$$

则 $l^\infty$ 成为线性空间.通常定义

$$\|x\|_\infty=\sup_{i\in\mathbb{N}}|\xi_i|,$$

则 $l^\infty$ 是赋范线性空间.

**例 3.3** 在线性空间$\mathbb{C}^n$(或$\mathbb{R}^n$)上,对任意 $\boldsymbol{x}=(\xi_1,\xi_2,\cdots,\xi_n)^{\mathrm{T}}\in\mathbb{C}^n$(或$\mathbb{R}^n$),若定义

$$\|x\|_\infty=\max_{1\leqslant i\leqslant n}|\xi_i| \quad 或 \quad \|\boldsymbol{x}\|_p=\Big(\sum_{i=1}^n|\xi_i|^p\Big)^{\frac{1}{p}},$$

(特别地,当 $p=1$ 时 $\|\boldsymbol{x}\|_1=\sum_{i=1}^n|\xi_i|$;当 $p=2$ 时 $\|\boldsymbol{x}\|_2=\Big(\sum_{i=1}^n|\xi_i|^2\Big)^{\frac{1}{2}}$,)则($\mathbb{C}^n$, $\|\cdot\|_\infty$)和($\mathbb{C}^n$, $\|\cdot\|_p$)(或($\mathbb{R}^n$, $\|\cdot\|_\infty$)和($\mathbb{R}^n$, $\|\cdot\|_p$))都是赋范线性空间.

此例表明,在同一个线性空间上可以赋予不同的范数,成为不同的赋范线性空间.通常把($\mathbb{C}^n$, $\|\cdot\|_2$)(或($\mathbb{R}^n$, $\|\cdot\|_2$))简记为$\mathbb{C}^n$(或$\mathbb{R}^n$).

**例 3.4** 在线性空间 $\mathrm{C}[a,b]$上,对于任意 $x\in\mathrm{C}[a,b]$,通常定义

$$\|x\|=\max_{a\leqslant t\leqslant b}|x(t)|,$$

则 $\mathrm{C}[a,b]$是赋范线性空间.若定义

$$\|x\|_1=\int_a^b|x(t)|\mathrm{d}t,$$

或
$$\|x\|_2=\left(\int_a^b|x(t)|^2\mathrm{d}t\right)^{\frac{1}{2}},$$

则($\mathrm{C}[a,b]$, $\|\cdot\|_1$)和($\mathrm{C}[a,b]$, $\|\cdot\|_2$)都是赋范线性空间.

**例 3.5** 在线性空间$\mathbb{C}^{n\times n}$上,对于任意 $\boldsymbol{A}=[a_{ij}]_{n\times n}\in\mathbb{C}^{n\times n}$,若定义

$$\|\boldsymbol{A}\|_\infty=\max_{1\leqslant i\leqslant n}\sum_{j=1}^n|a_{ij}|,$$

则($\mathbb{C}^{n\times n}$, $\|\cdot\|_\infty$)是赋范线性空间.

关于赋范线性空间与内积空间的关系,前面已经指出,任何内积空间(关于由内积导出的范数)都是赋范线性空间.反过来的问题是:对于

任何赋范线性空间$(X,\|\cdot\|)$,是否存在一个 $X$ 上的内积$\langle\cdot,\cdot\rangle$,使得 $X$ 中的每一个元素 $x$ 的范数 $\|x\|$ 都是由内积导出的范数,即 $\|x\|=\sqrt{\langle x,x\rangle}$? 回答是否定的.事实上,下面的例子表明,确有很多的赋范线性空间,其范数不是由内积导出的.因为引理 1.4 指出,内积空间 $X$ 中由内积导出的范数必须满足平行四边形公式,即$\forall x,y\in X$,有

$$\|x+y\|^2+\|x-y\|^2=2(\|x\|^2+\|y\|^2).$$

因此,如果某个赋范线性空间的范数不满足平行四边形公式,则此范数就不是由内积导出的.

**例** 3.6　赋范线性空间 $l^p(1\leqslant p<\infty)$,当 $p\neq 2$ 时 $l^p$ 的范数不是由内积导出的.事实上,取

$$x_0=(1,1,0,0,\cdots),y_0=(1,-1,0,0,\cdots)\in l^p,$$

则 $\|x_0\|=\|y_0\|=2^{\frac{1}{p}}$,但 $\|x_0+y_0\|=\|x_0-y_0\|=2$.显然对于 $x_0$ 和 $y_0$ 平行四边形公式不成立.

因此,赋范线性空间是比内积空间更为广泛的一类空间.

### 3.1.2　由范数导出的度量

在$\mathbb{R}^2$ 中,任意两点 $x=(\xi_1,\xi_2)$和 $y=(\eta_1,\eta_2)$的距离 $d(x,y)$可以表示为二向量 $\boldsymbol{x}$ 和 $\boldsymbol{y}$ 之差的范数 $\|\boldsymbol{x}-\boldsymbol{y}\|$,即

$$d(x,y)=\|\boldsymbol{x}-\boldsymbol{y}\|=((\xi_1-\eta_1)^2+(\xi_2-\eta_2)^2)^{\frac{1}{2}},$$

其直观含义从图 3-2 中可以看出.

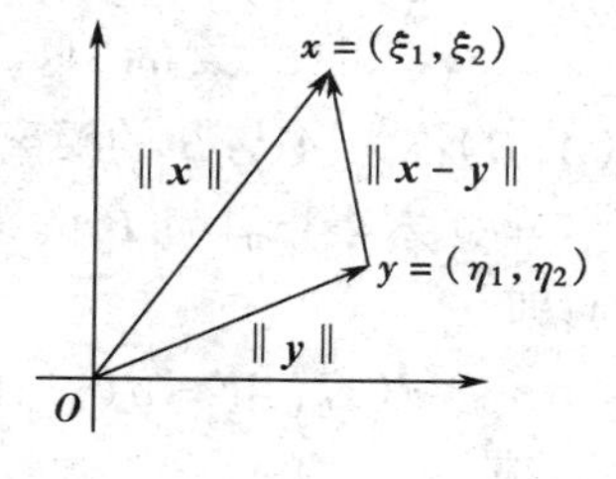

图 3-2

依此方法,可类似地在一般的赋范线性空间中定义任意两点的距离.

**定义** 3.2　设$(X,\|\cdot\|)$是赋范线性空间,对于任意 $x,y\in X$,令

$$d(x,y)=\|x-y\|,$$

则 $d$ 是一个 $X\times X$ 到$[0,+\infty)$的映射,$d$ 称为赋范线性空间 $X$ 上**由范数导出的度量**(或称为距离函数),$d(x,y)$称为点 $x$ 与 $y$ 的距离.

容易验证由范数导出的度量对任意 $x,y,z\in X$ 满足以下条件:

(1) $d(x,y)\geqslant 0$,并且 $d(x,y)=0$ 当且仅当 $x=y$;

(2) $d(x,y)=d(y,x)$;

(3) $d(x,y)\leqslant d(x,z)+d(z,y)$.

例如:由范数的三角不等式,得到

$$\begin{aligned} d(x,y) &= \|x-y\| \leqslant \|x-z\| + \|z-y\| \\ &= d(x,z)+d(z,y), \end{aligned}$$

即条件(3)成立.

此外,由范数导出的度量还具有如下特殊的性质.

**引理** 3.1 设$(X,\|\cdot\|)$是赋范线性空间,$d$ 是由范数导出的度量,则对于任意 $x,y,z\in X$ 及任意$\alpha\in\mathbb{K}$,下列结论成立:

(1) $d(x+z,y+z)=d(x,y)$;

(2) $d(\alpha x,\alpha y)=|\alpha|d(x,y)$.

**证明** 由于 $d(x,y)=\|x-y\|$,则

$$\begin{aligned} d(x+z,y+z) &= \|(x+z)-(y+z)\| \\ &= \|x-y\| = d(x,y), \end{aligned}$$

并且
$$\begin{aligned} d(\alpha x,\alpha y) &= \|\alpha x-\alpha y\| = |\alpha|\,\|x-y\| \\ &= |\alpha|d(x,y). \end{aligned}$$

证毕.

**定义** 3.3 设 $X$ 是赋范线性空间,$A$ 和 $B$ 是 $X$ 的非空子集,$x\in X$,$d$ 是 $X$ 上由范数导出的度量,记

$$\begin{aligned} d(A,B) &= \inf\{d(x,y)\mid x\in A,y\in B\} \\ &= \inf\{\|x-y\|\mid x\in A,y\in B\}. \end{aligned}$$

$d(A,B)$称为 $A$ 与 $B$ 的**距离**.

单元素集$\{x_0\}$与 $B$ 的距离称为点 $x_0$ 与集 $B$ 的距离,记为 $d(x_0,B)$,即

$$d(x_0,B)=d(\{x_0\},B)=\inf\{\|x_0-y\|\mid y\in B\}.$$

记

$$\delta(A)=\sup\{\|x-y\|\mid x,y\in A\}.$$

称 $\delta(A)$为集 $A$ 的**直径**.若 $\delta(A)<+\infty$,则称 $A$ 是**有界的**.否则,称 $A$ 是无界的.

**引理** 3.2 设 $X$ 是赋范线性空间,$A\subset X$.则 $A$ 是有界的当且仅当

存在 $r>0$,使得对一切 $x\in A$ 都有

$$\|x\|\leqslant r.$$

**证明** 若 $A$ 是有界的,即 $\delta(A)<+\infty$,取定一点 $x_0\in A$,令 $r=\delta(A)+\|x_0\|$,则对一切 $x\in A$ 都有

$$\|x\|\leqslant\|x-x_0\|+\|x_0\|\leqslant\delta(A)+\|x_0\|=r.$$

反过来,若存在 $r>0$ 使得对一切 $x\in A$ 都有 $\|x\|\leqslant r$,则对任意 $x,y\in A$ 有

$$\|x-y\|\leqslant\|x\|+\|y\|\leqslant r+r=2r,$$

取上确界,得 $\delta(A)\leqslant 2r<+\infty$. 证毕.

### 3.1.3 收敛序列与连续映射

$\mathbb{R}$中的数列$\{a_n\}$收敛于 $a$ 是指:若对于任意 $\varepsilon>0$,存在 $N\in\mathbb{N}$,使得对一切 $n>N$ 都有

$$|a_n-a|<\varepsilon.$$

记为 $$\lim_{n\to\infty}a_n=a.$$

显然,$\lim\limits_{n\to\infty}a_n=a$ 等价于 $\lim\limits_{n\to\infty}|a_n-a|=0$.

由于赋范线性空间中由范数可以导出度量,因此,很自然地可以把实数列收敛的定义推广到一般的赋范线性空间.

**定义** 3.4 设$\{x_n\}$是赋范线性空间$(X,\|\cdot\|)$中的序列.若存在 $x\in X$,使得$\lim\limits_{n\to\infty}\|x_n-x\|=0$,即对于任意 $\varepsilon>0$,存在正整数 $N$,使得对一切 $n>N$,都有

$$\|x_n-x\|<\varepsilon,$$

则称序列$\{x_n\}$**依范数收敛于** $x$,$x$ 称为序列$\{x_n\}$的**极限**,记为

$$\lim_{n\to\infty}x_n=x,\text{或简记为 } x_n\to x.$$

在内积空间 $X$ 中序列$\{x_n\}$收敛于 $x$ 是指此序列依由内积导出的范数收敛于 $x$.

在赋范线性空间 $X$ 中,有限多个元素的和仍然是 $X$ 的元素.但是 $X$ 中可数多个元素 $x_1,x_2,\cdots,x_n,\cdots$的和是否是 $X$ 的元素呢?从形式上可记

$$x_1 + x_2 + \cdots + x_n + \cdots = \sum_{n=1}^{\infty} x_n .$$

上式可能有意义，也可能没有意义.类似于微积分中无穷级数的概念，在赋范线性空间中可做如下定义.

**定义** 3.5 设$\{x_n\}$是赋范线性空间 $X$ 中的一列元素，构造部分和序列$\{s_n\}$，其中

$$s_n = \sum_{i=1}^{n} x_i \qquad (n \in \mathbb{N}).$$

若序列$\{s_n\}$是收敛的，即存在 $s \in X$，使得

$$s = \lim_{n \to \infty} s_n = \lim_{n \to \infty} \sum_{i=1}^{n} x_i ,$$

则称**级数** $\sum_{n=1}^{\infty} x_n$ 是**收敛**的，$s$ 称为 $\sum_{n=1}^{\infty} x_n$ 的和，记为

$$s = \sum_{n=1}^{\infty} x_n .$$

若 $\sum_{n=1}^{\infty} \| x_n \|$ 是收敛的，则称级数 $\sum_{n=1}^{\infty} x_n$ 是**绝对收敛**的.

值得注意的是，在赋范线性空间 $X$ 中，绝对收敛的级数不一定是收敛的.要保证 $X$ 中每一个绝对收敛的级数都是收敛的，可见后面的定理 3.5.

收敛序列有如下性质.

**引理** 3.3 若$\{x_n\}$是赋范线性空间 $X$ 中的收敛序列，则

(1)$\{x_n\}$是有界的；

(2)$\{x_n\}$的极限是唯一的.

**证明** (1)设 $x_n \to x$.取 $\varepsilon = 1$，则存在正整数 $N$，使得对一切 $n > N$，有

$$\| x_n - x \| < 1.$$

令 $c = \max\{\| x_1 - x \|, \cdots, \| x_N - x \|, 1\}$，则对一切 $n \in \mathbb{N}$都有

$$\| x_n - x \| \leqslant c.$$

由引理 3.2，知$\{x_n\}$是有界的.

(2)若 $x_n \to x$,且又有 $x_n \to y$,由于

$$\| x - y \| \leqslant \| x - x_n \| + \| x_n - y \| \to 0,$$

则 $\| x - y \| = 0$,从而 $x = y$.　证毕.

下面作为一个具体的例子,讨论实值连续函数空间 $C[a,b]$ 中序列收敛的含义.例子中用到函数列"一致收敛"的概念,对于不熟悉此概念的读者,可阅读本节末尾的附录.

**例 3.7**　设 $\{x_n\}$ 是 $C[a,b]$ 中的序列.$C[a,b]$ 中的范数通常指最大值范数,即对于 $x \in C[a,b]$,有

$$\| x \| = \max_{a \leqslant t \leqslant b} | x(t) |,$$

则 $C[a,b]$ 中的序列 $\{x_n\}$ 依范数收敛于 $x$,当且仅当闭区间 $[a,b]$ 上的连续函数列 $\{x_n(t)\}$ 在 $[a,b]$ 上一致收敛于 $x(t)$.

**证明**　若 $C[a,b]$ 中的序列 $\{x_n\}$ 依范数收敛于 $x$,则对于任意 $\varepsilon > 0$,存在 $N \in \mathbb{N}$,使得对一切 $n > N$ 都有

$$\| x_n - x \| = \max_{a \leqslant t \leqslant b} | x_n(t) - x(t) | < \varepsilon,$$

从而对一切 $n > N$ 及任意 $t \in [a,b]$ 都有

$$| x_n(t) - x(t) | < \varepsilon.$$

这表明,连续函数列 $\{x_n(t)\}$ 在 $[a,b]$ 上一致收敛于 $x(t)$.

反之,若连续函数列 $\{x_n(t)\}$ 在 $[a,b]$ 上一致收敛于 $x(t)$,则可得到 $x(t)$ 在 $[a,b]$ 上连续的结论,即 $x \in C[a,b]$.事实上,由一致收敛性,对于任意 $\varepsilon > 0$,存在 $N \in \mathbb{N}$,使得对一切 $n > N$ 及任意 $t \in [a,b]$,都有

$$| x_n(t) - x(t) | < \frac{\varepsilon}{3}. \tag{3.1}$$

选定一个大于 $N$ 的 $n$,由于 $x_n(t)$ 连续,则存在 $\delta > 0$,使当 $| t - t' | < \delta$ 时,有

$$| x_n(t') - x_n(t) | < \frac{\varepsilon}{3}.$$

于是

$$| x(t') - x(t) | \leqslant | x(t') - x_n(t') | + | x_n(t') - x_n(t) |$$

$$+|x_n(t)-x(t)|$$

$$<\frac{\varepsilon}{3}+\frac{\varepsilon}{3}+\frac{\varepsilon}{3}=\varepsilon.$$

这表明 $x(t)$在任意 $t\in[a,b]$处连续,即 $x\in C[a,b]$.

再由式(3.1)可得到,对一切 $n>N$,有

$$\|x_n-x\|=\max_{a\leqslant t\leqslant b}|x_n(t)-x(t)|<\frac{\varepsilon}{3}<\varepsilon.$$

这表明 $C[a,b]$中的序列$\{x_n\}$依范数收敛于 $x$. 证毕.

下面研究两个赋范线性空间之间的连续映射.

**定义 3.6** 设 $f$ 是赋范线性空间 $X$ 到赋范线性空间 $Y$ 的映射.

(1)取 $x_0\in X$,若对于任意 $\varepsilon>0$,存在 $\delta>0$,使得 $X$ 中所有满足 $\|x-x_0\|<\delta$ 的 $x$,有

$$\|f(x)-f(x_0)\|<\varepsilon,$$

则称 $f$ **在点 $x_0$ 连续**;

(2)若 $f$ 在 $X$ 的每一点都连续,则称 $f$ **在 $X$ 上连续**.

为了证明映射的连续性,常常用到下面的等价条件.

**定理 3.1** 设 $f$ 是赋范线性空间 $X$ 到赋范线性空间 $Y$ 的映射,则 $f$ 在点 $x_0\in X$ 连续,当且仅当对于 $X$ 中任意序列$\{x_n\}$,若在 $X$ 中 $x_n\to x_0$,则在 $Y$ 中 $f(x_n)\to f(x_0)$.

**证明** 必要性.若 $f$ 在点 $x_0$ 连续,由定义,对任意 $\varepsilon>0$,存在 $\delta>0$,使得 $X$ 中所有满足 $\|x-x_0\|<\delta$ 的 $x$,有

$$\|f(x)-f(x_0)\|<\varepsilon.$$

若$\{x_n\}$是 $X$ 中的序列,且 $x_n\to x_0$,则存在 $N\in\mathbb{N}$,使得对一切 $n>N$,有 $\|x_n-x_0\|<\delta$,从而对一切 $n>N$,有

$$\|f(x_n)-f(x_0)\|<\varepsilon.$$

因此,在 $Y$ 中 $f(x_n)\to f(x_0)$.

充分性.假若 $f$ 在点 $x_0$ 不连续,则存在 $\varepsilon>0$,使得对每一个 $\delta>0$ 至少有一个 $x_\delta\in X$,满足

$$\|x_\delta-x_0\|<\delta,\text{但}\|f(x_\delta)-f(x_0)\|\geqslant\varepsilon.$$

特别地,取 $\delta=\frac{1}{n}$,则有 $x_n\in X$,满足

$$\|x_n-x_0\|<\frac{1}{n},\text{但}\|f(x_n)-f(x_0)\|\geqslant\varepsilon.$$

可见,$\{x_n\}$是 $X$ 中的序列且 $x_n\to x_0$,但序列$\{f(x_n)\}$不收敛于 $f(x_0)$.此与假设条件矛盾.　证毕.

应用此定理,可以得到赋范线性空间中范数的连续性、线性运算的连续性,以及内积空间中内积的连续性等结论.为此,需要进行如下的准备工作.

在赋范线性空间 $X$ 中,对于任意 $x,y\in X$,不等式

$$|\|y\|-\|x\||\leqslant\|y-x\| \tag{3.2}$$

成立.事实上,由三角不等式 $\|y\|\leqslant\|y-x\|+\|x\|$,得到

$$\|y\|-\|x\|\leqslant\|y-x\|. \tag{3.3}$$

另一方面,应用三角不等式 $\|x\|\leqslant\|x-y\|+\|y\|$,得到

$$\|x\|-\|y\|\leqslant\|y-x\|. \tag{3.4}$$

因此,由不等式(3.3)和(3.4)立即得到不等式(3.2).

在$\mathbb{R}^2$ 中,不等式(3.2)的几何意义,正是“三角形两边之差小于第三边”这一几何原理.

应用定理 3.1 及不等式(3.2)可推出下面的定理.

**定理 3.2**　范数是连续的,即赋范线性空间$(X,\|\cdot\|)$中的范数$\|\cdot\|$是 $X$ 到$\mathbb{R}$的连续映射.

**证明**　对于任意 $x\in X$ 和 $X$ 中任意序列$\{x_n\}$,若 $x_n\to x$,则由不等式(3.2)得

$$|\|x_n\|-\|x\||\leqslant\|x_n-x\|\to 0\quad(n\to\infty),$$

即$\|x_n\|\to\|x\|$,故$\|\cdot\|$连续.　证毕.

**定理 3.3**　在赋范线性空间 $X$ 中,线性运算是连续的.

**证明**　对于任意 $x,y\in X$ 以及 $X$ 中任意序列$\{x_n\}$和$\{y_n\}$,若 $x_n\to x$ 且 $y_n\to y$,则当 $n\to\infty$ 时

$$\|(x_n+y_n)-(x+y)\|\leqslant\|x_n-x\|+\|y_n-y\|\to 0.$$

这表明 $x_n+y_n\to x+y$,即加法运算“+”是连续的.同样可以证明数乘

运算也是连续的. 证毕.

**定理 3.4** 在内积空间$(X,\langle\cdot,\cdot\rangle)$中,内积是连续的,即对于 $X$ 中任意序列$\{x_n\}$和$\{y_n\}$,若 $x_n\to x$ 且 $y_n\to y$,则$\langle x_n,y_n\rangle\to\langle x,y\rangle$.

**证明** 由 Schwarz 不等式,得

$$\begin{aligned}|\langle x_n,y_n\rangle-\langle x,y\rangle| &\leqslant |\langle x_n,y_n\rangle-\langle x,y_n\rangle|+|\langle x,y_n\rangle-\langle x,y\rangle|\\ &=|\langle x_n-x,y_n\rangle|+|\langle x,y_n-y\rangle|\\ &\leqslant\|x_n-x\|\|y_n\|+\|x\|\|y_n-y\|.\end{aligned}$$

由于 $y_n\to y$,则$\{\|y_n\|\}$是有界的.故由条件 $x_n\to x$ 和 $y_n\to y$ 得到上面不等式的右端趋于 0,从而

$$|\langle x_n,y_n\rangle-\langle x,y\rangle|\to 0.$$ 证毕.

赋范线性空间具有线性结构和范数,因此,两个赋范线性空间的同构可做如下定义.

**定义 3.7** 设$(X,\|\cdot\|)$和$(Y,\|\cdot\|)$是同一数域$\mathbb{K}$上的赋范线性空间,$T:X\to Y$ 既是双射又是线性算子,若 $T$ 保持范数,即对每一个 $x\in X$,有

$$\|Tx\|=\|x\|,$$

则称 $T$ 为 $X$ 到 $Y$ 上的**等距同构映射**.

若存在一个 $X$ 到 $Y$ 上的等距同构映射,则称 $X$ 和 $Y$ 是**等距同构**的.

两个等距同构的赋范线性空间 $X$ 和 $Y$ 在等距同构的意义下,可以看作是同一的,因此在此意义下,可记 $X=Y$.

### 3.1.4 Cauchy 序列与 Banach 空间

**定义 3.8** 设$\{x_n\}$是赋范线性空间 $X$ 中的序列.若对任意 $\varepsilon>0$,存在正整数 $N$,使得对一切 $m,n>N$,有

$$\|x_m-x_n\|<\varepsilon,$$

则序列$\{x_n\}$称为 $X$ 的 **Cauchy 序列**,或称为基本序列.

**引理 3.4** 设$\{x_n\}$是赋范线性空间 $X$ 中的序列.

(1)若$\{x_n\}$是 Cauchy 序列,则$\{x_n\}$是有界的;

(2)若 Cauchy 序列$\{x_n\}$有一个子序列$\{x_{n_k}\}$收敛于 $x$,则序列$\{x_n\}$

也收敛于 $x$;

(3)若$\{x_n\}$是收敛序列,则$\{x_n\}$是 Cauchy 序列,但逆命题不真.

**证明**　(1)留作习题.

(2)对任意 $\varepsilon>0$,因 $x_{n_k}\to x$,故存在 $N_1\in\mathbb{N}$,使得对一切 $n_k>N_1$,恒有

$$\| x_{n_k}-x \| <\frac{\varepsilon}{2};$$

又由于$\{x_n\}$是 Cauchy 序列,故存在 $N_2\in N$,使得对一切 $m,n>N_2$ 恒有

$$\| x_m-x_n \| <\frac{\varepsilon}{2}.$$

令 $N=\max\{N_1,N_2\}$,则对一切 $n>N$ 及任取的 $n_k>N$ 有

$$\| x_n-x \| \leqslant \| x_n-x_{n_k} \| + \| x_{n_k}-x \| <\frac{\varepsilon}{2}+\frac{\varepsilon}{2}=\varepsilon.$$

因此,　$\lim\limits_{n\to\infty} x_n=x.$

(3)若 $x_n\to x$,则对任意 $\varepsilon>0$,存在 $N\in\mathbb{N}$,使得对一切 $m,n>N$,恒有

$$\| x_m-x \| <\frac{\varepsilon}{2},\ \| x_n-x \| <\frac{\varepsilon}{2}.$$

于是　$$\| x_m-x_n \| \leqslant \| x_m-x \| + \| x_n-x \| <\frac{\varepsilon}{2}+\frac{\varepsilon}{2}=\varepsilon,$$

故$\{x_n\}$是 Cauchy 序列.

为证明逆命题不真,我们考察下面的例子.

令 $X=\{x\mid x=(\xi_1,\xi_2,\cdots)$,其中仅有有限个 $\xi_i$ 不为零$\}$.按通常序列的加法和数乘运算,$X$ 成为线性空间.对任意 $x\in X$,范数定义为

$$\| x \| =\max_{i\in\mathbb{N}}|\xi_i|,$$

则 $X$ 是赋范线性空间.设 $x_n=\left(1,\frac{1}{2},\cdots,\frac{1}{n},0,0,\cdots\right)$,则$\{x_n\}$显然是 $X$ 中的 Cauchy 序列,但它在 $X$ 中不收敛.　证毕.

**定义** 3.9　若赋范线性空间 $X$ 中每一个 Cauchy 序列都收敛,则称 $X$ 是**完备的**.完备的赋范线性空间通常又称为 **Banach 空间**.

若内积空间 $X$ 关于由内积导出的范数是完备的赋范线性空间,则称 $X$ 是 **Hilbert 空间**.

**例 3.8** 空间$\mathbb{R}$和$\mathbb{C}$都是完备的.

**证明** 先证任何实数列必有单调的子列.

设有实数列$\{x_n\}$,记 $E_p=\{x_p,x_{p+1},\cdots\}$, $p=1,2,\cdots$.当每个集合 $E_p$ 都有最大值时,选取

$$x_{n_1}=\max E_1, x_{n_2}=\max E_{n_1+1},\cdots,x_{n_{k+1}}=\max E_{n_k+1},\cdots.$$

显然$\{x_{n_k}\}$是$\{x_n\}$的一个单调减少的子数列.当存在某个 $E_p=\{x_p,x_{p+1},\cdots\}$无最大值时,则对任意 $m>p$, $E_m$ 也无最大值.此时,选取 $x_{n_1}=x_p$;于是$\{x_{p+1},x_{p+2},\cdots\}$中必有一个大于 $x_p$,取其为 $x_{n_2}$;而在$\{x_{n_2+1},x_{n_2+2},\cdots\}$中必有一个大于 $x_{n_2}$,取其为 $x_{n_3}$.假定已选取 $x_{n_1}<x_{n_2}<\cdots<x_{n_k}$,则在$\{x_{n_k+1},x_{n_k+2},\cdots\}$中仍有某一个大于 $x_{n_k}$,取其为 $x_{n_{k+1}}$,如此继续下去,便得到$\{x_n\}$的一个单调增的子列$\{x_{n_k}\}$.

再证$\mathbb{R}$中的任何 Cauchy 数列$\{x_n\}$都是收敛的(此即 Cauchy 收敛准则).

由引理 3.4(1),$\{x_n\}$是有界的,故有一个单调有界的子列$\{x_{n_k}\}$.由单调有界准则知$\{x_{n_k}\}$收敛.再由引理 3.4(2)知$\{x_n\}$收敛.

因此$\mathbb{R}$是完备的.由$\mathbb{R}$的完备性,易证$\mathbb{C}$是完备的. 证毕.

下面讨论以前列举过的一些空间的完备性.

**例 3.9** $\mathbb{R}^n$ 和$\mathbb{C}^n$.若任一元素 $\boldsymbol{x}=(\xi_1,\cdots,\xi_n)^{\mathrm{T}}$ 的范数定义为

$$\|\boldsymbol{x}\|_2=\left(\sum_{i=1}^{n}|\xi_i|^2\right)^{\frac{1}{2}},$$

则$\mathbb{R}^n$ 和$\mathbb{C}^n$ 都是 Banach 空间.因此,$\mathbb{R}^n$ 和$\mathbb{C}^n$ 按照例 1.21 中定义的内积是 Hilbert 空间.

**证明** 先证明$\mathbb{R}^n$ 是完备的.设$\{\boldsymbol{x}_k\}$是$\mathbb{R}^n$ 中任意 Cauchy 序列, $\boldsymbol{x}_k=(\xi_1^{(k)},\cdots,\xi_n^{(k)})^{\mathrm{T}}$,则对任意 $\varepsilon>0$,存在正整数 $N$,使得对一切 $k,m>N$,有

$$\| \boldsymbol{x}_k - \boldsymbol{x}_m \|_2 = \left( \sum_{i=1}^{n} | \xi_i^{(k)} - \xi_i^{(m)} |^2 \right)^{\frac{1}{2}} < \varepsilon . \tag{3.5}$$

于是,对每一个 $i(i=1,\cdots,n)$有

$$| \xi_i^{(k)} - \xi_i^{(m)} | < \varepsilon .$$

这表明,对每一个 $i(i=1,\cdots,n)$,$\{\xi_i^{(k)}\}$是$\mathbb{R}$中的 Cauchy 序列.由于$\mathbb{R}$的完备性,可设当 $k\to\infty$ 时

$$\xi_i^{(k)} \to \xi_i \quad (i=1,\cdots,n).$$

令 $\boldsymbol{x}=(\xi_1,\cdots,\xi_n)^{\mathrm{T}}$,则 $\boldsymbol{x}\in\mathbb{R}^n$,并且由式(3.5),令 $m\to\infty$ 得到

$$\| \boldsymbol{x}_k - \boldsymbol{x} \|_2 \leqslant \varepsilon ,$$

即 $\boldsymbol{x}_k \to \boldsymbol{x}(k\to\infty)$.所以$\mathbb{R}^n$ 是完备的.

将$\mathbb{C}^n$ 中的每一个元素的坐标分为实部和虚部,可以用上面相同的方法证明$\mathbb{C}^n$ 是完备的.

同样可以证明,$\mathbb{R}^n$ 和$\mathbb{C}^n$ 按如下定义的范数

$$\| x \|_1 = \sum_{i=1}^{n} | \xi_i |, \quad \| x \|_\infty = \max_{1\leqslant i\leqslant n} | \xi_i |,$$

也都是 Banach 空间.

**例 3.10**　$l^p(1\leqslant p<\infty)$.若任一元素 $x=(\xi_1,\xi_2,\cdots)\in l^p$ 的范数定义为

$$\| x \| = \left( \sum_{i=1}^{\infty} | \xi_i |^p \right)^{\frac{1}{p}},$$

则 $l^p$ 是 Banach 空间.因此,$l^2$ 按例 1.22 中定义的内积是 Hilbert 空间.

**证明**　设$\{x_n\}$是 $l^p$ 中任意 Cauchy 序列,$x_n=(\xi_1^{(n)},\xi_2^{(n)},\cdots)$,则对于任意 $\varepsilon>0$,存在正整数 $N$,使得对一切 $m,n>N$,有

$$\| x_m - x_n \| = \left( \sum_{i=1}^{\infty} | \xi_i^{(m)} - \xi_i^{(n)} |^p \right)^{\frac{1}{p}} < \varepsilon . \tag{3.6}$$

于是,对每一个 $i\in\mathbb{N}$,有

$$| \xi_i^{(m)} - \xi_i^{(n)} | < \varepsilon .$$

这表明,对每一个 $i\in\mathbb{N}$,$\{\xi_i^{(n)}\}$是$\mathbb{R}$(或$\mathbb{C}$)中的 Cauchy 序列.由于$\mathbb{R}$(或$\mathbb{C}$)的完备性,可设当 $n\to\infty$时,

$$\xi_i^{(n)} \to \xi_i \quad (i\in\mathbb{N}).$$

令 $x=(\xi_1,\xi_2,\cdots)$，现在证明 $x\in l^p$ 且 $x_n\to x$. 事实上，由式(3.6)，对一切 $m,n>N$ 和 $k\in\mathbb{N}$，有

$$\sum_{i=1}^{k}|\xi_i^{(m)}-\xi_i^{(n)}|^p<\varepsilon^p.$$

令 $m\to\infty$，得到

$$\sum_{i=1}^{k}|\xi_i-\xi_i^{(n)}|^p\leqslant\varepsilon^p,$$

对一切 $n>N$ 和 $k\in\mathbb{N}$ 成立. 再令 $k\to\infty$，得到

$$\sum_{i=1}^{\infty}|\xi_i-\xi_i^{(n)}|^p\leqslant\varepsilon^p. \tag{3.7}$$

这表明 $x-x_n=(\xi_1-\xi_1^{(n)},\xi_2-\xi_2^{(n)},\cdots)\in l^p$. 又因 $x_n\in l^p$，故 $x=x_n+(x-x_n)\in l^p$. 同时，式(3.7)表明 $x_n\to x$.

**例 3.11** $C[a,b]$. 若任一元素 $x\in[a,b]$ 的范数定义为

$$\|x\|=\max_{a\leqslant t\leqslant b}|x(t)|,$$

则 $C[a,b]$ 是 Banach 空间.

**证明** 设 $\{x_n\}$ 是 $C[a,b]$ 中任意 Cauchy 序列，则对任意 $\varepsilon>0$，存在正整数 $N$，使得对一切 $m,n>N$，有

$$\|x_m-x_n\|=\max_{a\leqslant t\leqslant b}|x_m(t)-x_n(t)|<\varepsilon.$$

于是，对每一点 $t\in[a,b]$ 有

$$|x_m(t)-x_n(t)|<\varepsilon. \tag{3.8}$$

这表明，对每一点 $t\in[a,b]$，$\{x_n(t)\}$ 是 $\mathbb{R}$(或 $\mathbb{C}$)中的 Cauchy 序列. 由于 $\mathbb{R}$(或 $\mathbb{C}$)的完备性，可设当 $n\to\infty$ 时

$$x_n(t)\to x(t).$$

当 $t$ 在 $[a,b]$ 上变动时，就得到一个定义在 $[a,b]$ 上的函数 $x(t)$. 现在证明 $x\in C[a,b]$ 且 $x_n\to x$. 事实上，在式(3.8)中令 $m\to\infty$，得到

$$|x(t)-x_n(t)|\leqslant\varepsilon,$$

对一切 $n>N$ 和 $t\in[a,b]$ 成立. 因此，$\{x_n(t)\}$ 在 $[a,b]$ 上一致收敛于 $x(t)$，并且 $x(t)$ 是 $[a,b]$ 上的连续函数. 由例 3.7 知，$x_n\to x$.

**例 3.12** $l^\infty$. 若任一元素 $x=(\xi_1,\xi_2,\cdots)\in l^\infty$ 的范数定义为

$$\| x \| = \sup_{i \in \mathbb{N}} |\xi_i|,$$

则 $l^\infty$ 是 Banach 空间(证明与上面各例类似,留给读者).

下面给出两个不完备的赋范线性空间的例子.

**例 3.13**　若 C$[a,b]$中任一元素 $x$ 的范数定义为

$$\| x \|_1 = \int_a^b |x(t)| \mathrm{d}t,$$

则赋范线性空间(C$[a,b]$, $\|\cdot\|_1$)是不完备的.

**证明**　不妨设 $a=0, b=1$.对每一个 $n \in \mathbb{N}$,在$[0,1]$上定义函数

$$x_n(t) = \begin{cases} 0, & \text{当 } t \in \left[0, \frac{1}{2}\right), \\ (n+1)t - \frac{n+1}{2}, & \text{当 } t \in \left[\frac{1}{2}, a_n\right], \\ 1, & \text{当 } t \in (a_n, 1]. \end{cases}$$

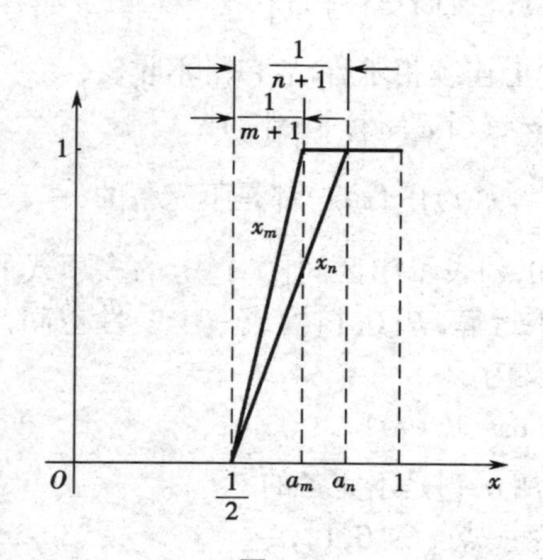


图 3-3

这里 $a_n = \frac{1}{2} + \frac{1}{n+1}$.从图 3-3 中可以看出,每一个 $x_n \in$ C$[0,1]$,并且 $\| x_m - x_n \|_1$等于图中三角形的面积,当 $m, n > \frac{1}{\varepsilon}$时

$$\| x_m - x_n \|_1 < \varepsilon.$$

因此,$\{x_n\}$是(C$[0,1]$, $\|\cdot\|_1$)中的 Cauchy 序列.

现在证明$\{x_n\}$不收敛,因此$(C[0,1],\|\cdot\|_1)$是不完备的.事实上,假若$x_n\to x\in C[0,1]$,则

$$\begin{aligned}\|x_n-x\|_1&=\int_0^1|x_n(t)-x(t)|\mathrm{d}t\\&=\int_0^{\frac{1}{2}}|x(t)|\mathrm{d}t+\int_{\frac{1}{2}}^{a_n}|x_n(t)-x(t)|\mathrm{d}t\\&\quad+\int_{a_n}^1|1-x(t)|\mathrm{d}t\to 0\quad(n\to\infty).\end{aligned}$$

由于上式中的三个积分都是非负的,则这三个积分必分别趋于0(当$n\to\infty$时),因此得到

$$x(t)=\begin{cases}0, & \text{当 } t\in\left[0,\frac{1}{2}\right],\\ 1, & \text{当 } t\in\left(\frac{1}{2},1\right].\end{cases}$$

此与$x(t)$在$[0,1]$上连续相矛盾.故$\{x_n\}$不收敛.

对于$1\leqslant p<\infty$,$(C[a,b],\|\cdot\|_p)$
(其中$\|x\|_p=(\int_a^b|x(t)|^p\mathrm{d}x)^{\frac{1}{p}}$)都是不完备的.

**例 3.14** $P[0,1]$表示闭区间$[0,1]$上的多项式的全体.按照通常函数的加法和数乘运算,$P[0,1]$构成一个线性空间.若任一元素$x\in P[0,1]$的范数定义为

$$\|x\|=\max_{0\leqslant t\leqslant 1}|x(t)|,$$

则赋范线性空间$P[0,1]$是不完备的.

**证明** 对于每一点$t\in[0,1]$,令

$$x_n(t)=\sum_{i=0}^{n}\frac{t^i}{i!}\quad(n\in\mathbb{N}),\quad x(t)=\mathrm{e}^t.$$

注意到$\mathrm{e}^t=\sum_{i=0}^{\infty}\frac{t^i}{i!}$,易见$\{x_n\}$是$P[0,1]$中的 Cauchy 序列,但是$\{x_n\}$在$P[0,1]$中不收敛.

在泛函分析中,有很多基本定理都要求空间完备的条件.这里对于前面提到的一个问题做一证明.

**定理** 3.5　设 $X$ 是赋范线性空间. $X$ 中每一个绝对收敛的级数都是收敛的,当且仅当 $X$ 是完备的.

**证明**　充分性. 设 $\sum_{n=1}^{\infty} x_n$ 是 $X$ 中任一绝对收敛的级数,它的部分和序列为 $\{s_n\}$,其中

$$s_n = \sum_{i=1}^{n} x_i \quad (n \in \mathbb{N}).$$

对于任意正整数 $m, k$(不妨设 $m < k$),有

$$\| s_m - s_k \| = \| x_{m+1} + \cdots + x_k \| \leqslant \| x_{m+1} \| + \cdots + \| x_k \|,$$

故 $\{s_n\}$ 是 Cauchy 序列. 由 $X$ 的完备性,则存在 $s_0 \in X$ 使得 $s_n \to s_0$,即 $\sum_{n=1}^{\infty} x_n = s_0$.

必要性. 若 $\{s_n\}$ 是 $X$ 中任一 Cauchy 序列,则对每一个 $k \in \mathbb{N}$,存在 $n_k \in \mathbb{N}$,使得对一切 $m, n \geqslant n_k$,有

$$\| s_m - s_n \| < 2^{-k}.$$

对于各个选取的 $n_k$,可进一步要求满足

$$n_1 < n_2 < n_3 < \cdots.$$

这样,得到 $\{s_n\}$ 的一个子序列 $\{s_{n_k}\}$. 令

$$x_1 = s_{n_1}, \quad x_2 = s_{n_2} - s_{n_1}, \quad \cdots, \quad x_k = s_{n_k} - s_{n_{k-1}}, \quad \cdots,$$

则

$$\sum_{k=1}^{\infty} \| x_k \| \leqslant \| s_{n_1} \| + \sum_{k=1}^{\infty} 2^{-k} = \| s_{n_1} \| + 1.$$

这表明 $\sum_{k=1}^{\infty} x_k$ 绝对收敛. 由假设条件得到 $\sum_{k=1}^{\infty} x_k$ 收敛,即存在 $s \in X$,使得

$$s_{n_k} = \sum_{i=1}^{k} x_i \to s \quad (k \to \infty).$$

因此, Cauchy 序列 $\{s_n\}$ 有一个收敛的子序列 $\{s_{n_k}\}$. 应用引理 3.4(2), $\{s_n\}$ 也收敛于 $s$. $X$ 的完备性得证.

### 3.1.5　等价范数

在线性空间上一般可以赋予不同的范数. 下面介绍在同一线性空

间上两个范数等价的概念.

**定义 3.10**　设$\|\cdot\|_1$和$\|\cdot\|_2$是线性空间 $X$ 上的两个范数.若存在正数 $a$ 和 $b$,使得对于每一个 $x\in X$,都有

$$a\|x\|_2\leqslant\|x\|_1\leqslant b\|x\|_2,$$

则称范数$\|\cdot\|_1$和$\|\cdot\|_2$是**等价**的.

容易看出,若线性空间 $X$ 上的两个范数$\|\cdot\|_1$和$\|\cdot\|_2$是等价的,则$\|\cdot\|_2$和$\|\cdot\|_1$也是等价的.

若线性空间 $X$ 上的两个范数$\|\cdot\|_1$和$\|\cdot\|_2$是等价的,则不难证明(留作习题):

(1)$\{x_n\}$是$(X,\|\cdot\|_1)$中的 Cauchy 序列,当且仅当$\{x_n\}$是$(X,\|\cdot\|_2)$中的 Cauchy 序列;

(2)序列$\{x_n\}$依范数$\|\cdot\|_1$收敛于 $x$,当且仅当$\{x_n\}$依范数$\|\cdot\|_2$收敛于 $x$;

(3)由(1)和(2)立即可得,$(X,\|\cdot\|_1)$是 Banach 空间,当且仅当$(X,\|\cdot\|_2)$是 Banach 空间.

在 3.7 中,将证明下面的结论(见定理 3.30):有限维线性空间上任何两个范数都是等价的.

### 3.1.6　子空间

**定义 3.11**　设$(X,\|\cdot\|)$是赋范线性空间,$Y$ 是 $X$ 的线性子空间.若对于 $Y$ 中任意元素 $y$ 的范数定义为 $y$ 作为 $X$ 中元素的范数$\|y\|$,则 $Y$ 本身也成为一个赋范线性空间.此空间 $Y$ 称为赋范线性空间 $X$ 的**子空间**,或称 $Y$ 是 $X$ 的赋范子空间.

由此定义,赋范线性空间 $X$ 的任意一个线性子空间,按照 $X$ 中定义的范数,皆可成为 $X$ 的赋范子空间.

关于内积空间的子空间,已在 1.3 中介绍过(见定义 1.21).

应当注意,Banach 空间 $X$ 的子空间是指 $X$ 作为赋范线性空间的子空间.因此,Banach 空间的子空间不一定是 Banach 空间,同样,Hilbert 空间的子空间也不一定是 Hilbert 空间.

例如,在例 3.14 中,$P[a,b]$实际上是 Banach 空间 $C[a,b]$的子空

间,但 $P[a,b]$不是 Banach 空间.

稍后,在 3.2 中将给出一个完备空间的子空间是完备空间的充分必要条件(见定理 3.9).

# 附录　函数列的一致收敛

设 $E\subset\mathbb{R}$,$f$ 是 $E$ 到$\mathbb{R}$的映射,或称为 $E$ 上的函数,需说明,用"$f$"表示 $E$ 上的函数与习惯记法"$f(x)(x\in E)$"或简记为"$f(x)$"是一致的.

首先,回顾一下函数列处处收敛的定义.

设$\{f_n(x)\}$是定义在 $E\subset\mathbb{R}$上的函数列,若存在 $E$ 上的函数$f(x)$,对于任意 $x_0\in E$,任意 $\varepsilon>0$,存在正整数 $N$,使得对一切 $n>N$,有

$$|f_n(x_0)-f(x_0)|<\varepsilon, \tag{3.9}$$

则称函数列$\{f_n(x)\}$在 $E$ 上**处处收敛于**$f(x)$.

一般说来,在上述定义中的 $N$ 不仅与 $\varepsilon$ 有关,而且与 $x_0$ 有关.如果对于 $\varepsilon>0$,能找到一个正整数 $N$,适用于 $E$ 中的一切点 $x$(即仅与 $\varepsilon$ 有关而与 $x$ 无关的 $N$),使得式(3.9)对一切 $n>N$ 成立,那么就得到下面关于函数列一致收敛的定义.

**定义 3.12**　设 $E\subset\mathbb{R}$,$\{f_n(x)\}$是定义在 $E$ 上的函数列,若存在 $E$ 上的函数 $f(x)$,对于任意 $\varepsilon>0$,存在正整数 $N$,使得对一切 $n>N$ 及一切 $x\in E$,皆有

$$|f_n(x)-f(x)|<\varepsilon,$$

则称函数列$\{f_n(x)\}$在 $E$ 上**一致收敛于** $f(x)$.

显然,$\{f_n(x)\}$在 $E$ 上一致收敛于 $f(x)$必然处处收敛于 $f(x)$.但是其逆不成立.

如图 3-4,$\{f_n(x)\}$在区间$[a,b]$上一致收敛于 $f(x)$,在几何上表示:当 $n>N$ 时,函数 $y=f_n(x)$的图形完全落在二曲线 $y=f(x)-\varepsilon$ 与 $y=f(x)+\varepsilon$ 为界的带形区域内.

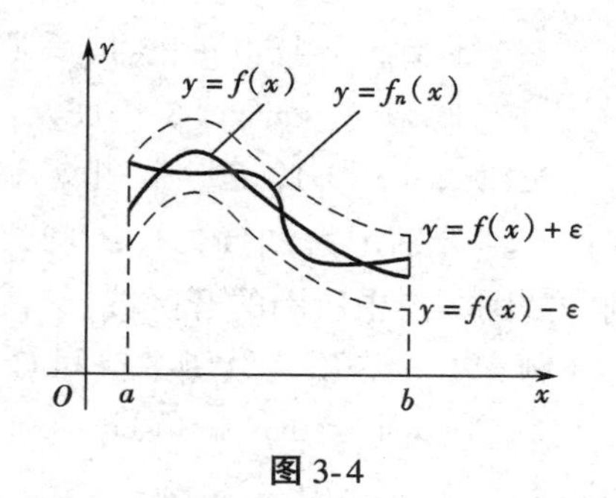


图 3-4

## 3.2 赋范线性空间中的点集

赋范线性空间中的元素也常称为点或向量.本节将要介绍的赋范线性空间中的开集、闭集和闭包等概念都可以在数直线$\mathbb{R}$(或$\mathbb{R}^2$ 和$\mathbb{R}^3$)中找到它们的模型.这样,可以借助于实际的模型帮助我们理解一般赋范线性空间中这些点集的性质.此外,在本节中还将介绍空间中的稠密集和可分空间等基本概念.

### 3.2.1 开集和闭集

**定义** 3.13 设 $X$ 是赋范线性空间,$x_0 \in X$, $r>0$.记

$$B(x_0, r)=\{x \in X \mid \|x-x_0\|<r\},$$
$$\tilde{B}(x_0, r)=\{x \in X \mid \|x-x_0\| \leqslant r\},$$
$$S(x_0, r)=\{x \in X \mid \|x-x_0\|=r\}.$$

称 $B(x_0, r)$为以 $x_0$ 为中心 $r$ 为半径的**开球**;$\tilde{B}(x_0, r)$为以 $x_0$ 为中心 $r$ 为半径的**闭球**;$S(x_0, r)$为以 $x_0$ 为中心 $r$ 为半径的**球面**.

为了对不同的赋范线性空间的开球有一个直观的认识,下举二例.

**例** 3.15 在$\mathbb{R}^2$ 中,若对于任一 $\boldsymbol{x}=(\xi_1, \xi_2)^{\mathrm{T}} \in \mathbb{R}^2$,定义范数分别为

$$\|\boldsymbol{x}\|_1=|\xi_1|+|\xi_2|, \quad \|\boldsymbol{x}\|_2=(|\xi_1|^2+|\xi_2|^2)^{\frac{1}{2}},$$
$$\|\boldsymbol{x}\|_{\infty}=\max(|\xi_1|, |\xi_2|).$$

在$(\mathbb{R}^2, \|\cdot\|_1)$,$(\mathbb{R}^2, \|\cdot\|_2)$和$(\mathbb{R}^2, \|\cdot\|_{\infty})$中以原点为中心的单位开球分别记为$B_1(\mathbf{0},1)$,$B_2(\mathbf{0},1)$和 $B_{\infty}(\mathbf{0},1)$.这三个单位开球分别为如图 3-5 中所围的开区域.

**例** 3.16 在实连续函数空间 $\mathrm{C}[a, b]$中,任一 $x \in \mathrm{C}[a, b]$的范数

$$\|x\|=\max_{a \leqslant t \leqslant b}|x(t)|.$$

如图 3-6,以 $x$ 为中心、$r$ 为半径的开球 $B(x, r)$是图中以二曲线 $s=x(t)-r$ 与 $s=x(t)+r$ 为界的带形区域.

**定义** 3.14 设 $G$ 和 $F$ 是赋范线性空间 $X$ 中的两个集合.

(1)若对于每一点 $x \in G$,存在 $r>0$ 使得 $B(x, r) \subset G$,则称 $G$ 为 $X$

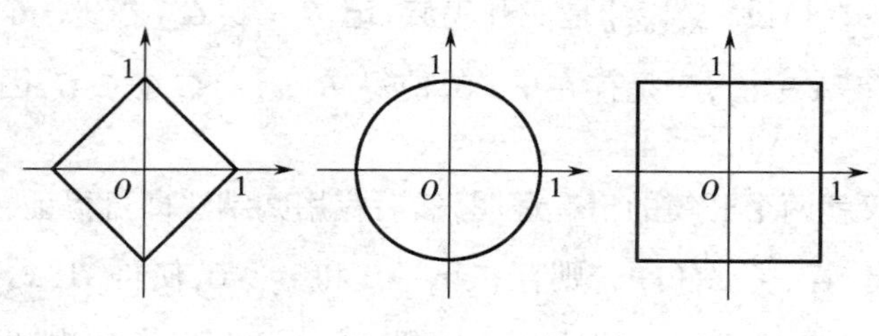


图3-5

中的**开集**;

(2)若 $F$ 的余集 $F^C$ 是 $X$ 中的开集,则称 $F$ 为 $X$ 中的**闭集**.

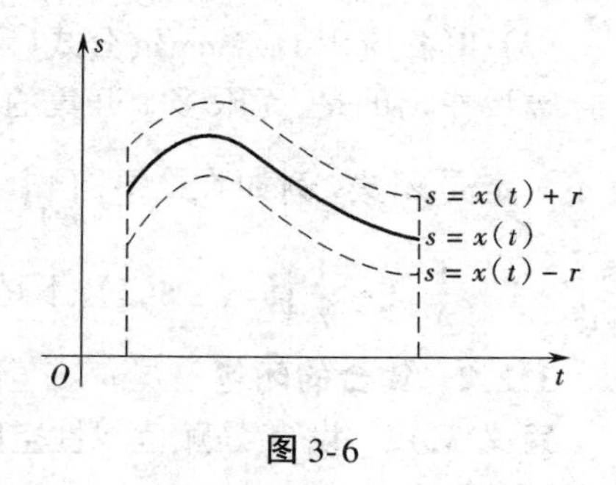


图3-6

由定义,空集$\varnothing$可以认为是开集,全空间 $X$ 显然是开集,从而$\varnothing$和 $X$ 也都是闭集.

开球是开集,闭球是闭集.事实上,若 $y\in B(x,r)$,则 $\|y-x\|<r$.令 $r_0=r-\|y-x\|$.对于任意 $z\in B(y,r_0)$,由三角不等式,有

$$\|z-x\|\leqslant\|z-y\|+\|y-x\|<r_0+\|y-x\|=r,$$

故 $z\in B(x,r)$.因此 $B(y,r_0)\subset B(x,r)$.$B(x,r)$是开集,得证.

又若 $y\in(\tilde{B}(x,r))^C$,则 $\|y-x\|>r$.令 $r_1=\|y-x\|-r$.对于任意 $z\in B(y,r_1)$,由

$$\|z-x\|\geqslant\|y-x\|-\|z-y\|>\|y-x\|-r_1=r,$$

故 $z\in(\tilde{B}(x,r))^C$,因此,$B(y,r_1)\subset(\tilde{B}(x,r))^C$.这表明$(\tilde{B}(x,r))^C$是开集,从而 $\tilde{B}(x,r)$是闭集.

开集和闭集具有如下性质.

**定理3.6**　在赋范线性空间 $X$ 中,

(1)任意多个开集的并是开集;　(2)有限多个开集的交是开集;

(3)任意多个闭集的交是闭集;　(4)有限多个闭集的并是闭集.

**证明** (1)设$\{G_\alpha\}_{\alpha\in D}$是一开集族,记$G=\bigcup\limits_{\alpha\in D}G_\alpha$.若$x\in G$,则存在$\alpha\in D$,使得$x\in G_\alpha$,于是存在$r>0$,使得$B(x,r)\subset G_\alpha\subset G$.因此$G$是开集.

(2)仅就两个开集的情况证明,然后应用归纳法即可得证.设$A_1$和$A_2$是开集.若$x\in A_1\cap A_2$,则存在$r_1>0$和$r_2>0$,使得$B(x,r_1)\subset A_1$及$B(x,r_2)\subset A_2$.取$r=\min\{r_1,r_2\}$,则$B(x,r)\subset A_1\cap A_2$.因此$A_1\cap A_2$是开集.

(3)和(4)应用 De Morgan 公式(定理 1.2)可立即得证.

需要指出的是,无限多个开集的交不一定是开集,无限多个闭集的并不一定是闭集.例如在$\mathbb{R}$中:$\bigcap\limits_{n=1}^{\infty}\left(-\frac{1}{n},1+\frac{1}{n}\right)=[0,1]$,不是开集;$\bigcup\limits_{n=1}^{\infty}\left[-1+\frac{1}{n},1-\frac{1}{n}\right]=(-1,1)$,不是闭集.

### 3.2.2 集合的闭包

**定义** 3.15 设$A$是赋范线性空间$X$中的集合,$x\in X$.若对于每一个$r>0$都有

$$A\cap B(x,r)\neq\varnothing$$

(即$B(x,r)$中含有$A$的元素),则称$x$为集$A$的**接触点**.$A$的所有接触点组成的集合称为集合$A$的**闭包**,记为$\bar{A}$.

集合的闭包具有如下性质.

**定理** 3.7 设$A$和$B$是赋范线性空间$X$中的两个集合,则下列各条成立.

(1)$\bar{A}$是包含$A$的最小闭集,即

$$\bar{A}=\bigcap\{F\mid F\text{是闭集且}A\subset F\};$$

(2)$A$是闭集当且仅当$A=\bar{A}$;

(3)若$A\subset B$,则$\bar{A}\subset\bar{B}$;

(4)$\overline{A\cup B}=\bar{A}\cup\bar{B}$;

(5)$x\in\bar{A}$当且仅当$d(x,A)=0$(这里$d$是由$X$上的范数导出的度量).

**证明** (1)先证 $\bar{A}$ 是闭集.只需证 $\bar{A}^C$ 是开集.对于任意 $x\in\bar{A}^C$,则 $x\notin\bar{A}$,即存在 $r>0$ 使得

$$B(x,r)\cap A=\varnothing.$$

现在只要证明 $B(x,r)\subset\bar{A}^C$,从而 $\bar{A}^C$ 是开集便可得证.事实上,对任意 $y\in B(x,r)$,由于开球是开集,故存在 $r_1>0$ 使得 $B(y,r_1)\subset B(x,r)$.由此式推得 $B(y,r_1)\cap A=\varnothing$,故 $y\notin\bar{A}$,即 $y\in\bar{A}^C$.因此 $B(x,r)\subset\bar{A}^C$.

显然 $A\subset\bar{A}$.下面证明 $\bar{A}$ 是包含 $A$ 的最小闭集.设 $F$ 是闭集且 $A\subset F$.若 $x\notin F$,即 $x\in F^C$,则存在 $r>0$,使得

$$B(x,r)\subset F^C\subset A^C,$$

于是 $B(x,r)\cap A=\varnothing$,故 $x\notin\bar{A}$.因此 $\bar{A}\subset F$.由 $F$ 的任意性得知 $\bar{A}$ 是包含 $A$ 的最小闭集.

(2)必要性.显然 $A\subset\bar{A}$.另一方面,假设 $A$ 是闭集,由(1)知 $\bar{A}$ 是包含 $A$ 的最小闭集,故 $\bar{A}\subset A$.因此 $A=\bar{A}$.

充分性由(1)立即得证.

(3)由定义立即得证.

(4)由 $A\subset A\cup B$ 及(3)得 $\bar{A}\subset\overline{A\cup B}$.同理 $\bar{B}\subset\overline{A\cup B}$.因此 $\bar{A}\cup\bar{B}\subset\overline{A\cup B}$.另一方面,$\bar{A}\cup\bar{B}$ 是包含 $A\cup B$ 的闭集,而$\overline{A\cup B}$是包含 $A\cup B$ 的最小闭集,故$\overline{A\cup B}\subset\bar{A}\cup\bar{B}$.

因此

$$\overline{A\cup B}=\bar{A}\cup\bar{B}.$$

(5)若 $x\in\bar{A}$,即对于每一个 $r>0$,都有 $A\cap B(x,r)\neq\varnothing$,则

$$d(x,A)=\inf\{\|x-y\|\mid y\in A\}=0,$$

反之,若 $d(x,A)=0$,由下确界的定义,对任意 $r>0$ 皆存在 $y\in A$,使得 $\|x-y\|<r$,则

$$y\in A\cap B(x,r)\neq\varnothing,$$

因此 $\quad x\in\bar{A}.$ 证毕.

注意,由于 $A\subset\bar{A}$ 是显然的,定理3.7(2)可以叙述为:$A$ 是闭集当且仅当 $\bar{A}\subset A$.

下面的定理表明,可以用序列的收敛性来刻画集合的闭包和闭集的特征.

**定理 3.8**　设 $A$ 是赋范线性空间 $X$ 中的集合.

(1) $x\in\overline{A}$ 的充分必要条件是,存在 $A$ 中的序列 $\{x_n\}$ 使得 $x_n\to x$;

(2) $A$ 是闭集的充分必要条件是,对于 $A$ 中任意序列 $\{x_n\}$,若 $x_n\to x$,则 $x\in A$(即 $A$ 中任何收敛序列的极限均在 $A$ 中).

**证明**　(1)若 $x\in\overline{A}$,则对每一个正整数 $n$,都有

$$x_n\in A\cap B\left(x,\frac{1}{n}\right).$$

由此可知 $\{x_n\}\subset A$,且 $x_n\to x$.

反之,若 $A$ 中的序列 $\{x_n\}$ 收敛于 $x$,则对任意 $\varepsilon>0$,存在正整数 $N$,使得对一切 $n>N$,有

$$\|x_n-x\|<\varepsilon,\text{即 } x_n\in B(x,\varepsilon).$$

这表明 $A\cap B(x,\varepsilon)\neq\varnothing$,故 $x\in\overline{A}$.

(2)设 $A$ 是闭集.对于 $A$ 中任意序列 $\{x_n\}$,若 $x_n\to x$,则由(1)及定理 3.7(2)得到 $x\in\overline{A}=A$.

反之,欲证 $A$ 是闭集,只要证明 $\overline{A}\subset A$.事实上,对任意 $x\in\overline{A}$,由(1)知,存在 $A$ 中的序列 $\{x_n\}$ 使得 $x_n\to x$.故由假设得到 $x\in A$,因此 $\overline{A}\subset A$.　　证毕.

定理 3.8(2)表明,所谓闭集就是说该集合对极限运算是封闭的.此定理提供了一种用收敛序列证明某一集合为闭集的方法.

**定理 3.9**　设 $X$ 是 Banach 空间(或 Hilbert 空间),则 $X$ 的子空间 $A$ 是完备的,当且仅当 $A$ 是 $X$ 中的闭集.

**证明**　必要性.设 $X$ 的子空间 $A$ 是完备的.要证 $A$ 是 $X$ 中的闭集,只要证明 $\overline{A}\subset A$.任取 $x\in\overline{A}$,由定理 3.8(1),存在 $A$ 中的序列 $\{x_n\}$,使得 $x_n\to x$.由于收敛序列是 Cauchy 序列且 $A$ 是完备的,故 $x\in A$(注意:这个证明没有用到 $X$ 的完备性).

充分性.设 $A$ 是 $X$ 中的闭集,$\{x_n\}$ 是 $A$ 中任意一个 Cauchy 序列,从而 $\{x_n\}$ 是 $X$ 中的 Cauchy 序列,由假设 $X$ 是完备的,则 $x_n\to x$.再应用

定理3.8(2),得到 $x_n \to x \in A$.因此,子空间 $A$ 是完备的.　　证毕.

### 3.2.3　稠密集与可分空间

**定义3.16**　设 $X$ 是赋范线性空间,$A \subset X$.若 $\bar{A} = X$,则称 $A$ 在 $X$ 中**稠密**.若 $X$ 有一个可数的稠密子集(即存在一个可数集 $B \subset X$,使得 $\bar{B} = X$),则空间 $X$ 称为是**可分**的.

由定义易知,$A$ 在 $X$ 中稠密,当且仅当对每一点 $x \in X$ 及每一个 $r > 0$ 都有 $B(x,r) \cap A \neq \varnothing$.

数直线$\mathbb{R}$是可分的,因为全体有理数的集合$\mathbb{Q}$是可数的,并且对每一个 $x \in \mathbb{R}$及每一个 $r > 0$,$B(x,r) = (x - r, x + r)$中含有有理数,即$\mathbb{Q}$在$\mathbb{R}$中稠密.

同样可以证明,$\mathbb{R}^n$和$\mathbb{C}^n$是可分的.

**例3.17**　$C[a,b]$是可分的.

为了证明此结论,需要引用一个逼近理论中的重要定理,即 Weierstrass 定理.

**Weierstrass 定理**　若 $x \in C[a,b]$,则对任意 $\varepsilon > 0$,存在多项式 $f$,使得

$$\| x - f \| = \max_{a \leqslant t \leqslant b} | x(t) - f(t) | < \varepsilon .$$

证明略.

Weierstrass 定理表明,$P[a,b]$在 $C[a,b]$中稠密.

记 $P_0[a,b]$为$[a,b]$上有理系数多项式的全体组成的集合.容易证明:

(1) $P_0[a,b]$是可数集(见习题1第5题);

(2) $P_0[a,b]$在 $C[a,b]$中稠密.

事实上,对任意 $x \in C[a,b]$,由 Weierstrass 定理,对任意 $\varepsilon > 0$ 存在 $f \in P[a,b]$,使得

$$\| x - f \| < \frac{\varepsilon}{2} .$$

由于有理数集$\mathbb{Q}$在$\mathbb{R}$中稠密,故可以选取一个有理系数的多项式 $g \in P_0[a,b]$,使得

$$\| f-g \| < \frac{\varepsilon}{2}.$$

于是

$$\| x-g \| \leqslant \| x-f \| + \| f-g \| < \frac{\varepsilon}{2} + \frac{\varepsilon}{2} = \varepsilon .$$

因此 $C[a,b]$是可分的.

**例 3.18** 空间 $l^p(1 \leqslant p < \infty)$是可分的.

**证明** 令 $A = \{ y \in l^p \mid y = (\eta_1, \cdots, \eta_n, 0, 0, \cdots), \eta_1, \cdots, \eta_n \in \mathbb{Q}, n \in \mathbb{N} \}$,则 $A$ 可数.现证明 $A$ 在 $l^p$ 中稠密.对于任意 $x = (\xi_1, \xi_2, \cdots) \in l^p$ 以及任意 $\varepsilon > 0$,存在正整数 $n$ 使得

$$\sum_{i=n+1}^{\infty} | \xi_i |^p < \frac{\varepsilon^p}{2}.$$

由于有理数集$\mathbb{Q}$在$\mathbb{R}$中稠密,则有 $y = (\eta_1, \cdots, \eta_n, 0, 0, \cdots) \in A$,使得

$$\sum_{i=1}^{n} | \xi_i - \eta_i |^p < \frac{\varepsilon^p}{2}.$$

于是

$$\| x-y \|^p = \sum_{i=1}^{n} | \xi_i - \eta_i |^p + \sum_{i=n+1}^{\infty} | \xi_i |^p < \varepsilon^p ,$$

故 $y \in A \cap B(x, \varepsilon)$.因此,$A$ 在 $l^p$ 中稠密.

不可分的赋范线性空间是存在的,例如有界数列空间 $l^\infty$ 是不可分的(证明可见[1],[2],或[4]).

## 3.3 度量空间

度量空间是比赋范线性空间更广泛的一类空间.在一个集合上只要定义任意两点的“距离”并且满足一定的条件,就可构成一个度量空间.本节将指出,赋范线性空间(按照由范数导出的度量)是度量空间.因此,上一节在赋范线性空间中建立的各种点集的概念和性质、收敛性和连续性等可以类似地推广到度量空间.同时也要特别留心度量空间与赋范线性空间之间的差异.

### 3.3.1 度量空间的定义

**定义 3.17** 设 $X$ 是一个非空集合.若 $d$ 是一个 $X \times X$ 到$\mathbb{R}$的映射,

即对任意 $x,y\in X$,对应于一个实数 $d(x,y)\in\mathbb{R}$,并且对于任意 $x,y,z\in X$,满足:

(1) $d(x,y)\geqslant 0$,并且 $d(x,y)=0$ 当且仅当 $x=y$,

(2) $d(x,y)=d(y,x)$,

(3) $d(x,y)\leqslant d(x,z)+d(z,y)$(三角不等式),

则称 $d$ 为 $X$ 上的**度量**(或称为距离函数),$(X,d)$ 称为**度量空间**.在度量 $d$ 不至于产生混淆的情况下,度量空间 $(X,d)$ 可简记为 $X$.

定义中,三角不等式可推广为更一般的形式:

$$d(x_1,x_n)\leqslant d(x_1,x_2)+d(x_2,x_3)+\cdots+d(x_{n-1},x_n).$$

由三角不等式,可以推出下面的性质.

**引理 3.5** 在度量空间 $(X,d)$ 中,

(1)对于任意 $x,y,z\in X$ 有

$$|d(x,z)-d(y,z)|\leqslant d(x,y);$$

(2)对于任意 $x,y,x_1,y_1\in X$,有

$$|d(x,y)-d(x_1,y_1)|\leqslant d(x,x_1)+d(y,y_1).$$

**证明** (1)由三角不等式 $d(x,z)\leqslant d(x,y)+d(y,z)$,得

$$d(x,z)-d(y,z)\leqslant d(x,y).$$

又由 $d(y,z)\leqslant d(y,x)+d(x,z)$,得

$$d(y,z)-d(x,z)\leqslant d(x,y).$$

综上两个不等式,便得到 $|d(x,z)-d(y,z)|\leqslant d(x,y)$.

(2)证明类似于(1),留作习题.

设 $(X,d)$ 是度量空间,$Y\subset X$.若用 $X$ 中的度量 $d$ 表示 $Y$ 中任意两点 $x$ 与 $y$ 的距离 $d(x,y)$,则 $Y$ 也成为一个度量空间.这时,称 $Y$ 为度量空间 $X$ 的子空间.显然,若 $Y$ 是 $X$ 的子空间,$Z$ 是 $Y$ 的子空间,则 $Z$ 是 $X$ 的子空间.

**例 3.19** 任何赋范线性空间(关于由范数导出的度量)都是度量空间.具体地说,若 $(X,\|\cdot\|)$ 是赋范线性空间,对于任意 $x,y\in X$,令

$$d(x,y)=\|x-y\|,$$

则 $d$ 是 $X$ 上由范数导出的度量,$(X,d)$ 是度量空间.

必须指出,确有很多度量空间 $(X,d)$,即使 $X$ 是线性空间,但其度

量 $d$ 不能由 $X$ 上赋予的任何范数导出.这是由于由范数导出的度量必须满足引理3.1的性质.现举例如下.

**例3.20**　设 $s$ 是所有实数(或复数)列的全体组成的集合,按照通常数列的加法和数乘运算成为线性空间.对 $s$ 中的任意两点 $x=(\xi_1,\xi_2,\cdots)$ 和 $y=(\eta_1,\eta_2,\cdots)$,定义

$$d(x,y)=\sum_{i=1}^{\infty}2^{-i}\frac{|\xi_i-\eta_i|}{1+|\xi_i-\eta_i|},$$

则 $d$ 是 $X$ 上的度量.事实上,$d$ 显然满足定义3.17中的条件(1)和(2).为验证满足条件(3),考虑实函数 $f(t)=\frac{t}{1+t}$.由于 $f'(t)=\frac{1}{(1+t)^2}$ 在 $t>-1$ 时恒大于零,因此 $f(t)$ 在 $(-1,\infty)$ 上单调增加.于是对于任意实(复)数 $a$ 和 $b$,因 $|a+b|\leqslant|a|+|b|$,故

$$\frac{|a+b|}{1+|a+b|}\leqslant\frac{|a|+|b|}{1+|a|+|b|}\leqslant\frac{|a|}{1+|a|}+\frac{|b|}{1+|b|}.$$

再任取 $z=(\zeta_1,\zeta_2,\cdots)\in s$,令 $a=\xi_i-\zeta_i$,$b=\zeta_i-\eta_i$,则从上面的不等式得到

$$\begin{aligned}d(x,y)&=\sum_{i=1}^{\infty}2^{-i}\frac{|\xi_i-\eta_i|}{1+|\xi_i-\eta_i|}\\&\leqslant\sum_{i=1}^{\infty}2^{-i}\frac{|\xi_i-\zeta_i|}{1+|\xi_i-\zeta_i|}+\sum_{i=0}^{\infty}2^{-i}\frac{|\zeta_i-\eta_i|}{1+\xi_i-\eta_i|}\\&=d(x,z)+d(z,y),\end{aligned}$$

即满足条件(3).但是,对任意 $x,y,z\in X$ 及 $\alpha\in\mathbb{K}$,此度量 $d$ 显然不满足如下性质:

(1) $d(x+z,y+z)=d(x,y)$;

(2) $d(\alpha x,\alpha y)=|\alpha|d(x,y)$.

由引理3.1可断定,此度量 $d$ 不是由 $s$ 上的范数导出的度量.

**例3.21**　设 $X$ 是一个非空集合.若对任意 $x,y\in X$,定义

$$d(x,y)=\begin{cases}0, & \text{当 } x=y,\\1, & \text{当 } x\neq y,\end{cases}$$

则容易验证 $d$ 是 $X$ 上的度量.此度量 $d$ 称为 $X$ 上的**离散度量**,$(X,d)$

称为**离散度量空间**.

下面介绍两个度量空间等距的概念.

**定义** 3.18 设$(X,d)$和$(Y,\rho)$是两个度量空间.

(1)若映射$f:X\to Y$是双射,并且对$X$中任意两点$x$和$y$有

$$d(x,y)=\rho(f(x),f(y)),$$

则称$f$为$X$到$Y$上的**等距映射**.

(2)若存在一个$X$到$Y$上的等距映射,则称$X$和$Y$是**等距**的.

### 3.3.2 度量空间中的点集和序列的收敛

在赋范线性空间中,从由范数导出的度量出发,所给出的赋范线性空间中各种点集及序列收敛的定义、所得到的有关的定理和性质,差不多都可以推广到度量空间.现只叙述在度量空间中相应的定义及成立的定理和性质,其证明完全类似于前面的证明,不再赘述.

设$(X,d)$是度量空间,$A$和$B$是$X$的两个非空子集,$x_0\in X$.

记 $$d(A,B)=\inf\{d(x,y)\mid x\in A,y\in B\},$$

称$d(A,B)$为$A$与$B$的距离.

记 $$d(x_0,B)=\inf\{d(x_0,y)\mid y\in B\},$$

称$d(x_0,B)$为点$x_0$与集$B$的距离.

记 $$\delta(A)=\sup\{d(x,y)\mid x,y\in A\},$$

称$\delta(A)$为集$A$的直径.若$\delta(A)<+\infty$,则称$A$是有界的,否则称$A$是无界的.

对于$x_0\in X$及$r>0$,记

$$B(x_0,r)=\{x\in X\mid d(x,x_{)}<r\},$$

$$\tilde{B}(x_0,r)=\{x\in X\mid d(x,x_0)\leqslant r\},$$

称$B(x_0,r)$是以$x_0$为中心$r$为半径的开球,称$\tilde{B}(x_0,r)$是以$x_0$为中心$r$为半径的闭球.

类似于引理3.2,容易证明:度量空间$X$的子集$A$是有界的,当且仅当存在一个开球$B(x_0,r)$使得$A\subset B(x_0,r)$.

设$(X,d)$是度量空间,$\{x_n\}$是$X$中的序列.

若存在$x\in X$,对于任意$\varepsilon>0$,存在正整数$N$,使得对一切$n>N$,

有

$$d(x_n, x) < \varepsilon \quad (\text{或者 } x_n \in B(x, \varepsilon)),$$

则称序列 $\{x_n\}$ 在 $X$ 中收敛于 $x$, $x$ 称为序列 $\{x_n\}$ 的极限,记为 $\lim\limits_{n\to\infty} x_n = x$,或简记为 $x_n \to x$.

若对于任意 $\varepsilon > 0$,存在正整数 $N$,使得对一切 $m, n > N$,有

$$d(x_m, x_n) < \varepsilon,$$

则称序列 $\{x_n\}$ 为 $X$ 中的 Cauchy 序列.

若 $X$ 中每一个 Cauchy 序列都收敛,则称 $X$ 是完备的度量空间.

在 3.1 的引理 3.3 和引理 3.4 中,关于收敛序列和 Cauchy 序列的结论在度量空间中也是成立的.

设 $A$ 是度量空间 $X$ 的子集, $x \in X$.

若对于每一点 $x \in A$,存在 $r > 0$ 使得 $B(x, r) \subset A$,则称 $A$ 为 $X$ 中的开集.若 $A^C$ 是 $X$ 中的开集,则称 $A$ 为 $X$ 中的闭集.

若对于每一个 $r > 0$ 都有 $A \cap B(x, r) \neq \varnothing$,则称 $x$ 为集 $A$ 的接触点.$A$ 的所有接触点组成的集称为 $A$ 的闭包,记为 $\bar{A}$.

若 $\bar{A} = X$,则称 $A$ 在 $X$ 中稠密.若 $X$ 有一个可数的稠密子集,则称 $X$ 是可分的.

在 3.2 的定理 3.6、定理 3.7 和定理 3.8 中,关于开集、闭集和闭包的结论在度量空间中也是成立的.

相应于定理 3.9,类似地可以证明在完备的度量空间中的一个结论:

设 $X$ 是完备的度量空间, $A \subset X$,则 $X$ 的子空间 $A$ 是完备的,当且仅当 $A$ 是 $X$ 中的闭集.

### 3.3.3 完备化空间

3.1 中的完备和不完备的赋范线性空间的例子当然也可以看作完备和不完备的度量空间的例子.由于不完备的度量空间的存在,很自然地提出不完备的度量空间的完备化问题.正如数直线$\mathbb{R}$中的有理数集$\mathbb{Q}$一样,$\mathbb{Q}$是不完备的,但$\mathbb{R}$是完备的且$\mathbb{Q}$在$\mathbb{R}$中稠密.在实数理论中,称$\mathbb{R}$为$\mathbb{Q}$的完备化.类似地,对于一个不完备的度量空间有下面的完备化定

理.

**定理** 3.10　对于任何度量空间$(X,d)$,都存在一个完备的度量空间$(\hat{X},\hat{d})$,它有一个子空间 $W$,使得

(1) $W$ 与 $X$ 是等距的;

(2) $W$ 在 $\hat{X}$ 中稠密.

这个度量空间$(\hat{X},\hat{d})$称为$(X,d)$的**完备化**或**完备化空间**.在等距的意义下,完备化空间$(\hat{X},\hat{d})$是唯一的,即若 $\tilde{X}$ 是任何一个完备的度量空间,它有一个子空间 $\tilde{W}$ 满足上述两个条件,则 $\hat{X}$ 与 $\tilde{X}$ 是等距的.

证明可参见[1],[2]和[5]等书.

在已讨论过的不完备的度量空间的例子中,比如 $P[a,b]$是不完备的(例 3.14),但是 $C[a,b]$是完备的(例 3.11),并且 $P[a,b]$在 $C[a,b]$中稠密(Weierstrass 定理),所以 $C[a,b]$是 $P[a,b]$的完备化.在例 3.13 中,$(C[0,1],\|\cdot\|_1)$是不完备的,它的完备化空间是 $L[0,1]$(即闭区间$[0,1]$上的 Lebesgue 可积函数的全体构成的空间,有关 Lebesgue 积分的知识将在下节介绍).

### 3.3.4　连续映射及其等价命题

设$(X,d)$和$(Y,\rho)$是两个度量空间,映射 $f:X\to Y$, $x_0\in X$.若对于任意 $\varepsilon>0$,存在 $\delta>0$,使得 $X$ 中所有满足 $d(x,x_0)<\delta$ 的 $x$,有

$$\rho(f(x),f(x_0))<\varepsilon,$$

则称映射 $f$ 在点 $x_0$ 连续.

若映射 $f$ 在 $X$ 的每一点都连续,则称 $f$ 是连续映射.

由定义可以看出:映射 $f:X\to Y$ 在点 $x_0\in X$ 连续,当且仅当对于任意 $\varepsilon>0$,存在 $\delta>0$ 使得

$$f((B(x_0,\delta))\subset B(f(x_0),\varepsilon).$$

定理 3.1 的结论在度量空间中也是成立的,即对于度量空间 $X$ 到度量空间 $Y$ 的映射 $f$, $f$ 在点 $x_0\in X$ 连续,当且仅当对于 $X$ 中任意序列$\{x_n\}$,若在 $X$ 中 $x_n\to x_0$,则在 $Y$ 中 $f(x_n)\to f(x_0)$.

此外,$f$ 为连续映射的等价条件还表述在下面的定理中.

**定理** 3.11　设$(X,d)$和$(Y,\rho)$是两个度量空间,$f$ 是 $X$ 到 $Y$ 的映

射,则下列各命题等价:

(1)$f$ 是连续的;

(2)对于 $Y$ 中任意开集 $G$,$f^{-1}(G)$是 $X$ 中的开集;

(3)对于 $Y$ 中任意闭集 $F$,$f^{-1}(F)$是 $X$ 中的闭集.

**证明** (1)⇒(2) 设 $G$ 是 $Y$ 中的开集,要证 $f^{-1}(G)$是 $X$ 中的开集.若 $f^{-1}(G)=\varnothing$,则 $f^{-1}(G)$是开集.现设 $f^{-1}(G)\neq\varnothing$,对任意 $x_0\in f^{-1}(G)$,有 $f(x_0)\in G$.由于 $G$ 是开集,故存在 $\varepsilon>0$ 使得 $B(f(x_0),\varepsilon)\subset G$.应用 $f$ 在 $x_0$ 连续的条件,必存在 $\delta>0$ 使得

$$f(B(x_0,\delta))\subset B(f(x_0),\varepsilon)\subset G,$$

从而 $$B(x_0,\delta)\subset f^{-1}(f(B(x_0,\delta)))\subset f^{-1}(G).$$

因此 $f^{-1}(G)$是 $X$ 中的开集.

(2)⇒(1) 对于任意 $x\in X$ 及任意 $\varepsilon>0$,由假设条件可得到 $f^{-1}(B(f(x),\varepsilon))$是 $X$ 中的开集,又 $x\in f^{-1}(B(f(x),\varepsilon))$,则存在 $\delta>0$ 使得

$$B(x,\delta)\subset f^{-1}(B(f(x),\varepsilon)),$$

从而

$$f(B(x,\delta))\subset f(f^{-1}(B(f(x),\varepsilon)))\subset B(f(x),\varepsilon).$$

这表明 $f$ 在 $X$ 的任意一点 $x$ 连续.因此 $f$ 是连续的.

(2)与(3)等价的证明由关系式

$$f^{-1}(Y\setminus A)=X\setminus f^{-1}(A)\quad(A\subset Y)$$

立即可得. 证毕.

## 3.4 Lebesgue 积分与 $L^p$ 空间

本节主要介绍建立 Lebesgue 积分的基本思想、Lebesgue 积分的主要性质以及在数学很多分支中应用较多的 $L^p$ 空间.很多重要的定理我们都没有具体证明,有兴趣的读者可参见书后参考文献中所列的任何一本有关实变函数的教材.

在本节中,所有的集合都是$\mathbb{R}$中的集合,函数(除特别声明外)都是

实值函数.

### 3.4.1 从 Riemann 积分到 Lebesgue 积分

Riemann 积分(以下简称 R-积分)就是微积分中熟知的定积分.它在基础数学理论以及应用中占有重要的地位.但是随着现代数学的理论及应用的发展,R-积分逐渐显示出若干缺陷和不足,不适应于数学的发展.新的积分理论正是在这种需求下,于 19 世纪末和 20 世纪初,在很多数学家富有成效的工作的基础上建立的.1902 年法国数学家 Lebesgue 提出了他的新的积分理论.这种新的积分称为 Lebesgue 积分(以下简称 L-积分或积分),它在很多方面克服了 R-积分的缺陷,特别是在运算上具有更大的适用性及灵活性.

首先,回顾一下 R-积分的定义.

设 $f$ 是定义在区间$[a,b]$上的有界函数.在$[a,b]$上任取一组分点(即一个分划):

$$a = x_0 < x_1 < x_2 < \cdots < x_n = b.$$

在每一个子区间$[x_{i-1},x_i]$上任取一点 $\xi_i$,此子区间的长记为 $\Delta x_i$(即 $\Delta x_i = x_i - x_{i-1}$),构造和式

$$\sum_{i=1}^{n} f(\xi_i)\Delta x_i. \tag{3.10}$$

若当 $n\to\infty$,且 $\lambda = \max\limits_{1\leqslant i\leqslant n}\{\Delta x_i\}\to 0$ 时,和式(3.10)的极限存在,且此极限值不依赖于 $\xi_i$ 的选取方法和区间$[a,b]$的分划,则此极限值称为函数 $f$ 在区间$[a,b]$上的 Riemann 积分或定积分,记为

$$(\mathrm{R})\int_a^b f(x)\mathrm{d}x = \lim_{\lambda\to 0}\sum_{i=1}^{n} f(\xi_i)\Delta x_i.$$

这时,$f$ 称为在$[a,b]$上是 Riemann 可积的,简称为 R-可积.

在上述定义中,函数 $f$ 在每一个子区间$[x_{i-1},x_i]$上的上确界和下确界分别记为 $M_i$ 和 $m_i$,即

$$M_i = \sup\{f(x) \mid x\in[x_{i-1},x_i]\},$$

$$m_i = \inf\{f(x) \mid x\in[x_{i-1},x_i]\}.$$

令 $\omega_i = M_i - m_i$,称 $\omega_i$ 为 $f$ 在子区间$[x_{i-1},x_i]$上的振幅.可以证明,函

数 $f$ 在$[a,b]$上是 R-可积的,当且仅当

$$\lim_{\lambda\to 0}\sum_{i=1}^{n}\omega_i\Delta x_i=0. \tag{3.11}$$

从式(3.11)可以知道,$[a,b]$上的连续函数和分段连续函数都是 R-可积的.大体上可以说,R-可积函数包含了那些间断点“不太多”的有界函数.但是,有很多函数不能包含在 R-可积函数的范围内.例如区间$[0,1]$上的 Dirichlet 函数

$$D(x)=\begin{cases}1, & \text{当 } x \text{ 是}[0,1]\text{中的有理数},\\ 0, & \text{当 } x \text{ 是}[0,1]\text{中的无理数},\end{cases}$$

就不是 R-可积的,因为它在$[0,1]$的任何子区间上的振幅 $\omega_i=1$,从而式(3.11)不成立.R-积分对于被积函数的要求较高是它的一个缺陷.

此外,R-积分在关于积分与极限交换次序(包括积分与极限、积分与微分、积分与积分)的一些基本运算上所要求的条件也较苛刻,因而限制了它的更广泛的应用.

Lebesgue 建立的积分理论的基本思想是,将对函数 $f$ 的定义域区间进行分划改为对 $f$ 的值域进行分划.此积分的定义可做如下设想.

设 $f$ 是定义在区间$[a,b]$上的有界函数,在 $y$ 轴上函数 $f$ 的值域 $\mathscr{R}(f)\subset[c,d]$.在$[c,d]$上任取一组分点:

$$c=y_0<y_1<y_2<\cdots<y_n=d.$$

令 $E_i=\{x\in[a,b]\mid y_{i-1}\leqslant f(x)<y_i\}$,则$[a,b]$被分为 $n$ 个互不相交的集合 $E_1,E_2,\cdots,E_n$(在图 3-7 中,$E_i=E_{i1}\cup E_{i2}\cup E_{i3}$).如果能够求出每一个集 $E_i$ 的“长度”,记为 $mE_i$,任取 $\eta_i\in[y_{i-1},y_i)$,则可做和式

$$\sum_{i=1}^{n}\eta_i mE_i. \tag{3.12}$$

若当 $n\to\infty$ 且 $\lambda=\max\limits_{1\leqslant i\leqslant n}(y_i-y_{i-1})\to 0$ 时,和式(3.12)的极限存在,则此极限可定义为函数 $f$ 在区间$[a,b]$上的积分.

这一设想优点在于,去掉了 R-积分对函数在每一个子区间上的振幅 $\omega_i$ 的要求.但是为了完善新积分的定义,必须解决如下两个问题.

(1)集 $E_i$ 的“长度”$mE_i$ 如何定义?

(2)函数 $f$ 应满足什么条件才能保证每一个 $E_i$ 都具有 $mE_i$？

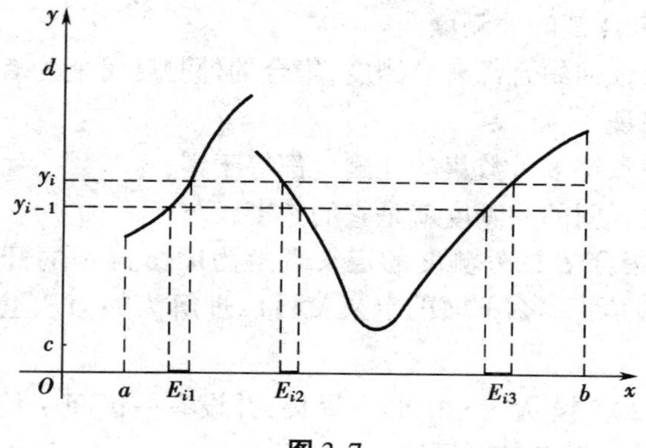


图 3-7

实际上，第一个问题是如何在数直线$\mathbb{R}$上建立集合的 Lebesgue 测度.对于第二个问题，以后将指出：具有这种性质的函数就是所谓的可测函数.解决这两个问题之后，就可得到 Lebesgue 积分的定义.由于篇幅所限，我们采用直观的方法给出这些概念的准确的定义，列出主要的定理和性质而不加证明，希望理论严谨的读者可参考实变函数的有关教材.

### 3.4.2　集合的 Lebesgue 测度

关于如何在数直线$\mathbb{R}$上建立集合的测度理论，这里不展开详细的讨论.直观上，可从它是区间长度的一种推广的角度来介绍 Lebesgue 测度理论.

设 $I=(a,b)$，记号 $|I|$ 表示开区间 $(a,b)$ 的长度，即 $|I|=b-a$.设 $E\subset\mathbb{R}$，称 $\{I_n\}$ 是一列覆盖 $E$ 的开区间，是指 $\{I_n\}$ 中含有有限或可数多个开区间，且其中所有开区间的并 $\bigcup\limits_n I_n\supset E$.这时，以记号 $\sum\limits_n |I_n|$ 表示 $\{I_n\}$ 中所有开区间的长度之和.

**定义 3.19**　设 $E\subset\mathbb{R}$，对于每一列覆盖 $E$ 的开区间 $\{I_n\}$，和数 $\sum\limits_n |I_n|$ 是一个非负实数或为 $+\infty$，所有这些和数组成的集合有下界，故必有下确界，记为 $m^*E$，即

$$m^* E = \inf\left\{ \sum_n |I_n| \mid \bigcup_n I_n \supset E \right\}.$$

称 $m^* E$ 为集合 $E$ 的**外测度**.

由定义,任何集合都有外测度,集合的外测度可能为有限值也可能为 $+\infty$.容易证明:

(1)空集和至多可数集的外测度都等于零;

(2)任何区间的外测度就是它的长度.

如果把集合 $E$ 的外测度的定义理解为用覆盖 $E$ 的开区间从外面向里面收缩的话,那么下面的定义就可以理解为如何从里面向外面膨胀.

**定义 3.20** 设 $E$ 是$\mathbb{R}$中的有界集,并设有一区间 $I$ 使得 $E \subset I$.对于每一列覆盖 $I \setminus E$ 的开区间$\{I_n\}$,有

$$I \setminus \bigcup_n I_n \subset E.$$

令
$$m_* E = \sup\left\{ |I| - \sum_n |I_n| \mid I \setminus \bigcup_n I_n \subset E \right\},$$

$m_* E$ 称为 $E$ 的**内测度**.

需指出,有界集 $E$ 的内测度实际上并不依赖于区间 $I$ 的选择.由定义可知,任何有界集 $E$ 都有内测度,并且 $m_* E \leqslant m^* E$.容易证明:空集和至多可数集的内测度等于零,任何区间的内测度就是它的长度.

**定义 3.21** 设 $E \subset \mathbb{R}$.

(1)当 $E$ 是有界集时,若 $m_* E = m^* E$,则称 $E$ 为 Lebesgue 可测集,简称为可测集.这时,$E$ 的内(或外)测度的值称为 $E$ 的 **Lebesgue 测度**,简称为测度,记为 $mE$,即

$$mE = m_* E = m^* E.$$

(2)当 $E$ 是无界集时,若对任意区间 $I$, $E \cap I$ 都是可测集,则称 $E$ 为可测集.这时,规定 $E$ 的测度 $mE$ 为

$$mE = \lim_{a \to +\infty} m[E \cap (-a, a)].$$

由此定义,空集和至多可数集都是可测集,且它们的测度都等于零;任何区间都是可测集,且区间的测度就等于它的长度.因此,集合的测度是区间的长度的推广.

注意，对于无界的可测集 $E$，$mE$ 可能为有限值也可能为 $+\infty$.

设 $E$，$F$ 和 $E_n$（$n\in\mathbb{N}$）皆为 $\mathbb{R}$ 中的可测集.可以证明：

(1)若 $E\subset F$，则 $mE\leqslant mF$（单调性）；

(2)$E\cup F$，$E\cap F$ 及 $E\setminus F$ 皆为可测集，并且当 $E\cap F=\varnothing$ 时，

$$m(E\cup F)=mE+mF;$$

(3)$\bigcup\limits_{n=1}^{\infty}E_n$ 是可测集，并且当各个 $E_n$ 互不相交时，

$$m(\bigcup_{n=1}^{\infty}E_n)=\sum_{n=1}^{\infty}mE_n\text{（可数可加性）};$$

(4)若 $E_1\subset E_2\subset\cdots\subset E_n\subset\cdots$，则 $E=\bigcup\limits_{n=1}^{\infty}E_n$ 是可测集，且

$$mE=\lim_{n\to\infty}mE_n;$$

(5)$\bigcap\limits_{n=1}^{\infty}E_n$ 是可测集；

(6)若 $E_1\supset E_2\supset\cdots\supset E_n\supset\cdots$，则 $E=\bigcap\limits_{n=1}^{\infty}E_n$ 是可测集，且当 $mE_1<+\infty$ 时，有

$$mE=\lim_{n\to\infty}mE_n.$$

若 $mE=0$，则称 $E$ 为**零测度集**.

显然，零测度集的子集也是零测度集；空集和至多可数集都是零测度集.但是，零测度集并不一定都是至多可数集.换句话说，存在测度为零的不可数集.

还应指出，$\mathbb{R}$ 中的开集、闭集、可数多个开集的交、可数多个闭集的并都是可测集，并且这些集合与零测度集做并或差所得到的集合也都是可测集.但是，$\mathbb{R}$ 中存在不可测集.实际上，任何测度不为零的可测集中都含有不可测的子集.

**定义** 3.22　设 $E$ 是可测集，$p(x)$ 是一个与 $x\in E$ 有关的命题.若除去 $E$ 的某个零测度子集 $A$ 之外 $p(x)$ 处处成立，即 $p(x)$ 在 $E\setminus A$ 上处处成立，则称 $p(x)$ 在 $E$ 上**几乎处处成立**，记为在 $E$ 上 $p(x)$(a.e.).

例如，若 $f$ 和 $g$ 是定义在可测集 $E$ 上的函数，且

$$\{x\in E\mid f(x)\neq g(x)\}$$

是零测度集,则在 $E$ 上 $f(x)=g(x)$(a.e.).

又如,[0,1]上的 Dirichlet 函数 $D(x)=0$(a.e.),因为[0,1]上有理数的全体组成的集合是可数的,从而它是零测度集.

### 3.4.3 可测函数

**定义 3.23**　设 $E$ 是$\mathbb{R}$中的可测集,$f$ 是定义在 $E$ 上的函数.若对于任意 $\alpha\in\mathbb{R}$,集合

$$E(f>\alpha)=\{x\in E\mid f(x)>\alpha\}$$

是可测集,则称 $f$ 为 $E$ 上的 Lebesgue **可测函数**,简称为可测函数,或称 $f$ 是可测的.

可以证明,对于定义在可测集 $E$ 上的函数 $f$,以下各条是等价的:

(1) $f$ 是 $E$ 上的可测函数;

(2)对于任意 $\alpha\in\mathbb{R}$,

$$E(f\geqslant\alpha)=\{x\in E\mid f(x)\geqslant\alpha\}$$

是可测集;

(3)对于任意 $\alpha,\beta\in\mathbb{R}$,

$$E(\alpha\leqslant f<\beta)=\{x\in E\mid \alpha\leqslant f(x)<\beta\}$$

是可测集.

**例 3.22**　定义在$\mathbb{R}=(-\infty,+\infty)$上的连续函数是可测函数.

事实上,若 $f$ 是$\mathbb{R}$上的连续函数,则对于任意 $\alpha\in\mathbb{R}$,集合

$$\{x\in\mathbb{R}\mid f(x)>\alpha\}=f^{-1}((\alpha,+\infty))$$

是开集,从而是可测集.由定义 3.23,$f$ 是可测函数.

**例 3.23**　区间[0,1]上的 Dirichlet 函数 $D(x)$是可测函数,因为对于任意 $\alpha\in\mathbb{R}$,集合

$$\{x\in[0,1]\mid D(x)>\alpha\}=\begin{cases}\varnothing, & \text{当 } \alpha\geqslant 1,\\ [0,1]\cap\mathbb{Q}, & \text{当 } 0\leqslant\alpha<1,\\ [0,1], & \text{当 } \alpha<0\end{cases}$$

都是可测集.

以上两例说明,可测函数是比连续函数更广泛的一类函数.

显然,定义在零测度集上的任何函数都是可测的.

可以证明,若 $f,g,f_n(n\in\mathbb{N})$是可测集 $E$ 上的可测函数,$\alpha\in\mathbb{R}$,则

$\alpha f, f\pm g, \dfrac{f}{g}(g(x)\neq 0(x\in E)), |f|, \sup\{f,g\}, \inf\{f,g\}, \sup\limits_{n\in\mathbb{N}}\{f_n\}$, $\inf\limits_{n\in\mathbb{N}}\{f_n\}$都是 $E$ 上的可测函数.

### 3.4.4 Lebesgue 积分的定义

#### 1 测度为有限的集合上的有界可测函数的 L-积分

**定义** 3.24　设 $mE<+\infty$，$f$ 是定义在 $E$ 上的有界可测函数，且 $c<f(x)<d(x\in E)$. 在$[c,d]$上任取一组分点(即一个分划)：

$$c=y_0<y_1<y_2<\cdots<y_n=d.$$

令 $E_i=\{x\in E\mid y_{i-1}\leqslant f(x)<y_i\}$，任取 $\eta_i\in[y_{i-1},y_i)(i=1,\cdots,n)$，作和式

$$\sum_{i=1}^{n}\eta_i mE_i. \tag{3.12}$$

若当 $\lambda=\max\limits_{1\leqslant i\leqslant n}(y_i-y_{i-1})\to 0$ 时，和式(3.12)的极限存在，且此极限值不依赖于区间$[c,d]$的分划和 $\eta_i$ 的选取方法，则称此极限值为 $f$ 在 $E$ 上的 **Lebesgue 积分**，简称为 L-积分，记为

$$\int_E f(x)\mathrm{d}x=\lim_{\lambda\to 0}\sum_{i=1}^{n}\eta_i mE_i.$$

这时，称 $f$ 在 $E$ 上是 **Lebesgue 可积**的，简称为 **L**-可积.

当 $E=[a,b]$时，L-积分$\int_{[a,b]}f(x)\mathrm{d}x$ 也可记为

$$(\mathrm{L})\int_a^b f(x)\mathrm{d}x.$$

在不至于引起混淆的情况下，还可以简记为

$$\int_a^b f(x)\mathrm{d}x.$$

下面给出几个定理和性质，省略其证明.

**定理** 3.12　设 $mE<+\infty$，则 $E$ 上任何有界可测函数 $f$ 都是 L-可积的.

L-积分有同 R-积分类似的运算性质.

**定理** 3.13　设 $mE<+\infty$，$f$ 和 $g$ 是 $E$ 上的有界可测函数，$\alpha$ 和 $\beta$ 为实数，则下列各条成立.

(1) $\int_E \alpha \mathrm{d}x = \alpha mE$.

(2)线性性 $\int_E (\alpha f + \beta g)(x)\mathrm{d}x = \alpha\int_E f(x)\mathrm{d}x + \beta\int_E g(x)\mathrm{d}x$.

(3)单调性 若在 $E$ 上 $f \leqslant g$ (a.e.),则

$$\int_E f(x)\mathrm{d}x \leqslant \int_E g(x)\mathrm{d}x.$$

由此可得

$$\left|\int_E f(x)\mathrm{d}x\right| \leqslant \int_E |f(x)|\mathrm{d}x.$$

(4)介值性 若 $a \leqslant f(x) \leqslant b\ (x \in E)$,则

$$amE \leqslant \int_E f(x)\mathrm{d}x \leqslant bmE.$$

由此可得,当 $mE = 0$ 时,$\int_E f(x)\mathrm{d}x = 0$.

(5)若在 $E$ 上 $f = g$ (a.e.),则

$$\int_E f(x)\mathrm{d}x = \int_E g(x)\mathrm{d}x.$$

由定理 3.12、例 3.23 以及定理 3.13 可知,区间[0,1]上的 Dirichlet 函数是 L-可积的,且

$$\int_0^1 D(x)\mathrm{d}x = 0.$$

关于定义在区间$[a,b]$上的有界函数的 R-积分和 L-积分有如下关系.

**定理 3.14** 设 $f$ 是$[a,b]$上的有界函数,若 $f$ 在$[a,b]$上是 R-可积的,则 $f$ 在$[a,b]$上是可测的,因而是 L-可积的,并且

$$(\mathrm{L})\int_a^b f(x)\mathrm{d}x = (\mathrm{R})\int_a^b f(x)\mathrm{d}x.$$

在此顺便指出函数 $f$ 在区间$[a,b]$上 R-可积的一个充分必要条件.

**定理 3.15** 设 $f$ 是$[a,b]$上的有界函数,则 $f$ 在$[a,b]$上是 R-可积的充分必要条件是,$f$ 在$[a,b]$上几乎处处连续.

下面将L-积分的概念推广到任意可测集$E$($mE$可以为$+\infty$)和任意可测函数$f$($f$可以为无界函数)的情况.

2 **任意可测集 $E$ 上的非负可测函数的L-积分**

**定义** 3.25 设$mE<+\infty$,$f$是$E$上的非负可测函数.对于每一个$n\in\mathbb{N}$,令

$$[f]_n(x)=\begin{cases}f(x), & 当 f(x)\leqslant n,\\ n, & 当 f(x)>n,\end{cases}$$

则$\{[f]_n\}$是$E$上的一列有界可测函数,从而对每一个$n\in\mathbb{N}$,积分$\int_E [f]_n(x)\mathrm{d}x$存在.又因为

$$[f]_1\leqslant[f]_2\leqslant\cdots\leqslant[f]_n\leqslant\cdots,$$

所以$\left\{\int_E [f]_n(x)\mathrm{d}x\right\}$是单调增加数列,于是极限

$$\lim_{n\to\infty}\int_E [f]_n(x)\mathrm{d}x$$

为有限值或为$+\infty$.此极限称为$f$在$E$上的L-积分,记为

$$\int_E f(x)\mathrm{d}x=\lim_{n\to\infty}\int_E [f]_n(x)\mathrm{d}x.$$

当上式右端的极限为有限值时,称$f$在$E$上是L-可积的,否则称$f$在$E$上的积分为$+\infty$.

现在去掉条件$mE<+\infty$.

**定义** 3.26 设$f$是可测集$E$上的非负可测函数.对于每一个$n\in\mathbb{N}$,令

$$E_n=[-n,n]\cap E,$$

则$\{E_n\}$是一列测度有限的可测集,且满足

$$E_1\subset E_2\subset\cdots\subset E_n\subset\cdots,\quad E=\bigcup_{n=1}^{\infty}E_n.$$

由定义3.25,$f$在每一个$E_n$上都有积分,并且

$$\int_{E_1} f(x)\mathrm{d}x\leqslant\int_{E_2} f(x)\mathrm{d}x\leqslant\cdots\leqslant\int_{E_n} f(x)\mathrm{d}x\leqslant\cdots.$$

因此,极限$\lim\limits_{n\to\infty}\int_{E_n} f(x)\mathrm{d}x$为有限值或为$+\infty$.此极限称为$f$在$E$上的

L-积分,记为

$$\int_E f(x)\mathrm{d}x = \lim_{n\to\infty}\int_{E_n} f(x)\mathrm{d}x.$$

若上式右端的极限为有限值,则称 $f$ 在 $E$ 上是 L-可积的,否则称 $f$ 在 $E$ 上的积分为 $+\infty$.

### 3　任意可测集 $E$ 上的任意可测函数的 L-积分

**定义** 3.27　设 $f$ 是可测集 $E$ 上的可测函数,令

$$f^+(x) = \sup\{f(x),0\} = \begin{cases} f(x), & \text{当 } f(x)\geqslant 0, \\ 0, & \text{当 } f(x)<0; \end{cases}$$

$$f^-(x) = \inf\{-f(x),0\} = \begin{cases} -f(x), & \text{当 } f(x)\leqslant 0, \\ 0, & \text{当 } f(x)>0. \end{cases}$$

显然,$f^+$ 和 $f^-$ 都是 $E$ 上的非负可测函数且 $f = f^+ - f^-$.

若 $\int_E f^+(x)\mathrm{d}x$ 和 $\int_E f^-(x)\mathrm{d}x$ 不同时为 $+\infty$,则称 $f$ 在 $E$ 上有 L-积分.这时,$f$ 在 $E$ 上的 L-积分规定为

$$\int_E f(x)\mathrm{d}x = \int_E f^+(x)\mathrm{d}x - \int_E f^-(x)\mathrm{d}x.$$

若 $f^+$ 和 $f^-$ 在 $E$ 上都是 L-可积的,则称 $f$ 在 $E$ 上是 L-可积的.这时,$f$ 在 $E$ 上的 L-积分为有限值.

若 $\int_E f^+(x)\mathrm{d}x$ 和 $\int_E f^-(x)\mathrm{d}x$ 同时为 $+\infty$,则称 $f$ 在 $E$ 上的 L-积分没有意义,或者说没有积分.

至此,在测度为有限的集合上的有界可测函数的 L-积分的定义已推广到任意可测集上的任意可测函数的一般情况.

推广后的 L-积分仍具有前面定理 3.13 中的各条积分运算性质,不再重复.此外,还需特别指出的是推广后的 L-积分满足如下的绝对可积性.

**定理** 3.16　设 $f$ 是可测集 $E$ 上的可测函数,则 $f$ 在 $E$ 上是 L-可积的,当且仅当 $|f|$ 在 $E$ 上是 L-可积的.当 $f$ 在 $E$ 上 L-可积时,有

$$\left|\int_E f(x)\mathrm{d}x\right| \leqslant \int_E |f(x)|\mathrm{d}x.$$

此定理说明,L-积分是一种具有绝对可积性的积分.这一点有别于广义 R-积分.因此应当注意,对于无界区域或无界函数而言,广义 R-可积函数并不一定是 L-可积函数.

### 3.4.5　Lebesgue 积分的几个重要定理

下面给出的 L-积分的几个重要定理(省略其证明)主要阐述关于积分与极限交换次序和重积分交换累次积分次序的结论.从中可以看出,L-积分交换次序所要求的条件比 R-积分弱得多,这正是 L-积分的优点.

**定理** 3.17(Lebesgue 控制收敛定理)　设$\{f_n\}$是可测集 $E$ 上的一列可测函数,若

(1)存在一个 $E$ 上的 L-可积函数 $F(x)$,使得对每一个 $n\in\mathbb{N}$,在 $E$ 上皆有$|f_n(x)|\leqslant F(x)$(a.e.),

(2)在 $E$ 上$\lim\limits_{n\to\infty}f_n(x)=f(x)$(a.e.),

则 $f$ 在 $E$ 上是 L-可积的,且

$$\int_E f(x)\mathrm{d}x=\lim_{n\to\infty}\int_E f_n(x)\mathrm{d}x.$$

当 $mE<+\infty$,且 $F(x)=M(x\in E)$时,由于常值函数在测度为有限的集合上总是 L-可积的,因此下面的推论成立.

**推论**(Lebesgue 有界收敛定理)　设 $mE<+\infty$,$\{f_n\}$是 $E$ 上的一列可测函数,若

(1)存在一个常数 $M>0$,使得对每一个 $n\in\mathbb{N}$在 $E$ 上皆有$|f_n(x)|\leqslant M$(a.e.),

(2)在 $E$ 上$\lim\limits_{n\to\infty}f_n(x)=f(x)$(a.e.),

则 $f$ 在 $E$ 上是 L-可积的,且

$$\int_E f(x)\mathrm{d}x=\lim_{n\to\infty}\int_E f_n(x)\mathrm{d}x.$$

**定理** 3.18(逐项积分定理)　设$\{f_n\}$是可测集 $E$ 上的一列非负可测函数,且在 $E$ 上$f(x)=\sum\limits_{n=1}^{\infty}f_n(x)$(a.e.),则

$$\int_E f(x)\mathrm{d}x = \sum_{n=1}^{\infty}\int_E f_n(x)\mathrm{d}x.$$

**定理** 3.19(levi 定理)　设$\{f_n\}$是可测集 $E$ 上的一列非负可测函数,且

$$f_1(x)\leqslant f_2(x)\leqslant\cdots\leqslant f_n(x)\leqslant\cdots.$$

若在 $E$ 上$\lim\limits_{n\to\infty}f_n(x)=f(x)$(a.e.),则

$$\int_E f(x)\mathrm{d}x = \lim_{n\to\infty}\int_E f_n(x)\mathrm{d}x.$$

在$\mathbb{R}$中建立 Lebesgue 测度的方法很容易推广到$\mathbb{R}^n$上,在$\mathbb{R}^n$上类似地定义集合的 Lebesgue 测度.它可看作是$\mathbb{R}^n$中"广义长方体"的"体积"的推广.类似于在$\mathbb{R}$中定义 L-积分的方法,在$\mathbb{R}^n$中也可定义 L-积分.$\mathbb{R}^n$中的 L-积分化为累次积分以及交换两个累次积分次序的定理就是下面的 Fubini 定理.

**定理** 3.20(Fubini 定理)　设 $A\subset\mathbb{R}^p$ 和 $B\subset\mathbb{R}^q$ 是两个可测集,$f(x,y)$是 $A\times B\subset\mathbb{R}^p\times\mathbb{R}^q=\mathbb{R}^{p\times q}$上的可测函数.若 $f$ 在 $A\times B$ 上是 L-可积的,则

$$\int_{A\times B}f(x,y)\mathrm{d}x\mathrm{d}y=\int_A\mathrm{d}x\int_B f(x,y)\mathrm{d}y=\int_B\mathrm{d}y\int_A f(x,y)\mathrm{d}x.$$

### 3.4.6　$\mathbf{L}^p[a,b]$空间

为了简单起见,仅在$\mathbb{R}$的闭区间$[a,b]$上讨论 $\mathrm{L}^p$ 空间,有关结论完全可以推广到$\mathbb{R}$的任何一个可测集 $E$ 上.

**定义** 3.28　设 $p$ 为一个实数$(1\leqslant p<\infty)$,若闭区间$[a,b]$上的可测函数满足

$$\int_a^b|f(x)|^p\mathrm{d}x<+\infty,$$

则称 $f$ 为$[a,b]$上的 **$p$ 幂 Lebesgue 可积函数**,简称为 $p$ 幂可积函数.闭区间$[a,b]$上所有 $p$ 幂可积函数的全体组成的集合记为 $\mathrm{L}^p[a,b]$.

在 $\mathrm{L}^p[a,b]$上按点定义两个函数的加法运算和数与函数的数乘运算,即对于任意 $f,g\in\mathrm{L}^p[a,b]$及 $\alpha\in\mathbb{R}$,有

$$(f+g)(x)=f(x)+g(x),\quad(\alpha f)(x)=\alpha f(x),(x\in[a,b]).$$

应用下面的 Minkowski 不等式,立即可知 $L^p[a,b]$关于此线性运算成为线性空间.

**引理 3.6**　对于任意 $f\in L^p[a,b]$,$g\in L^q[a,b]$,这里 $p>1,q>1$,且$\frac{1}{p}+\frac{1}{q}=1$,Hölder 不等式

$$\int_a^b |fg|\,dx \leqslant \left(\int_a^b |f|^p dx\right)^{\frac{1}{p}}\left(\int_a^b |g|^q dx\right)^{\frac{1}{q}}$$

成立,并且由此可知 $fg\in L[a,b]$.

**引理 3.7**　对于任意 $f,g\in L^p[a,b]$,这里 $p\geqslant 1$,Minkowski 不等式

$$\left(\int_a^b |f+g|^p dx\right)^{\frac{1}{p}} \leqslant \left(\int_a^b |f|^p dx\right)^{\frac{1}{p}} + \left(\int_a^b |g|^p dx\right)^{\frac{1}{p}}$$

成立.并且由此可知 $f+g\in L^p[a,b]$.

对于线性空间 $L^p[a,b]$中的任一元素 $f$,定义

$$\|f\|_p = \left(\int_a^b |f(x)|^p dx\right)^{\frac{1}{p}}.$$

如果把 $L^p[a,b]$中两个几乎处处相等的元素看作同一元素,那么容易验证上面定义的 $\|\cdot\|_p$ 是 $L^p[a,b]$上的范数,$L^p[a,b]$关于此范数是一个赋范线性空间.

由 $L^p[a,b]$上的范数可导出其上的度量,即$\forall f,g\in L^p[a,b]$,有

$$d(f,g)=\|f-g\|_p=\left(\int_a^b |f(x)-g(x)|^p dx\right)^{\frac{1}{p}}.$$

可以证明如下结论.

(1)赋范线性空间 $L^p[a,b]$是完备的,即它是 Banach 空间.

(2)空间 $L^p[a,b]$是可分的(实际上,$[a,b]$上有理系数的多项式的全体组成的子空间 $P_0[a,b]$在 $L^p[a,b]$中稠密).

(3)关于 $L^p[a,b]$的范数 $\|\cdot\|_p$,不完备的赋范线性空间$(C[a,b],\|\cdot\|_p)$的完备化空间就是 $L^p[a,b]$.

当 $p=2$ 时,在线性空间 $L^2[a,b]$中可以定义二元素 $f$ 和 $g$ 的内积

$$\langle f,g\rangle=\int_a^b f(x)g(x)\,dx,$$

则$L^2[a,b]$关于此内积成为内积空间.由此内积导出的范数就是$\|\cdot\|_2$,即对于$f\in L^2[a,b]$,显然

$$\|f\|_2=\langle f,f\rangle^{\frac{1}{2}}=\left(\int_a^b|f(x)|^2\mathrm{d}x\right)^{\frac{1}{2}}.$$

因此$L^2[a,b]$是 Hilbert 空间.

对于闭区间$[a,b]$上定义的复值函数$f$,若$f$的实部和虚部都是$[a,b]$上的(实值)可测函数,则称$f$为$E$上的复值可测函数.

若$[a,b]$上的复值可测函数$f$的实部和虚部都是$[a,b]$上的 L-可积函数,则$f$称为$[a,b]$上的复值 L-可积函数.

同样可用记号$L^p[a,b](1\leqslant p<\infty)$表示$[a,b]$上满足如下条件的复值 L-可积函数的全体:

$$\int_a^b|f(x)|^p\mathrm{d}x<+\infty.$$

与前面的讨论一样,定义范数$\|\cdot\|_p$,于是$L^p[a,b]$成为复赋范线性空间,而且是完备的.

也可定义内积

$$\langle f,g\rangle=\int_a^b f(x)\overline{g(x)}\mathrm{d}x,$$

使$L^2[a,b]$成为 Hilbert 空间.

## 3.5 紧　　性

紧性在分析中是一个很重要的概念.本节将在赋范线性空间(或度量空间)中介绍紧集和紧空间的定义.所有的定理都是在赋范线性空间中得到的,但将“赋范线性空间”改换为“度量空间”其结论仍然成立.

**定义 3.29**　设$A$是赋范线性空间(或度量空间)$X$的子集.

(1)若$A$中任意序列$\{x_n\}$都有一个收敛的子序列$\{x_{n_k}\}$(即($x_{n_k}\to x_0\in X$),则称$A$为$X$中的**列紧集**;

(2)若$A$中任意序列$\{x_n\}$都有一个在$A$中收敛的子序列$\{x_{n_k}\}$,即

$x_{n_k} \to x_0 \in A$,则称 $A$ 为 $X$ 中的**自列紧集**,或**紧集**[①];

(3)若 $X$ 本身是列紧集,故 $X$ 是紧集,则称 $X$ 为**紧空间**.

由上述定义可知,在赋范线性空间(或者在度量空间)中,紧集实际上就是列紧的闭集.

紧集和紧空间具有下面的性质.

**定理 3.21** 设 $X$ 是赋范线性空间(或度量空间).

(1)若 $A$ 是 $X$ 中的列紧集,则 $A$ 是有界的.由此可得到:若 $A$ 是 $X$ 中的紧集,则 $A$ 是 $X$ 中的有界闭集.

(2)若 $X$ 是紧空间,则 $X$ 中任何闭集都是紧集.

(3)任何紧空间都是完备的.

**证明** (1)设 $A$ 是 $X$ 中的列紧集.假若 $A$ 是无界的,则 $A$ 中必存在序列 $\{x_n\}$,使得

$$\| x_n \| > n \quad (n \in \mathbb{N}).$$

于是 $\{x_n\}$ 的任何子序列都是无界的,因此 $\{x_n\}$ 不可能有收敛的子序列,此与 $A$ 的列紧性矛盾.

(2)设 $A$ 是紧空间 $X$ 中的闭集,即 $A = \bar{A}$.对于 $A$ 中任意序列 $\{x_n\}$,因 $X$ 是紧空间,故存在收敛的子序列 $\{x_{n_k}\}$,设 $x_{n_k} \to x$.由定理 3.8(1) 得 $x \in \bar{A} = A$,故 $A$ 是紧集.

(3)留作习题.

**定理 3.22** 紧集的连续像是紧集.

**证明** 设 $f$ 是赋范线性空间 $X$ 到赋范线性空间 $Y$ 的连续映射,$A$ 是 $X$ 中的紧集,需要证明 $f(A)$ 是 $Y$ 中的紧集.

设 $\{y_n\}$ 是 $f(A)$ 中任意序列,则存在 $\{x_n\} \subset A$,使得 $y_n = f(x_n)$($n \in \mathbb{N}$).由于 $A$ 是紧集,则 $\{x_n\}$ 有一个收敛的子序列 $\{x_{n_k}\}$,且 $x_{n_k} \to x \in A$,于是 $\{y_{n_k}\}$ 是 $\{y_n\}$ 的子序列,且由 $f$ 的连续性得

---

① 严格地说,自列紧集与紧集的概念有所不同,但是在赋范线性空间和度量空间中这两个概念是等价的.本书中研究的问题都是在赋范线性空间或度量空间中进行的,因此可以不必区分二者之间的差异.

$$y_{n_k} = f(x_{n_k}) \to f(x) \in f(A).$$

因此 $f(A)$是 $Y$ 中的紧集. 证毕.

应用数直线$\mathbb{R}$的完备性可以证明,$\mathbb{R}$(或者$\mathbb{R}^n$)中任何有界集都是列紧的.因此,$\mathbb{R}$(或者$\mathbb{R}^n$)中任何有界闭集都是紧集.特别地,$\mathbb{R}$中的闭区间$[a,b]$是紧集.在实分析中,有界闭区间上的连续函数具有重要的性质,例如,在有界闭区间上的连续函数是有界的,并且可以达到上确界和下确界.一般地,紧集上的连续泛函也有此性质.

**定理 3.23** 紧集上的实值连续泛函是有界的,并且可以达到上确界和下确界.

**证明** 设 $A$ 是赋范线性空间 $X$ 中的紧集,泛函 $f: X \to \mathbb{R}$是连续的.要证明 $f(A)$是有界的,并且存在 $x_1, x_2 \in A$ 使得

$$f(x_1) = \sup\{f(x) \mid x \in A\}, \quad f(x_2) = \inf\{f(x) \mid x \in A\}.$$

换句话说,$f(A)$有最大值 $f(x_1)$和最小值 $f(x_2)$.

由前面的两个定理可知,$f(A)$是$\mathbb{R}$中的有界闭集.记

$$M = \sup\{f(x) \mid x \in A\}.$$

由上确界的性质,对任意 $\varepsilon > 0$,存在 $x \in A$ 使得

$$M - \varepsilon < f(x) \leqslant M.$$

这表明,以 $M$ 为中心、任意 $\varepsilon > 0$ 为半径的开球 $B(M, \varepsilon)(=(M-\varepsilon, M+\varepsilon))$都与 $f(A)$相交,故 $M \in \overline{f(A)} = f(A)$.因此,存在 $x_1 \in A$ 使得

$$f(x_1) = M = \sup\{f(x) \mid x \in A\}.$$

同理可证,存在 $x_2 \in A$ 使得

$$f(x_2) = \inf\{f(x) \mid x \in A\}.$$

证毕.

## 3.6 有界线性算子

泛函分析中一类重要的问题是研究两个赋范线性空间之间的有界线性算子.在本节中,将介绍有界线性算子范数的概念.指出线性算子的有界性与连续性是等价的.最后讨论有界线性算子的全体构成的赋

范线性空间.

### 3.6.1 有界线性算子及算子范数

**定义** 3.30 设 $X$ 和 $Y$ 是两个赋范线性空间, $T: X \to Y$ 是线性算子.若存在常数 $c>0$,使得对一切 $x \in X$ 都有

$$\| Tx \| \leqslant c \| x \|, \tag{3.13}$$

则称 $T$ 为 $X$ 上的**有界线性算子**,或称 $T$ 是有界的.

需注意,在(3.13)中范数 $\| x \|$ 和 $\| Tx \|$ 分别表示在 $X$ 和 $Y$ 中的范数.在定义中使用"有界"二字是由于有界线性算子具有如下特征.

线性算子 $T: X \to Y$ 是有界的,当且仅当 $T$ 把 $X$ 中的任意有界集映成 $Y$ 中的有界集.

事实上,必要性是明显的.现证充分性.若 $T$ 把 $X$ 中的任意有界集映成 $Y$ 中的有界集,则 $X$ 中的单位球面 $S(0,1)$ 的像 $T(S(0,1))$ 在 $Y$ 中有界,即存在 $c>0$,使得对任意 $y \in S(0,1)$,有 $\| Ty \| \leqslant c$.现任取 $x \in X$ 且 $x \neq 0$,则 $\frac{x}{\| x \|} \in S(0,1)$,于是

$$\left\| T \frac{x}{\| x \|} \right\| = \frac{\| Tx \|}{\| x \|} \leqslant c,$$

从而 $\| Tx \| \leqslant c \| x \|$,并且此不等式当 $x=0$ 时仍然成立.充分性得证.

应当注意的是这里线性算子"有界"的含义与微积分学中的有界函数的含义是不同的.在微积分学中,有界函数是指其值域为有界集的函数.

考察不等式(3.13),对于一切 $x \in X$ 且 $x \neq 0$,式(3.13)变形为

$$\frac{\| Tx \|}{\| x \|} \leqslant c. \tag{3.14}$$

满足(3.14)的所有常数 $c$ 必有下确界,或者说所有 $\frac{\| Tx \|}{\| x \|}$ 的集合必有上确界.于是可有如下定义.

**定义** 3.31 设 $X$ 和 $Y$ 是两个赋范线性空间, $T: X \to Y$ 是有界线性算子.令

$$\| T \| = \sup_{x \in X, x \neq 0} \frac{\| Tx \|}{\| x \|},$$

则称 $\|T\|$ 为**算子** $T$ **的范数**,或称为 $T$ 的**算子范数**.

当 $X=\{0\}$ 时,规定 $\|T\|=0$.今后总假设 $X\neq\{0\}$.

当 $T:X\to Y$ 是有界线性算子时,对每一个 $x\in X$ 都有

$$\|Tx\|\leqslant\|T\|\|x\|.$$

**引理 3.8** 设 $X$ 和 $Y$ 是两个赋范线性空间,$T:X\to Y$ 是有界线性算子,则

$$\|T\|=\sup_{x\in X,\|x\|=1}\|Tx\|=\sup_{x\in X,\|x\|\leqslant 1}\|Tx\|. \tag{3.15}$$

**证明** 对于任意 $x\in X$ 且 $x\neq 0$,由于 $\frac{x}{\|x\|}$ 的范数为 1,则

$$\left\{\frac{x}{\|x\|}\,\middle|\,0\neq x\in X\right\}=\{x\mid x\in X,\|x\|=1\}$$
$$\subset\{x\mid x\in X,\|x\|\leqslant 1\},$$

于是

$$\begin{aligned}\|T\|&=\sup_{x\neq 0}\frac{\|Tx\|}{\|x\|}=\sup_{x\neq 0}\left\|T\frac{x}{\|x\|}\right\|\\&=\sup_{\|x\|=1}\|Tx\|\leqslant\sup_{\|x\|\leqslant 1}\|Tx\|\\&\leqslant\sup_{\|x\|\leqslant 1}\|T\|\|x\|=\|T\|.\end{aligned}$$

因此,等式(3.15)成立.

**例 3.24** 赋范线性空间 $X$ 上的恒等算子 $I:X\to X$ 定义为

$$Ix=x\quad(x\in X).$$

显然,$I$ 是有界线性算子,且 $\|I\|=1$.

赋范线性空间 $X$ 到赋范线性空间 $Y$ 的零算子 $O$ 定义为

$$Ox=0\quad(x\in X).$$

显然,零算子 $O$ 是有界线性算子,且 $\|O\|=0$.

**例 3.25** 设 $T:\mathrm{C}[a,b]\to\mathrm{C}[a,b]$ 定义为

$$(Tx)(t)=\int_a^t x(s)\mathrm{d}s\quad(x\in\mathrm{C}[a,b]).$$

显然 $T$ 是线性算子.对任意 $x\in\mathrm{C}[a,b]$,有

$$\|Tx\|=\max_{a\leqslant t\leqslant b}\left|\int_a^t x(s)\mathrm{d}s\right|$$

$$\leqslant \max_{a\leqslant s\leqslant b}|x(s)|(b-a)=(b-a)\|x\|,$$

故 $T$ 是有界的，且 $\|T\|\leqslant b-a$. 另一方面，取常值函数 $x_0$，使满足 $x_0(t)=1(t\in[a,b])$，则

$$\|T\|\geqslant\frac{\|Tx_0\|}{\|x_0\|}=\|Tx_0\|=\max_{a\leqslant t\leqslant b}\left|\int_a^t 1\mathrm{d}s\right|=b-a.$$

因此，　$\|T\|=b-a$.

下面举一个不是有界的线性算子，即无界线性算子的例子.

**例 3.26**　设 $C^1[0,1]$ 是 $[0,1]$ 上具有连续的一阶导函数的函数的全体，它是 $C[0.1]$ 的子空间. 考虑微分算子 $D:C^1[0,1]\to C[0,1]$，其定义为

$$(Dx)(t)=\frac{\mathrm{d}x(t)}{\mathrm{d}t}\quad(x\in C^1[0,1]).$$

显然 $D$ 是线性算子，但 $D$ 不是有界的. 事实上，取 $x_n\in C^1[0,1]$ 满足 $x_n(t)=t^n(t\in[0,1])$，则对每一个 $n\in\mathbb{N}$，有 $\|x_n\|=1$，且

$$\|Dx_n\|=\max_{0\leqslant t\leqslant 1}|nt^{n-1}|=n.$$

因此，不存在一个固定的常数 $c$，使得

$$\frac{\|Dx_n\|}{\|x_n\|}=n\leqslant c$$

对任意的 $n$ 都成立，故 $D$ 不是有界的，或者说 $D$ 是无界的.

### 3.6.2　线性算子的有界性与连续性

**定理 3.24**　设 $X$ 和 $Y$ 是赋范线性空间，$T:X\to Y$ 是线性算子.

(1) $T$ 在 $X$ 上是连续的，当且仅当 $T$ 在 $X$ 上是有界的；

(2) 若 $T$ 在某一点 $x_0\in X$ 连续，则 $T$ 在 $X$ 上连续.

**证明**　(1) 当 $T$ 为零算子时，结论显然成立. 现设 $T$ 不为零算子.

充分性. 设 $T$ 是有界的. 任取 $x_0\in X$，对于任意 $\varepsilon>0$，取 $\delta=\dfrac{\varepsilon}{\|T\|}$，则对一切满足 $\|x-x_0\|<\delta$ 的 $x$，有

$$\begin{aligned}\|Tx-Tx_0\|&=\|T(x-x_0)\|\leqslant\|T\|\,\|x-x_0\|\\&<\|T\|\delta=\varepsilon.\end{aligned}$$

因此 $T$ 在点 $x_0$ 连续. 由 $x_0$ 的任意性，知 $T$ 在 $X$ 上连续.

必要性.若 $T$ 在 $X$ 上连续,则 $T$ 在点 $x_0 \in X$ 连续.于是,对于 $\varepsilon = 1$,存在 $\delta > 0$,使得对一切满足 $\| x - x_0 \| < \delta$ 的 $x$,有

$$\| Tx - Tx_0 \| < \varepsilon = 1. \tag{3.16}$$

任取 $y \in X$ 且 $y \neq 0$,令 $x = x_0 + \frac{\delta}{2\|y\|} y$,则 $x$ 满足

$$\| x - x_0 \| = \left\| \frac{\delta}{2\|y\|} y \right\| = \frac{\delta}{2} < \delta.$$

因此式(3.16)对此 $x$ 成立,即

$$\| Tx - Tx_0 \| = \left\| T\left( \frac{\delta}{2\|y\|} y \right) \right\| = \frac{\delta}{2\|y\|} \| Ty \| < 1,$$

从而得到

$$\| Ty \| < \frac{2}{\delta} \| y \|.$$

因 $\frac{2}{\delta}$ 是一个与任取的 $y$ 无关的常数,故 $T$ 是有界的.

(2)由(1)的必要性部分的证明可知,若 $T$ 在 $X$ 的某一点 $x_0$ 连续,则 $T$ 是有界的.再由(1)得 $T$ 在 $X$ 上连续. 证毕.

**推论** 设 $X$ 和 $Y$ 是赋范线性空间,$T: X \to Y$ 是有界线性算子.下列结论成立:

(1)若在 $X$ 上 $x_n \to x$,则在 $Y$ 上 $Tx_n \to Tx$;

(2)$T$ 的零空间 $\mathscr{N}(T)$是闭的.

**证明** (1)由定理 3.24(1)及定理 3.1 立即得证.

(2)由定义,线性算子 $T$ 的零空间

$$\mathscr{N}(T) = \{ x \in X \mid Tx = 0 \}.$$

任取 $\mathscr{N}(T)$中的序列$\{x_n\}$,若 $x_n \to x$,由于 $T$ 连续,以及 $Tx_n = 0$,则

$$Tx = \lim_{n \to \infty} Tx_n = 0,$$

故 $x \in \mathscr{N}(T)$.由定理 3.8,$\mathscr{N}(T)$是闭集. 证毕.

有必要强调一下定理 3.24 的重要意义.对于二赋范线性空间之间的线性算子 $T$,此定理指出:$T$ 的有界性和连续性是等价的;$T$ 在一点连续可推出 $T$ 在全空间上连续.

### 3.6.3　有界线性算子空间

设 $X$ 和 $Y$ 是在同一数域 $\mathbb{K}$ 上的赋范线性空间，$\mathscr{B}(X,Y)$ 表示所有 $X$ 到 $Y$ 的有界线性算子的全体组成的集.

在 $\mathscr{B}(X,Y)$ 上，对于任意 $T,S\in\mathscr{B}(X,Y)$ 和任意 $\alpha\in\mathbb{K}$，定义 $T+S$ 和 $\alpha T$ 为

$$(T+S)x=Tx+Sx,\quad (\alpha T)x=\alpha Tx\quad (x\in X).$$

不难验证，$T+S\in\mathscr{B}(X,Y)$，$\alpha T\in\mathscr{B}(X,Y)$. 因此 $\mathscr{B}(X,Y)$ 按此线性运算成为线性空间.

对于线性空间 $\mathscr{B}(X,Y)$ 中任意一个元素 $T$，定义 $\|T\|$ 为

$$\|T\|=\sup_{x\in X,\,x\neq 0}\frac{\|Tx\|}{\|x\|}=\sup_{x\in X,\,\|x\|=1}\|Tx\| \tag{3.17}$$

(即为算子 $T:X\to Y$ 的算子范数). 容易验证，按此范数 $\mathscr{B}(X,Y)$ 成为赋范线性空间. 例如验证满足三角不等式：对于任意 $T,S\in\mathscr{B}(X,Y)$ 及 $x\in X$，有

$$\begin{aligned}\|(T+S)x\|&\leqslant\|Tx\|+\|Sx\|\\&\leqslant(\|T\|+\|S\|)\|x\|,\end{aligned}$$

故
$$\|T+S\|\leqslant\|T\|+\|S\|.$$

归纳上述讨论，实际上已经证明了下面的定理.

**定理 3.25**　赋范线性空间 $X$ 到赋范线性空间 $Y$ 的所有有界线性算子的全体组成的线性空间 $\mathscr{B}(X,Y)$ 按式(3.17)定义的范数成为赋范线性空间.

自然会提出这样一个问题：在什么条件下 $\mathscr{B}(X,Y)$ 是 Banach 空间？下面的定理指出，只要求 $Y$ 是 Banach 空间，就可以保证 $\mathscr{B}(X,Y)$ 是 Banach 空间.

**定理 3.26**　若 $X$ 是赋范线性空间，$Y$ 是 Banach 空间，则 $\mathscr{B}(X,Y)$ 是 Banach 空间.

**证明**　设 $\{T_n\}$ 是 $\mathscr{B}(X,Y)$ 中任意的 Cauchy 序列，则对任意 $\varepsilon>0$，存在正整数 $N$，使得对一切 $n,m>N$，有

$$\|T_n-T_m\|<\varepsilon.$$

于是，对每一个 $x\in X$ 及 $n,m>N$，有

$$\| T_n x - T_m x \| \leqslant \| T_n - T_m \| \| x \| < \varepsilon \| x \|. \tag{3.18}$$

这表明,对每一个 $x \in X$, $\{T_n x\}$ 是 $Y$ 中的 Cauchy 序列.由于 $Y$ 是完备的,可设 $T_n x \to y \in Y$.这样,定义了一个算子 $T: X \to Y$,使得对每一个 $x \in X$,有

$$Tx = y = \lim_{n \to \infty} T_n x.$$

算子 $T$ 是线性的,因为对任意 $x_1, x_2 \in X$ 及数 $\alpha, \beta$ 有

$$\begin{aligned} T(\alpha x_1 + \beta x_2) &= \lim_{n \to \infty} T_n(\alpha x_1 + \beta x_2) \\ &= \alpha \lim_{n \to \infty} T_n x_1 + \beta \lim_{n \to \infty} T_n x_2 \\ &= \alpha T x_1 + \beta T x_2. \end{aligned}$$

现证 $T$ 是有界的,且 $T_n \to T$.由式(3.18)及范数的连续性,对一切 $n > N$ 及每一个 $x \in X$,有

$$\| T_n x - Tx \| = \lim_{m \to \infty} \| T_n x - T_m x \| \leqslant \varepsilon \| x \|. \tag{3.19}$$

这表明,当 $n > N$ 时, $T_n - T$ 是有界线性算子.又因 $T_n$ 是有界的,故 $T = T_n - (T_n - T)$ 是有界的,即 $T \in \mathscr{B}(X, Y)$.由式(3.19),对一切 $n > N$ 可得

$$\| T_n - T \| = \sup_{\| x \| = 1} \| (T_n - T) x \| \leqslant \varepsilon.$$

因此 $T_n \to T$.

证毕.

### 3.6.4 有界线性算子的乘积

设 $X$ 是赋范线性空间,把 $X$ 到 $X$ 的有界线性算子的全体组成的赋范线性空间记为 $\mathscr{B}(X, X)$.

**定理** 3.27 设 $X$ 是赋范线性空间, $T, S \in \mathscr{B}(X, X)$,则 $T$ 与 $S$ 的复合 $S \circ T \in \mathscr{B}(X, X)$,并且

$$\| S \circ T \| \leqslant \| S \| \| T \|.$$

**证明** 对每一个 $x \in X$, $(S \circ T)x = S(Tx)$,显然 $S \circ T$ 是线性算子.对每一个 $x \in X$,

$$\| (S \circ T) x \| \leqslant \| S \| \| Tx \| \leqslant \| S \| \| T \| \| x \|,$$

故 $S \circ T$ 是有界的,且 $\| S \circ T \| \leqslant \| S \| \| T \|$.

证毕.

在 $\mathscr{B}(X, X)$ 中,对于任意 $T, S \in \mathscr{B}(X, X)$,定义 $T$ 与 $S$ 的乘积为 $T$

与 $S$ 的复合，即 $ST=S\circ T$.这时，对每一个 $x\in X$，有

$$(ST)x=S(Tx).$$

由定理3.27知，算子 $T$ 与 $S$ 的乘积 $ST\in\mathscr{B}(X,X)$，且满足

$$\|ST\|\leqslant\|S\|\,\|T\|.$$

上式表明，$T$ 与 $S$ 的乘积 $ST$ 的范数满足所谓的次乘性.

## 3.7　有限维赋范线性空间

在泛函分析中，研究的主要对象是无限维空间，而把有限维空间作为特例.然而从某些应用的角度来看，无限总是通过有限去认识它、逼近它.因此，有必要在本节中研究有限维赋范线性空间所具有的特性，如有限维赋范线性空间是完备的，有限维线性空间上任何两个范数都是等价的等.本节还将指出，有限维赋范线性空间上的线性算子是有界的.

### 3.7.1　有限维赋范线性空间的完备性

先证明一个基本的定理.

**定理3.28**　设 $X$ 是 $n$ 维赋范线性空间，$\{e_1,\cdots,e_n\}$ 是 $X$ 的基，则存在常数 $c_1,c_2>0$，使得对任意 $x=\sum\limits_{i=1}^{n}\xi_ie_i\in X$，有

$$c_1\Big(\sum_{i=1}^{n}|\xi_i|^2\Big)^{\frac{1}{2}}\leqslant\|x\|\leqslant c_2\Big(\sum_{i=1}^{n}|\xi_i|^2\Big)^{\frac{1}{2}}.\tag{3.20}$$

**证明**　仅就 $X$ 是实空间的情况进行证明.

对任意 $x=\sum\limits_{i=1}^{n}\xi_ie_i\in X$，定义映射

$$Tx=(\xi_1,\cdots,\xi_n)^{\mathrm{T}}\in\mathbb{R}^n,$$

则 $T$ 是 $X$ 到 $\mathbb{R}^n$ 的线性同构映射.由于在 $\mathbb{R}^n$ 中

$$\|Tx\|=\Big(\sum_{i=1}^{n}|\xi_i|^2\Big)^{\frac{1}{2}},$$

因此要证明的不等式(3.20)可写为下面的不等式：

$$c_1\|Tx\|\leqslant\|x\|\leqslant c_2\|Tx\|.\tag{3.21}$$

令 $c_2 = (\sum\limits_{i=1}^{n} \| e_i \|^2)^{\frac{1}{2}}$，则对任意 $x = \sum\limits_{i=1}^{n} \xi_i e_i \in X$，有

$$\begin{aligned} \| x \| &\leqslant \sum_{i=1}^{n} |\xi_i| \| e_i \| \leqslant (\sum_{i=1}^{n} \| e_i \|^2)^{\frac{1}{2}} (\sum_{i=1}^{n} |\xi_i|^2)^{\frac{1}{2}} \\ &= c_2 (\sum_{i=1}^{n} |\xi_i|^2)^{\frac{1}{2}} = c_2 \| Tx \|. \end{aligned} \tag{3.22}$$

另一方面，令 $A$ 为$\mathbb{R}^n$中的单位球面，即

$$A = \left\{ a = (\xi_i, \cdots, \xi_n)^{\mathrm{T}} \in \mathbb{R}^n \,\middle|\, (\sum_{i=1}^{n} |\xi_i|^2)^{\frac{1}{2}} = 1 \right\}.$$

对任意 $a = (\xi_1, \cdots, \xi_n)^{\mathrm{T}} \in A$（即存在 $x = \sum\limits_{i=1}^{n} \xi_i e_i \in X$，满足 $a = Tx$），定义泛函

$$f(a) = \| \sum_{i=1}^{n} \xi_i e_i \| = \| x \|,$$

则泛函 $f: A \to \mathbb{R}$是连续的．事实上，对任意 $A$ 中的收敛序列 $\{a_m\}$，$a_m \to a$，则存在 $x_m, x \in X$，$(m \in \mathbb{N})$，使得 $a_m = Tx_m$，$a = Tx$．由式(3.22)有

$$\begin{aligned} |f(a_m) - f(a)| &= |\, \| x_m \| - \| x \| \,| \leqslant \| x_m - x \| \\ &\leqslant c_2 \| Tx_m - Tx \| = c_2 \| a_m - a \| \to 0, \end{aligned}$$

所以 $f$ 是连续的．由于 $A$ 是$\mathbb{R}^n$中的有界闭集，从而是紧集．应用定理 3.23，存在 $a_0 = Tx_0 \in A$，使得

$$f(a_0) = \inf\{f(a) \mid a \in A\}.$$

令 $c_1 = f(a_0)$，则 $f(a_0) = \| x_0 \| > 0$．对任意 $x = \sum\limits_{i=1}^{n} \xi_i e_i \in X$，且 $x \neq 0$，有$\dfrac{Tx}{\| Tx \|} \in A$，故

$$\left\| \frac{x}{\| Tx \|} \right\| = f\left( \frac{Tx}{\| Tx \|} \right) \geqslant \inf\{f(a) \mid a \in A\} = c_1.$$

于是得到

$$\| x \| \geqslant c_1 \| Tx \|. \tag{3.23}$$

当 $x = 0$ 时，不等式(3.23)仍然成立．综合(3.22)和(3.23)，则不等式(3.21)得证，也即不等式(3.20)得证．当 $X$ 是复空间时，证明完全类

似.　证毕.

由定理 3.28 所证的不等式(3.20)或(3.21),容易推出:

(1) $\{x_m\}$ 是 $X$ 中的 Cauchy 序列,当且仅当 $\{Tx_m\}$ 是 $\mathbb{R}^n$ (或 $\mathbb{C}^n$) 中的 Cauchy 序列;

(2) $\{x_m\}$ 在 $X$ 中收敛于 $x$,当且仅当 $\{Tx_m\}$ 在 $\mathbb{R}^n$ (或 $\mathbb{C}^n$) 中收敛于 $Tx$.

由于 $\mathbb{R}^n$ 和 $\mathbb{C}^n$ 是完备的(见 3.1 例 3.9),应用上述结论(1)和(2)立即可得到下面的定理.

**定理** 3.29　任何有限维赋范空间都是完备的.因此,赋范线性空间的任何有限维子空间都是闭的.

**证明**　不妨设 $X$ 是 $n$ 维实赋范线性空间.若 $\{x_m\}$ 是 $X$ 中任意 Cauchy 序列,按照定理 3.28 中的记号和不等式(3.21),可推出 $\{Tx_m\}$ 是 $\mathbb{R}^n$ 中的 Cauchy 序列.因 $\mathbb{R}^n$ 是完备的,故存在 $a = Tx \in \mathbb{R}^n$,使得 $Tx_m \to a = Tx$,于是 $x_m \to x \in X$.因此 $X$ 是完备的.

现设 $X$ 是赋范线性空间(不一定是有限维的),$Y$ 是 $X$ 的 $n$ 维子空间.要证 $Y$ 是 $X$ 中的闭集,只要证 $\bar{Y} \subset Y$.为此,对任意的 $y \in \bar{Y}$,则存在 $\{y_m\} \subset Y$ 使得 $y_m \to y$.由于收敛序列是 Cauchy 序列且 $Y$ 是完备的,故 $y \in Y$.因此 $\bar{Y} \subset Y$.　证毕.

注意,赋范线性空间的无限维子空间不一定是完备的,也不一定是闭的.例如,在 Banach 空间 $C[0,1]$ 中,$P[0,1]$ 是 $C[0,1]$ 的无限维子空间.由 3.1 例 3.14 可知,$P[0,1]$ 是不完备的,因此不是 $C[0,1]$ 中的闭集.

### 3.7.2　有限维线性空间上范数的等价性

**定理** 3.30　有限维线性空间上任何两个范数都是等价的,即若 $\|\cdot\|_1$ 和 $\|\cdot\|_2$ 是有限维线性空间 $X$ 上的两个范数,则存在正数 $a$ 和 $b$,使得对于每一个 $x \in X$ 都有

$$a\|x\|_2 \leqslant \|x\|_1 \leqslant b\|x\|_2. \tag{3.24}$$

**证明**　设 $\dim X = n$, $\{e_1, \cdots, e_n\}$ 是 $X$ 的基.分别在 $(X, \|\cdot\|_1)$ 和 $(X, \|\cdot\|_2)$ 上应用定理 3.28,则存在常数 $c_1 > 0$ 和 $c_2 > 0$,使得对每一

个 $x=\sum_{i=1}^{n}\xi_i e_i\in X$,分别有

$$c_1\left(\sum_{i=1}^{n}|\xi_i|^2\right)^{\frac{1}{2}}\leqslant\|x\|_1,$$

和

$$\|x\|_2\leqslant c_2\left(\sum_{i=1}^{n}|\xi_i|^2\right)^{\frac{1}{2}}.$$

令 $a=\dfrac{c_1}{c_2}$,则从上面两个不等式立即得到

$$a\|x\|_2\leqslant c_1\left(\sum_{i=1}^{n}|\xi_i|^2\right)^{\frac{1}{2}}\leqslant\|x\|_1.$$

在上面的证明中,若将 $\|\cdot\|_1$ 与 $\|\cdot\|_2$ 互换,则可证明(3.24)的另一个不等式成立. 证毕.

由此定理可知,在有限维赋范线性空间$(X,\|\cdot\|_1)$和$(X,\|\cdot\|_2)$中,任何序列若在其中一个空间中收敛,则必然在另一个空间中也收敛.下面举一例说明,有限维线性空间上范数的等价性定理的应用.

**例 3.27** 设 $X$ 是 $n$ 维赋范线性空间,$\{e_1,\cdots,e_n\}$是 $X$ 的基,$\{x_m\}$是 $X$ 中任一序列,$x_0\in X$.又设在此基下,$x_m$ 和 $x_0$ 可分别表示为

$$x_m=\sum_{i=1}^{n}\xi_i^{(m)}e_i\quad(m\in\mathbb{N}),\quad x_0=\sum_{i=1}^{n}\xi_i^{(0)}e_i.$$

证明 $x_m\to x_0(m\to\infty)$的充分必要条件是,对每一个 $i\in\{1,2,\cdots,n\}$有$\xi_i^{(m)}\to\xi_i^{(0)}(m\to\infty)$.

**证明** 不妨设 $X$ 是实空间.仍用定理 3.28 中的记号,对于任意 $x=\sum_{i=1}^{n}\xi_i e_i\in X$,定义映射

$$Tx=(\xi_1,\cdots,\xi_n)^{\mathrm{T}}\in\mathbb{R}^n,$$

则 $T$ 是 $X$ 到$\mathbb{R}^n$的线性同构映射.在$\mathbb{R}^n$上选择如下两个范数

$$\|Tx\|_2=\left(\sum_{i=1}^{n}|\xi_i|^2\right)^{\frac{1}{2}},\quad\|Tx\|_\infty=\max_{1\leqslant i\leqslant n}|\xi_i|.$$

由定理 3.28,“在 $X$ 上 $x_m\to x_0$”等价于在“$(\mathbb{R}^n,\|\cdot\|_2)$上 $Tx_m\to Tx_0$”.

由定理3.30,后一条件又等价于"在$(\mathbb{R}^n, \|\cdot\|_\infty)$上 $Tx_m \to Tx_0$",即

$$\| Tx_m - Tx_0 \|_\infty = \max_{1 \leqslant i \leqslant n} | \xi_i^{(m)} - \xi_i^{(0)} | \to 0.$$

显然,此极限等价于"对每一个 $i \in \{1,2,\cdots,n\}$ 有 $\xi_i^{(m)} \to \xi_i^{(0)}$".　证毕.

### 3.7.3　有限维赋范线性空间上线性算子的有界性

**定理** 3.31　有限维赋范线性空间上的线性算子是有界的.具体地说,若 $X$ 是有限维赋范线性空间,$Y$ 是赋范线性空间,$T$ 是 $X$ 到 $Y$ 的线性算子,则 $T$ 是有界的.

**证明**　设 $\dim X = n$, $\{e_1, \cdots, e_n\}$ 是 $X$ 的基.对任意 $x = \sum_{i=1}^{n} \xi_i e_i \in X$,有

$$\| Tx \| = \| \sum_{i=1}^{n} \xi_i Te_i \| \leqslant \sum_{i=1}^{n} | \xi_i | \| Te_i \|$$

$$\leqslant \left( \sum_{i=1}^{n} \| Te_i \|^2 \right)^{\frac{1}{2}} \left( \sum_{i=1}^{n} | \xi_i |^2 \right)^{\frac{1}{2}}.$$

又由定理3.28,存在常数 $c_1 > 0$,使得

$$c_1 \left( \sum_{i=1}^{n} | \xi_i |^2 \right)^{\frac{1}{2}} \leqslant \| x \|.$$

令 $r = \frac{1}{c_1} \left( \sum_{i=1}^{n} \| Te_i \|^2 \right)^{\frac{1}{2}}$,则

$$\| Tx \| \leqslant rc_1 \left( \sum_{i=1}^{n} | \xi_i |^2 \right)^{\frac{1}{2}} \leqslant r \| x \|.$$

因此 $T$ 是有界的.　证毕.

最后,应用有限维赋范线性空间上线性算子的有界性来讨论$\mathbb{C}^{n\times n}$和$\mathbb{R}^{n\times n}$.

由1.2例1.12知,$\mathbb{C}^{n\times n}$是所有 $n\times n$ 复方阵的全体组成的线性空间.而每一个方阵 $\boldsymbol{A} \in \mathbb{C}^{n\times n}$,在$\mathbb{C}^n$选定的基下,与一个$\mathbb{C}^n$到$\mathbb{C}^n$的线性算子的对应是一个双射(见例1.19).因此,可以认为方阵 $\boldsymbol{A}$ 是一个$\mathbb{C}^n$到$\mathbb{C}^n$的线性算子(或称为线性变换),根据定理3.31,线性算子 $\boldsymbol{A}$ 是有界的.因此,线性空间$\mathbb{C}^{n\times n}$按照算子范数成为赋范线性空间.因为$\mathbb{C}^n$是完备的,所以$\mathbb{C}^{n\times n}$按照算子范数成为 Banach 空间.

同样,$n\times n$ 实方阵的全体组成的线性空间$\mathbb{R}^{n\times n}$,按照算子范数成为 Banach 空间.

## 3.8 方阵范数

线性空间$\mathbb{C}^{n\times n}$中的元素$\boldsymbol{A}$ 是一个 $n\times n$ 复方阵.可以按两种观点来定义 $\boldsymbol{A}$ 的范数:①$\boldsymbol{A}$ 仅看作$\mathbb{C}^{n\times n}$的元素,即一个复 $n^2$ 维空间中的向量,定义它的范数;②$\boldsymbol{A}$ 看作$\mathbb{C}^n$ 到$\mathbb{C}^n$的线性算子(或称为线性变换),定义它的范数,即算子范数.由于$\mathbb{C}^{n\times n}$中任意两个方阵$\boldsymbol{A}$ 和$\boldsymbol{B}$ 的乘积$\boldsymbol{AB}\in\mathbb{C}^{n\times n}$,以及任意$\boldsymbol{A}\in\mathbb{C}^{n\times n}$与任意$\boldsymbol{x}\in\mathbb{C}^n$ 的乘积$\boldsymbol{Ax}\in\mathbb{C}^n$,很自然应该讨论方阵的范数是否与二方阵的乘积以及与方阵和向量的乘积相容,即方阵的范数是否满足所谓次乘性.

本节主要讨论方阵范数的定义,并应用方阵范数来研究方阵的谱半径.

### 3.8.1 方阵范数

设$\boldsymbol{A}=[a_{ij}]\in\mathbb{C}^{n\times n}$.当$\mathbb{C}^{n\times n}$看作$n^2$ 维复线性空间时,$\boldsymbol{A}$ 可看作一个$n^2$ 维复向量,所以可以定义 $\boldsymbol{A}$ 的各种范数,例如

$$\|\boldsymbol{A}\|_m=\max_{1\leqslant i,j\leqslant n}|a_{ij}|,$$

$$\|\boldsymbol{A}\|_{(p)}=\Big(\sum_{i=1}^{n}\sum_{j=1}^{n}|a_{ij}|^p\Big)^{\frac{1}{p}}\quad(1\leqslant p<\infty),$$

$$\|\boldsymbol{A}\|_F=\Big(\sum_{i=1}^{n}\sum_{j=1}^{n}|a_{ij}|^2\Big)^{\frac{1}{2}}\quad(p=2\text{ 的情况}),$$

$$\|\boldsymbol{A}\|_1=\max_{1\leqslant j\leqslant n}\sum_{i=1}^{n}|a_{ij}|,$$

$$\|\boldsymbol{A}\|_\infty=\max_{1\leqslant i\leqslant n}\sum_{j=1}^{n}|a_{ij}|.$$

容易验证,$\mathbb{C}^{n\times n}$关于上述各种范数皆成为赋范线性空间.

设($\mathbb{C}^n$,$\|\cdot\|_a$)是一个赋范线性空间,则每一个方阵 $\boldsymbol{A}\in\mathbb{C}^{n\times n}$可以看作($\mathbb{C}^n$,$\|\cdot\|_a$)到自身的一个线性算子(线性变换),并且 $\boldsymbol{A}$ 是一个有界线性算子(见定理 3.31).按照 $\boldsymbol{A}$ 的算子范数

$$\| \boldsymbol{A} \| = \sup_{x \neq 0} \frac{\| \boldsymbol{Ax} \|_a}{\| \boldsymbol{x} \|_a} = \sup_{\| \boldsymbol{x} \| = 1} \| \boldsymbol{Ax} \|_a, \tag{3.25}$$

$\mathbb{C}^{n\times n}$是一个 Banach 空间(见上节末的说明).此 Banach 空间$\mathbb{C}^{n\times n}$用以前的记号就是$\mathscr{B}(\mathbb{C}^n,\mathbb{C}^n)$.这时,$\mathbb{C}^{n\times n}$中任意二方阵$\boldsymbol{A}$和$\boldsymbol{B}$的乘积就是它们作为有界线性算子的乘积.因此,$\boldsymbol{A}$和$\boldsymbol{B}$的乘积$\boldsymbol{AB}$的范数满足

$$\| \boldsymbol{AB} \| \leqslant \| \boldsymbol{A} \| \, \| \boldsymbol{B} \|$$

(见定理 3.27),即满足次乘性.对于$\boldsymbol{A}\in\mathbb{C}^{n\times n}$以及$\boldsymbol{x}\in\mathbb{C}^n$,由有界线性算子的定义,也满足

$$\| \boldsymbol{Ax} \|_a \leqslant \| \boldsymbol{A} \| \, \| \boldsymbol{x} \|_a.$$

综上,在$\mathbb{C}^{n\times n}$上可以赋予各种不同的范数成为赋范线性空间.为考虑$\mathbb{C}^{n\times n}$上的范数是否与二方阵的乘积以及方阵与向量的乘积相容的问题,给出下面的定义.

**定义 3.32**　设$(\mathbb{C}^{n\times n},\|\cdot\|)$和$(\mathbb{C}^n,\|\cdot\|_a)$是赋范线性空间.

(1)若对于任意$\boldsymbol{A},\boldsymbol{B}\in\mathbb{C}^{n\times n}$,有

$$\| \boldsymbol{AB} \| \leqslant \| \boldsymbol{A} \| \, \| \boldsymbol{B} \|,$$

即$\|\cdot\|$满足次乘性,则$\mathbb{C}^{n\times n}$上的范数$\|\cdot\|$称为与二方阵乘积相容的方阵范数,简称为**方阵范数**(或矩阵范数);

(2)若对于任意$\boldsymbol{A}\in\mathbb{C}^{n\times n}$及任意$\boldsymbol{x}\in\mathbb{C}^n$,有

$$\| \boldsymbol{Ax} \|_a \leqslant \| \boldsymbol{A} \| \, \| \boldsymbol{x} \|_a,$$

则称方阵范数$\|\cdot\|$与向量范数$\|\cdot\|_a$是相容的.

显然,当$\mathbb{C}^{n\times n}$按照算子范数(见式(3.25))成为 Banach 空间时,$\mathbb{C}^{n\times n}$上此算子范数是方阵范数,并且与向量范数$\|\cdot\|_a$是相容的.

**例 3.28**　若$\mathbb{C}^{n\times n}$中任一方阵$\boldsymbol{A}=[a_{ij}]$的范数定义为

$$\| \boldsymbol{A} \|_m = \max_{1\leqslant i,j\leqslant n} |a_{ij}|,$$

$\mathbb{C}^n$ 中任一向量$\boldsymbol{x}=(\xi_1,\cdots,\xi_n)^{\mathrm{T}}$的范数定义为

$$\| \boldsymbol{x} \|_\infty = \max_{1\leqslant i\leqslant n} |\xi_i|,$$

则$\mathbb{C}^{n\times n}$上的范数$\|\cdot\|_m$不是方阵范数,并且与向量范数$\|\cdot\|_\infty$也不是相容的.

现举一例说明.取

$$A = B = \begin{bmatrix} 1 & 1 \\ 1 & 1 \end{bmatrix} \in \mathbb{C}^{2\times 2}, \quad x = \begin{bmatrix} 1 \\ 1 \end{bmatrix} \in \mathbb{C}^2,$$

则$\| A \|_m = \| B \|_m = 1$,而

$$AB = \begin{bmatrix} 2 & 2 \\ 2 & 2 \end{bmatrix}, \quad Ax = \begin{bmatrix} 2 \\ 2 \end{bmatrix},$$

于是

$$\| AB \|_m = 2 > 1 = \| A \|_m \| B \|_m,$$
$$\| Ax \|_\infty = 2 > 1 = \| A \|_m \| x \|_\infty .$$

**例 3.29** 若$\mathbb{C}^{n\times n}$中任一方阵$A = [a_{ij}]$的范数定义为

$$\| A \|_F = \left( \sum_{i=1}^n \sum_{j=1}^n |a_{ij}|^2 \right)^{\frac{1}{2}},$$

则$\| \cdot \|_F$是方阵范数.此范数$\| \cdot \|_F$常称为 Frobenius **范数**,简称为 *F*-范数.下面仅验证$\| \cdot \|_F$满足次乘性.

事实上,对于任意$A = [a_{ij}], B = [b_{ij}] \in \mathbb{C}^{n\times n}$,有

$$\begin{aligned}(\| AB \|_F)^2 &= \sum_{i=1}^n \sum_{j=1}^n \left| \sum_{k=1}^n a_{ik} b_{kj} \right|^2 \\ &\leqslant \sum_{i=1}^n \sum_{j=1}^n \left[ \left( \sum_{k=1}^n |a_{ik}|^2 \right) \left( \sum_{k=1}^n |b_{kj}|^2 \right) \right] \\ &= \left( \sum_{i=1}^n \sum_{k=1}^n |a_{ik}|^2 \right) \left( \sum_{j=1}^n \sum_{k=1}^n |b_{kj}|^2 \right) \\ &= (\| A \|_F)^2 (\| B \|_F)^2,\end{aligned}$$

因此 $\| AB \|_F \leqslant \| A \|_F \| B \|_F .$

可以证明,范数$\| \cdot \|_F$与向量范数$\| \cdot \|_2$是相容的.事实上,对于任意$A = [a_{ij}] \in \mathbb{C}^{n\times n}$及$x = (\xi_1, \cdots, \xi_n)^{\mathrm{T}} \in \mathbb{C}^n$,

$$\begin{aligned}(\| Ax \|_2)^2 &= \sum_{i=1}^n \left| \sum_{j=1}^n a_{ij} \xi_j \right|^2 \\ &\leqslant \sum_{i=1}^n \left[ \left( \sum_{j=1}^n |a_{ij}|^2 \right) \left( \sum_{j=1}^n |\xi_j|^2 \right) \right] \\ &= \left( \sum_{i=1}^n \sum_{j=1}^n |a_{ij}|^2 \right) \left( \sum_{j=1}^n |\xi_j|^2 \right)\end{aligned}$$

$$=(\|A\|_F)^2(\|x\|_2)^2.$$

因此　　$\|Ax\|_2 \leqslant \|A\|_F\|x\|_2.$

但是,范数 $\|\cdot\|_F$ 不一定与$\mathbb{C}^n$ 中的其他向量范数都是相容的.例如考虑$(\mathbb{C}^{2\times 2},\|\cdot\|_F)$及$(\mathbb{C}^2,\|\cdot\|_\infty)$,取

$$A=\begin{bmatrix}1 & 0\\ -1 & 1\end{bmatrix},\quad x=\begin{bmatrix}-1\\ 1\end{bmatrix},$$

则　　$\|A\|_F=\sqrt{3},\quad \|x\|_\infty=1,\quad \|Ax\|_\infty=2,$

于是　　$\|Ax\|_\infty=2>\sqrt{3}=\|A\|_F\|x\|_\infty.$

因此,范数 $\|\cdot\|_F$ 与向量范数 $\|\cdot\|_\infty$ 不是相容的.

一般来讲,对于$\mathbb{C}^{n\times n}$ 上的方阵范数,是否在$\mathbb{C}^n$ 上存在一个与此方阵范数相容的向量范数？下面的定理回答了此问题.

**定理** 3.32　若 $\|\cdot\|$ 是$\mathbb{C}^{n\times n}$ 上的方阵范数,则在$\mathbb{C}^n$ 中存在一个与它相容的向量范数.

**证明**　取$\mathbb{C}^n$ 中一个非零向量 $\boldsymbol{\beta}=(\beta_1,\cdots,\beta_n)^{\mathrm{T}}$.对于任意 $x\in\mathbb{C}^n$,定义

$$\|x\|_\beta=\|x\boldsymbol{\beta}^{\mathrm{T}}\|,$$

则$(\mathbb{C}^n,\|\cdot\|_\beta)$是赋范线性空间.仅验证三角不等式如下:对于任意 $x,y\in\mathbb{C}^n$,注意到 $\|\cdot\|$ 是$\mathbb{C}^{n\times n}$ 上的范数,故

$$\begin{aligned}\|x+y\|_\beta &= \|(x+y)\boldsymbol{\beta}^{\mathrm{T}}\| \leqslant \|x\boldsymbol{\beta}^{\mathrm{T}}\|+\|y\boldsymbol{\beta}^{\mathrm{T}}\|\\ &=\|x\|_\beta+\|y\|_\beta.\end{aligned}$$

对于任意 $A\in\mathbb{C}^{n\times n}$ 及 $x\in\mathbb{C}^n$,由于方阵范数满足次乘性,故

$$\|Ax\|_\beta=\|Ax\boldsymbol{\beta}^{\mathrm{T}}\|\leqslant\|A\|\,\|x\boldsymbol{\beta}^{\mathrm{T}}\|=\|A\|\,\|x\|_\beta.$$

因此,方阵范数 $\|\cdot\|$ 与$\mathbb{C}^n$ 上的向量范数 $\|\cdot\|_\beta$ 是相容的.　　证毕.

### 3.8.2　方阵的算子范数

前面已经讨论过,若 $\|\cdot\|_a$ 是$\mathbb{C}^n$ 上的范数,对于任意 $A\in\mathbb{C}^{n\times n}$,定义 $\|A\|$ 为算子 $A:\mathbb{C}^n\to\mathbb{C}^n$ 的算子范数(见式(3.25)),则$(\mathbb{C}^{n\times n},\|\cdot\|)$是 Banach 空间.此算子范数 $\|\cdot\|$ 是方阵范数,并且与$\mathbb{C}^n$ 的向量范数 $\|\cdot\|_a$ 是相容的.$\mathbb{C}^{n\times n}$ 上此算子范数称为关于$\mathbb{C}^n$ 上的向量范

数$\|\cdot\|_a$的算子范数,或称$\|A\|$是$A$的由向量的$\alpha$-范数导出的算子范数.

对于$\mathbb{C}^n$上的范数$\|\cdot\|_p(1\leqslant p\leqslant\infty)$,有时用附加下标的方法将$A\in\mathbb{C}^{n\times n}$的算子范数表示为$\|A\|_p$.即用记号$\|A\|_p$表示方阵$A$的由向量范数$\|\cdot\|_p$导出的算子范数.

通常,$\|\cdot\|_p$读作$p$-范数.$p=1,\infty$的例子如下.

**例 3.30** 若赋范线性空间$(\mathbb{C}^n,\|\cdot\|_1)$中每一个向量$x=(\xi_1,\cdots,\xi_n)^{\mathrm{T}}$的范数

$$\|x\|_1=\sum_{i=1}^n|\xi_i|,$$

则对每一个$A=[a_{ij}]\in\mathbb{C}^{n\times n}$关于$\mathbb{C}^n$上的向量范数$\|\cdot\|_1$的算子范数

$$\|A\|_1=\sup_{x\neq 0}\frac{\|Ax\|_1}{\|x\|_1}=\max_{x\neq 0}\frac{\|Ax\|_1}{\|x\|_1},$$

有

$$\|A\|_1=\max_{1\leqslant j\leqslant n}\sum_{i=1}^n|a_{ij}|. \tag{3.26}$$

(由于上式右端是方阵$A$的$n$个列向量的1-范数的最大值,所以$\|A\|_1$又称为方阵$A$的**列范数**.)

**证明** 设$A=[a_{ij}]\in\mathbb{C}^{n\times n}$,对任意$x=(\xi_1,\cdots,\xi_n)^{\mathrm{T}}\in\mathbb{C}^n$,由

$$Ax=\Big(\sum_{j=1}^n a_{1j}\xi_j,\sum_{j=1}^n a_{2j}\xi_j,\cdots,\sum_{j=1}^n a_{nj}\xi_j\Big)^{\mathrm{T}},$$

故

$$\begin{aligned}\|Ax\|_1&=\sum_{i=1}^n\Big|\sum_{j=1}^n a_{ij}\xi_j\Big|\leqslant\sum_{i=1}^n\sum_{j=1}^n|a_{ij}||\xi_j|\\&=\sum_{j=1}^n\Big(|\xi_j|\sum_{i=1}^n|a_{ij}|\Big)\leqslant\Big(\max_{1\leqslant j\leqslant n}\sum_{i=1}^n|a_{ij}|\sum_{j=1}^n|\xi_j|\Big)\\&=\Big(\max_{1\leqslant j\leqslant n}\sum_{i=1}^n|a_{ij}|\Big)\|x\|_1.\end{aligned}$$

因此$\|A\|_1\leqslant\max\limits_{1\leqslant j\leqslant n}\sum\limits_{i=1}^n|a_{ij}|$.

另一方面,对于有限集$\Big\{\sum\limits_{i=1}^n|a_{ij}|\,\Big|\,j=1,\cdots,n\Big\}$,必存在$k\in\{1,2,$

$\cdots,n\}$,使得

$$\sum_{i=1}^{n}|a_{ik}|=\max_{1\leqslant j\leqslant n}\sum_{i=1}^{n}|a_{ij}|.$$

取 $\boldsymbol{e}_k=(0,\cdots,0,1,0,\cdots,0)^{\mathrm{T}}\in\mathbb{C}^n$,即 $\boldsymbol{e}_k$ 为除第 $k$ 个坐标为 1 以外其余坐标全为零的列向量,则 $\|\boldsymbol{e}_k\|_1=1$,并且

$$\|\boldsymbol{A}\boldsymbol{e}_k\|_1=\sum_{i=1}^{n}|a_{ik}|=\max_{1\leqslant j\leqslant n}\sum_{i=1}^{n}|a_{ij}|.$$

因此 $\|\boldsymbol{A}\|_1\geqslant\max\limits_{1\leqslant j\leqslant n}\sum\limits_{i=1}^{n}|a_{ij}|$,所以式(3.26)得证.

**例 3.31**　若赋范线性空间 $(\mathbb{C}^n,\|\cdot\|_\infty)$ 中每一个向量 $\boldsymbol{x}=(\xi_1,\cdots,\xi_n)^{\mathrm{T}}$ 的范数

$$\|\boldsymbol{x}\|_\infty=\max_{1\leqslant i\leqslant n}|\xi_i|,$$

则每一个 $\boldsymbol{A}=[a_{ij}]\in\mathbb{C}^{n\times n}$ 关于 $\mathbb{C}^n$ 上的向量范数 $\|\cdot\|_\infty$ 的算子范数 $\|\boldsymbol{A}\|_\infty$ 有

$$\|\boldsymbol{A}\|_\infty=\max_{1\leqslant i\leqslant n}\sum_{j=1}^{n}|a_{ij}|.\tag{3.27}$$

(由于上式右端是方阵 $\boldsymbol{A}$ 的 $n$ 个行向量的 1-范数的最大值,所以 $\|\boldsymbol{A}\|_\infty$ 又称为方阵 $\boldsymbol{A}$ 的**行范数**.)

**证明**　设 $\boldsymbol{A}=[a_{ij}]\in\mathbb{C}^{n\times n}$,对任意 $\boldsymbol{x}=(\xi_1,\cdots,\xi_n)^{\mathrm{T}}\in\mathbb{C}^n$,由

$$\begin{aligned}\|\boldsymbol{A}\boldsymbol{x}\|_\infty&=\max_{1\leqslant i\leqslant n}\Big|\sum_{j=1}^{n}a_{ij}\xi_j\Big|\leqslant\max_{1\leqslant i\leqslant n}\sum_{j=1}^{n}|a_{ij}||\xi_j|\\&\leqslant\Big(\max_{1\leqslant i\leqslant n}\sum_{i=1}^{n}|a_{ij}|\Big)\big(\max_{1\leqslant j\leqslant n}|\xi_j|\big)\\&=\Big(\max_{1\leqslant i\leqslant n}\sum_{j=1}^{n}|a_{ij}|\Big)\|\boldsymbol{x}\|_\infty,\end{aligned}$$

因此

$$\|\boldsymbol{A}\|_\infty\leqslant\max_{1\leqslant i\leqslant n}\sum_{j=1}^{n}|a_{ij}|.$$

另一方面,存在 $k\in\{1,2,\cdots,n\}$,使得

$$\sum_{j=1}^{n}|a_{kj}|=\max_{1\leqslant i\leqslant n}\sum_{j=1}^{n}|a_{ij}|.\tag{3.28}$$

取 $\boldsymbol{y}=(\eta_1,\cdots,\eta_n)^{\mathrm{T}}\in\mathbb{C}^n$,其中各个 $\eta_j$ 满足

$$\eta_j=\begin{cases}\dfrac{|a_{kj}|}{a_{kj}}, & \text{当 } a_{kj}\neq 0,\\ 1, & \text{当 } a_{kj}=0,\end{cases}\quad j=1,\cdots,n,$$

则 $\|\boldsymbol{y}\|_\infty=1$,并且由式(3.28)有

$$\begin{aligned}\|\boldsymbol{A}\boldsymbol{y}\|_\infty&=\max_{1\leqslant i\leqslant n}\left|\sum_{j=1}^n a_{ij}\eta_j\right|\geqslant\left|\sum_{j=1}^n a_{kj}\eta_j\right|\\&=\sum_{j=1}^n|a_{kj}|=\max_{1\leqslant i\leqslant n}\sum_{j=1}^n|a_{ij}|.\end{aligned}$$

因此 $\|\boldsymbol{A}\|_\infty\geqslant\max\limits_{1\leqslant i\leqslant n}\sum\limits_{j=1}^n|a_{ij}|$.所以式(3.27)得证.

### 3.8.3 方阵的谱半径

**定义 3.33** 设方阵 $\boldsymbol{A}\in\mathbb{C}^{n\times n}$ 的 $n$ 个特征值为 $\lambda_1,\lambda_2,\cdots,\lambda_n$.令

$$\rho(\boldsymbol{A})=\max(|\lambda_1|,|\lambda_2|,\cdots|\lambda_n|),$$

称 $\rho(\boldsymbol{A})$ 为方阵 $\boldsymbol{A}$ 的**谱半径**.

方阵的谱半径在特征值理论中是一个重要的概念.方阵 $\boldsymbol{A}$ 的谱半径 $\rho(\boldsymbol{A})$ 与 $\mathbb{C}^{n\times n}$ 上定义的所有方阵范数有如下关系.

**定理 3.33** 设方阵 $\boldsymbol{A}\in\mathbb{C}^{n\times n}$,则

$$\rho(\boldsymbol{A})=\inf\{\|\boldsymbol{A}\|\mid\|\cdot\|\text{ 是 }\mathbb{C}^{n\times n}\text{ 上的方阵范数}\}.$$

**证明** (1)先证明对 $\mathbb{C}^{n\times n}$ 上任一方阵范数 $\|\cdot\|$,都有

$$\rho(\boldsymbol{A})\leqslant\|\boldsymbol{A}\|.$$

设 $\lambda$ 是 $\boldsymbol{A}$ 的任一特征值,$\boldsymbol{x}$ 为 $\boldsymbol{A}$ 对应于 $\lambda$ 的特征向量,则

$$\boldsymbol{A}\boldsymbol{x}=\lambda\boldsymbol{x}.$$

由定理 3.32,对 $\mathbb{C}^{n\times n}$ 上任一方阵范数 $\|\cdot\|$,在 $\mathbb{C}^n$ 上存在一个与它相容的向量范数,记为 $\|\cdot\|_a$,于是

$$|\lambda|\,\|\boldsymbol{x}\|_a=\|\lambda\boldsymbol{x}\|_a=\|\boldsymbol{A}\boldsymbol{x}\|_a\leqslant\|\boldsymbol{A}\|\,\|\boldsymbol{x}\|_a,$$

从而

$$|\lambda|\leqslant\|\boldsymbol{A}\|,$$

因此

$$\rho(\boldsymbol{A})\leqslant\|\boldsymbol{A}\|.$$

(2)再证明对任意 $\varepsilon>0$,在$\mathbb{C}^{n\times n}$上存在一个方阵范数 $\|\cdot\|_*$,使得

$$\|A\|_*\leqslant\rho(A)+\varepsilon.$$

对于方阵 $A$,必有可逆矩阵 $P$,使得

$$J=P^{-1}AP=\begin{bmatrix}\lambda_1 & & & & \\ t_1 & \lambda_2 & & & \\ & t_2 & \ddots & & \\ & & \ddots & \ddots & \\ & & & t_{n-1} & \lambda_n\end{bmatrix}$$

成为 Jordan 标准形,这里 $t_1,t_2,\cdots,t_{n-1}$ 等于1或0,并且

$$|\lambda_i|\leqslant\rho(A)\quad(i=1,2,\cdots,n).$$

令　$D=\mathrm{diag}(1,\varepsilon^{-1},\varepsilon^{-2},\cdots,\varepsilon^{-(n-1)})$,

显然 $D$ 是可逆矩阵,且

$$D^{-1}=\mathrm{diag}(1,\varepsilon,\varepsilon^2,\cdots,\varepsilon^{n-1}).$$

于是

$$D^{-1}JD=D^{-1}P^{-1}APD=\begin{bmatrix}\lambda_1 & & & & \\ \varepsilon t_1 & \lambda_2 & & & \\ & \varepsilon t_2 & \ddots & & \\ & & \ddots & \ddots & \\ & & & \varepsilon t_{n-1} & \lambda_n\end{bmatrix}.$$

对于任意 $B\in\mathbb{C}^{n\times n}$,定义

$$\|B\|_*=\|D^{-1}P^{-1}BPD\|_\infty.$$

容易验证 $\|\cdot\|_*$ 是$\mathbb{C}^{n\times n}$上的方阵范数.对于方阵范数 $\|\cdot\|_\infty$,由例3.31可得

$$\begin{aligned}\|A\|_*&=\|D^{-1}P^{-1}APD\|_\infty\\&\leqslant\max_{1\leqslant i\leqslant n}|\lambda_i|+\max_{1\leqslant i\leqslant n-1}\varepsilon|t_i|\leqslant\rho(A)+\varepsilon.\end{aligned}$$

综合(1)和(2),则此定理得证.

借助于方阵的谱半径来求$\mathbb{C}^{n\times n}$上的算子范数 $\|\cdot\|_2$.

**例 3.32**　若赋范线性空间$(\mathbb{C}^n,\|\cdot\|_2)$中每一个向量 $x=(\xi_1,\cdots,$

$\xi_n)^{\mathrm{T}}$ 的范数

$$\| \boldsymbol{x} \|_2 = \left( \sum_{i=1}^{n} |\xi_i|^2 \right)^{\frac{1}{2}},$$

则每一个 $\boldsymbol{A} \in \mathbb{C}^{n \times n}$ 关于 $\mathbb{C}^n$ 上的向量范数 $\| \cdot \|_2$ 的算子范数 $\| \boldsymbol{A} \|_2$，有

$$\| \boldsymbol{A} \|_2 = \sqrt{\rho(\boldsymbol{A}^{\mathrm{H}} \boldsymbol{A})}.$$

（通常又称 $\| \boldsymbol{A} \|_2$ 为 $\boldsymbol{A}$ 的谱范数.）

**证明** 由于 $\boldsymbol{A}^{\mathrm{H}} \boldsymbol{A}$ 是 Hermite 矩阵，它所对应的 Hermite 二次型

$$f(\boldsymbol{x}) = \boldsymbol{x}^{\mathrm{H}} (\boldsymbol{A}^{\mathrm{H}} \boldsymbol{A}) \boldsymbol{x} = (\boldsymbol{A}\boldsymbol{x})^{\mathrm{H}} \boldsymbol{A}\boldsymbol{x} \geqslant 0,$$

即它是正定或半正定的，因此 $\boldsymbol{A}^{\mathrm{H}} \boldsymbol{A}$ 的 $n$ 个特征值都大于或等于零，不妨设这 $n$ 个特征值为

$$\lambda_1 \geqslant \lambda_2 \geqslant \cdots \geqslant \lambda_n \geqslant 0.$$

又设 $\boldsymbol{x}_1, \boldsymbol{x}_2, \cdots, \boldsymbol{x}_n$ 分别是对应于 $\lambda_1, \lambda_2, \cdots, \lambda_n$ 的相互正交的单位特征向量，则 $\{\boldsymbol{x}_1, \boldsymbol{x}_2, \cdots, \boldsymbol{x}_n\}$ 是 $\mathbb{C}^n$ 的基.

对任意 $\boldsymbol{x} \in \mathbb{C}^n$ 且 $\| \boldsymbol{x} \|_2 = 1$，$\boldsymbol{x}$ 可表示为

$$\boldsymbol{x} = \alpha_1 \boldsymbol{x}_1 + \alpha_2 \boldsymbol{x}_2 + \cdots + \alpha_n \boldsymbol{x}_n.$$

由于

$$\begin{aligned} \boldsymbol{A}^{\mathrm{H}} \boldsymbol{A}\boldsymbol{x} &= \alpha_1 \boldsymbol{A}^{\mathrm{H}} \boldsymbol{A}\boldsymbol{x}_1 + \alpha_2 \boldsymbol{A}^{\mathrm{H}} \boldsymbol{A}\boldsymbol{x}_2 + \cdots + \alpha_n \boldsymbol{A}^{\mathrm{H}} \boldsymbol{A}\boldsymbol{x}_n \\ &= \alpha_1 \lambda_1 \boldsymbol{x}_1 + \alpha_2 \lambda_2 \boldsymbol{x}_2 + \cdots + \alpha_n \lambda_n \boldsymbol{x}_n, \end{aligned}$$

于是得到

$$\begin{aligned} (\| \boldsymbol{A}\boldsymbol{x} \|_2)^2 &= (\boldsymbol{A}\boldsymbol{x})^{\mathrm{H}} \boldsymbol{A}\boldsymbol{x} = \boldsymbol{x}^{\mathrm{H}} (\boldsymbol{A}^{\mathrm{H}} \boldsymbol{A}\boldsymbol{x}) \\ &= \lambda_1 |\alpha_1|^2 + \lambda_2 |\alpha_2|^2 + \cdots + \lambda_n |\alpha_n|^2 \\ &\leqslant \lambda_1 (|\alpha_1|^2 + |\alpha_2|^2 + \cdots + |\alpha_n|^2) = \lambda_1. \end{aligned}$$

因此 $\| \boldsymbol{A} \|_2 \leqslant \sqrt{\lambda_1}$. 另一方面，当 $\boldsymbol{x} = \boldsymbol{x}_1$ 时 $\| \boldsymbol{x} \|_2 = 1$，并且

$$(\| \boldsymbol{A}\boldsymbol{x}_1 \|_2)^2 = (\boldsymbol{A}\boldsymbol{x}_1)^{\mathrm{H}} \boldsymbol{A}\boldsymbol{x}_1 = \boldsymbol{x}_1{}^{\mathrm{H}} \boldsymbol{A}^{\mathrm{H}} \boldsymbol{A}\boldsymbol{x}_1 = \lambda_1,$$

即 $\| \boldsymbol{A}\boldsymbol{x}_1 \|_2 = \sqrt{\lambda_1}$. 故 $\| \boldsymbol{A} \|_2 \geqslant \sqrt{\lambda_1}$. 综上得到

$$\| \boldsymbol{A} \|_2 = \sqrt{\lambda_1} = \sqrt{\rho(\boldsymbol{A}^{\mathrm{H}} \boldsymbol{A})}.$$

证毕.

**注** 前面的三个例子分别给出了方阵 $\boldsymbol{A} \in \mathbb{C}^{n \times n}$ 的三种算子范数

$\|A\|_1$, $\|A\|_\infty$ 和 $\|A\|_2$. 由于$\mathbb{C}^{n\times n}$是有限维的，因此$\mathbb{C}^{n\times n}$赋予的任何两个范数都是等价的，于是方阵序列在一个范数下收敛等价于它在另一个范数下收敛．这样，可以按照在计算上或理论上不同的需要选用不同的算子范数．一般来讲，方阵 $A$ 的算子范数 $\|A\|_1$ 和 $\|A\|_\infty$ 常用在计算上．如果把$\mathbb{C}^n$ 看作内积空间(其上内积的定义见例 1.21)，$\mathbb{C}^n$ 上由内积导出的范数是 $\|\cdot\|_2$，因此方阵 $A\in\mathbb{C}^{n\times n}$ 的算子范数也可以看作从内积空间$\mathbb{C}^n$ 到自身的算子 $A$ 的范数．虽然在计算上 $\|A\|_2$ 不如 $\|A\|_1$和 $\|A\|_\infty$ 方便，但是在理论证明中 $\|A\|_2$ 有许多用处．

有关方阵 $A$ 的谱范数的一些性质，列在下面的定理中．

**定理** 3.34　设 $A\in\mathbb{C}^{n\times n}$，则下列结论成立．

(1) $\|A\|_2=\|A^{\mathrm{H}}\|_2=\|A^{\mathrm{T}}\|_2=\|\bar{A}\|_2$;

(2) $\|A^{\mathrm{H}}A\|_2=\|AA^{\mathrm{H}}\|_2=(\|A\|_2)^2$;

(3)对任意 $n\times n$ 酉矩阵 $U$ 和 $V$，有

$$\|UA\|_2=\|AV\|_2=\|UAV\|_2=\|A\|_2.$$

**证明**　(1)和(2)的证明见下一节定理 3.43 的证明．

(3)由谱范数 $\|\cdot\|_2$ 的表示式(见例 3.32)，有

$$\begin{aligned}(\|UA\|_2)^2&=\rho((UA)^{\mathrm{H}}UA)=\rho(A^{\mathrm{H}}U^{\mathrm{H}}UA)\\&=\rho(A^{\mathrm{H}}\mathrm{A})=(\|A\|_2)^2.\end{aligned}$$

又由相似矩阵的性质，有

$$\begin{aligned}(\|AV\|_2)^2&=\rho((AV)^{\mathrm{H}}AV)=\rho(V^{\mathrm{H}}A^{\mathrm{H}}AV)\\&=\rho(V^{-1}A^{\mathrm{H}}AV)=\rho(A^{\mathrm{H}}A)=(\|A\|_2)^2,\end{aligned}$$

因此

$$\|UA\|_2=\|AV\|_2=\|A\|_2,$$

$$\|UAV\|_2=\|AV\|_2=\|A\|_2.$$

## 3.9　有界线性泛函

设 $X$ 是数域$\mathbb{K}$上的线性空间．若 $f: X\to\mathbb{K}$是线性算子，则称 $f$ 为 $X$ 上的线性泛函．当$\mathbb{K}=\mathbb{R}$时，$f$ 称为实线性泛函；当$\mathbb{K}=\mathbb{C}$时，$f$ 称为复线

性泛函.

在本节中,将介绍有界线性泛函、对偶空间、二次对偶空间和伴随算子的概念及有关的性质,在 Hilbert 空间中有界线性泛函的 Riesz 表示定理.

### 3.9.1　有界线性泛函和 Hahn-Banach 定理

设 $X$ 是数域$\mathbb{K}$上的赋范线性空间.若 $f:X\to\mathbb{K}$是有界线性算子,则称 $f$ 为 $X$ 上的**有界线性泛函**.

由 3.6 中的定义 3.30,$f$ 是 $X$ 上的有界线性泛函,就是说,存在常数 $c>0$,使得对一切 $x\in X$ 都有

$$|f(x)|\leqslant c\|x\|.$$

类似于定义 3.31,对于有界线性泛函 $f$,令

$$\|f\|=\sup_{x\in X,x\neq 0}\frac{|f(x)|}{\|x\|},$$

则 $\|f\|$ 称为有界线性泛函 $f$ 的范数.

由引理 3.8,有界线性泛函 $f$ 的范数还可以表示为

$$\|f\|=\sup_{x\in X,\|x\|=1}|f(x)|=\sup_{x\in X,\|x\|\leqslant 1}|f(x)|.$$

当 $f$ 是有界线性泛函时,对每一个 $x\in X$ 都有

$$|f(x)|\leqslant\|f\|\,\|x\|.$$

类似于定理 3.24,可以得到如下结论:赋范线性空间上的线性泛函 $f$ 是连续的,当且仅当 $f$ 是有界的.

下面介绍关于有界线性泛函扩张的 Hahn-Banach 定理.它是赋范线性空间和 Banach 空间理论的一个重要定理.

**定理** 3.35(Hahn-Banach 定理)　若 $M$ 是赋范线性空间 $X$ 的子空间,$f$ 是 $M$ 上的有界线性泛函,则存在一个 $X$ 上的有界线性泛函 $F$,满足:

(1) $F$ 是 $f$ 在 $X$ 上的扩张,即对一切 $x\in M$ 有 $F(x)=f(x)$;

(2) $\|F\|_X=\|f\|_M$,这里 $\|F\|_X$ 表示 $F$ 作为 $X$ 上的有界线性泛函的范数,$\|f\|_M$ 表示 $f$ 作为 $M$ 上的有界线性泛函的范数.

证明需要用到选择公理等知识,故略去.

应用定理 3.35,可得到下面的推论.定理 3.35 以及它的推论通常

统称为 Hahn-Banach 定理.

**推论 1**　若 $M$ 是赋范线性空间 $X$ 的子空间，$x_0 \in X \setminus M$，且

$$h = d(x_0, M) = \inf_{x \in M} \| x_0 - x \| > 0,$$

则存在 $X$ 上的有界线性泛函 $f$，满足：

(1) 对每一个 $x \in M$，$f(x) = 0$；

(2) $f(x_0) = h$；

(3) $\| f \| = 1$.

证明略.

**推论 2**　设 $X$ 是赋范线性空间，$0 \neq x \in X$，则存在 $X$ 上的有界线性泛函 $f$，满足：

(1) $f(x_0) = \| x_0 \|$；

(2) $\| f \| = 1$.

**证明**　由推论 1，令 $M = \{0\}$，则可立即得证.

**推论 3**　设 $X$ 是赋范线性空间，则对每一个 $x \in X$，$x$ 的范数可表示为

$$\| x \| = \sup \left\{ \frac{|f(x)|}{\| f \|} \middle| f \text{ 是 } X \text{ 上的有界线性泛函，且 } f \neq 0 \right\},$$

因而，若对 $X$ 上的一切有界线性泛函 $f$ 都有 $f(x) = 0$，则 $x = 0$.

**证明**　将欲证的等式简记为

$$\| x \| = \sup \frac{|f(x)|}{\| f \|}.$$

当 $x = 0$ 时，结论显然成立. 现设 $x \neq 0$. 对于 $X$ 上的任意有界线性泛函 $f$，由于

$$|f(x)| \leqslant \| f \| \, \| x \|,$$

则当 $f \neq 0$ 时，得到

$$\| x \| \geqslant \sup \frac{|f(x)|}{\| f \|}.$$

另一方面，由于 $x \neq 0$，应用推论 2，存在 $X$ 上的有界线性泛函 $f_0$ 满足

$$f_0(x) = \| x \|, \text{且 } \| f_0 \| = 1.$$

于是

$$\sup \frac{|f(x)|}{\|f\|} \geqslant \frac{f_0(x)}{\|f_0\|} = \|x\|,$$

综上,则欲证的等式成立.

### 3.9.2 对偶空间

应用定理3.25的结论,可给出下面的定义.

**定义** 3.34 设 $X$ 是赋范线性空间,$X$ 上所有有界线性泛函的全体组成的赋范线性空间 $\mathscr{B}(X,\mathbb{K})$ 称为 $X$ 的**对偶空间**,或共轭空间,记为 $X^*$,即 $X^* = \mathscr{B}(X,\mathbb{K})$.对于每一个 $f\in X^*$,$f$ 的范数为

$$\|f\| = \sup_{x\in X, x\neq 0} \frac{|f(x)|}{\|f\|} = \sup_{x\in X, \|x\|=1} |f(x)|.$$

由于$\mathbb{R}$和$\mathbb{C}$都是完备的,应用定理3.26可得到下面的结论.

**定理** 3.36 赋范线性空间 $X$ 的对偶空间 $X^*$ 是 Banach 空间.

按照等距同构的概念(见定义3.7),两个等距同构的赋范线性空间 $X$ 和 $Y$,在等距同构的意义下,可以记为 $X = Y$.这一认识将应用于下面的例子中.

**例** 3.33 $\mathbb{C}^n$ 的对偶空间是$\mathbb{C}^n$,即在等距同构的意义下$(\mathbb{C}^n)^* = \mathbb{C}^n$.

**证明** 取$\mathbb{C}^n$ 的基$\{\boldsymbol{e}_1,\cdots,\boldsymbol{e}_n\}$,其中 $\boldsymbol{e}_i$ 的坐标除第 $i$ 个为1以外其余全为0($i=1,\cdots,n$).对于任意 $f\in(\mathbb{C}^n)^*$,令

$$\alpha_i = f(\boldsymbol{e}_i) \quad (i=1,\cdots,n).$$

于是,对于任意 $\boldsymbol{x} = \sum_{i=1}^{n} \xi_i \boldsymbol{e}_i \in \mathbb{C}^n$,有

$$f(\boldsymbol{x}) = \sum_{i=1}^{n} \xi_i f(\boldsymbol{e}_i) = \sum_{i=1}^{n} \xi_i \alpha_i. \tag{3.29}$$

令 $\boldsymbol{a} = (\alpha_1,\cdots,\alpha_n)^{\mathrm{T}}$,则 $\boldsymbol{a}\in\mathbb{C}^n$ 且 $\boldsymbol{a}$ 由 $f$ 所唯一确定.

另一方面,对于每一个 $\boldsymbol{a} = (\alpha_1,\cdots,\alpha_n)^{\mathrm{T}}\in\mathbb{C}^n$,由式(3.29)可定义一个$\mathbb{C}^n$ 上的线性泛函$f$.因此,映射 $f\mapsto\boldsymbol{a}$ 是$(\mathbb{C}^n)^*$ 到$\mathbb{C}^n$ 上的映射,并且显然是线性的.现在证明此映射保持范数.对于任意 $\boldsymbol{x}\in\mathbb{C}^n$,$f(\boldsymbol{x})$由式(3.29)表示,应用 Hölder 不等式($p=2$ 的情况),得到

$$|f(\boldsymbol{x})| \leqslant \sum_{i=1}^{n} |\xi_i \alpha_i| \leqslant \left(\sum_{i=1}^{n} |\xi_i|^2\right)^{\frac{1}{2}} \left(\sum_{i=1}^{n} |\alpha_i|^2\right)^{\frac{1}{2}}$$
$$= \|\boldsymbol{a}\| \, \|\boldsymbol{x}\|,$$

故 $\|f\| \leqslant \|\boldsymbol{a}\|$. 另一方面，取 $\boldsymbol{x}_0 = \bar{\boldsymbol{a}}$，则

$$|f(\boldsymbol{x}_0)| = \sum_{i=1}^{n} |\alpha_i|^2 = \|\boldsymbol{a}\| \, \|\boldsymbol{x}_0\|,$$

故 $\|f\| \geqslant \|\boldsymbol{a}\|$. 因此 $\|f\| = \|\boldsymbol{a}\|$. 这就证明了，映射 $f \mapsto \boldsymbol{a}$ 是 $(\mathbb{C}^n)^*$ 到 $\mathbb{C}^n$ 上的线性映射，保持范数并且是双射，因此，$(\mathbb{C}^n)^*$ 与 $\mathbb{C}^n$ 是等距同构的.

类似地，可以证明 $(\mathbb{R}^n)^* = \mathbb{R}^n$.

**例 3.34**　$l^1$ 的对偶空间是 $l^\infty$，即 $(l^1)^* = l^\infty$.

**证明**　取 $\{e_1, e_2, \cdots\} \subset l^1$，其中 $e_i$ 除第 $i$ 项为 1 外其余全为零 $(i \in \mathbb{N})$，则对任意 $\boldsymbol{x} = (\xi_1, \xi_2, \cdots) \in l^1$，有

$$\boldsymbol{x} = \lim_{n \to \infty} \sum_{i=1}^{n} \xi_i e_i = \sum_{i=1}^{\infty} \xi_i e_i.$$

对于任意 $f \in (l^1)^*$，令

$$\alpha_i = f(e_i) \quad (i \in \mathbb{N}).$$

由于 $f$ 是线性和连续的，则对于任意 $x = \sum_{i=1}^{\infty} \xi_i e_i \in l^1$，有

$$f(x) = \sum_{i=1}^{\infty} \xi_i f(e_i) = \sum_{i=1}^{\infty} \xi_i \alpha_i. \tag{3.30}$$

令 $a = (\alpha_1, \alpha_2, \cdots)$，对每一个 $i \in \mathbb{N}$，由于 $\|e_i\|_1 = 1$，则

$$|\alpha_i| = |f(e_i)| \leqslant \|f\| \, \|e_i\|_1 = \|f\|,$$

故 $a \in l^\infty$. 因此，$a$ 由 $f$ 所唯一确定，并且

$$\|a\|_\infty \leqslant \|f\|. \tag{3.31}$$

另一方面，对于任意 $a = (\alpha_1, \alpha_2, \cdots) \in l^\infty$，由式(3.30)可定义一个 $l^1$ 上的线性泛函 $f$. 由于

$$|f(x)| \leqslant \sum_{i=1}^{\infty} |\xi_i \alpha_i| \leqslant \left(\sup_{i \in \mathbb{N}} |\alpha_i| \sum_{i=1}^{\infty} |\xi_i|\right) = \|a\|_\infty \|x\|_1,$$

则 $f$ 是有界的，并且

$$\|f\| \leqslant \|a\|_\infty, \tag{3.32}$$

由不等式(3.31)和(3.32)得到 $\|f\| = \|a\|_\infty$.因此,映射 $f \mapsto a$ 是 $(l^1)^*$ 到 $l^\infty$ 上的等距同构映射,即 $(l^1)^*$ 与 $l^\infty$ 是等距同构的.

**例 3.35** $l^p$ 的对偶空间是 $l^q\left(1<p<\infty, \dfrac{1}{p}+\dfrac{1}{q}=1\right)$,即

$$(l^p)^* = l^q.$$

**证明** 取 $\{e_1, e_2, \cdots\} \subset l^p$,其中 $e_i$ 除第 $i$ 项为 1 以外其余全为 $0(i\in\mathbb{N})$.对于任意 $f\in(l^p)^*$,令

$$\alpha_i = f(e_i)(i\in\mathbb{N}).$$

由于 $f$ 是线性和连续的,则对于任意 $x=\sum_{i=1}^{\infty}\xi_i e_i \in l^p$,有

$$f(x)=\sum_{i=1}^{\infty}\xi_i f(e_i)=\sum_{i=1}^{\infty}\xi_i\alpha_i. \tag{3.33}$$

令 $a=(\alpha_1,\alpha_2,\cdots)$,先证明 $a\in l^q$.为此,取一点列 $\{x_n\}$:

$$x_n=(\xi_1^{(n)},\xi_2^{(n)},\cdots),\quad n\in\mathbb{N},$$

其中

$$\xi_i^{(n)}=\begin{cases}\dfrac{|\alpha_i|^q}{\alpha_i}, & \text{当 } i\leqslant n \text{ 且 } \alpha_i\neq 0,\\ 0, & \text{当 } i>n \text{ 或 } \alpha_i=0,\end{cases}$$

则
$$f(x_n)=\sum_{i=1}^{\infty}\xi_i^{(n)}\alpha_i=\sum_{i=1}^{n}|\alpha_i|^q.$$

注意到 $pq-p=q$,有

$$\begin{aligned} f(x_n)=|f(x_n)| &\leqslant \|f\|\,\|x_n\|_p=\|f\|\left(\sum_{i=1}^{n}|\xi_i^{(n)}|^p\right)^{\frac{1}{p}}\\ &=\|f\|\left(\sum_{i=1}^{n}|\alpha_i|^{pq-p}\right)^{\frac{1}{p}}=\|f\|\left(\sum_{i=1}^{n}|\alpha_i|^q\right)^{\frac{1}{p}}.\end{aligned}$$

综合上面二式,得到

$$\sum_{i=1}^{n}|\alpha_i|^q=f(x_n)\leqslant\|f\|\left(\sum_{i=1}^{n}|\alpha_i|^q\right)^{\frac{1}{p}},$$

从而
$$\left(\sum_{i=1}^{n}|\alpha_i|^q\right)^{\frac{1}{q}}=\left(\sum_{i=1}^{n}|\alpha_i|^q\right)^{1-\frac{1}{p}}\leqslant\|f\|.$$

由于上式对任意的 $n$ 成立，令 $n\to\infty$，则得到

$$\|a\|_q=\Big(\sum_{i=1}^{\infty}|\alpha_i|^q\Big)^{\frac{1}{q}}\leqslant\|f\|,\tag{3.34}$$

同时也证明了 $a=(\alpha_1,\alpha_2,\cdots)\in l^q$.

另一方面，对于任意$(\alpha_1,\alpha_2,\cdots)\in l^q$，由式(3.33)可定义一个 $l^p$ 上的线性泛函$f$. 由 Hölder 不等式

$$|f(x)|\leqslant\sum_{i=1}^{\infty}|\xi_i\alpha_i|\leqslant\Big(\sum_{i=1}^{\infty}|\xi_i|^p\Big)^{\frac{1}{p}}\Big(\sum_{i=1}^{\infty}|\alpha_i|^q\Big)^{\frac{1}{q}}$$
$$=\|a\|_q\|x\|_p,$$

则 $f$ 是有界的，并且

$$\|f\|\leqslant\|a\|_q.\tag{3.35}$$

由不等式(3.34)和(3.35)得到 $\|f\|=\|a\|_q$. 因此，映射 $f\mapsto a$ 是$(l^p)^*$ 到 $l^q$ 上的等距同构映射，即$(l^p)^*$ 与 $l^q$ 是等距同构的.

**例 3.36**　$(\mathrm{L}^p[a,b])^*=\mathrm{L}^q[a,b]$$\left(1\leqslant p<\infty,\dfrac{1}{p}+\dfrac{1}{q}=1\right.$，当 $p=1$ 时令 $\left.q=\infty\right)$.

证明从略.

这里仅指出，在$(\mathrm{L}^p[a,b])^*$到 $\mathrm{L}^q[a,b]$的等距同构映射下，$f\in(\mathrm{L}^p[a,b])^*$ 对应于 $y\in\mathrm{L}^q[a,b]$，使得对于任意 $x\in\mathrm{L}^p[a,b]$，有

$$f(x)=\int_a^b x(t)y(t)\mathrm{d}t.$$

### 3.9.3　二次对偶空间和自反空间

**定义 3.35**　设 $X$ 是赋范线性空间，$X$ 的对偶空间 $X^*$ 是 Banach 空间(见定理 3.36)，$X^*$ 的对偶空间记为 $X^{**}$，即

$$X^{**}=(X^*)^*,$$

称 $X^{**}$ 为 $X$ 的**二次对偶空间**，或二次共轭空间.

下面研究 $X$ 与 $X^{**}$ 之间的关系. 设 $X$ 是数域$\mathbb{K}$上的赋范线性空间. 取 $x\in X$，定义泛函 $F_x:X^*\to\mathbb{K}$，使得对每一个 $f\in X^*$，有

$$F_x(f)=f(x)\in\mathbb{K}.\tag{3.36}$$

易知 $F_x$ 是线性的. 下面的定理指出，$F_x$ 是 $X^*$ 上的有界线性泛函.

**定理** 3.37 设 $X$ 是赋范线性空间,$x\in X$,则由式(3.36)定义的线性泛函 $F_x$ 是 $X^*$ 上的有界线性泛函,即 $F_x\in X^{**}$,并且

$$\| F_x \| = \| x \| .$$

**证明** 应用定理 3.35 的推论 3,立即得到

$$\| F_x \| = \sup_{f\in X^*, f\neq 0} \frac{|F_x(f)|}{\|f\|} = \sup_{f\in X^*, f\neq 0} \frac{|f(x)|}{\|f\|} = \| x \| .$$ 证毕.

由上述定理又可定义一个映射 $\Phi: X\to X^{**}$,使得对每一个 $x\in X$,有

$$\Phi x = F_x .$$

映射 $\Phi$ 称为 $X$ 到 $X^{**}$ 的**典范映射**,或称为自然映射.映射 $\Phi$ 是线性的,因为对每一个 $f\in X^*$,有

$$\begin{aligned} F_{\alpha x+\beta y}(f) &= f(\alpha x+\beta y) = \alpha f(x)+\beta f(y) \\ &= (\alpha F_x+\beta F_y)(f) \quad (\text{其中 } x,y\in X,\alpha,\beta\in\mathbb{K}), \end{aligned}$$

故
$$\Phi(\alpha x+\beta y) = F_{\alpha x+\beta y} = \alpha F_x+\beta F_y = \alpha\Phi x+\beta\Phi y .$$

由定理 3.37 知,映射 $\Phi$ 保持范数.

归纳起来,已经证明了下面定理.

**定理** 3.38 赋范线性空间 $X$ 到 $X^{**}$ 的典范映射 $\Phi$ 是 $X$ 到 $X^{**}$ 的子空间 $\Phi(X)$ 上的等距同构映射.

在等距同构的意义下,可记 $X=\Phi(X)\subset X^{**}$ 或者 $X\subset X^{**}$.

一般来说,典范映射 $\Phi$ 不一定是满射,即 $\Phi(X)$ 可能是 $X^{**}$ 的真子空间,当 $\Phi$ 是满射时,得到下面的定义.

**定义** 3.36 若赋范线性空间 $X$ 上的典范映射 $\Phi$ 是满射,即 $\Phi(X) = X^{**}$,则称 $X$ 是**自反的**.

例如,$\mathbb{C}^n$,$\mathbb{R}^n$,$l^p(1<p<\infty)$ 和 $\mathrm{L}^p[a,b](1<p<\infty)$ 都是自反的.可以证明,$\mathrm{C}[a,b]$,$l^1$ 和 $l^\infty$ 都不是自反的.

### 3.9.4 Hilbert 空间上有界线性泛函的表示

在内积空间 $X$ 中,取定 $u\in X$,则可定义一个 $X$ 上的线性泛函 $f_u$,使得对每一个 $x\in X$,有

$$f_u(x) = \langle x,u\rangle .$$

由 Schwarz 不等式

$$|f_u(x)| = |\langle x, u\rangle| \leqslant \|x\| \|u\|,$$

则 $f_u$ 是有界的,并且 $\|f_u\| \leqslant \|u\|$. 另一方面,若取 $x = u$,得

$$|f_u(u)| = \langle u, u\rangle = \|u\|^2,$$

则 $\|f_u\| \geqslant \|u\|$. 因此 $\|f_u\| = \|u\|$.

反之,对于任意 $f \in X^*$,是否存在 $u \in X$ 使得 $f = f_u$? 当 $X$ 是 Hilbert 空间时,下面的定理对此问题做了肯定的回答.

**定理** 3.39(Riesz 表示定理)　设 $H$ 是 Hilbert 空间,$f$ 是 $H$ 上的一个有界线性泛函,则存在唯一的 $u \in H$,使得对每一个 $x \in H$,有

$$f(x) = \langle x, u\rangle,$$

并且 $$\|f\| = \|u\|.$$

证明略.

设 $H$ 是 Hilbert 空间,$H^*$ 是它的对偶空间. 定义映射

$$J: H \to H^*,$$

使得对每一个 $u \in H$,有

$$Ju = f_u \in H^*,$$

即对每一个 $x \in H$,有

$$(Ju)(x) = f_u(x) = \langle x, u\rangle.$$

由 Riesz 表示定理,$J$ 是双射且保持范数.

容易验证,$J$ 是**共轭线性算子**,即对任意 $u, v \in H$ 及 $\alpha \in \mathbb{K}$,有

$$J(u + v) = Ju + Jv (\text{或 } f_{u+v} = f_u + f_v),$$

$$J(\alpha u) = \bar{\alpha} Ju (\text{或 } f_{\alpha u} = \bar{\alpha} f_u).$$

例如验证 $J(\alpha u) = \bar{\alpha} Ju$ 成立,这是因为对每一个 $x \in H$

$$\begin{aligned}(J(\alpha u))(x) &= f_{\alpha u}(x) = \langle x, \alpha u\rangle = \bar{\alpha}\langle x, u\rangle = \bar{\alpha} f_u(x)\\ &= \bar{\alpha}(Ju)(x).\end{aligned}$$

当 $\mathbb{K} = \mathbb{C}$ 时,$J$ 称为 $H$ 到 $H^*$ 上的**复共轭同构映射**. 当 $\mathbb{K} = \mathbb{R}$ 时,$\bar{\alpha} = \alpha$,$J$ 是 $H$ 到 $H^*$ 上的**同构映射**.

### 3.9.5　伴随算子

在此段中,将分别介绍赋范线性空间上的伴随算子和 Hilbert 空间

上的伴随算子的定义.

设 $X$ 和 $Y$ 是赋范线性空间,$T\in\mathscr{B}(X,Y)$.对任意 $g\in Y^*$,令 $\hat{g}=gT$,即对每一个 $x\in X$,有

$$\hat{g}(x)=g(Tx),$$

则 $\hat{g}$ 是 $X$ 上的线性泛函.由于

$$|\hat{g}(x)|=|g(Tx)|\leqslant\|g\|\,\|T\|\,\|x\|,\tag{3.37}$$

故 $\hat{g}$ 是有界的,从而 $\hat{g}\in X^*$,并且 $\|\hat{g}\|\leqslant\|g\|\,\|T\|$.当 $g$ 在 $Y^*$ 中变动时,$g\mapsto\hat{g}$ 是一个 $Y^*$ 到 $X^*$ 的映射,记为 $T^\times$.其具体定义如下.

**定义 3.37** 设 $X$ 和 $Y$ 是赋范线性空间,$T\in\mathscr{B}(X,Y)$.定义映射 $T^\times:Y^*\to X^*$,使得对每一个 $g\in Y^*$,有

$$T^\times g=gT,$$

或者说,对每一个 $x\in X$,有

$$(T^\times g)(x)=g(Tx),$$

则称 $T^\times$ 为 $T$ 的**伴随算子**,或 $T$ 的共轭算子.

下面以有限维赋范线性空间为例,说明赋范线性空间上的伴随算子的定义可理解为转置矩阵概念的推广.

**例 3.37** 设 $T:\mathbb{C}^n\to\mathbb{C}^m$ 是线性算子,因此 $T$ 是有界的,当 $\mathbb{C}^n$ 和 $\mathbb{C}^m$ 的基选定以后,由例 1.19 知,$T$ 对应于唯一的 $m\times n$ 矩阵

$$\boldsymbol{A}=[a_{ij}]_{m\times n}=\begin{bmatrix}a_{11}&\cdots&a_{1n}\\\vdots&&\vdots\\a_{m1}&\cdots&a_{mn}\end{bmatrix}.$$

由例 3.33 知,$(\mathbb{C}^m)^*=\mathbb{C}^m$,即每一个 $g\in(\mathbb{C}^m)^*$ 对应于 $\boldsymbol{b}=(\beta_1,\cdots,\beta_m)^{\mathrm{T}}\in\mathbb{C}^m$,使得对每一个 $\boldsymbol{y}=(\eta_1,\cdots,\eta_m)^{\mathrm{T}}\in\mathbb{C}^m$,有

$$g(\boldsymbol{y})=\sum_{i=1}^m\eta_i\beta_i.$$

因此,对每一个 $\boldsymbol{x}=(\xi_1,\cdots,\xi_n)^{\mathrm{T}}\in\mathbb{C}^n$,$g(Tx)$对应的矩阵运算为

$$\boldsymbol{b}^{\mathrm{T}}\boldsymbol{A}\boldsymbol{x}=(\beta_1,\cdots,\beta_m)[a_{ij}]_{m\times n}\begin{bmatrix}\xi_1\\\vdots\\\xi_n\end{bmatrix}.$$

设 $T^{\times}$ 对应的矩阵为 $\boldsymbol{A}^{\times}$，则 $(T^{\times}g)(\boldsymbol{x})$ 对应的矩阵运算为

$$(\boldsymbol{A}^{\times}\boldsymbol{b})^{\mathrm{T}}\boldsymbol{x}=\boldsymbol{b}^{\mathrm{T}}(\boldsymbol{A}^{\times})^{\mathrm{T}}\boldsymbol{x}.$$

由伴随算子的定义 $g(T\boldsymbol{x})=(T^{\times}g)(\boldsymbol{x})$，其对应的矩阵运算应满足

$$\boldsymbol{b}^{\mathrm{T}}\boldsymbol{A}\boldsymbol{x}=\boldsymbol{b}^{\mathrm{T}}(\boldsymbol{A}^{\times})^{\mathrm{T}}\boldsymbol{x}.$$

所以 $\boldsymbol{A}=(\boldsymbol{A}^{\times})^{\mathrm{T}}$，即为 $\boldsymbol{A}^{\times}=\boldsymbol{A}^{\mathrm{T}}$.

这表明，若有界线性算子 $T$ 对应的矩阵是 $\boldsymbol{A}$，则 $T$ 的伴随算子 $T^{\times}$ 对应的矩阵是 $\boldsymbol{A}$ 的转置矩阵 $\boldsymbol{A}^{\mathrm{T}}$.

赋范线性空间上的伴随算子具有如下性质.

**定理 3.40**　设 $X$ 和 $Y$ 是赋范线性空间，则 $T\in\mathscr{B}(X,Y)$ 的伴随算子 $T^{\times}\in\mathscr{B}(Y^*,X^*)$，并且

$$\|T^{\times}\|=\|T\|.$$

**证明**　显然 $T^{\times}:Y^*\to X^*$ 是线性算子. 由式(3.37)得

$$\|T^{\times}g\|=\|\hat{g}\|\leqslant\|T\|\,\|x\|,$$

故 $T^{\times}$ 是有界的，且 $\|T^{\times}\|\leqslant\|T\|$. 另一方面，由 Hahn-Banach 定理，对于 $x\in X$，若 $Tx\neq0$，则存在 $g_0\in Y^*$ 使得

$$\|g_0\|=1,\ g_0(Tx)=\|Tx\|,$$

于是

$$\begin{aligned}\|Tx\|&=|g_0(Tx)|=|(T^{\times}g_0)(x)|\\&\leqslant\|T^{\times}\|\,\|g_0\|\,\|x\|=\|T^{\times}\|\,\|x\|.\end{aligned}$$

对于满足 $Tx=0$ 的 $x$，上式仍然成立，故 $\|T\|\leqslant\|T^{\times}\|$. 因此 $\|T^{\times}\|=\|T\|$，得证.

设 $X,Y$ 和 $Z$ 都是赋范线性空间，$T_1,T_2\in\mathscr{B}(X,Y)$，$T_3\in\mathscr{B}(Y,Z)$，$\alpha\in\mathbb{K}$，则容易证明下列运算法则成立：

(1) $(T_1+T_2)^{\times}=T_1^{\times}+T_2^{\times}$；

(2) $(\alpha T_1)^{\times}=\alpha T_1^{\times}$；

(3) $(T_3T_2)^{\times}=T_2^{\times}T_3^{\times}$.

上面讨论的伴随算子是关于赋范线性空间而言的. 下面讨论的伴随算子是关于 Hilbert 空间而言的，它与空间的内积有关.

**定理 3.41**　设 $H_1$ 和 $H_2$ 是 Hilbert 空间，$T\in\mathscr{B}(H_1,H_2)$，则存在唯

一的 $T^* \in \mathscr{B}(H_2, H_1)$,使得对于每一个 $x \in H_1, y \in H_2$,有

$$\langle Tx, y\rangle = \langle x, T^* y\rangle$$

成立,并且

$$\| T^* \| = \| T \| .$$

**证明**　对于每一个 $y \in H_2$,令

$$h_y(x) = \langle Tx, y\rangle \quad (x \in H_1).$$

应用 Schwarz 不等式

$$|h_y(x)| = |\langle Tx, y\rangle| \leqslant \| Tx \| \| y \| \leqslant \| T \| \| y \| \| x \|,$$

故 $h_y$ 是 $H_1$ 上的有界线性泛函,并且 $\| h_y \| \leqslant \| T \| \| y \|$.由 Riesz 表示定理,存在唯一的 $u \in H_1$,使得

$$\langle Tx, y\rangle = h_y(x) = \langle x, u\rangle, \tag{3.38}$$

并且 $\| h_y \| = \| u \|$.定义映射 $T^*: H_2 \to H_1$,使得 $T^* y = u (y \in H_2)$.这样,式(3.38)变为

$$\langle Tx, y\rangle = \langle x, T^* y\rangle \quad (x \in H_1, y \in H_2).$$

下面证明 $T^* \in \mathscr{B}(H_2, H_1)$.事实上,对于任意 $y, z \in H_2$ 及任意数 $\alpha, \beta$,下式

$$\begin{aligned}\langle x, T^*(\alpha y + \beta z)\rangle &= \langle Tx, \alpha y + \beta z\rangle = \bar{\alpha}\langle Tx, y\rangle + \bar{\beta}\langle Tx, z\rangle \\ &= \bar{\alpha}\langle x, T^* y\rangle + \bar{\beta}\langle x, T^* z\rangle = \langle x, \alpha T^* y + \beta T^* z\rangle\end{aligned}$$

对任意 $x \in H_1$ 成立,故(应用习题 1 第 11 题的结论)

$$T^*(\alpha y + \beta z) = \alpha T^* y + \beta T^* z,$$

因此 $T^*$ 是线性的.

由 $T^*$ 的定义,对于任意 $y \in H_2$,有

$$\| T^* y \| = \| h_y \| \leqslant \| T \| \| y \|,$$

故 $T^* \in \mathscr{B}(H_2, H_1)$,并且 $\| T^* \| \leqslant \| T \|$.

另一方面,对于任意 $x \in H_1, y \in H_2$,又有

$$\begin{aligned}|\langle Tx, y\rangle| = |\langle x, T^* y\rangle| &\leqslant \| x \| \| T^* y \| \\ &\leqslant \| T^* \| \| x \| \| y \|.\end{aligned}$$

若取 $y = Tx$,则

$$\| Tx \|^2 \leqslant \| T^* \| \| x \| \| Tx \|,$$

从而 $\| Tx \| \leqslant \| T^* \| \| x \|$,故 $\| T \| \leqslant \| T^* \|$.

因此 $\| T^* \| = \| T \|$.

最后证明唯一性. 若又有 $S \in \mathscr{B}(H_2, H_1)$满足

$$\langle x, Sy \rangle = \langle Tx, y \rangle = \langle x, T^* y \rangle,$$

对于任意 $x \in H_1, y \in H_2$ 成立,则

$$Sy = T^* y$$

对于任意 $y \in H_2$ 成立.因此 $S = T^*$.　　证毕.

由此定理,可给出下面的定义.

**定义 3.38**　设 $H_1$ 和 $H_2$ 是 Hilbert 空间,$T \in \mathscr{B}(H_1, H_2)$.由定理 3.41,存在唯一的 $T^* \in \mathscr{B}(H_2, H_1)$满足

$$\langle Tx, y \rangle = \langle x, T^* y \rangle \quad (x \in H_1, y \in H_2).$$

称 $T^*$ 为 $T$ 的 Hilbert **伴随算子**,简称为伴随算子或共轭算子.

下面以有限维内积空间为例,说明 Hilbert 伴随算子的定义可理解为共轭转置矩阵概念的推广.

**例 3.38**　设 $T: \mathbb{C}^n \to \mathbb{C}^m$ 是线性算子,因此 $T$ 是有界的.当$\mathbb{C}^n$ 和$\mathbb{C}^m$ 的基选定以后,由例 1.19 知,$T$ 对应于一个唯一的 $m \times n$ 矩阵

$$\boldsymbol{A} = [a_{ij}]_{m \times n} = \begin{bmatrix} a_{11} & \cdots & a_{1n} \\ \vdots & & \vdots \\ a_{m1} & \cdots & a_{mn} \end{bmatrix}.$$

对于任意 $\boldsymbol{x} = (\xi_1, \cdots, \xi_n)^{\mathrm{T}}, \boldsymbol{z} = (\zeta_1, \cdots, \zeta_n)^{\mathrm{T}} \in \mathbb{C}^n$,$\boldsymbol{x}$ 与 $\boldsymbol{z}$ 的内积

$$\langle \boldsymbol{x}, \boldsymbol{z} \rangle = \sum_{i=1}^{n} \xi_i \bar{\zeta}_i = \boldsymbol{x}^{\mathrm{T}} \bar{\boldsymbol{z}}.$$

对于任意 $\boldsymbol{y} = (\eta_1, \cdots, \eta_m)^{\mathrm{T}} \in \mathbb{C}^m$,内积$\langle T\boldsymbol{x}, \boldsymbol{y} \rangle$对应的矩阵运算为

$$(\boldsymbol{Ax})^{\mathrm{T}} \bar{\boldsymbol{y}} = \boldsymbol{x}^{\mathrm{T}} \boldsymbol{A}^{\mathrm{T}} \bar{\boldsymbol{y}}.$$

设 $T$ 的 Hilbert 伴随算子 $T^*$ 对应的矩阵为 $\boldsymbol{A}^*$,则内积$\langle \boldsymbol{x}, T^* \boldsymbol{y} \rangle$对应的矩阵运算为

$$\boldsymbol{x}^{\mathrm{T}} \overline{\boldsymbol{A}^* \boldsymbol{y}} = \boldsymbol{x}^{\mathrm{T}} \overline{\boldsymbol{A}^*} \bar{\boldsymbol{y}}.$$

由于$\langle T\boldsymbol{x}, \boldsymbol{y} \rangle = \langle \boldsymbol{x}, T^* \boldsymbol{y} \rangle$,其对应的矩阵运算应满足

$$\boldsymbol{x}^{\mathrm{T}} \boldsymbol{A}^{\mathrm{T}} \bar{\boldsymbol{y}} = \boldsymbol{x}^{\mathrm{T}} \overline{\boldsymbol{A}^*} \bar{\boldsymbol{y}},$$

所以　　$\boldsymbol{A}^{\mathrm{T}}=\overline{\boldsymbol{A}^{*}}$,

即　　$\boldsymbol{A}^{*}=\overline{\boldsymbol{A}^{\mathrm{T}}}=\boldsymbol{A}^{\mathrm{H}}$.

这表明,若有界线性算子 $T$ 对应的矩阵是 $\boldsymbol{A}$,则 $T$ 的 Hilbert 伴随算子 $T^{*}$ 对应的矩阵是 $\boldsymbol{A}$ 的共轭转置矩阵 $\boldsymbol{A}^{\mathrm{H}}$.

比较例 3.37 和例 3.38 可看出有界线性算子 $T:\mathbb{C}^{n}\to\mathbb{C}^{m}$ 的两种伴随算子 $T^{\times}$ 和 $T^{*}$ 之间的差异: $T^{\times}$ 对应的矩阵为 $T$ 对应的矩阵的转置矩阵,而 $T^{*}$ 对应的矩阵为 $T$ 对应的矩阵的共轭转置矩阵.仅对于有界线性算子 $T:\mathbb{R}^{n}\to\mathbb{R}^{m}$, $T^{\times}$ 和 $T^{*}$ 对应的矩阵才相等.

还应注意,在 Hilbert 伴随算子的定义中,要求空间的完备性条件.

Hilbert 伴随算子具有如下性质.

**定理 3.42**　设 $H_1$ 和 $H_2$ 是 Hilbert 空间, $T,S\in\mathscr{B}(H_1,H_2)$, $\alpha\in\mathbb{K}$,则下列结论成立:

(1) $(T+S)^{*}=T^{*}+S^{*}$;

(2) $(\alpha T)^{*}=\bar{\alpha}T^{*}$;

(3) $(T^{*})^{*}=T$;

(4) $\|T^{*}T\|=\|TT^{*}\|=\|T\|^{2}$;

(5)若 $T^{*}T=O$,则 $T=O$;

(6)当 $H_1=H_2$ 时, $(TS)^{*}=S^{*}T^{*}$.

**证明**　只证明(4),其余留给读者作为习题.

应用 Schwarz 不等式,对任意 $x\in H_1$,可得

$$\begin{aligned}\|Tx\|^{2}&=\langle Tx,Tx\rangle=\langle x,T^{*}Tx\rangle\\&\leqslant\|x\|\,\|T^{*}Tx\|\leqslant\|T^{*}T\|\,\|x\|^{2},\end{aligned}$$

于是

$$\|T\|^{2}\leqslant\|T^{*}T\|\leqslant\|T^{*}\|\,\|T\|=\|T\|^{2}.$$

因此 $\|T^{*}T\|=\|T\|^{2}$.又由(3)得到

$$\|TT^{*}\|=\|T^{**}T^{*}\|=\|T^{*}\|^{2}=\|T\|^{2}.$$

证毕.

现应用伴随算子的理论研究有限维赋范线性空间 $(\mathbb{C}^{n\times n},\|\cdot\|_2)$,其中每一个方阵 $\boldsymbol{A}\in\mathbb{C}^{n\times n}$ 可看作 $(\mathbb{C}^{n},\|\cdot\|_2)$ 到自身的有界线性算子,并且 $\boldsymbol{A}$ 的算子范数

$$\|A\|_2=\sqrt{\rho(A^{\mathrm{H}}A)}$$（见上一节的例 3.32）.

注意到$(\mathbb{C}^n,\|\cdot\|_2)$中向量 $\boldsymbol{x}$ 的范数$\|\boldsymbol{x}\|_2$是由$\mathbb{C}^n$ 的内积导出的范数,即$\|\boldsymbol{x}\|_2=\sqrt{\langle \boldsymbol{x},\boldsymbol{x}\rangle}$.由例 3.37 和例 3.38 知,$A^{\mathrm{T}}$ 和 $A^{\mathrm{H}}$ 分别是 $A$ 在赋范线性空间上的伴随算子和$A$ 的 Hilbert 伴随算子.应用定理 3.40、定理 3.41 和定理 3.42,立即可得到下面的定理的结论,也就是上一节定理 3.34 中的结论(1)和(2).

**定理** 3.43　设 $A\in\mathbb{C}^{n\times n}$,则下列结论成立:

(1) $\|A\|_2=\|A^{\mathrm{T}}\|_2=\|A^{\mathrm{H}}\|_2=\|\overline{A}\|_2$;

(2) $\|A^{\mathrm{H}}A\|_2=\|AA^{\mathrm{H}}\|_2=(\|A\|_2)^2$.

**证明**　(1)由定理 3.40 和定理 3.41,得到

$$\|A\|_2=\|A^{\mathrm{T}}\|_2=\|A^{\mathrm{H}}\|_2,$$

又

$$\|A\|_2=\|A^{\mathrm{H}}\|_2=\|(A^{\mathrm{H}})^{\mathrm{T}}\|_2=\|\overline{A}\|_2.$$

(2)由定理 3.42(4)得证.

# 习　题　3

1. 在线性空间$\mathbb{R}^n$ 中,对于 $\boldsymbol{x}=(\xi_1,\cdots,\xi_n)^{\mathrm{T}}\in\mathbb{R}^n$,定义

$$\|\boldsymbol{x}\|_1=\sum_{i=1}^n|\xi_i|,\quad \|\boldsymbol{x}\|_2=\Big(\sum_{i=1}^n|\xi_i|^2\Big)^{\frac{1}{2}},\quad \|\boldsymbol{x}\|_\infty=\max_{1\leqslant i\leqslant n}|\xi_i|,$$

验证$\|\cdot\|_1$,$\|\cdot\|_2$ 和$\|\cdot\|_\infty$都是$\mathbb{R}^n$ 上的范数.

2. 在线性空间 $C[a,b]$中,对于 $x\in C[a,b]$定义

$$\|x\|_1=\int_a^b|x(t)|\mathrm{d}t,$$

验证$\|\cdot\|_1$ 是 $C[a,b]$上的范数.

3. 设 $X,Y$ 和 $Z$ 都是赋范线性空间(或度量空间).若 $f:X\to Y$ 与 $g:Y\to Z$ 都是连续映射,证明 $h=g\circ f$ 是 $X$ 到 $Z$ 的连续映射.

4. 设 $X$ 和 $Y$ 是两个赋范线性空间.若线性映射 $f:X\to Y$ 保持范数,即$\forall\, x\in X$,有

$$\|fx\|=\|x\|,$$

证明 $f$ 是单射.

5.证明赋范线性空间(或度量空间)中任一 Cauchy 序列的点构成的集合是有界集.

6.设$\{x_n\}$和$\{y_n\}$是赋范线性空间 $X$ 中的任意两个 Cauchy 序列,证明数列$\{\|x_n-y_n\|\}$收敛.

7.证明赋范线性空间 $l^\infty$ 是完备的,这里 $l^\infty$ 中任意元素 $x=(\xi_1,\xi_2,\cdots)$的范数$\|x\|_\infty$定义为

$$\|x\|_\infty=\sup_{i\in\mathbb{N}}|\xi_i|.$$

8.证明$(\mathbb{R}^n,\|\cdot\|_\infty)$是完备的,这里$\mathbb{R}^n$ 中任意元素 $\boldsymbol{x}=(\xi_1,\cdots,\xi_n)^{\mathrm{T}}$ 的范数$\|\boldsymbol{x}\|_\infty$定义为

$$\|\boldsymbol{x}\|_\infty=\max_{1\leqslant i\leqslant n}|\xi_i|.$$

9.设$\|\cdot\|_1$和$\|\cdot\|_2$是线性空间 $X$ 上的两个等阶范数,$\{x_n\}$是 $X$ 中的序列.证明:

(1)$\{x_n\}$是$(X,\|\cdot\|_1)$中的 Cauchy 序列,当且仅当$\{x_n\}$是$(X,\|\cdot\|_2)$中的 Cauchy 序列;

(2)$\{x_n\}$依范数$\|\cdot\|_1$收敛于 $x$,当且仅当$\{x_n\}$依范数$\|\cdot\|_2$收敛于 $x$.

10.设 $A$ 是赋范线性空间(或度量空间)$X$ 的子集,证明:$A$ 是 $X$ 中的开集,当且仅当 $A$ 是一族开球之并.

11.设 $Y$ 是赋范线性空间 $X$ 的子空间,证明 $Y$ 的闭包 $\bar{Y}$ 也是 $X$ 的子空间.

12.设 $f$ 和 $g$ 是赋范线性空间(或度量空间)$X$ 上的实值连续泛函,$A$ 为 $X$ 的稠密子集.若$\forall x\in A$ 有$f(x)\leqslant g(x)$,则$\forall x\in X$ 也有$f(x)\leqslant g(x)$.

13.设 $X$ 和 $Y$ 是赋范线性空间(或度量空间),$f:X\to Y$ 是连续映射且$f(X)=Y$.若 $A$ 在 $X$ 中稠密,证明 $f(A)$在 $Y$ 中稠密.

14.设$(X,d)$是度量空间,证明$\forall x,y,x_1,y_1\in X$,有

$$|d(x,y)-d(x_1,y_1)|\leqslant d(x,x_1)+d(y,y_1).$$

15.证明:

(1)有限多个紧集的并是紧集;

(2)任意多个紧集的交是紧集.

16.证明任何一个紧空间都是完备的.

17.若 $\mathrm{C}^1[0,1]$中任一元素 $x$ 的范数定义为

$$\|x\|_d=\max_{0\leqslant t\leqslant 1}|x(t)|+\max_{0\leqslant t\leqslant 1}\left|\frac{\mathrm{d}x(t)}{\mathrm{d}t}\right|,$$

并且 $\mathrm{C}^1[0,1]$到 $\mathrm{C}[0,1]$上的微分算子 D 定义为

$$(\mathrm{D}x)(t)=\frac{\mathrm{d}x(t)}{\mathrm{d}t}\quad(x\in\mathrm{C}^1[0,1]).$$

证明 D 是有界线性算子.

18. 对于 $x=(\xi_1,\xi_2,\cdots)\in l^2$,定义 $l^2$ 上的左移算子 $T_n$ 为

$$T_n x=(\xi_{n+1},\xi_{n+2},\cdots),$$

证明线性算子 $T_n: l^2\to l^2$ 是有界的,且 $\|T_n\|=1$.

19. 在实赋范线性空间 $C[a,b]$上定义泛函 $f$,使得 $\forall x\in C[a,b]$,有

$$f(x)=x(t_0),$$

其中 $t_0$ 是闭区间$[a,b]$上的固定点. 证明 $f$ 是有界线性泛函,并求 $f$ 的范数 $\|f\|$.

20. 设 $X$ 和 $Y$ 是线性空间,$T: X\to Y$ 是线性算子,且 $T$ 是满射. 证明:

(1) $T^{-1}: Y\to X$ 存在的充分必要条件是若 $Tx=0$,则必有 $x=0$;

(2) 若 $T^{-1}$ 存在,则 $T^{-1}$ 也是线性的.

21. 设 $X$ 和 $Y$ 是赋范线性空间,$T: X\to Y$ 是有界线性算子,且 $T$ 是满射. 若存在正数 $b$,使得对一切 $x\in X$ 皆有

$$\|Tx\|\geqslant b\|x\|,$$

则 $T^{-1}: Y\to X$ 存在,它也是有界线性算子,并且 $\|T^{-1}\|\leqslant\frac{1}{b}$.

22. 证明有限维赋范线性空间中的有界集是列紧集;有界闭集是紧集.

23. 设 $\|\cdot\|$ 是$\mathbb{C}^{n\times n}$上的方阵范数,$\boldsymbol{D}$ 是 $n$ 阶可逆矩阵. 对于任意 $\boldsymbol{A}\in\mathbb{C}^{n\times n}$,定义

$$\|\boldsymbol{A}\|_*=\|\boldsymbol{D}^{-1}\boldsymbol{A}\boldsymbol{D}\|,$$

证明 $\|\cdot\|_*$ 是$\mathbb{C}^{n\times n}$上的方阵范数.

24. 设 $\|\cdot\|$ 是$\mathbb{C}^{n\times n}$上的方阵范数,$\boldsymbol{B}$ 和 $\boldsymbol{C}$ 都是 $n$ 阶可逆矩阵,且

$$\|\boldsymbol{B}^{-1}\|\leqslant 1,\ \|\boldsymbol{C}^{-1}\|\leqslant 1.$$

$\forall \boldsymbol{A}\in\mathbb{C}^{n\times n}$,定义　$\|\boldsymbol{A}\|_*=\|\boldsymbol{BAC}\|$,

证明 $\|\cdot\|_*$ 是$\mathbb{C}^{n\times n}$上的方阵范数.

25. 对于$\mathbb{C}^{n\times n}$上的任何算子范数 $\|\cdot\|$,证明:

(1) 若 $\boldsymbol{E}\in\mathbb{C}^{n\times n}$ 是单位矩阵,则 $\|\boldsymbol{E}\|=1$;

(2) 若 $\boldsymbol{A}\in\mathbb{C}^{n\times n}$ 是可逆矩阵,则 $\|\boldsymbol{A}^{-1}\|\geqslant\|\boldsymbol{A}\|^{-1}$.

26. 对于任意 $\boldsymbol{A}\in\mathbb{C}^{n\times n}$,证明

$$\frac{1}{\sqrt{n}}\|\boldsymbol{A}\|_F\leqslant\|\boldsymbol{A}\|_2\leqslant\|\boldsymbol{A}\|_F.$$

27. 设 $\|\cdot\|$ 是$\mathbb{C}^{n\times n}$上的任一种方阵范数,$\lambda$ 是 $\boldsymbol{A}\in\mathbb{C}^{n\times n}$ 的特征值. 若 $A$ 是可逆矩阵,证明:

$$\frac{1}{\|A^{-1}\|} \leqslant |\lambda| \leqslant \|A\|.$$

28. 设 $A \in \mathbb{C}^{n \times n}$,证明:

(1)若 $A$ 是正规矩阵,则 $\rho(A) = \|A\|_2$;

(2)若 $A = A^{H}$,则 $\rho(A) = \|A\|_2$;

(3)若 $A$ 是酉矩阵,则 $\rho(A) = 1$.

29. 设 $A \in \mathbb{C}^{n \times n}$,若 $U \in \mathbb{C}^{n \times n}$ 是酉矩阵,则

$$\rho(AU) \leqslant \|A\|_2.$$

30. 设 $X$ 是内积空间,$A \subset X$,证明 $A^{\perp}$ 是 $X$ 的闭子空间.

# 第 4 章　矩阵分析

本章主要介绍函数矩阵的微积分和方阵函数的计算.

## 4.1　向量和矩阵的微分与积分

### 4.1.1　向量值函数的导数

**定义** 4.1　设有映射 $f:\Omega\to\mathbb{R}^m$ ($\Omega\subset\mathbb{R}^n$ 是开集), $\boldsymbol{x}\in\Omega$. 若存在线性算子 $A:\mathbb{R}^n\to\mathbb{R}^m$, 使得对 $\boldsymbol{h}\in\mathbb{R}^n$, 有

$$\lim_{\|\boldsymbol{h}\|\to 0}\frac{\|f(\boldsymbol{x}+\boldsymbol{h})-f(\boldsymbol{x})-A\boldsymbol{h}\|}{\|\boldsymbol{h}\|}=0, \tag{4.1}$$

则称 $f$ **在点 $\boldsymbol{x}$ 处 Fréchet 可微**(简称可微), 并称线性算子 $A$ 是 $f$ **在 $\boldsymbol{x}$ 点的 Fréchet 导算子**(简称导算子), 记为 $f'(\boldsymbol{x})$, 即 $f'(\boldsymbol{x})=A$.

若 $f$ 在 $\Omega$ 上的每一点都可微, 则称 $f$ 在 $\Omega$ 上可微. 于是, 对每一个 $\boldsymbol{x}\in\Omega$, $f'(\boldsymbol{x})$ 都是一个从 $\mathbb{R}^n$ 到 $\mathbb{R}^m$ 的线性算子, 故此时有

$$f':\Omega\to\mathscr{L}(\mathbb{R}^n,\mathbb{R}^m),$$

即

$$f':\boldsymbol{x}\mapsto f'(\boldsymbol{x}),$$

其中 $\mathscr{L}(\mathbb{R}^n,\mathbb{R}^m)$ 表示从 $\mathbb{R}^n$ 到 $\mathbb{R}^m$ 的线性算子空间. 若 $f'$ 在 $\Omega$ 上连续, 则称 $f$ 在 $\Omega$ 上是连续可微的.

**注**　(1) 当 $\|\boldsymbol{h}\|$ 足够小时, 由于 $\Omega$ 是开集, 故 $\boldsymbol{x}+\boldsymbol{h}\in\Omega$, 于是 $f(\boldsymbol{x}+\boldsymbol{h})$ 有意义. 在式(4.1)中分子的范数应是 $\mathbb{R}^m$ 中的范数, 而分母的范数是 $\mathbb{R}^n$ 中的范数.

(2) 式(4.1)等价于

$$f(\boldsymbol{x}+\boldsymbol{h})-f(\boldsymbol{x})=A\boldsymbol{h}+r(\boldsymbol{h}), \tag{4.2}$$

其中

$$\lim_{\|\boldsymbol{h}\|\to 0}\frac{\|r(\boldsymbol{h})\|}{\|\boldsymbol{h}\|}=0.$$

称 $A\boldsymbol{h}$ 为 **$f$ 在点 $\boldsymbol{x}$ 的微分**. 由式(4.2)可知, 若 $f$ 在点 $\boldsymbol{x}$ 可微, 则 $f$ 在点 $\boldsymbol{x}$

必定连续.

(3)若 $f$ 在 $\boldsymbol{x}\in\Omega$ 处可微,则 $f$ 在点 $\boldsymbol{x}$ 的导算子 $A=f'(\boldsymbol{x})$ 是唯一的.事实上,设 $A_1,A_2$ 都是 $f$ 在点 $\boldsymbol{x}$ 的导算子,记 $B=A_1-A_2$.由不等式

$$\|B\boldsymbol{h}\|\leqslant\|f(\boldsymbol{x}+\boldsymbol{h})-f(\boldsymbol{x})-A_1\boldsymbol{h}\|+\|f(\boldsymbol{x}+\boldsymbol{h})-f(\boldsymbol{x})-A_2\boldsymbol{h}\|$$

可知,当 $\|\boldsymbol{h}\|\to 0$ 时,$\dfrac{\|B\boldsymbol{h}\|}{\|\boldsymbol{h}\|}\to 0$.故对于任意固定的 $\boldsymbol{h}\neq\boldsymbol{0}$ 及 $t\in\mathbb{R}$,有

$$\lim_{t\to 0}\frac{\|B(t\boldsymbol{h})\|}{\|t\boldsymbol{h}\|}=0.$$

又因为 $B$ 是线性算子,所以

$$\frac{\|B(t\boldsymbol{h})\|}{\|t\boldsymbol{h}\|}=\frac{\|tB\boldsymbol{h}\|}{\|t\boldsymbol{h}\|}=\frac{\|B\boldsymbol{h}\|}{\|\boldsymbol{h}\|},$$

即 $\dfrac{\|B(t\boldsymbol{h})\|}{\|t\boldsymbol{h}\|}$ 与 $t$ 无关.于是对任意 $\boldsymbol{h}\in\mathbb{R}^n$,且 $\boldsymbol{h}\neq\boldsymbol{0}$,有 $\dfrac{\|B\boldsymbol{h}\|}{\|\boldsymbol{h}\|}=0$,因此 $B\boldsymbol{h}=\boldsymbol{0}$,从而 $B=O$,即 $A_1=A_2$.

由于导算子 $A:\mathbb{R}^n\to\mathbb{R}^m$ 是线性映射,故存在一个 $m\times n$ 阶矩阵与之对应.

设 $\{\boldsymbol{e}_1,\boldsymbol{e}_2,\cdots,\boldsymbol{e}_n\}$ 是 $\mathbb{R}^n$ 的标准正交基,$\boldsymbol{x}\in\Omega\subset\mathbb{R}^n$,$\boldsymbol{h}\in\mathbb{R}^n$ 在这个基下分别表示为

$$\boldsymbol{x}=(x_1,x_2,\cdots,x_n)^{\mathrm{T}}\quad 和\quad \boldsymbol{h}=(h_1,h_2,\cdots,h_n)^{\mathrm{T}},$$

而 $f(\boldsymbol{x})\in\mathbb{R}^m$ 和 $r(\boldsymbol{h})\in\mathbb{R}^m$,在 $\mathbb{R}^m$ 的标准正交基 $\{\boldsymbol{u}_1,\boldsymbol{u}_2,\cdots,\boldsymbol{u}_m\}$ 下分别表示为

$$\begin{aligned}f(\boldsymbol{x})&=(f_1(\boldsymbol{x}),f_2(\boldsymbol{x}),\cdots,f_m(\boldsymbol{x}))^{\mathrm{T}}\\&=(f_1(x_1,x_2,\cdots,x_n),\cdots,f_m(x_1,x_2,\cdots,x_n))^{\mathrm{T}}\end{aligned}$$

和 $$r(\boldsymbol{h})=(r_1(\boldsymbol{h}),r_2(\boldsymbol{h}),\cdots,r_m(\boldsymbol{h}))^{\mathrm{T}}.$$

因此 $f(\boldsymbol{x})$ 是($n$ 维)向量的向量值函数,亦即 $f:\Omega\to\mathbb{R}^m$ 确定了一组($m$ 个)$n$ 元函数.

设 $A=f'(\boldsymbol{x})$ 关于基 $\{\boldsymbol{e}_1,\boldsymbol{e}_2,\cdots,\boldsymbol{e}_n\}$ 和基 $\{\boldsymbol{u}_1,\boldsymbol{u}_2,\cdots,\boldsymbol{u}_m\}$ 的矩阵为

$\boldsymbol{A}=[a_{ij}]_{m\times n}$,于是式(4.2)可写为

$$\begin{bmatrix} f_1(\boldsymbol{x}+\boldsymbol{h}) \\ f_2(\boldsymbol{x}+\boldsymbol{h}) \\ \vdots \\ f_m(\boldsymbol{x}+\boldsymbol{h}) \end{bmatrix} - \begin{bmatrix} f_1(\boldsymbol{x}) \\ f_2(\boldsymbol{x}) \\ \vdots \\ f_m(\boldsymbol{x}) \end{bmatrix} = \begin{bmatrix} a_{11} & a_{12} & \cdots & a_{1n} \\ a_{21} & a_{22} & \cdots & a_{2n} \\ \vdots & \vdots & & \vdots \\ a_{m1} & a_{m2} & \cdots & a_{mn} \end{bmatrix} \begin{bmatrix} h_1 \\ h_2 \\ \vdots \\ h_n \end{bmatrix} + \begin{bmatrix} r_1(h) \\ r_2(h) \\ \vdots \\ r_m(h) \end{bmatrix},$$

故对于所有 $i=1,2,\cdots,m$ 有

$$\begin{aligned} & f_i(x_1+h_1,x_2+h_2,\cdots,x_n+h_n)-f_i(x_1,x_2,\cdots,x_n) \\ = & a_{i1}h_1+a_{i2}h_2+\cdots+a_{in}h_n+r_i(h_1,h_2,\cdots,h_n), \end{aligned}$$

其中 $\lim\limits_{\rho\to 0}\dfrac{|r_i(h_1,h_2,\cdots,h_n)|}{\rho}=0,\rho=\|\boldsymbol{h}\|=\sqrt{h_1^2+h_2^2+\cdots+h_n^2}.$

由此可知,$n$ 元数量值函数 $f_i$ 在点 $\boldsymbol{x}=(x_1,x_2,\cdots,x_n)^{\mathrm{T}}$ 处可微,故各个偏导数$\dfrac{\partial f_i(\boldsymbol{x})}{x_j}(j=1,2,\cdots,n)$都存在,且 $a_{ij}=\dfrac{\partial f_i(\boldsymbol{x})}{\partial x_j}(j=1,2,\cdots,n)$.所以

$$\boldsymbol{A}=\begin{bmatrix} \dfrac{\partial f_1(\boldsymbol{x})}{\partial x_1} & \dfrac{\partial f_1(\boldsymbol{x})}{\partial x_2} & \cdots & \dfrac{\partial f_1(\boldsymbol{x})}{\partial x_n} \\ \dfrac{\partial f_2(\boldsymbol{x})}{\partial x_1} & \dfrac{\partial f_2(\boldsymbol{x})}{\partial x_2} & \cdots & \dfrac{\partial f_2(\boldsymbol{x})}{\partial x_n} \\ \vdots & \vdots & & \vdots \\ \dfrac{\partial f_m(\boldsymbol{x})}{\partial x_1} & \dfrac{\partial f_m(\boldsymbol{x})}{\partial x_2} & \cdots & \dfrac{\partial f_m(\boldsymbol{x})}{\partial x_n} \end{bmatrix}.$$

这个矩阵叫做 $f$ 在 $\boldsymbol{x}$ 点的 Jacobi 矩阵,并称它为 $f$ 在点 $\boldsymbol{x}$ 的导数,即

$$\frac{\mathrm{d}f(\boldsymbol{x})}{\mathrm{d}\boldsymbol{x}}=f'(\boldsymbol{x})=\left[\frac{\partial f_i(\boldsymbol{x})}{\partial x_j}\right]_{m\times n}. \tag{4.3}$$

**例 4.1** 若 $f(\boldsymbol{x})=f(x_1,x_2,x_3)=\begin{bmatrix} 3x_1+x_3\mathrm{e}^{x_2} \\ x_1^3+x_2^2\sin x_3 \end{bmatrix}$,则

$$f'(\boldsymbol{x})=\begin{bmatrix} 3 & x_3\mathrm{e}^{x_2} & \mathrm{e}^{x_2} \\ 3x_1^2 & 2x_2\sin x_3 & x_2^2\cos x_3 \end{bmatrix}.$$

当 $m=1$,即 $f:\Omega(\subset\mathbb{R}^n)\to\mathbb{R}$是 $n$ 元数值函数时,有

$$f'(\boldsymbol{x})=\left[\frac{\partial f(\boldsymbol{x})}{\partial x_1}\quad\frac{\partial f(\boldsymbol{x})}{\partial x_2}\quad\cdots\quad\frac{\partial f(\boldsymbol{x})}{\partial x_n}\right],$$

其分量是 $f$ 对各个变元的偏导数.即

$$f'(\boldsymbol{x})=\operatorname{grad}f=\left(\frac{\partial f(\boldsymbol{x})}{\partial x_1},\frac{\partial f(\boldsymbol{x})}{\partial x_2},\cdots,\frac{\partial f(\boldsymbol{x})}{\partial x_n}\right)^{\mathrm{T}}.$$

若 $f'$ 在点 $\boldsymbol{x}$ 可微,则称 $f$ 在点 $\boldsymbol{x}$ 二次可微,且称 $\frac{\mathrm{d}f'(\boldsymbol{x})}{\mathrm{d}\boldsymbol{x}}$ 是 $f$ 在点 $\boldsymbol{x}$ 的**二阶导数**.由定义 4.1 及式(4.3)可得 $n$ 元函数的二阶导数等于 $n\times n$ 矩阵

$$\boldsymbol{H}=\begin{bmatrix}\frac{\partial^2 f(\boldsymbol{x})}{\partial x_1^2} & \frac{\partial^2 f(\boldsymbol{x})}{\partial x_2\partial x_1} & \cdots & \frac{\partial^2 f(\boldsymbol{x})}{\partial x_n\partial x_1}\\ \frac{\partial^2 f(\boldsymbol{x})}{\partial x_1\partial x_2} & \frac{\partial^2 f(\boldsymbol{x})}{\partial x_2^2} & \cdots & \frac{\partial^2 f(\boldsymbol{x})}{\partial x_n\partial x_2}\\ \vdots & \vdots & & \vdots\\ \frac{\partial^2 f(\boldsymbol{x})}{\partial x_1\partial x_n} & \frac{\partial^2 f(\boldsymbol{x})}{\partial x_2\partial x_n} & \cdots & \frac{\partial^2 f(\boldsymbol{x})}{\partial x_n^2}\end{bmatrix}.$$

称 $\boldsymbol{H}$ 为 $f$ 在**点 $\boldsymbol{x}$ 的 Hesse 矩阵**.当 $f$ 的二阶偏导数连续时,Hesse 矩阵是对称的.

当 $n=1$ 时,$f:\Omega(\subset\mathbb{R})\to\mathbb{R}^m$ 是单元向量值函数.

$$f'(x)=(f_1'(x),f_2'(x),\cdots,f_m'(x))^{\mathrm{T}},\tag{4.4}$$

即 $f'(x)$ 等于由 $f(x)$ 的各个分量的导数组成的向量.

### 4.1.2 单元函数矩阵的微分

式(4.4)实际上是单元函数的 $m\times1$ 矩阵的导数,同样地,可定义单元函数的 $m\times n$ 矩阵的导数.

**定义 4.2** 设 $\boldsymbol{A}(t)=[a_{ij}(t)]_{m\times n}$,其中 $a_{ij}(t)$ 是变量 $t\in\mathbb{R}$(或 $\mathbb{C}$)的函数.若对于 $i=1,2,\cdots,m,j=1,2,\cdots,n,\frac{\mathrm{d}a_{ij}(t)}{\mathrm{d}t}$ 都存在,则称 $\boldsymbol{A}(t)$ 关于变量 $t$ 可导,且 $\boldsymbol{A}(t)$ 的导数规定为

$$\frac{\mathrm{d}\boldsymbol{A}(t)}{\mathrm{d}t}=\left[\frac{\mathrm{d}}{\mathrm{d}t}a_{ij}(t)\right]_{m\times n}$$

$$=\begin{bmatrix} \frac{d}{dt}a_{11}(t) & \frac{d}{dt}a_{12}(t) & \cdots & \frac{d}{dt}a_{1n}(t) \\ \frac{d}{dt}a_{21}(t) & \frac{d}{dt}a_{22}(t) & \cdots & \frac{d}{dt}a_{2n}(t) \\ \vdots & \vdots & & \vdots \\ \frac{d}{dt}a_{m1}(t) & \frac{d}{dt}a_{m2}(t) & \cdots & \frac{d}{dt}a_{mn}(t) \end{bmatrix}.$$

若将数字矩阵 $\boldsymbol{A}$ 视为函数矩阵，则 $\boldsymbol{A}$ 总是可导的，且 $\frac{d\boldsymbol{A}}{dt}=\boldsymbol{0}$.

单元函数矩阵的导数有下列性质(假定下面所涉及的运算都是可以进行的)：

(1)若 $\boldsymbol{A}(t)$ 可导，则 $\boldsymbol{A}^{T}(t)$ 可导，且 $\frac{d\boldsymbol{A}^{T}(t)}{dt}=\left(\frac{d\boldsymbol{A}(t)}{dt}\right)^{T}$；

(2)若 $\boldsymbol{A}(t),\boldsymbol{B}(t)$ 都可导，$a,b\in\mathbb{R}$(或$\mathbb{C}$)是常数，则

$$\frac{d}{dt}(a\boldsymbol{A}(t)+b\boldsymbol{B}(t))=a\,\frac{d\boldsymbol{A}(t)}{dt}+b\,\frac{d\boldsymbol{B}(t)}{dt};$$

(3)设 $\boldsymbol{A}(t),\boldsymbol{B}(t)$ 都可导，则

$$\frac{d}{dt}(\boldsymbol{A}(t)\boldsymbol{B}(t))=\frac{d\boldsymbol{A}(t)}{dt}\boldsymbol{B}(t)+\boldsymbol{A}(t)\frac{d\boldsymbol{B}(t)}{dt};$$

若 $\boldsymbol{C},\boldsymbol{K}$ 是数字矩阵，则

$$\frac{d}{dt}(\boldsymbol{C}\cdot\boldsymbol{B}(t))=\boldsymbol{C}\,\frac{d\boldsymbol{B}(t)}{dt},\quad \frac{d}{dt}(\boldsymbol{A}(t)\boldsymbol{K})=\frac{d\boldsymbol{A}(t)}{dt}\boldsymbol{K};$$

(4)设 $\boldsymbol{A}(u)=[a_{ij}(u)]_{m\times n}$ 可导，函数 $u=f(t)$ 可导，则

$$\frac{d}{dt}\boldsymbol{A}(f(t))=\frac{d\boldsymbol{A}(u)}{du}\cdot\frac{df(t)}{dt};$$

(5)设方阵 $\boldsymbol{A}(t)$ 可逆(即存在与 $\boldsymbol{A}(t)$ 同阶的方阵 $\boldsymbol{A}^{-1}(t)$，使得 $\boldsymbol{A}(t)\boldsymbol{A}^{-1}(t)=\boldsymbol{A}^{-1}(t)\boldsymbol{A}(t)=\boldsymbol{E}$)，若 $\boldsymbol{A}(t)$ 和 $\boldsymbol{A}^{-1}(t)$ 都可导，则

$$\frac{d}{dt}\boldsymbol{A}^{-1}(t)=-\boldsymbol{A}^{-1}(t)\frac{d\boldsymbol{A}(t)}{dt}\boldsymbol{A}^{-1}(t).$$

**证明**　(1)、(2)、(3)由定义 4.2 直接可得，下面证明(3)和(5).

(3)设 $\boldsymbol{A}(t)=[a_{ik}(t)]_{m\times s},\boldsymbol{B}(t)=[b_{kj}(t)]_{s\times n}$，于是

$$\boldsymbol{A}(t)\boldsymbol{B}(t)=\left[\sum_{k=1}^{s}a_{ik}(t)b_{kj}(t)\right]_{m\times n}.$$

所以

$$\frac{\mathrm{d}}{\mathrm{d}t}(\boldsymbol{A}(t)\boldsymbol{B}(t))=\left[\sum_{k=1}^{s}(a'_{ik}(t)b_{kj}(t)+a_{ik}(t)b'_{kj}(t))\right]_{m\times n}$$

$$=\left[\sum_{k=1}^{s}a'_{ik}(t)b_{kj}(t)\right]_{m\times n}+\left[\sum_{k=1}^{s}a_{ik}(t)b'_{kj}(t)\right]_{m\times n}$$

$$=\frac{\mathrm{d}\boldsymbol{A}(t)}{\mathrm{d}t}\boldsymbol{B}(t)+\boldsymbol{A}(t)\frac{\mathrm{d}\boldsymbol{B}(t)}{\mathrm{d}t}.$$

注意,由于矩阵的乘法不具交换律,故上式中乘积的次序一般不能交换.

(5)因为 $\boldsymbol{A}^{-1}(t)\boldsymbol{A}(t)=\boldsymbol{E}$,所以

$$\frac{\mathrm{d}}{\mathrm{d}t}(\boldsymbol{A}^{-1}(t)\boldsymbol{A}(t))=\frac{\mathrm{d}\boldsymbol{A}^{-1}(t)}{\mathrm{d}t}\boldsymbol{A}(t)+\boldsymbol{A}^{-1}(t)\frac{\mathrm{d}\boldsymbol{A}(t)}{\mathrm{d}t}=\boldsymbol{0},$$

即

$$\frac{\mathrm{d}\boldsymbol{A}^{-1}(t)}{\mathrm{d}t}\boldsymbol{A}(t)=-\boldsymbol{A}^{-1}(t)\frac{\mathrm{d}\boldsymbol{A}(t)}{\mathrm{d}t}.$$

两边右乘以 $\boldsymbol{A}^{-1}(t)$得

$$\frac{\mathrm{d}\boldsymbol{A}^{-1}(t)}{\mathrm{d}t}=-\boldsymbol{A}^{-1}(t)\frac{\mathrm{d}\boldsymbol{A}(t)}{\mathrm{d}t}\boldsymbol{A}^{-1}(t).$$

**例 4.2** 设 $\boldsymbol{A}(t)=\begin{bmatrix}t&0\\1&t^2\end{bmatrix}$,求$\frac{\mathrm{d}}{\mathrm{d}t}\boldsymbol{A}^2(t)$和 $2\boldsymbol{A}(t)\frac{\mathrm{d}\boldsymbol{A}(t)}{\mathrm{d}t}$.

**解** $\boldsymbol{A}^2(t)=\begin{bmatrix}t^2&0\\t+t^2&t^4\end{bmatrix}$, $\frac{\mathrm{d}}{\mathrm{d}t}\boldsymbol{A}(t)=\begin{bmatrix}1&0\\0&2t\end{bmatrix}$,

$$\frac{\mathrm{d}}{\mathrm{d}t}\boldsymbol{A}^2(t)=\begin{bmatrix}2t&0\\1+2t&4t^3\end{bmatrix},$$

$$2\boldsymbol{A}(t)\frac{\mathrm{d}\boldsymbol{A}(t)}{\mathrm{d}t}=\begin{bmatrix}2t&0\\2&2t^2\end{bmatrix}\begin{bmatrix}1&0\\0&2t\end{bmatrix}=\begin{bmatrix}2t&0\\2&4t^3\end{bmatrix}.$$

本例说明 $\frac{\mathrm{d}\boldsymbol{A}^2(t)}{\mathrm{d}t}\neq 2\boldsymbol{A}(t)\frac{\mathrm{d}\boldsymbol{A}(t)}{\mathrm{d}t}$.

### 4.1.3 单元函数矩阵的积分

**定义 4.3** 设 $\boldsymbol{A}(t)=[a_{ij}(t)]_{m\times n}$.若 $a_{ij}(t)$在$[a,b]$上**可积**($i=1,2,\cdots,m;j=1,2,\cdots,n$),则称 $\boldsymbol{A}(t)$在$[a,b]$上可积,且规定 $\boldsymbol{A}(t)$在$[a,b]$上的**定积分**为

$$\int_a^b \boldsymbol{A}(t)\mathrm{d}t = \left[\int_a^b a_{ij}(t)\mathrm{d}t\right]_{m\times n} = \begin{bmatrix} \int_a^b a_{11}(t)\mathrm{d}t & \int_a^b a_{12}(t)\mathrm{d}t & \cdots & \int_a^b a_{1n}(t)\mathrm{d}t \\ \int_a^b a_{21}(t)\mathrm{d}t & \int_a^b a_{22}(t)\mathrm{d}t & \cdots & \int_a^b a_{2n}(t)\mathrm{d}t \\ \vdots & \vdots & & \vdots \\ \int_a^b a_{m1}(t)\mathrm{d}t & \int_a^b a_{m2}(t)\mathrm{d}t & \cdots & \int_a^b a_{mn}(t)\mathrm{d}t \end{bmatrix}.$$

而称$\int \boldsymbol{A}(t)\mathrm{d}t = \left[\int a_{ij}(t)\mathrm{d}t\right]_{m\times n}$为$\boldsymbol{A}(t)$的**不定积分**.

当 $n=1$ 时,就得到单元向量值函数 $f(t)$的积分

$$\int_a^b f(t)\mathrm{d}t = \left(\int_a^b f_1(t)\mathrm{d}t, \int_a^b f_2(t)\mathrm{d}t, \cdots, \int_a^b f_m(t)\mathrm{d}t\right)^{\mathrm{T}}.$$

不难验证,当所涉及的运算有意义时,单元函数矩阵的积分具有以下性质:

(1)$\int \boldsymbol{A}^{\mathrm{T}}(t)\mathrm{d}t = \left(\int \boldsymbol{A}(t)\mathrm{d}t\right)^{\mathrm{T}}$;

(2)$\int (a\boldsymbol{A}(t) + b\boldsymbol{B}(t))\mathrm{d}t = a\int \boldsymbol{A}(t)\mathrm{d}t + b\int \boldsymbol{B}(t)\mathrm{d}t$ ($a,b$ 为常数);

(3)$\int \boldsymbol{A}(t)\boldsymbol{B}\mathrm{d}t = \left(\int \boldsymbol{A}(t)\mathrm{d}t\right)\boldsymbol{B}$,　$\int \boldsymbol{C}\boldsymbol{A}(t)\mathrm{d}t = \boldsymbol{C}\int \boldsymbol{A}(t)\mathrm{d}t$　($\boldsymbol{B},\boldsymbol{C}$ 为数字矩阵);

(4)$\int \left(\boldsymbol{A}(t)\frac{\mathrm{d}\boldsymbol{B}(t)}{\mathrm{d}t}\right)\mathrm{d}t = \boldsymbol{A}(t)\boldsymbol{B}(t) - \int \frac{\mathrm{d}\boldsymbol{A}(t)}{\mathrm{d}t}\boldsymbol{B}(t)\mathrm{d}t$.

**证明**　(1)、(2)由定义 4.3 直接可得,(3)留作练习,下面证性质(4).

设　$\boldsymbol{A}(t) = [a_{ik}(t)]_{m\times s}$,　$\boldsymbol{B}(t) = [b_{kj}(t)]_{s\times n}$,

则
$$\frac{\mathrm{d}\boldsymbol{A}(t)}{\mathrm{d}t} = [a'_{ik}(t)]_{m\times s}, \frac{\mathrm{d}\boldsymbol{B}(t)}{\mathrm{d}t} = [b'_{kj}(t)]_{s\times n},$$

$$\boldsymbol{A}(t)\boldsymbol{B}(t) = \left[\sum_{k=1}^{s} a_{ik}(t)b_{kj}(t)\right]_{m\times n},$$

$$\boldsymbol{A}(t)\frac{\mathrm{d}\boldsymbol{B}(t)}{\mathrm{d}t} = \left[\sum_{k=1}^{s} a_{ik}(t)b'_{kj}(t)\right]_{m\times n},$$

$$\frac{\mathrm{d}\boldsymbol{A}(t)}{\mathrm{d}t}\boldsymbol{B}(t)=\left[\sum_{k=1}^{s} a'_{ik}(t)b_{kj}(t)\right]_{m\times n}.$$

所以

$$\int\left(\boldsymbol{A}(t)\frac{\mathrm{d}\boldsymbol{B}(t)}{\mathrm{d}t}\right)\mathrm{d}t=\left[\int\left(\sum_{k=1}^{s} a_{ik}(t)b'_{kj}(t)\right)\mathrm{d}t\right]_{m\times n}$$

$$=\left[\sum_{k=1}^{s}\int a_{ik}(t)b'_{kj}(t)\mathrm{d}t\right]_{m\times n}$$

$$=\left[\sum_{k=1}^{s}\left(a_{ik}(t)b_{kj}(t)-\int a'_{ik}(t)b_{kj}(t)\mathrm{d}t\right)\right]_{m\times n}$$

$$=\left[\sum_{k=1}^{s} a_{ik}(t)b_{kj}(t)\right]_{m\times n}-\left[\int\left(\sum_{k=1}^{s} a'_{ik}(t)b_{kj}(t)\right)\mathrm{d}t\right]_{m\times n}$$

$$=\boldsymbol{A}(t)\boldsymbol{B}(t)-\int\frac{\mathrm{d}\boldsymbol{A}(t)}{\mathrm{d}t}\boldsymbol{B}(t)\mathrm{d}t.$$

证毕.

## 4.2 方阵函数

本节通过方阵幂级数给出方阵函数的定义,并介绍常用的方阵函数的性质,为此先介绍方阵序列、方阵幂级数收敛性的判别法和有关性质.

### 4.2.1 方阵序列收敛的充分必要条件及性质

在第 3 章我们已讨论过一般赋范线性空间中序列和级数的收敛性,现在来具体研究方阵序列与方阵级数的收敛性.

在下面的讨论中,总假设 $\boldsymbol{A}_m=[a_{ij}^{(m)}]\in\mathbb{C}^{n\times n}$, $m=1,2,\cdots$, $\boldsymbol{A}=[a_{ij}]\in\mathbb{C}^{n\times n}$.

**定理** 4.1 方阵序列 $\{\boldsymbol{A}_m\}$ 收敛于 $\boldsymbol{A}$(即 $\lim\limits_{m\to\infty}\boldsymbol{A}_m=\boldsymbol{A}$),当且仅当对于所有 $i,j=1,2,\cdots,n$,都有 $\lim\limits_{m\to\infty}a_{ij}^{(m)}=a_{ij}$.

**证明** 设 $\lim\limits_{m\to\infty}\boldsymbol{A}_m=\boldsymbol{A}$,即 $\lim\limits_{m\to\infty}\|\boldsymbol{A}_m-\boldsymbol{A}\|=0$.因为 $\mathbb{C}^{n\times n}$ 上任何范数都等价,故有 $\lim\limits_{m\to\infty}\|\boldsymbol{A}_m-\boldsymbol{A}\|_1=\lim\limits_{m\to\infty}\max\limits_{1\leqslant j\leqslant n}\sum\limits_{i=1}^{n}|a_{ij}^{(m)}-a_{ij}|=0$.所以对所有的 $i,j=1,2,\cdots,n$, $\lim\limits_{m\to\infty}|a_{ij}^{(m)}-a_{ij}|=0$,即 $\lim\limits_{m\to\infty}a_{ij}^{(m)}=a_{ij}$.

以上推证过程是可逆的，故定理得证.

定理 4.1 表明，一个 $n$ 阶方阵序列收敛，意味着 $n^2$ 个数列 $\{a_{ij}^{(m)}\}$ 都收敛. 于是，只要有一个数列 $\{a_{ij}^{(m)}\}$ 不收敛，则 $\{\boldsymbol{A}_m\}$ 就发散. 例如，若 $\boldsymbol{A}=\operatorname{diag}\left(\frac{1}{2},\frac{1}{3},2\right)$，则 $\{\boldsymbol{A}_m\}=\{\boldsymbol{A}^m\}$ 发散，因为数列 $\{2^m\}$ 是发散的.

收敛的方阵序列除了具有一般收敛点列的性质外，还具有下述性质.

(1) 若 $\lim\limits_{m\to\infty}\boldsymbol{A}_m=\boldsymbol{A}$，$\lim\limits_{m\to\infty}\boldsymbol{B}_m=\boldsymbol{B}$，则 $\lim\limits_{m\to\infty}(\boldsymbol{A}_m\boldsymbol{B}_m)=\boldsymbol{AB}$，其中 $\boldsymbol{A},\boldsymbol{A}_m,\boldsymbol{B},\boldsymbol{B}_m\in\mathbb{C}^{n\times n}$，$m=1,2,\cdots$.

(2) 设 $\lim\limits_{m\to\infty}\boldsymbol{A}_m=\boldsymbol{A}$，若 $\boldsymbol{A}^{-1}$，$\boldsymbol{A}_m^{-1}(m=1,2,\cdots)$ 都存在，则

$$\lim_{m\to\infty}\boldsymbol{A}_m^{-1}=\boldsymbol{A}^{-1}.$$

**证明**　(1) 因为

$$\begin{aligned}\|\boldsymbol{A}_m\boldsymbol{B}_m-\boldsymbol{AB}\|&=\|\boldsymbol{A}_m\boldsymbol{B}_m-\boldsymbol{A}_m\boldsymbol{B}+\boldsymbol{A}_m\boldsymbol{B}-\boldsymbol{AB}\|\\&\leqslant\|\boldsymbol{A}_m\|\,\|\boldsymbol{B}_m-\boldsymbol{B}\|+\|\boldsymbol{A}_m-\boldsymbol{A}\|\,\|\boldsymbol{B}\|\to 0\quad(m\to\infty\text{时}),\end{aligned}$$

所以 $$\lim_{m\to\infty}(\boldsymbol{A}_m\boldsymbol{B}_m)=\boldsymbol{AB}.$$

(2) 因为

$$\begin{aligned}\lim_{m\to\infty}\det(\boldsymbol{A}_m)&=\lim_{m\to\infty}\sum_{j_1j_2\cdots j_n}(-1)^{\tau(j_1j_2\cdots j_n)}a_{1j_1}^{(m)}a_{2j_2}^{(m)}\cdots a_{nj_n}^{(m)}\\&=\sum_{j_1j_2\cdots j_n}(-1)^{\tau(j_1j_2\cdots j_n)}a_{1j_1}a_{2j_2}\cdots a_{nj_n}=\det\boldsymbol{A},\end{aligned}$$

且由定理 4.1 可得

$$\lim_{m\to\infty}\operatorname{adj}(\boldsymbol{A}_m)=\operatorname{adj}\boldsymbol{A}.$$

所以 $$\lim_{m\to\infty}\boldsymbol{A}_m^{-1}=\lim_{m\to\infty}\frac{\operatorname{adj}(\boldsymbol{A}_m)}{\det(\boldsymbol{A}_m)}=\frac{\lim\limits_{m\to\infty}\operatorname{adj}(\boldsymbol{A}_m)}{\lim\limits_{m\to\infty}\det(\boldsymbol{A}_m)}=\frac{\operatorname{adj}\boldsymbol{A}}{\det\boldsymbol{A}}=\boldsymbol{A}^{-1}.$$ 证毕.

同数列 $\{z^m\}$ 的收敛性由 $z$ 的模完全确定一样，方阵序列 $\{\boldsymbol{A}^m\}_{m=0}^{\infty}$：$\boldsymbol{E},\boldsymbol{A},\boldsymbol{A}^2,\cdots,\boldsymbol{A}^m,\cdots$ 的收敛性也由 $\boldsymbol{A}$ 的范数完全确定.

**定理 4.2**　设 $\boldsymbol{A}\in\mathbb{C}^{n\times n}$，则 $\{\boldsymbol{A}^m\}_{m=0}^{\infty}$ 收敛于零矩阵的充分必要条件是 $\rho(\boldsymbol{A})<1$.

**证明**　先证必要性. 若 $\lim\limits_{m\to\infty}\boldsymbol{A}^m=\boldsymbol{0}$，则对于任意一种方阵范数

$\|\cdot\|$,有 $\lim\limits_{m\to\infty}\|A^m\|=0$.因此

$$(\rho(A))^m=\rho(A^m)\leqslant\|A^m\|\to 0\quad(m\to\infty),$$

故　$\rho(A)<1$.

再证充分性.若 $\rho(A)<1$,则存在 $\varepsilon>0$ 使得

$$\rho(A)<\rho(A)+\varepsilon<1.$$

由定理 3.33 知,对此 $\varepsilon$,必存在一种方阵范数 $\|\cdot\|_*$ 使得

$$\|A\|_*<\rho(A)+\varepsilon<1,$$

于是

$$\|A^m\|_*\leqslant\|A\|_*^m<(\rho(A)+\varepsilon)^m\to 0\quad(m\to\infty),$$

所以

$$\lim_{m\to\infty}A^m=\mathbf{0}.$$

证毕.

**定理 4.3**　设 $A\in\mathbb{C}^{n\times n}$,则 $\{A^m\}$ 收敛于零矩阵的充分必要条件是,至少存在一种方阵范数 $\|\cdot\|$,使得 $\|A\|<1$.

**证明**　设 $\lim\limits_{m\to\infty}A^m=\mathbf{0}$.由定理 4.2 知 $\rho(A)<1$,于是必存在 $\varepsilon>0$,使得 $\rho(A)+\varepsilon<1$.又由定理 3.33,对此 $\varepsilon$ 必存在 $\|\cdot\|$,使得 $\|A\|\leqslant\rho(A)+\varepsilon<1$.这就证明了条件是必要的.

因为 $\rho(A)\leqslant\|A\|<1$,故由定理 4.2 知条件是充分的.　证毕.

将定理 4.2 用于方阵级数,便得到下面关于方阵级数收敛的充分必要条件.

**定理 4.4**　设 $A_m=[a_{ij}^{(m)}]\in\mathbb{C}^{n\times n}$, $m=0,1,2,\cdots$, $S=[s_{ij}]\in\mathbb{C}^{n\times n}$,则方阵级数 $\sum\limits_{m=0}^{\infty}A_m$ 收敛于方阵 $S$ 的充分必要条件是对所有 $i,j=1,2,\cdots,n$,数项级数 $\sum\limits_{m=0}^{\infty}a_{ij}^{(m)}$ 收敛于 $s_{ij}$.

**证明**　记 $S_N=\sum\limits_{m=0}^{N}A_m=\left[\sum\limits_{m=0}^{N}a_{ij}^{(m)}\right]_{n\times n}$.根据级数收敛的定义,$\sum\limits_{m=0}^{\infty}A_m=S$ 当且仅当 $\lim\limits_{N\to\infty}S_N=S$.由定理 4.1,这意味着对所有 $i,j=1,2,\cdots,n$,有 $\lim\limits_{N\to\infty}\sum\limits_{m=0}^{N}a_{ij}^{(m)}=s_{ij}$,即 $\sum\limits_{m=0}^{\infty}a_{ij}^{(m)}=s_{ij}$.　证毕.

**定理 4.5** $\sum_{m=0}^{\infty} \boldsymbol{A}_m$ 绝对收敛，当且仅当对所有 $i,j=1,2,\cdots,n$，$\sum_{m=0}^{\infty} a_{ij}^{(m)}$ 绝对收敛.

**证明** 若 $\sum_{m=0}^{\infty} \boldsymbol{A}_m$ 绝对收敛，即 $\sum_{m=0}^{\infty} \| \boldsymbol{A}_m \|$ 收敛，从而 $\sum_{m=0}^{\infty} \| \boldsymbol{A}_m \|_1$ 收敛，也就是 $\sum_{m=0}^{\infty} \left( \max_{1 \leqslant j \leqslant n} \sum_{i=1}^{n} | a_{ij}^{(m)} | \right)$ 收敛，则由比较判别法知，对 $i,j=1,2,\cdots,n$，正项级数 $\sum_{m=0}^{\infty} | a_{ij}^{(m)} |$ 收敛，所以 $\sum_{m=0}^{\infty} a_{ij}^{(m)}$ 绝对收敛.

另一方面，若对 $i,j=1,2,\cdots,n$，$\sum_{m=0}^{\infty} a_{ij}^{(m)}$ 都绝对收敛，即 $\sum_{m=0}^{\infty} | a_{ij}^{(m)} |$ 都收敛，则由收敛级数的加法知，$\sum_{m=0}^{\infty} \left( \sum_{j=1}^{n} \sum_{i=1}^{n} | a_{ij}^{(m)} | \right)$ 收敛. 又因为

$$\| \boldsymbol{A}_m \|_1 = \max_{1 \leqslant j \leqslant n} \sum_{i=1}^{n} | a_{ij}^{(m)} | \leqslant \sum_{j=1}^{n} \sum_{i=1}^{n} | a_{ij}^{(m)} |,$$

所以 $\sum_{m=0}^{\infty} \| \boldsymbol{A}_m \|_1$ 收敛. 因此对任意方阵范数 $\| \cdot \|$，$\sum_{m=0}^{\infty} \| \boldsymbol{A}_m \|$ 收敛，即 $\sum_{m=0}^{\infty} \boldsymbol{A}_m$ 绝对收敛. 证毕.

绝对收敛的方阵级数还有下列性质.

若 $\sum_{m=0}^{\infty} \boldsymbol{A}_m$ 绝对收敛，则

(1) $\sum_{m=0}^{\infty} \boldsymbol{A}_m$ 收敛，反之不真；

(2)对任意的 $\boldsymbol{P}, \boldsymbol{Q} \in \mathbb{C}^{n \times n}$，$\sum_{m=0}^{\infty} \boldsymbol{P}\boldsymbol{A}_m\boldsymbol{Q}$ 也绝对收敛.

请读者自己证明.

### 4.2.2 方阵幂级数

**定义 4.4** 设 $\boldsymbol{X}$ 是任意的 $n$ 阶方阵，$\{c_m\}$ 是一个复数列，称 $\sum_{m=0}^{\infty} c_m \boldsymbol{X}^m$ 为**方阵 $\boldsymbol{X}$ 的幂级数**，$c_m$ 称为第 $m$ 项的系数. 当 $m=0$ 时，约定

$\boldsymbol{X}^m=\boldsymbol{E}$.

当$\boldsymbol{X}=\boldsymbol{A}\in\mathbb{C}^{n\times n}$时,若$\sum\limits_{m=0}^{\infty}c_m\boldsymbol{A}^m$收敛(或绝对收敛),其和记为$f(\boldsymbol{A})$,即$f(\boldsymbol{A})=\sum\limits_{m=0}^{\infty}c_m\boldsymbol{A}^m$,则称$\sum\limits_{m=0}^{\infty}c_m\boldsymbol{X}^m$在$\boldsymbol{A}\in\mathbb{C}^{n\times n}$处收敛(或绝对收敛).

若$\sum\limits_{m=0}^{\infty}c_m\boldsymbol{X}^m$在$\Omega\subset\mathbb{C}^{n\times n}$内的每一点$\boldsymbol{X}$处都收敛(或绝对收敛),则称它在$\Omega$内收敛(或绝对收敛),其和$f(\boldsymbol{X})$就是$\boldsymbol{X}$在映射$f:\Omega(\subset\mathbb{C}^{n\times n})\to\mathbb{C}^{n\times n}$下的像.也称$f(\boldsymbol{X})$是方阵幂级数$\sum\limits_{m=0}^{\infty}c_m\boldsymbol{X}^m$的**和函数**.

同复幂级数类似,$\sum\limits_{m=0}^{\infty}c_m\boldsymbol{X}^m$的收敛域是空间$\mathbb{C}^{n\times n}$中的一个球形域.

**定理 4.6** 设复幂级数$\sum\limits_{m=0}^{\infty}c_mz^m$的收敛半径为$R$,$\boldsymbol{X}\in\mathbb{C}^{n\times n}$的谱半径为$\rho(\boldsymbol{X})$,则

(1)当$\rho(\boldsymbol{X})<R$时,$\sum\limits_{m=0}^{\infty}c_m\boldsymbol{X}^m$绝对收敛;

(2)当$\rho(\boldsymbol{X})>R$时,$\sum\limits_{m=0}^{\infty}c_m\boldsymbol{X}^m$发散.

**证明** (1)若$\rho(\boldsymbol{X})<R$,则存在$\varepsilon>0$,使得$\rho(\boldsymbol{X})+\varepsilon<R$,从而$\sum\limits_{m=0}^{\infty}|c_m|(\rho(X)+\varepsilon)^m$收敛.对上述的$\varepsilon$,必存在一种方阵范数$\|\cdot\|$,使得$\|\boldsymbol{X}\|\leqslant\rho(\boldsymbol{X})+\varepsilon$.因为

$$\|c_m\boldsymbol{X}^m\|=|c_m|\,\|\boldsymbol{X}^m\|\leqslant|c_m|\,\|\boldsymbol{X}\|^m\leqslant|c_m|(\rho(\boldsymbol{X})+\varepsilon)^m,$$

所以$\sum\limits_{m=0}^{\infty}\|c_m\boldsymbol{X}^m\|$收敛,即$\sum\limits_{m=0}^{\infty}c_m\boldsymbol{X}^m$绝对收敛.

(2)设$\boldsymbol{A}$是满足$\rho(\boldsymbol{A})>R$的任一个$n$阶方阵,令$\rho(\boldsymbol{A})=|\lambda_j|$,则$|\lambda_j|>R$.假设$\sum\limits_{m=0}^{\infty}c_m\boldsymbol{A}^m$收敛,其和为$\boldsymbol{S}\in\mathbb{C}^{n\times n}$.若$\boldsymbol{x}\in\mathbb{C}^n$是$\boldsymbol{A}$的对应于$\lambda_j$的单位特征向量,即$\boldsymbol{A}\boldsymbol{x}=\lambda_j\boldsymbol{x}$,$\langle\boldsymbol{x},\boldsymbol{x}\rangle=\boldsymbol{x}^{\mathrm{H}}\boldsymbol{x}=1$.因为对于$m=0$,

$1,2,\cdots$，有 $\boldsymbol{A}^m\boldsymbol{x}=\lambda_j^m\boldsymbol{x}$，所以

$$\begin{aligned}\sum_{m=0}^{\infty} c_m\lambda_j^m &= \sum_{m=0}^{\infty}(c_m\lambda_j^m\boldsymbol{x}^{\mathrm{H}}\boldsymbol{x}) = \sum_{m=0}^{\infty}(\boldsymbol{x}^{\mathrm{H}}c_m\lambda_j^m\boldsymbol{x}) \\ &= \sum_{m=0}^{\infty}(\boldsymbol{x}^{\mathrm{H}}c_m\boldsymbol{A}^m\boldsymbol{x}) = \boldsymbol{x}^{\mathrm{H}}\Big(\sum_{m=0}^{\infty}c_m\boldsymbol{A}^m\Big)\boldsymbol{x} \\ &= \boldsymbol{x}^{\mathrm{H}}S\boldsymbol{x} = \langle S\boldsymbol{x},\boldsymbol{x}\rangle\in\mathbb{C},\end{aligned}$$

即 $\sum\limits_{m=0}^{\infty} c_m\lambda_j^m$ 收敛，从而 $|\lambda_j|\leqslant R$，这与 $|\lambda_j|>R$ 矛盾，故当 $\rho(\boldsymbol{A})>R$ 时，$\sum\limits_{m=0}^{\infty} c_m\boldsymbol{X}^m$ 发散.　证毕.

**推论 1**　若 $\sum\limits_{m=0}^{\infty} c_m z^m$ 在全平面收敛，则 $\sum\limits_{m=0}^{\infty} c_m\boldsymbol{X}^m$ 在全空间 $\mathbb{C}^{n\times n}$ 中绝对收敛.

**推论 2**　设 $\sum\limits_{m=0}^{\infty} c_m(z-\lambda_0)^m$ 的收敛半径为 $R$. 若 $\boldsymbol{X}\in\mathbb{C}^{n\times n}$ 的所有特征值都满足不等式

$$|\lambda_j-\lambda_0|<R,\quad j=1,2,\cdots,n,$$

则方阵幂级数 $\sum\limits_{m=0}^{\infty} c_m(\boldsymbol{X}-\lambda_0\boldsymbol{E})^m$ 绝对收敛. 若存在 $\boldsymbol{X}$ 的一个特征值 $\lambda_k$，使得

$$|\lambda_k-\lambda_0|>R,$$

则 $\sum\limits_{m=0}^{\infty} c_m(\boldsymbol{X}-\lambda_0\boldsymbol{E})^m$ 发散.

推论 1 是显然的，推论 2 的证明作为练习留给读者.

**例 4.3**　如果 $\boldsymbol{A}\in\mathbb{C}^{n\times n}$ 且 $\rho(\boldsymbol{A})<1$，则 $\sum\limits_{m=0}^{\infty}\boldsymbol{A}^m$ 收敛，且和为 $(\boldsymbol{E}-\boldsymbol{A})^{-1}$；当 $\|\boldsymbol{A}\|<1$ 时，$\|(\boldsymbol{E}-\boldsymbol{A})^{-1}\|\leqslant\dfrac{1}{1-\|\boldsymbol{A}\|}$.

**证明**　因为 $\sum\limits_{m=0}^{\infty} z^m$ 的收敛半径 $R=1$，故 $\sum\limits_{m=0}^{\infty}\boldsymbol{A}^m$ 收敛. 设其和为 $\boldsymbol{S}$，即

$$\lim_{N\to\infty}\sum_{m=0}^{N}\boldsymbol{A}^m=\lim_{N\to\infty}(\boldsymbol{E}+\boldsymbol{A}+\boldsymbol{A}^2+\cdots+\boldsymbol{A}^N)=\boldsymbol{S},$$

用 $\boldsymbol{E}-\boldsymbol{A}$ 左乘上式两端得

$$\begin{aligned}&\lim_{N\to\infty}[(\boldsymbol{E}-\boldsymbol{A})(\boldsymbol{E}+\boldsymbol{A}+\cdots+\boldsymbol{A}^N)]\\=&\lim_{N\to\infty}(\boldsymbol{E}-\boldsymbol{A}^{N+1})=\boldsymbol{E}=(\boldsymbol{E}-\boldsymbol{A})\boldsymbol{S}.\end{aligned}$$

所以 $\quad \boldsymbol{S}=(\boldsymbol{E}-\boldsymbol{A})^{-1}.$

当 $\|\boldsymbol{A}\|<1$ 时,

$$\begin{aligned}\|(\boldsymbol{E}-\boldsymbol{A})^{-1}\|&=\|\lim_{N\to\infty}\sum_{m=0}^{N}\boldsymbol{A}^m\|=\lim_{N\to\infty}\|\sum_{m=0}^{N}\boldsymbol{A}^m\|\\&\leqslant\lim_{N\to\infty}\sum_{m=0}^{N}\|\boldsymbol{A}\|^m=\sum_{m=0}^{\infty}\|\boldsymbol{A}\|^m=\frac{1}{1-\|\boldsymbol{A}\|}.\end{aligned}$$

**例4.4** 设有 $\boldsymbol{A}\in\mathbb{C}^{n\times n}$,如果存在一种方阵范数 $\|\cdot\|$,使得 $\|\boldsymbol{E}-\boldsymbol{A}\|<1$,则 $\boldsymbol{A}$ 可逆,且 $\boldsymbol{A}^{-1}=\sum\limits_{m=0}^{\infty}(\boldsymbol{E}-\boldsymbol{A})^m$.

**证明** 令 $\boldsymbol{B}=\boldsymbol{E}-\boldsymbol{A}$,则 $\rho(\boldsymbol{B})<1$.由例 4.3 知

$$\sum_{m=0}^{\infty}\boldsymbol{B}^m=(\boldsymbol{E}-\boldsymbol{B})^{-1},$$

即 $\quad \boldsymbol{A}^{-1}=\sum\limits_{m=0}^{\infty}(\boldsymbol{E}-\boldsymbol{A})^m.$

### 4.2.3 方阵函数

这里所讨论的方阵函数,是指由方阵幂级数所确定的函数——方阵幂级数的和函数:

$$f(\boldsymbol{X})=\sum_{m=0}^{\infty}c_m\boldsymbol{X}^m,\quad \rho(\boldsymbol{X})<R.$$

根据定理 4.6,借助于我们熟悉的 Maclaurin 级数,可以得到下列的常用方阵函数.

由于

$$\mathrm{e}^z=\sum_{m=0}^{\infty}\frac{z^m}{m!}=1+z+\frac{z^2}{2!}+\cdots+\frac{z^m}{m!}+\cdots,\quad |z|<+\infty;$$

$$\sin z=\sum_{m=0}^{\infty}\frac{(-1)^m z^{2m+1}}{(2m+1)!}$$

$$= z - \frac{z^3}{3!} + \frac{z^5}{5!} - \cdots + \frac{(-1)^m z^{2m+1}}{(2m+1)!} + \cdots, \quad |z| < +\infty;$$

$$\cos z = \sum_{m=0}^{\infty} \frac{(-1)^m z^{2m}}{(2m)!}$$

$$= 1 - \frac{z^2}{2!} + \frac{z^4}{4!} - \frac{z^6}{6!} + \cdots + \frac{(-1)^m z^{2m}}{(2m)!} + \cdots, \quad |z| < +\infty.$$

故对于方阵 $\boldsymbol{X} \in \mathbb{C}^{n\times n}$,可做如下定义.

指数函数:

$$\mathrm{e}^{\boldsymbol{X}} = \sum_{m=0}^{\infty} \frac{\boldsymbol{X}^m}{m!} = \boldsymbol{E} + \boldsymbol{X} + \frac{\boldsymbol{X}^2}{2!} + \cdots + \frac{\boldsymbol{X}^m}{m!} + \cdots, \quad \rho(\boldsymbol{X}) < +\infty;$$

正弦函数:

$$\sin \boldsymbol{X} = \sum_{m=0}^{\infty} \frac{(-1)^m \boldsymbol{X}^{2m+1}}{(2m+1)!} = \boldsymbol{X} - \frac{\boldsymbol{X}^3}{3!} + \frac{\boldsymbol{X}^5}{5!} - \frac{\boldsymbol{X}^7}{7!} + \cdots, \quad \rho(\boldsymbol{X}) < +\infty;$$

余弦函数:

$$\cos \boldsymbol{X} = \sum_{m=0}^{\infty} \frac{(-1)^m \boldsymbol{X}^{2m}}{(2m)!} = \boldsymbol{E} - \frac{\boldsymbol{X}^2}{2!} + \frac{\boldsymbol{X}^4}{4!} - \frac{\boldsymbol{X}^6}{6!} + \cdots, \quad \rho(\boldsymbol{X}) < +\infty.$$

由于

$$\ln(1+z) = \sum_{m=0}^{\infty} \frac{(-1)^m z^{m+1}}{m+1} = z - \frac{z^2}{2} + \frac{z^3}{3} - \frac{z^4}{4} + \cdots,$$

及当 $\alpha \in \mathbb{R}$时,

$$(1+z)^{\alpha} = \sum_{m=0}^{\infty} \frac{\alpha(\alpha-1)\cdots(\alpha-m+1)}{m!} z^m$$

$$= 1 + \alpha z + \frac{\alpha(\alpha-1)}{2!} z^2 + \cdots$$

都在 $|z| < 1$ 时成立,故可定义相应的方阵函数

$$\ln(\boldsymbol{E}+\boldsymbol{X}) = \sum_{m=0}^{\infty} \frac{(-1)^m}{m+1} \boldsymbol{X}^{m+1}, \qquad \rho(\boldsymbol{X}) < 1;$$

$$(\boldsymbol{E}+\boldsymbol{X})^{\alpha} = \sum_{m=0}^{\infty} \frac{\alpha(\alpha-1)\cdots(\alpha-m+1)}{m!} \boldsymbol{X}^m \quad (\alpha \in \mathbb{R}), \quad \rho(\boldsymbol{X}) < 1.$$

由定义立即可得

$$e^{\mathbf{0}}=\boldsymbol{E},\quad \sin\mathbf{0}=\mathbf{0},\quad \cos\mathbf{0}=\boldsymbol{E},\quad \ln\boldsymbol{E}=\mathbf{0},\quad \boldsymbol{E}^{\alpha}=\boldsymbol{E},$$

其中 $\mathbf{0}$ 是 $n$ 阶零矩阵，$\boldsymbol{E}$ 是 $n$ 阶单位矩阵，$\alpha\in\mathbb{R}$. 当 $\boldsymbol{X}$ 为非零方阵时，$f(\boldsymbol{X})$的值的计算相当复杂，这个问题留待 4.3 中解决.

### 4.2.4 方阵函数的性质

**性质** 1(Euler 公式)　对任意的 $\boldsymbol{X}\in\mathbb{C}^{n\times n}$，有

$$e^{i\boldsymbol{X}}=\cos\boldsymbol{X}+i\sin\boldsymbol{X},$$

$$\cos\boldsymbol{X}=\frac{1}{2}(e^{i\boldsymbol{X}}+e^{-i\boldsymbol{X}}),\quad \sin\boldsymbol{X}=\frac{1}{2i}(e^{i\boldsymbol{X}}-e^{-i\boldsymbol{X}}),$$

其中 $i=\sqrt{-1}$.

**证明**　由定义立即可得.

**性质** 2　对任意的 $\boldsymbol{A}\in\mathbb{C}^{n\times n}$ 及 $t\in\mathbb{C}$，有

$$\frac{d}{dt}e^{\boldsymbol{A}t}=\boldsymbol{A}e^{\boldsymbol{A}t}=e^{\boldsymbol{A}t}\boldsymbol{A},$$

$$\frac{d}{dt}\sin(\boldsymbol{A}t)=\boldsymbol{A}\cos(\boldsymbol{A}t)=[\cos(\boldsymbol{A}t)]\boldsymbol{A},$$

$$\frac{d}{dt}\cos(\boldsymbol{A}t)=-\boldsymbol{A}\sin(\boldsymbol{A}t)=-[\sin(\boldsymbol{A}t)]\boldsymbol{A}.$$

**证明**　因为

$$e^{\boldsymbol{A}t}=\sum_{k=0}^{\infty}\frac{(\boldsymbol{A}t)^k}{k!}=\sum_{k=0}^{\infty}\frac{t^k\boldsymbol{A}^k}{k!},$$

若记 $\boldsymbol{A}^k=[c_{ij}^{(k)}]$，则$\dfrac{t^k\boldsymbol{A}^k}{k!}=[t^kc_{ij}^{(k)}/k!]_{n\times n}$，$k=0,1,2,\cdots$，

所以

$$\begin{aligned}\frac{d}{dt}e^{\boldsymbol{A}t}&=\left[\frac{d}{dt}\sum_{k=0}^{\infty}\frac{t^k}{k!}c_{ij}^{(k)}\right]_{n\times n}=\left[\sum_{k=1}^{\infty}\frac{t^{k-1}}{(k-1)!}c_{ij}^{(k)}\right]_{n\times n}\\&=\left[\sum_{k=0}^{\infty}\frac{t^k}{k!}c_{ij}^{(k+1)}\right]_{n\times n}=\sum_{k=0}^{\infty}\frac{t^k\boldsymbol{A}^{k+1}}{k!}\\&=\sum_{k=0}^{\infty}\frac{t^k\boldsymbol{A}\boldsymbol{A}^k}{k!}=\boldsymbol{A}\sum_{k=0}^{\infty}\frac{t^k\boldsymbol{A}^k}{k!}=\boldsymbol{A}e^{\boldsymbol{A}t},\end{aligned}$$

如果将 $\boldsymbol{A}^{k+1}$写为 $\boldsymbol{A}^k\boldsymbol{A}$，则可得$\dfrac{de^{\boldsymbol{A}t}}{dt}=e^{\boldsymbol{A}t}\boldsymbol{A}$.

由已证的等式，利用 Euler 公式可得其余两个等式.

**性质 3**　设 $\boldsymbol{A},\boldsymbol{B}$ 是任意的两个 $n$ 阶方阵，$t\in\mathbb{C}$.若 $\boldsymbol{AB}=\boldsymbol{BA}$，则

$$\mathrm{e}^{\boldsymbol{A}t}\boldsymbol{B}=\boldsymbol{B}\mathrm{e}^{\boldsymbol{A}t}.$$

**证明**　$$\mathrm{e}^{\boldsymbol{A}t}\boldsymbol{B}=\left(\sum_{k=0}^{\infty}\frac{t^k}{k!}\boldsymbol{A}^k\right)\boldsymbol{B}=\sum_{k=0}^{\infty}\frac{t^k\boldsymbol{A}^k\boldsymbol{B}}{k!}=\sum_{k=0}^{\infty}\frac{t^k\boldsymbol{B}\boldsymbol{A}^k}{k!}$$
$$=\boldsymbol{B}\sum_{k=0}^{\infty}\frac{t^k}{k!}\boldsymbol{A}^k=\boldsymbol{B}\mathrm{e}^{\boldsymbol{A}t}.$$

**性质 4**　设 $\boldsymbol{A},\boldsymbol{B}\in\mathbb{C}^{n\times n}$ 且 $\boldsymbol{AB}=\boldsymbol{BA}$，则

$$\mathrm{e}^{\boldsymbol{A}+\boldsymbol{B}}=\mathrm{e}^{\boldsymbol{A}}\mathrm{e}^{\boldsymbol{B}}=\mathrm{e}^{\boldsymbol{B}}\mathrm{e}^{\boldsymbol{A}}.$$

**证明**　令 $\boldsymbol{F}(t)=\mathrm{e}^{(\boldsymbol{A}+\boldsymbol{B})t}\mathrm{e}^{-\boldsymbol{A}t}\mathrm{e}^{-\boldsymbol{B}t}$，则

$$\begin{aligned}\frac{\mathrm{d}\boldsymbol{F}(t)}{\mathrm{d}t}&=(\boldsymbol{A}+\boldsymbol{B})\mathrm{e}^{(\boldsymbol{A}+\boldsymbol{B})t}\mathrm{e}^{-\boldsymbol{A}t}\mathrm{e}^{-\boldsymbol{B}t}+\mathrm{e}^{(\boldsymbol{A}+\boldsymbol{B})t}(-\boldsymbol{A})\mathrm{e}^{-\boldsymbol{A}t}\mathrm{e}^{-\boldsymbol{B}t}\\&\quad+\mathrm{e}^{(\boldsymbol{A}+\boldsymbol{B})}\mathrm{e}^{-\boldsymbol{A}t}(-\boldsymbol{B})\mathrm{e}^{-\boldsymbol{B}t}\\&=(\boldsymbol{A}+\boldsymbol{B})\mathrm{e}^{(\boldsymbol{A}+\boldsymbol{B})t}\mathrm{e}^{-\boldsymbol{A}t}\mathrm{e}^{-\boldsymbol{B}t}-\boldsymbol{A}\mathrm{e}^{(\boldsymbol{A}+\boldsymbol{B})t}\mathrm{e}^{-\boldsymbol{A}t}\mathrm{e}^{-\boldsymbol{B}t}\\&\quad-\boldsymbol{B}\mathrm{e}^{(\boldsymbol{A}+\boldsymbol{B})t}\mathrm{e}^{-\boldsymbol{A}t}\mathrm{e}^{-\boldsymbol{B}t}\\&=(\boldsymbol{A}+\boldsymbol{B}-\boldsymbol{A}-\boldsymbol{B})\mathrm{e}^{(\boldsymbol{A}+\boldsymbol{B})t}\mathrm{e}^{-\boldsymbol{A}t}\mathrm{e}^{-\boldsymbol{B}t}=\boldsymbol{0}\end{aligned}$$

（对任意 $t\in\mathbb{C}$）.

若记 $\boldsymbol{F}(t)=[f_{ij}(t)]_{n\times n}$，则有 $\frac{\mathrm{d}}{\mathrm{d}t}f_{ij}(t)=0$，对任意 $t\in\mathbb{C}$ 以及一切 $i,j=1,2,\cdots,n$ 成立，故 $\boldsymbol{F}(t)$ 是与 $t$ 无关的数字矩阵，所以对任意 $t\in\mathbb{C}$，有

$$\boldsymbol{F}(t)=\boldsymbol{F}(0)=\mathrm{e}^{\boldsymbol{0}}\mathrm{e}^{\boldsymbol{0}}\mathrm{e}^{\boldsymbol{0}}=\boldsymbol{E}.$$

令 $t=1$ 得

$$\mathrm{e}^{(\boldsymbol{A}+\boldsymbol{B})}\mathrm{e}^{-\boldsymbol{A}}\mathrm{e}^{-\boldsymbol{B}}=\boldsymbol{E}.$$

取 $\boldsymbol{B}=-\boldsymbol{A}$ 得

$$\mathrm{e}^{\boldsymbol{0}}(\mathrm{e}^{-\boldsymbol{A}}\mathrm{e}^{\boldsymbol{A}})=\boldsymbol{E},$$

即 $\mathrm{e}^{-\boldsymbol{A}}\mathrm{e}^{\boldsymbol{A}}=\boldsymbol{E}$，从而知 $\mathrm{e}^{\boldsymbol{A}}$ 可逆且 $(\mathrm{e}^{\boldsymbol{A}})^{-1}=\mathrm{e}^{-\boldsymbol{A}}$.于是有

$$\boldsymbol{E}=\mathrm{e}^{\boldsymbol{A}+\boldsymbol{B}}\mathrm{e}^{-\boldsymbol{A}}\mathrm{e}^{-\boldsymbol{B}}=\mathrm{e}^{\boldsymbol{A}+\boldsymbol{B}}(\mathrm{e}^{\boldsymbol{A}})^{-1}(\mathrm{e}^{\boldsymbol{B}})^{-1}=\mathrm{e}^{\boldsymbol{A}+\boldsymbol{B}}(\mathrm{e}^{\boldsymbol{B}}\mathrm{e}^{\boldsymbol{A}})^{-1},$$

故　$\mathrm{e}^{\boldsymbol{A}+\boldsymbol{B}}=\mathrm{e}^{\boldsymbol{B}}\mathrm{e}^{\boldsymbol{A}}$.而 $\mathrm{e}^{\boldsymbol{A}+\boldsymbol{B}}=\mathrm{e}^{\boldsymbol{B}+\boldsymbol{A}}=\mathrm{e}^{\boldsymbol{A}}\mathrm{e}^{\boldsymbol{B}}$，

所以　$\mathrm{e}^{\boldsymbol{A}+\boldsymbol{B}}=\mathrm{e}^{\boldsymbol{A}}\mathrm{e}^{\boldsymbol{B}}=\mathrm{e}^{\boldsymbol{B}}\mathrm{e}^{\boldsymbol{A}}$.　证毕.

由以上证明同时得到下面的性质 5.

**性质 5**　对任意 $\boldsymbol{A}\in\mathbb{C}^{n\times n}$，$\mathrm{e}^{\boldsymbol{A}}$ 必可逆且 $(\mathrm{e}^{\boldsymbol{A}})^{-1}=\mathrm{e}^{-\boldsymbol{A}}$.

应用 Euler 公式及性质 4 可得:

**性质 6**　对任意的 $\boldsymbol{A},\boldsymbol{B}\in\mathbb{C}^{n\times n}$,当 $\boldsymbol{AB}=\boldsymbol{BA}$ 时有

$$\sin(\boldsymbol{A}+\boldsymbol{B})=\sin\boldsymbol{A}\cos\boldsymbol{B}+\cos\boldsymbol{A}\sin\boldsymbol{B},$$

$$\cos(\boldsymbol{A}+\boldsymbol{B})=\cos\boldsymbol{A}\cos\boldsymbol{B}-\sin\boldsymbol{A}\sin\boldsymbol{B},$$

$$\sin(2\boldsymbol{A})=2\sin\boldsymbol{A}\cos\boldsymbol{A},$$

$$\cos(2\boldsymbol{A})=\cos^2\boldsymbol{A}-\sin^2\boldsymbol{A},$$

$$\sin^2\boldsymbol{A}+\cos^2\boldsymbol{A}=\boldsymbol{E}.$$

在下一节中,我们将看到 $\sin(2\pi\boldsymbol{E})=\boldsymbol{0}$, $\cos(2\pi\boldsymbol{E})=\boldsymbol{E}$,于是由性质 6 可得:

**性质 7**　对任意 $\boldsymbol{X}\in\mathbb{C}^{n\times n}$,有

$$\sin(\boldsymbol{X}+2\pi\boldsymbol{E})=\sin\boldsymbol{X},$$

$$\cos(\boldsymbol{X}+2\pi\boldsymbol{E})=\cos\boldsymbol{X},$$

$$e^{\boldsymbol{X}+2\pi i\boldsymbol{E}}=e^{\boldsymbol{X}}.$$

也就是说,$\sin\boldsymbol{X}$ 和 $\cos\boldsymbol{X}$ 是以 $2\pi\boldsymbol{E}$ 为周期,$e^{\boldsymbol{X}}$ 是以 $2\pi i\boldsymbol{E}$ 为周期的周期函数.

**性质 8**　对任意 $\boldsymbol{X}\in\mathbb{C}^{n\times n}$, $f(\boldsymbol{X}^{\mathrm{T}})=(f(\boldsymbol{X}))^{\mathrm{T}}$(自证).

应该注意,当 $\boldsymbol{AB}\neq\boldsymbol{BA}$ 时,性质 3、4 和 6 不一定成立,例如当

$$\boldsymbol{A}=\begin{bmatrix}1&1\\0&0\end{bmatrix},\boldsymbol{B}=\begin{bmatrix}1&-1\\0&0\end{bmatrix}$$

时,$e^{\boldsymbol{A}+\boldsymbol{B}}\neq e^{\boldsymbol{A}}e^{\boldsymbol{B}}$.

## 4.3　方阵函数值的计算

给定了 $\boldsymbol{A}\in\mathbb{C}^{n\times n}$,求 $f(\boldsymbol{A})$的方法很多,我们仅介绍两种常用的方法,一种是利用 $\boldsymbol{A}$ 的 Jordan 标准形求 $f(\boldsymbol{A})$,另一种是将 $f(\boldsymbol{A})$表示为次数不高的多项式.

### 4.3.1　当 A 可对角化时 f(A)的计算

设 $\boldsymbol{A}\in\mathbb{C}^{n\times n}$可对角化,即存在可逆矩阵 $\boldsymbol{P}\in\mathbb{C}^{n\times n}$,使得

$$\boldsymbol{P}^{-1}\boldsymbol{AP}=\mathrm{diag}(\lambda_1,\lambda_2,\cdots,\lambda_n),$$

于是

$$\boldsymbol{A}=\boldsymbol{P}\operatorname{diag}(\lambda_1,\lambda_2,\cdots,\lambda_n)\boldsymbol{P}^{-1},$$

其中 $\lambda_1,\lambda_2,\cdots,\lambda_n$ 是 $\boldsymbol{A}$ 的 $n$ 个特征值.

若 $f(z)=\sum\limits_{m=0}^{\infty}c_m z^m$ 的收敛半径为 $R$,则当 $\rho(\boldsymbol{A})<R$ 时,有

$$\begin{aligned}
f(\boldsymbol{A})&=\sum_{m=0}^{\infty}c_m\boldsymbol{A}^m=\sum_{m=0}^{\infty}c_m[\boldsymbol{P}\operatorname{diag}(\lambda_1,\lambda_2,\cdots,\lambda_n)\boldsymbol{P}^{-1}]^m\\
&=\sum_{m=0}^{\infty}c_m\boldsymbol{P}\operatorname{diag}(\lambda_1^m,\lambda_2^m,\cdots,\lambda_n^m)\boldsymbol{P}^{-1}\\
&=\boldsymbol{P}\Big(\sum_{m=0}^{\infty}\operatorname{diag}(c_m\lambda_1^m,c_m\lambda_2^m,\cdots,c_m\lambda_n^m)\Big)\boldsymbol{P}^{-1}\\
&=\boldsymbol{P}\Big(\lim_{N\to\infty}\sum_{m=0}^{N}\operatorname{diag}(c_m\lambda_1^m,c_m\lambda_2^m,\cdots,c_m\lambda_n^m)\Big)\boldsymbol{P}^{-1}\\
&=\boldsymbol{P}\Big[\lim_{N\to\infty}\operatorname{diag}\Big(\sum_{m=0}^{N}c_m\lambda_1^m,\sum_{m=0}^{N}c_m\lambda_2^m,\cdots,\sum_{m=0}^{N}c_m\lambda_n^m\Big)\Big]\boldsymbol{P}^{-1}\\
&=\boldsymbol{P}\operatorname{diag}\Big(\sum_{m=0}^{\infty}c_m\lambda_1^m,\sum_{m=0}^{\infty}c_m\lambda_2^m,\cdots,\sum_{m=0}^{\infty}c_m\lambda_n^m\Big)\boldsymbol{P}^{-1},
\end{aligned}$$

即

$$f(\boldsymbol{A})=\boldsymbol{P}\operatorname{diag}(f(\lambda_1),f(\lambda_2),\cdots,f(\lambda_n))\boldsymbol{P}^{-1}. \tag{4.5}$$

公式(4.5)不仅给出了当 $\boldsymbol{A}$ 可对角化时,$f(\boldsymbol{A})$的求法,而且还表明:

(1)$f(\boldsymbol{A})=\sum\limits_{m=0}^{\infty}c_m\boldsymbol{A}^m$ 与 $\boldsymbol{A}$ 能同时对角化;

(2)$f(\boldsymbol{A})$的特征值为 $f(\lambda_1),f(\lambda_2),\cdots,f(\lambda_n)$.

**例 4.5**　设 $\boldsymbol{A}=\begin{bmatrix}0&0\\2&-2\end{bmatrix}$,求 $e^{\boldsymbol{A}}$ 及 $e^{\boldsymbol{A}}$ 的特征值.

**解**　先计算 $\boldsymbol{A}$ 的特征值:

$$\det(\lambda\boldsymbol{E}-\boldsymbol{A})=\begin{vmatrix}\lambda&0\\-2&\lambda+2\end{vmatrix}=\lambda(\lambda+2),$$

$\boldsymbol{A}$ 的特征值为 $\lambda_1=0,\lambda_2=-2$.由此可知 $\boldsymbol{A}$ 可对角化,且 $e^{\boldsymbol{A}}$ 的特征值为 1 和 $e^{-2}$.

再求使 $\boldsymbol{A}$ 对角化的可逆矩阵 $\boldsymbol{P}$.

对 $\lambda=0$,解 $\begin{bmatrix}0&0\\-2&2\end{bmatrix}\begin{bmatrix}\xi_1\\\xi_2\end{bmatrix}=\begin{bmatrix}0\\0\end{bmatrix}$,得特征向量 $\begin{bmatrix}1\\1\end{bmatrix}$;

对 $\lambda=-2$,解 $\begin{bmatrix}-2 & 0\\ -2 & 0\end{bmatrix}\begin{bmatrix}\eta_1\\ \eta_2\end{bmatrix}=\begin{bmatrix}0\\ 0\end{bmatrix}$,得特征向量 $\begin{bmatrix}0\\ 1\end{bmatrix}$,于是

$$\boldsymbol{P}=\begin{bmatrix}1 & 0\\ 1 & 1\end{bmatrix},\quad \boldsymbol{P}^{-1}=\begin{bmatrix}1 & 0\\ -1 & 1\end{bmatrix}.$$

最后计算 $e^{\boldsymbol{A}}$,有

$$\begin{aligned}e^{\boldsymbol{A}}&=e^{\begin{bmatrix}0 & 0\\ 2 & -2\end{bmatrix}}=\boldsymbol{P}\mathrm{diag}\,(e^0,e^{-2})\boldsymbol{P}^{-1}\\ &=\begin{bmatrix}1 & 0\\ 1 & 1\end{bmatrix}\begin{bmatrix}1 & 0\\ 0 & e^{-2}\end{bmatrix}\begin{bmatrix}1 & 0\\ -1 & 1\end{bmatrix}=\begin{bmatrix}1 & 0\\ 1-e^{-2} & e^{-2}\end{bmatrix}.\end{aligned}$$

设 $t\in\mathbb{C}$是变量,则当 $\boldsymbol{A}\in\mathbb{C}^{n\times n}$ 可对角化(设 $\boldsymbol{A}=\boldsymbol{P}\mathrm{diag}\,(\lambda_1,\lambda_2,\cdots,\lambda_n)\boldsymbol{P}^{-1}$)时,有

$$\begin{aligned}f(t\boldsymbol{A})&=f[\boldsymbol{P}\mathrm{diag}\,(\lambda_1,\lambda_2,\cdots,\lambda_n)t\boldsymbol{P}^{-1}]\\ &=f[\boldsymbol{P}\mathrm{diag}\,(\lambda_1 t,\lambda_2 t,\cdots,\lambda_n t)\boldsymbol{P}^{-1}]\\ &=\boldsymbol{P}\mathrm{diag}\,(f(\lambda_1 t),f(\lambda_2 t),\cdots,f(\lambda_n t))\boldsymbol{P}^{-1}.\end{aligned}\tag{4.6}$$

**例 4.6** 设 $\boldsymbol{A}=\begin{bmatrix}0 & 0\\ 2 & -2\end{bmatrix}$,求 $\sin\,(t\boldsymbol{A})$.

**解** 由例 4.5 及公式(4.6)得

$$\sin\,(t\boldsymbol{A})=\begin{bmatrix}1 & 0\\ 1 & 1\end{bmatrix}\begin{bmatrix}0 & 0\\ 0 & -\sin 2t\end{bmatrix}\begin{bmatrix}1 & 0\\ -1 & 1\end{bmatrix}=\begin{bmatrix}0 & 0\\ \sin 2t & -\sin 2t\end{bmatrix}.$$

**例 4.7** 证明 $\sin\,(2\pi\boldsymbol{E})=\boldsymbol{0}$, $\cos\,(2\pi\boldsymbol{E})=\boldsymbol{E}$.

**证明** 在公式(4.6)中,令 $\boldsymbol{P}=\boldsymbol{E}$,则 $\boldsymbol{P}=\boldsymbol{P}^{-1}=\boldsymbol{E}$,$\lambda_1=\lambda_2=\cdots=\lambda_n=1$,$t=2\pi$.故

$$\sin\,(2\pi\boldsymbol{E})=\boldsymbol{E}\mathrm{diag}\,(\sin 2\pi,\sin 2\pi,\cdots,\sin 2\pi)\boldsymbol{E}=\boldsymbol{0},$$

$$\cos\,(2\pi\boldsymbol{E})=\boldsymbol{E}\mathrm{diag}\,(\cos 2\pi,\cos 2\pi,\cdots,\cos 2\pi)\boldsymbol{E}=\boldsymbol{E}.$$

### 4.3.2 当 $\boldsymbol{A}$ 不能对角化时计算 $f(\boldsymbol{A})$

若 $\boldsymbol{A}\in\mathbb{C}^{n\times n}$ 不能对角化,则必存在可逆矩阵 $\boldsymbol{P}\in\mathbb{C}^{n\times n}$,使得 $\boldsymbol{P}^{-1}\boldsymbol{A}\boldsymbol{P}=\boldsymbol{J}$,即 $\boldsymbol{A}=\boldsymbol{P}\boldsymbol{J}\boldsymbol{P}^{-1}$,其中 $\boldsymbol{J}$ 是 $\boldsymbol{A}$ 的 Jordan 标准形.

**定理 4.7** 设 $f(\boldsymbol{X})=\sum\limits_{m=0}^{\infty}c_m\boldsymbol{X}^m$,$\boldsymbol{X}\in\mathbb{C}^{n\times n}$,且 $\rho(\boldsymbol{X})<R$.若

$$\boldsymbol{X}=\mathrm{diag}\,(\boldsymbol{X}_1,\boldsymbol{X}_2,\cdots,\boldsymbol{X}_s),$$

其中 $\boldsymbol{X}_i$ 是 $n_i$ 阶方阵,且 $\sum_{i=1}^{s} n_i = n$,则

$$f(\boldsymbol{X}) = \operatorname{diag}(f(\boldsymbol{X}_1), f(\boldsymbol{X}_2), \cdots, f(\boldsymbol{X}_s)).$$

**证明**　$f(\boldsymbol{X}) = f(\operatorname{diag}(\boldsymbol{X}_1, \boldsymbol{X}_2, \cdots, \boldsymbol{X}_s))$

$$= \sum_{m=0}^{\infty} c_m [\operatorname{diag}(\boldsymbol{X}_1, \boldsymbol{X}_2, \cdots, \boldsymbol{X}_s)]^m$$

$$= \lim_{N\to\infty} \sum_{m=0}^{N} \operatorname{diag}(c_m \boldsymbol{X}_1^m, c_m \boldsymbol{X}_2^m, \cdots, c_m \boldsymbol{X}_s^m)$$

$$= \lim_{N\to\infty} \operatorname{diag}\left(\sum_{m=0}^{N} c_m \boldsymbol{X}_1^m, \cdots, \sum_{m=0}^{N} c_m \boldsymbol{X}_s^m\right)$$

$$= \operatorname{diag}\left(\sum_{m=0}^{\infty} c_m \boldsymbol{X}_1^m, \cdots, \sum_{m=0}^{\infty} c_m \boldsymbol{X}_s^m\right).$$

因为 $\rho(\boldsymbol{X}_i) \leqslant \rho(\boldsymbol{X}) < R$,故 $\sum_{m=0}^{\infty} c_m \boldsymbol{X}_i^m$ 收敛($i = 1, 2, \cdots, s$),所以

$$f(\boldsymbol{X}) = \operatorname{diag}(f(\boldsymbol{X}_1), f(\boldsymbol{X}_2), \cdots, f(\boldsymbol{X}_s)).$$ 证毕.

设 $\boldsymbol{J} = \operatorname{diag}(\boldsymbol{J}_1(\lambda_1), \boldsymbol{J}_2(\lambda_2), \cdots, \boldsymbol{J}_s(\lambda_s))$,其中 $\boldsymbol{J}_i(\lambda_i)$是$(\lambda - \lambda_i)^{n_i}$ 对应的 Jordan 块,即

$$\boldsymbol{J}_i(\lambda_i) = \begin{bmatrix} \lambda_i & & & & \\ 1 & \lambda_i & & & \\ & 1 & \lambda_i & & \\ & & \ddots & \ddots & \\ & & & 1 & \lambda_i \end{bmatrix}_{n_i \times n_i},$$

$$i = 1, 2, \cdots, s, \sum_{i=1}^{s} n_i = n,$$

则
$$f(\boldsymbol{A}) = f(\boldsymbol{PJP}^{-1}) = \sum_{m=0}^{\infty} c_m (\boldsymbol{PJP}^{-1})^m = \sum_{m=0}^{\infty} c_m \boldsymbol{PJ}^m \boldsymbol{P}^{-1}$$

$$= \boldsymbol{P}\left(\sum_{m=0}^{\infty} c_m \boldsymbol{J}^m\right)\boldsymbol{P}^{-1} = \boldsymbol{P} f(\boldsymbol{J}) \boldsymbol{P}^{-1}$$

$$= \boldsymbol{P} \operatorname{diag}(f[\boldsymbol{J}_1(\lambda_1)], f[\boldsymbol{J}_2(\lambda_2)], \cdots, f[\boldsymbol{J}_s(\lambda_s)]) \boldsymbol{P}^{-1},$$

故只要算出了各个 $f(\boldsymbol{J}_i(\lambda_i))$,就不难求出 $f(\boldsymbol{A})$.

**定理 4.8** 设复幂级数 $f(z)=\sum\limits_{m=0}^{\infty}c_m z^m$ 的收敛半径为 $R$,

$$\boldsymbol{J}(\lambda)=\begin{bmatrix}\lambda & & & & \\ 1 & \lambda & & & \\ & 1 & \lambda & & \\ & & \ddots & \ddots & \\ & & & 1 & \lambda\end{bmatrix}_{k\times k}$$

是 $k$ 阶 Jordan 块,则当 $|\lambda|<R$ 时,

$$f(\boldsymbol{J}(\lambda))=\sum_{m=0}^{\infty}c_m\boldsymbol{J}^m(\lambda)$$

$$=\begin{bmatrix}f(\lambda) & & & & & \\ f'(\lambda) & f(\lambda) & & & & \\ \dfrac{f''(\lambda)}{2!} & f'(\lambda) & \ddots & & & \\ \vdots & \ddots & \ddots & \ddots & & \\ \vdots & & \ddots & \ddots & \ddots & \\ \dfrac{f^{(k-1)}(\lambda)}{(k-1)!} & \cdots & \cdots & \dfrac{f''(\lambda)}{2!} & f'(\lambda) & f(\lambda)\end{bmatrix}$$

**证明** 因为 $\boldsymbol{J}(\lambda)=\lambda\boldsymbol{E}+\boldsymbol{T}$,其中 $\boldsymbol{E}$ 是 $k$ 阶单位矩阵,

$$\boldsymbol{T}=\begin{bmatrix}0 & & & & \\ 1 & 0 & & & \\ & 1 & \ddots & & \\ & & \ddots & \ddots & \\ & & & 1 & 0\end{bmatrix}_{k\times k},\ \boldsymbol{T}^2=\begin{bmatrix}0 & & & & \\ 0 & 0 & & & \\ 1 & 0 & \ddots & & \\ & \ddots & \ddots & \ddots & \\ & & 1 & 0 & 0\end{bmatrix},$$

$$\cdots, \boldsymbol{T}^{k-2}=\begin{bmatrix} 0 & & & & & \\ 0 & 0 & & & & \\ \vdots & \ddots & \ddots & & & \\ 0 & & \ddots & \ddots & & \\ 1 & \ddots & & \ddots & \ddots & \\ 0 & 1 & 0 & \cdots & 0 & 0 \end{bmatrix},$$

$$\boldsymbol{T}^{k-1}=\begin{bmatrix} 0 & & & & \\ 0 & 0 & & & \\ \vdots & \ddots & \ddots & & \\ 0 & & \ddots & \ddots & \\ 1 & 0 & \cdots & 0 & 0 \end{bmatrix}, \boldsymbol{T}^{k}=\boldsymbol{0}.$$

于是
$$\begin{aligned}\boldsymbol{J}^{m}(\lambda) &= (\lambda\boldsymbol{E}+\boldsymbol{T})^{m} \\ &= \lambda^{m}\boldsymbol{E}+\mathrm{C}_{m}^{1}\lambda^{m-1}\boldsymbol{T}+\mathrm{C}_{m}^{2}\lambda^{m-2}\boldsymbol{T}^{2}+\cdots+\mathrm{C}_{m}^{k-1}\lambda^{m-k+1}\boldsymbol{T}^{k-1} \\ &= \lambda^{m}\boldsymbol{E}+(\lambda^{m})'\boldsymbol{T}+\frac{1}{2!}(\lambda^{m})''\boldsymbol{T}^{2}+\cdots+\frac{1}{(k-1)!}(\lambda^{m})^{(k-1)}\boldsymbol{T}^{k-1} \\ &= \begin{bmatrix} \lambda_{m} & & & & & \\ (\lambda^{m})' & \lambda_{m} & & & & \\ \frac{(\lambda^{m})''}{2!} & (\lambda^{m})' & \ddots & & & \\ \vdots & \ddots & \ddots & \ddots & & \\ \vdots & & \ddots & \ddots & \ddots & \\ \frac{(\lambda^{m})^{(k-1)}}{(k-1)!} & \cdots & \cdots & \frac{(\lambda^{m})''}{2!} & (\lambda^{m})' & \lambda^{m} \end{bmatrix},\end{aligned}$$

所以

$$f(\boldsymbol{J}(\lambda))=\sum_{m=0}^{\infty}c_{m}\boldsymbol{J}^{m}(\lambda)=$$

$$\begin{bmatrix} \sum_{m=0}^{\infty} c_m\lambda^m & & & & \\ \sum_{m=0}^{\infty} c_m(\lambda^m)' & \sum_{m=0}^{\infty} c_m\lambda^m & & & \\ \frac{1}{2!}\sum_{m=0}^{\infty} c_m(\lambda^m)'' & \ddots & \ddots & & \\ \vdots & \ddots & \ddots & \ddots & \\ \frac{1}{(k-1)!}\sum_{m=0}^{\infty} c_m(\lambda^m)^{(k-1)} & \cdots \quad \cdots & \frac{1}{2!}\sum_{m=0}^{\infty} c_m(\lambda^m)'' & \sum_{m=0}^{\infty} c_m(\lambda^m)' & \sum_{m=0}^{\infty} c_m\lambda^m \end{bmatrix}.$$

由于当 $|z| < R$ 时 $f(z) = \sum_{m=0}^{\infty} c_m z^m$ 有任意阶导数,且可逐项求导,即 $f^{(l)}(z) = \sum_{m=0}^{\infty} c_m(z^m)^{(l)}$,因此当 $|\lambda| < R$ 时,有

$$f(\boldsymbol{J}(\lambda)) = \begin{bmatrix} f(\lambda) & & & & & \\ f'(\lambda) & f(\lambda) & & & & \\ \frac{f''(\lambda)}{2!} & f'(\lambda) & \ddots & & & \\ \vdots & \ddots & \ddots & \ddots & & \\ \vdots & & \ddots & \ddots & \ddots & \\ \frac{f^{(k-1)}(\lambda)}{(k-1)!} & \cdots & \cdots & \frac{f''(\lambda)}{2!} & f'(\lambda) & f(\lambda) \end{bmatrix}$$

证毕.

类似地,对于 $t \in \mathbb{C}$ 有

$$f(t\boldsymbol{A}) = \boldsymbol{P}\operatorname{diag}(f(t\boldsymbol{J}_1), f(t\boldsymbol{J}_2), \cdots, f(t\boldsymbol{J}_s))\boldsymbol{P}^{-1},$$

其中 $\boldsymbol{J}_i = \boldsymbol{J}_i(\lambda_i)$,

$$f(t\boldsymbol{J}_i)=\begin{bmatrix} f(\lambda_i t) & & & & \\ f'_\lambda(\lambda_i t) & f(\lambda_i t) & & & \\ \frac{f''_\lambda(\lambda_i t)}{2!} & f'_\lambda(\lambda_i t) & \ddots & & \\ \vdots & \ddots & \ddots & \ddots & \\ \vdots & & \ddots & \ddots & \ddots \\ \frac{f_\lambda^{(n_i-1)}(\lambda_i t)}{(n_i-1)!} & \cdots & \cdots & \frac{f''_\lambda(\lambda_i t)}{2!} & f'_\lambda(\lambda_i t) & f(\lambda_i t) \end{bmatrix},$$

$$i=1,2,\cdots,s.$$

**例 4.8**　求 $e^{tA}$,设

$$\boldsymbol{A}=\begin{bmatrix} 0 & 1 & 0 \\ 0 & 0 & 1 \\ 2 & -5 & 4 \end{bmatrix}.$$

**解**　因为

$$\det(\lambda\boldsymbol{E}-\boldsymbol{A})=\begin{vmatrix} \lambda & -1 & 0 \\ 0 & \lambda & -1 \\ -2 & 5 & \lambda-4 \end{vmatrix}=(\lambda-2)(\lambda-1)^2,$$

故 $\lambda=2,\lambda=1$.又因为

$$(\boldsymbol{A}-2\boldsymbol{E})(\boldsymbol{A}-\boldsymbol{E})=\begin{bmatrix} 2 & -3 & 1 \\ 2 & -3 & 1 \\ 2 & -3 & 1 \end{bmatrix}\neq\boldsymbol{0},$$

所以 $\boldsymbol{A}$ 不能对角化,于是

$$\boldsymbol{A}\sim\boldsymbol{J}=\begin{bmatrix} \boldsymbol{J}_1 & \boldsymbol{0} \\ \boldsymbol{0} & \boldsymbol{J}_2 \end{bmatrix}=\begin{bmatrix} 2 & 0 & 0 \\ 0 & 1 & 0 \\ 0 & 1 & 1 \end{bmatrix}.$$

设 $\boldsymbol{P}=[\boldsymbol{x}\quad\boldsymbol{y}\quad\boldsymbol{z}]\in\mathbb{C}^{3\times3}$,使得 $\boldsymbol{P}^{-1}\boldsymbol{AP}=\boldsymbol{J}$,从而 $\boldsymbol{AP}=\boldsymbol{PJ}$,即

$$[\boldsymbol{Ax}\quad\boldsymbol{Ay}\quad\boldsymbol{Az}]=[2\boldsymbol{x}\quad\boldsymbol{y}+\boldsymbol{z}\quad\boldsymbol{z}],$$

亦即

$$\begin{cases}(\boldsymbol{A}-2\boldsymbol{E})\boldsymbol{x}=\boldsymbol{0},\\(\boldsymbol{A}-\boldsymbol{E})\boldsymbol{y}=\boldsymbol{z},\\(\boldsymbol{A}-\boldsymbol{E})\boldsymbol{z}=\boldsymbol{0},\end{cases}$$

解之得

$$\boldsymbol{x}=\begin{bmatrix}1\\2\\4\end{bmatrix},\quad \boldsymbol{y}=\begin{bmatrix}1\\2\\3\end{bmatrix},\quad \boldsymbol{z}=\begin{bmatrix}1\\1\\1\end{bmatrix}.$$

故

$$\boldsymbol{P}=\begin{bmatrix}1&1&1\\2&2&1\\4&3&1\end{bmatrix},\quad \boldsymbol{P}^{-1}=\begin{bmatrix}1&-2&1\\-2&3&-1\\2&-1&0\end{bmatrix}.$$

由于

$$\mathrm{e}^{t\boldsymbol{J}_1(2)}=[\mathrm{e}^{2t}],\quad \mathrm{e}^{t\boldsymbol{J}_2(1)}=\begin{bmatrix}\mathrm{e}^t&0\\t\mathrm{e}^t&\mathrm{e}^t\end{bmatrix},$$

所以

$$\begin{aligned}\mathrm{e}^{t\boldsymbol{A}}&=\boldsymbol{P}\mathrm{diag}\,(\mathrm{e}^{t\boldsymbol{J}_1(2)},\mathrm{e}^{t\boldsymbol{J}_2(1)})\boldsymbol{P}^{-1}\\&=\begin{bmatrix}1&1&1\\2&2&1\\4&3&1\end{bmatrix}\begin{bmatrix}\mathrm{e}^{2t}&0&0\\0&\mathrm{e}^t&0\\0&t\mathrm{e}^t&\mathrm{e}^t\end{bmatrix}\begin{bmatrix}1&-2&1\\-2&3&-1\\2&-1&0\end{bmatrix}\\&=\begin{bmatrix}-2t\mathrm{e}^t+\mathrm{e}^{2t}&(3t+2)\mathrm{e}^t-2\mathrm{e}^{2t}&-(t+1)\mathrm{e}^t+\mathrm{e}^{2t}\\-2(t+1)\mathrm{e}^t+2\mathrm{e}^{2t}&(3t+5)\mathrm{e}^t-4\mathrm{e}^{2t}&-(t+2)\mathrm{e}^t+2\mathrm{e}^{2t}\\-2(t+2)\mathrm{e}^t+4\mathrm{e}^{2t}&(3t+8)\mathrm{e}^t-8\mathrm{e}^{2t}&-(t+3)\mathrm{e}^t+4\mathrm{e}^{2t}\end{bmatrix}.\end{aligned}$$

对于任意的 $\boldsymbol{A}\in\mathbb{C}^{n\times n}$,都可以利用 $\boldsymbol{A}$ 的 Jordan 标准形来计算 $f(\boldsymbol{A})$.但在计算过程中,除 $\boldsymbol{A}$ 本身是 Jordan 标准形外,都必须求出使 $\boldsymbol{P}^{-1}\boldsymbol{A}\boldsymbol{P}=\boldsymbol{J}$ 的 $\boldsymbol{P}$ 和 $\boldsymbol{P}^{-1}$,这是这种方法的困难所在.当 $n$ 较大时计算量之大是可想而知的.下面再介绍一种求 $f(\boldsymbol{A})$ 的方法,在这种方法中,不用计算 $\boldsymbol{P}$ 和 $\boldsymbol{P}^{-1}$.

### 4.3.3　将 $f(\boldsymbol{A})$ 表示为 $\boldsymbol{A}$ 的多项式

在 2.4 中,曾经利用 $\boldsymbol{A}\in\mathbb{C}^{n\times n}$ 的零化多项式将 $\boldsymbol{A}$ 的任何次数高于

或等于 $n$ 的多项式 $g(\boldsymbol{A})$,表示为次数不超过 $n-1$ 的多项式 $r(\boldsymbol{A})$.若所用零化多项式是 $\boldsymbol{A}$ 的最小多项式 $\varphi(\lambda)$,则 $r(\lambda)$ 的次数小于 $\deg\varphi(\lambda)$,这就大大简化了计算.对于 $\boldsymbol{A}$ 的任意函数 $f(\boldsymbol{A})=\sum_{k=0}^{\infty}c_k\boldsymbol{A}^k$,也可将其表示为次数小于 $\deg\varphi(\lambda)$ 的多项式 $T(\boldsymbol{A})$,只是 $T(\lambda)$ 的系数不能像求 $r(\lambda)$ 那样以 $\varphi(\lambda)$ 去除 $g(\lambda)$ 得到.

**定义 4.5**　设 $\boldsymbol{A}\in\mathbb{C}^{n\times n}$ 的谱 $\sigma(\boldsymbol{A})=\{\lambda_1,\lambda_2,\cdots,\lambda_s\}$,$\boldsymbol{A}$ 的最小多项式 $\varphi(\lambda)=(\lambda-\lambda_1)^{m_1}(\lambda-\lambda_2)^{m_2}\cdots(\lambda-\lambda_s)^{m_s}$,$\sum_{j=1}^{s}m_j=m$,$f(z)$ 是复变函数.若对 $j=1,2,\cdots,s$,$f(\lambda_j),f'(\lambda_j),\cdots,f^{(m_j-1)}(\lambda_j)$ 都存在,则称 **$f(z)$ 在 $\sigma(\boldsymbol{A})$ 上有定义**,并称 $f(\lambda_j),f'(\lambda_j),\cdots,f^{(m_j-1)}(\lambda_j)(j=1,2,\cdots,s)$ 为 **$f$ 在 $\sigma(\boldsymbol{A})$ 上的值**或 $f$ 在 $\boldsymbol{A}$ 上的**谱值**.

**定理 4.9**　设 $\boldsymbol{A}\in\mathbb{C}^{n\times n}$ 的最小多项式

$$\varphi(\lambda)=(\lambda-\lambda_1)^{m_1}(\lambda-\lambda_2)^{m_2}\cdots(\lambda-\lambda_s)^{m_s},\quad \sum_{j=1}^{s}m_j=m,$$

$f(\lambda)=\sum_{k=0}^{\infty}c_k\lambda^k$ 的收敛半径为 $R$,则当 $\rho(\boldsymbol{A})<R$ 时,存在唯一的 $m-1$ 次多项式 $T(\lambda)=\sum_{k=0}^{m-1}a_k\lambda^k$,使得 $T(\lambda)$ 与 $f(\lambda)$ 在 $\sigma(\boldsymbol{A})$ 上的值相同,且 $f(\boldsymbol{A})=T(\boldsymbol{A})$.

**证明**　因为 $\rho(\boldsymbol{A})<R$,故 $f(\lambda)$ 在 $\sigma(\boldsymbol{A})=\{\lambda_1,\lambda_2,\cdots,\lambda_s\}$ 上有定义.又由插值多项式理论可知,满足 $m$ 个条件

$$T^{(l)}(\lambda_j)=f^{(l)}(\lambda_j),\quad l=0,1,\cdots,m_j-1,\quad j=1,2,\cdots,s$$

的 $m-1$ 次插值多项式 $T(\lambda)$ 是存在且唯一的.

下面证明 $f(\boldsymbol{A})=T(\boldsymbol{A})$.设 $\boldsymbol{A}$ 的 Jordan 标准形 $\boldsymbol{J}=\operatorname{diag}(\boldsymbol{J}_1(\lambda_1),\boldsymbol{J}_2(\lambda_2),\cdots,\boldsymbol{J}_t(\lambda_t))$,即存在可逆的 $\boldsymbol{P}\in\mathbb{C}^{n\times n}$ 使得

$$\boldsymbol{A}=\boldsymbol{P}\operatorname{diag}(\boldsymbol{J}_1(\lambda_1),\boldsymbol{J}_2(\lambda_2),\cdots,\boldsymbol{J}_t(\lambda_t))\boldsymbol{P}^{-1}\quad(s\leqslant t\leqslant n),$$

其中
$$J_i(\lambda_i)=\begin{bmatrix}\lambda_i & & & & \\ 1 & \lambda_i & & & \\ & 1 & \ddots & & \\ & & \ddots & \ddots & \\ & & & 1 & \lambda_i\end{bmatrix}$$
是对应于$(\lambda-\lambda_i)^{p_i}(i=1,2,\cdots,t)$的 $p_i$ 阶 Jordan 块，于是
$$f(\boldsymbol{A})=\boldsymbol{P}\mathrm{diag}\,(f[\boldsymbol{J}_1(\lambda_1)],\cdots,f[\boldsymbol{J}_t(\lambda_t)])\boldsymbol{P}^{-1},$$
$$T(\boldsymbol{A})=\boldsymbol{P}\mathrm{diag}\,(T[\boldsymbol{J}_1(\lambda_1)],\cdots,T[\boldsymbol{J}_t(\lambda_t)])\boldsymbol{P}^{-1},$$
其中
$$f[\boldsymbol{J}_i(\lambda_i)]=\begin{bmatrix} f(\lambda_i) & & & & & \\ f'(\lambda_i) & f(\lambda_i) & & & & \\ \dfrac{f''(\lambda_i)}{2!} & f'(\lambda_i) & \ddots & & & \\ \vdots & \ddots & \ddots & \ddots & & \\ \vdots & & \ddots & \ddots & \ddots & \\ \dfrac{f^{(p_i-1)}(\lambda_i)}{(p_i-1)!} & \cdots & \cdots & \dfrac{f''(\lambda_i)}{2!} & f'(\lambda_i) & f(\lambda_i)\end{bmatrix},$$
$$T[\boldsymbol{J}_i(\lambda_i)]=\begin{bmatrix} T(\lambda_i) & & & & & \\ T'(\lambda_i) & T(\lambda_i) & & & & \\ \dfrac{T''(\lambda_i)}{2!} & T'(\lambda_i) & \ddots & & & \\ \vdots & \ddots & \ddots & \ddots & & \\ \vdots & & \ddots & \ddots & \ddots & \\ \dfrac{T^{(p_i-1)}(\lambda_i)}{(p_i-1)!} & \cdots & \cdots & \dfrac{T''(\lambda_i)}{2!} & T'(\lambda_i) & T(\lambda_i)\end{bmatrix}.$$

注意到$(\lambda-\lambda_i)^{p_i}$是$\lambda\boldsymbol{E}-\boldsymbol{A}$ 的初等因子.假如它与$(\lambda-\lambda_j)^{m_j}$相当，则由于 $\varphi(\lambda)=\prod\limits_{j=1}^{s}(\lambda-\lambda_j)^{m_j}$是$\lambda\boldsymbol{E}-\boldsymbol{A}$ 的第 $n$ 个不变因子，故 $p_i\leqslant m_i$. 从而 $f^{(l)}(\lambda_i)$存在$(l=0,1,2,\cdots,p_i-1;i=1,2,\cdots,t)$，且

$$T^{(l)}(\lambda_i)=f^{(l)}(\lambda_i),\quad l=0,1,2,\cdots,p_i-1,\quad i=1,2,\cdots,t.$$

因此,对 $i=1,2,\cdots,t$ 有

$$f(\boldsymbol{J}_i(\lambda_i))=T(\boldsymbol{J}_i(\lambda_i)),$$

所以　$f(\boldsymbol{A})=T(\boldsymbol{A}).$　　证毕.

类似地,有

$$f(t\boldsymbol{A})=T(t\boldsymbol{A})=\sum_{k=0}^{m-1}a_k(t)\boldsymbol{A}^k,$$

其中 $a_k(t)$是 $t$ 的函数且$f(t\lambda)$与 $T(t\lambda)$在 $\sigma(\boldsymbol{A})$上的值相同.

**例 4.9**　再解例 4.8.

**解**

$$\det(\lambda\boldsymbol{E}-\boldsymbol{A})=\begin{vmatrix}\lambda & -1 & 0\\ 0 & \lambda & -1\\ -2 & 5 & \lambda-4\end{vmatrix}=(\lambda-2)(\lambda-1)^2.$$

经计算知$(\boldsymbol{A}-2\boldsymbol{E})(\boldsymbol{A}-\boldsymbol{E})\neq\boldsymbol{0}$,故 $\boldsymbol{A}$ 的最小多项式为

$$\varphi(\lambda)=(\lambda-2)(\lambda-1)^2,\quad \deg\varphi(\lambda)=3.$$

设　$f(t\boldsymbol{A})=\mathrm{e}^{t\boldsymbol{A}}=a_0(t)\boldsymbol{E}+a_1(t)\boldsymbol{A}+a_2(t)\boldsymbol{A}^2=T(t\boldsymbol{A}).$

由于$f(t\lambda)=\mathrm{e}^{t\lambda}$与 $T(t\lambda)=a_0(t)+a_1(t)\lambda+a_2(t)\lambda^2$ 在 $\sigma(\boldsymbol{A})=\{2,1\}$ 上的值相同,故得方程组

$$\begin{cases}a_0(t)+2a_1(t)+4a_2(t)=\mathrm{e}^{2t},\\ a_0(t)+a_1(t)+a_2(t)=\mathrm{e}^{t},\\ a_1(t)+2a_2(t)=t\mathrm{e}^{t},\end{cases}$$

解之得

$$\begin{cases}a_0(t)=-2t\mathrm{e}^{t}+\mathrm{e}^{2t},\\ a_1(t)=(3t+2)\mathrm{e}^{t}-2\mathrm{e}^{2t},\\ a_2(t)=-(t+1)\mathrm{e}^{t}+\mathrm{e}^{2t},\end{cases}$$

又因为

$$\boldsymbol{A}^2=\begin{bmatrix}0 & 1 & 0\\ 0 & 0 & 1\\ 2 & -5 & 4\end{bmatrix}^2=\begin{bmatrix}0 & 0 & 1\\ 2 & -5 & 4\\ 8 & -18 & 11\end{bmatrix},$$

所以

$$e^{tA}=(-2te^t+e^{2t})E+((3t+2)e^t-2e^{2t})A+(-(t+1)e^t+e^{2t})A^2$$

$$=\begin{bmatrix} -2te^t+e^{2t} & (3t+2)e^t-2e^{2t} & -(t+1)e^t+e^{2t} \\ -2(t+1)e^t+2e^{2t} & (3t+5)e^t-4e^{2t} & -(t+2)e^t+2e^{2t} \\ -2(t+2)e^t+4e^{2t} & (3t+8)e^t-8e^{2t} & -(t+3)e^t+4e^{2t} \end{bmatrix}.$$

### 4.3.4 谱映射定理

**定理 4.10** 设 $A\in\mathbb{C}^{n\times n}$ 的特征值为 $\lambda_1,\lambda_2,\cdots,\lambda_n$，且 $f(\lambda)=\sum\limits_{k=0}^{\infty}c_k\lambda^k$是在$\sigma(A)$上有定义的复变函数,则 $f(A)$的特征值为 $f(\lambda_1),f(\lambda_2),\cdots,f(\lambda_n)$,即

$$\sigma(f(A))=f(\sigma(A)).$$

**证明** 这是定理 4.7 和 4.8 的直接结果.

**例 4.10** 设 $A\in\mathbb{C}^{n\times n}$,试证:

(1)$\det(e^A)=e^{\mathrm{tr}A}$;

(2)若 $\sigma(A)\subset\{\lambda\in\mathbb{C}\mid|\lambda|<1\}$,且 $B=(A+E)^{-1}(A-E)$,

则$\sigma(B)\subset\{\lambda\in\mathbb{C}\mid\mathrm{Re}\lambda<0\}$.

**证明** (1)设 $A$ 的特征值为$\lambda_1,\lambda_2,\cdots,\lambda_n$,则 $e^A$ 的特征值为 $e^{\lambda_1}$, $e^{\lambda_2},\cdots,e^{\lambda_n}$,所以

$$\det(e^A)=e^{\lambda_1}e^{\lambda_2}\cdots e^{\lambda_n}=e^{\lambda_1+\lambda_2+\cdots+\lambda_n}=e^{\mathrm{tr}A}.$$

(2)令 $f(\lambda)=(\lambda+1)^{-1}(\lambda-1)$,则 $f(\lambda)$在 $\sigma(A)$上有定义.因此

$$f(A)=(A+E)^{-1}(A-E)=B,$$

且

$$\sigma(B)=\sigma(f(A))=f(\sigma(A))=\{(\lambda+1)^{-1}(\lambda-1)\mid\lambda\in\sigma(A)\}.$$

而

$$\mathrm{Re}\left(\frac{\lambda-1}{\lambda+1}\right)=\mathrm{Re}\left(\frac{|\lambda|^2-1+(\lambda-\bar{\lambda})}{|\lambda+1|^2}\right)=\frac{|\lambda|^2-1}{|\lambda+1|^2}<0,$$

故结论成立.

## 4.4 $e^{tA}$在解线性常微分方程组中的应用

### 4.4.1 一阶线性常微分方程组的向量表示

设有一阶线性常微分方程组

$$\frac{\mathrm{d}x_i(t)}{\mathrm{d}t}=\sum_{j=1}^{n}p_{ij}(t)x_j(t)+q_i(t),\quad i=1,2,\cdots,n,$$

其中 $t\in\mathbb{R}$是自变量,$x_i(t)$是未知函数,$p_{ij}(t)$和 $q_i(t)$是区间 $I$ 上的已知连续函数.

若记 $\boldsymbol{x}(t)=(x_1(t),x_2(t),\cdots,x_n(t))^{\mathrm{T}}$,

$\boldsymbol{q}(t)=(q_1(t),q_2(t),\cdots,q_n(t))^{\mathrm{T}}$,

$$\boldsymbol{P}(t)=\begin{bmatrix}p_{11}(t) & p_{12}(t) & \cdots & p_{1n}(t)\\ p_{21}(t) & p_{22}(t) & \cdots & p_{2n}(t)\\ \vdots & \vdots & & \vdots\\ p_{n1}(t) & p_{n2}(t) & \cdots & p_{nn}(t)\end{bmatrix},$$

则可将其表示为

$$\boldsymbol{x}'(t)=\boldsymbol{P}(t)\boldsymbol{x}(t)+\boldsymbol{q}(t).\tag{4.7}$$

若 $\boldsymbol{q}(t)\equiv\boldsymbol{0}$,则

$$\boldsymbol{x}'(t)=\boldsymbol{P}(t)\boldsymbol{x}(t),\tag{4.8}$$

表示的是一阶线性齐次微分方程组.

若 $\boldsymbol{P}(t)=\boldsymbol{A}\in\mathbb{C}^{n\times n}$,则

$$\boldsymbol{x}'(t)=\boldsymbol{A}\boldsymbol{x}(t)+\boldsymbol{q}(t),\tag{4.9}$$

表示一阶线性常系数微分方程组.

一阶线性常系数齐次微分方程组应表示为

$$\boldsymbol{x}'(t)=\boldsymbol{A}\boldsymbol{x}(t).\tag{4.10}$$

若将初始条件也写成向量形式:$\boldsymbol{x}(t_0)=\boldsymbol{c}=(c_1,c_2,\cdots,c_n)^{\mathrm{T}}$,则初值问题的向量表示式为

$$\begin{cases}\boldsymbol{x}'(t)=\boldsymbol{P}(t)\boldsymbol{x}(t)+\boldsymbol{q}(t),\\ \boldsymbol{x}(t_0)=\boldsymbol{c}.\end{cases}$$

我们只讨论一阶线性常系数微分方程组,故以下简称为线性微分方程组或向量微分方程.

### 4.4.2 一阶线性常微分方程组初值问题的解

**定理** 4.11 初值问题

$$(\mathrm{I})\begin{cases}\boldsymbol{x}'(t)=\boldsymbol{A}\boldsymbol{x}(t),\\ \boldsymbol{x}(0)=\boldsymbol{c},\end{cases}$$

在$(-\infty,+\infty)$上有唯一解 $\boldsymbol{x}(t)=\mathrm{e}^{tA}\boldsymbol{c}$.

**证明** 因为

$$\frac{\mathrm{d}}{\mathrm{d}t}\boldsymbol{x}(t)=\frac{\mathrm{d}}{\mathrm{d}t}(\mathrm{e}^{tA}\boldsymbol{c})=\boldsymbol{A}\mathrm{e}^{tA}\boldsymbol{c}=\boldsymbol{A}\boldsymbol{x}(t),$$

且 $\boldsymbol{x}(0)=\mathrm{e}^{0}\boldsymbol{c}=\boldsymbol{E}\boldsymbol{c}=\boldsymbol{c}$,所以 $\boldsymbol{x}(t)=\mathrm{e}^{tA}\boldsymbol{c}$ 是初值问题(Ⅰ)的解.

又设 $\boldsymbol{y}(t)$也是(Ⅰ)的解,即

$$\boldsymbol{y}'(t)=\boldsymbol{A}\boldsymbol{y}(t),\text{且 }\boldsymbol{y}(0)=\boldsymbol{c}.$$

令 $\boldsymbol{g}(t)=\mathrm{e}^{-tA}\boldsymbol{y}(t)$,则

$$\boldsymbol{g}'(t)=-\boldsymbol{A}\mathrm{e}^{-tA}\boldsymbol{y}(t)+\mathrm{e}^{-tA}\boldsymbol{y}'(t)=-\mathrm{e}^{-tA}\boldsymbol{A}\boldsymbol{y}(t)+\mathrm{e}^{-tA}\boldsymbol{y}'(t)=\boldsymbol{0},$$

于是对任意的 $t\in\mathbb{R}$有

$$\boldsymbol{g}(t)=\boldsymbol{g}(0)=\boldsymbol{y}(0)=\boldsymbol{c},\text{即 }\mathrm{e}^{-tA}\boldsymbol{y}(t)=\boldsymbol{c}.$$

所以

$$\boldsymbol{y}(t)=\mathrm{e}^{tA}\boldsymbol{c}=\boldsymbol{x}(t),t\in(-\infty,+\infty),$$

即解是唯一的. 证毕.

用同样的方法可证明下面的结果.

**推论** 初值问题

$$(\text{Ⅱ})\begin{cases}\boldsymbol{x}'(t)=\boldsymbol{A}\boldsymbol{x}(t),\\ \boldsymbol{x}(t_0)=\boldsymbol{c}\end{cases}$$

有唯一解 $\boldsymbol{x}(t)=\mathrm{e}^{(t-t_0)A}\boldsymbol{c}$.

**例 4.11** 求解初值问题

$$\begin{cases}\dfrac{\mathrm{d}x_1}{\mathrm{d}t}=x_2-x_3,\\ \dfrac{\mathrm{d}x_2}{\mathrm{d}t}=x_1+x_2,\\ \dfrac{\mathrm{d}x_3}{\mathrm{d}t}=x_1+x_3,\\ x_1(0)=1,x_2(0)=0,x_3(0)=1.\end{cases}$$

**解**

$$\boldsymbol{A}=\begin{bmatrix}0&1&-1\\1&1&0\\1&0&1\end{bmatrix},\quad \boldsymbol{c}=\begin{bmatrix}1\\0\\1\end{bmatrix},\quad \boldsymbol{x}(t)=\begin{bmatrix}x_1\\x_2\\x_3\end{bmatrix}.$$

$\boldsymbol{A}$ 的最小多项式为 $\varphi(\lambda)=\lambda(\lambda-1)^2$. 设

$$\mathrm{e}^{t\boldsymbol{A}}=a_0(t)\boldsymbol{E}+a_1(t)\boldsymbol{A}+a_2(t)\boldsymbol{A}^2=T(t\boldsymbol{A}).$$

因为 $T(t\lambda)$ 与 $\mathrm{e}^{t\lambda}$ 在 $\sigma(\boldsymbol{A})=\{0,1\}$ 上的值相同,故有

$$\begin{cases} a_0(t)=1, \\ a_0(t)+a_1(t)+a_2(t)=\mathrm{e}^t, \\ a_1(t)+2a_2(t)=t\mathrm{e}^t, \end{cases}$$

解之得　$a_0(t)=1$，　$a_1(t)=-2+2\mathrm{e}^t-t\mathrm{e}^t$，　$a_2(t)=1-\mathrm{e}^t+t\mathrm{e}^t$.

又因为

$$\boldsymbol{A}^2=\begin{bmatrix}0&1&-1\\1&1&0\\1&0&1\end{bmatrix}^2=\begin{bmatrix}0&1&-1\\1&2&-1\\1&1&0\end{bmatrix},$$

所以

$$\begin{aligned}\boldsymbol{x}(t)&=\mathrm{e}^{t\boldsymbol{A}}\boldsymbol{c}\\&=[\boldsymbol{E}+(-2+2\mathrm{e}^t-t\mathrm{e}^t)\boldsymbol{A}+(1-\mathrm{e}^t+t\mathrm{e}^t)\boldsymbol{A}^2]\boldsymbol{c}\\&=\begin{bmatrix}1&-1+\mathrm{e}^t&1-\mathrm{e}^t\\-1+\mathrm{e}^t&1+t\mathrm{e}^t&-1+\mathrm{e}^t-t\mathrm{e}^t\\-1+\mathrm{e}^t&1-\mathrm{e}^t+t\mathrm{e}^t&-1+2\mathrm{e}^t-t\mathrm{e}^t\end{bmatrix}\begin{bmatrix}1\\0\\1\end{bmatrix}\\&=\begin{bmatrix}2-\mathrm{e}^t\\-2+2\mathrm{e}^t-t\mathrm{e}^t\\-2+3\mathrm{e}^t-t\mathrm{e}^t\end{bmatrix},\end{aligned}$$

即　　$x_1=2-\mathrm{e}^t$，　$x_2=-2+2\mathrm{e}^t-t\mathrm{e}^t$，　$x_3=-2+3\mathrm{e}^t-t\mathrm{e}^t$.

**定理 4.12**　初值问题

$$(\mathrm{III})\begin{cases}\boldsymbol{x}'(t)=\boldsymbol{A}\boldsymbol{x}(t)+\boldsymbol{q}(t),\\ \boldsymbol{x}(t_0)=\boldsymbol{c},\end{cases}$$

在区间 $I(t_0\in I)$ 上有唯一解

$$\boldsymbol{x}(t)=\mathrm{e}^{(t-t_0)\boldsymbol{A}}\boldsymbol{c}+\mathrm{e}^{t\boldsymbol{A}}\int_{t_0}^{t}\mathrm{e}^{-\tau\boldsymbol{A}}\boldsymbol{q}(\tau)\mathrm{d}\tau.$$

**证明**　原方程可写为

$$\boldsymbol{x}'(t)-\boldsymbol{A}\boldsymbol{x}(t)=\boldsymbol{q}(t).$$

两边同时左乘以 $e^{-tA}$ 得

$$e^{-tA}[\boldsymbol{x}'(t)-\boldsymbol{A}\boldsymbol{x}(t)]=e^{-tA}\boldsymbol{q}(t),$$

即

$$\frac{d}{dt}(e^{-tA}\boldsymbol{x}(t))=e^{-tA}\boldsymbol{q}(t).$$

对于任意 $t\in I$,上式两端分别在 $[t_0,t]$ 上积分得

$$e^{-tA}\boldsymbol{x}(t)-e^{-t_0A}\boldsymbol{x}(t_0)=\int_{t_0}^{t}e^{-\tau A}\boldsymbol{q}(\tau)d\tau.$$

所以

$$\boldsymbol{x}(t)=e^{(t-t_0)A}\boldsymbol{c}+e^{tA}\int_{t_0}^{t}e^{-\tau A}\boldsymbol{q}(\tau)d\tau.$$

唯一性的证明同定理 4.11. 证毕.

**例 4.12** 已知

$$\boldsymbol{A}=\begin{bmatrix}2&-1&1\\0&3&-1\\2&1&3\end{bmatrix},\quad \boldsymbol{q}(t)=\begin{bmatrix}e^{2t}\\0\\te^{2t}\end{bmatrix},\quad \boldsymbol{c}=\begin{bmatrix}0\\0\\0\end{bmatrix}.$$

在 $(-\infty,+\infty)$ 上解初值问题

$$\begin{cases}\boldsymbol{x}'(t)=\boldsymbol{A}\boldsymbol{x}(t)+\boldsymbol{q}(t),\\ \boldsymbol{x}(0)=\boldsymbol{c}.\end{cases}$$

**解** 由定理 4.12,其解为

$$\boldsymbol{x}(t)=e^{tA}\int_0^t e^{-\tau A}\boldsymbol{q}(\tau)d\tau=\int_0^t e^{(t-\tau)A}\boldsymbol{q}(\tau)d\tau.$$

$\boldsymbol{A}$ 的最小多项式为 $(\lambda-2)^2(\lambda-4)$,故设

$$e^{tA}=a_0(t)\boldsymbol{E}+a_1(t)\boldsymbol{A}+a_2(t)\boldsymbol{A}^2=T(t\boldsymbol{A}).$$

由 $e^{t\lambda}$ 与 $T(t\lambda)$ 在 $\sigma(\boldsymbol{A})=\{2,4\}$ 上的值相同可定出

$$\begin{cases}a_0(t)=e^{2t}(e^{2t}-4t),\\ a_1(t)=e^{2t}(-e^{2t}+1+3t),\\ a_2(t)=\dfrac{1}{4}e^{2t}(e^{2t}-1-2t),\end{cases}$$

$$e^{tA}=e^{2t}\left[(e^{2t}-4t)\boldsymbol{E}+(-e^{2t}+1+3t)\boldsymbol{A}+\frac{1}{4}(e^{2t}-1-2t)\boldsymbol{A}^2\right].$$

$$
\begin{aligned}
\mathrm{e}^{(t-\tau)\boldsymbol{A}}\boldsymbol{q}(\tau) &= \mathrm{e}^{2t}(\mathrm{e}^{2(t-\tau)}-4(t-\tau))\begin{bmatrix}1\\0\\\tau\end{bmatrix} \\
&\quad + \mathrm{e}^{2t}\boldsymbol{A}(-\mathrm{e}^{2(t-\tau)}+1+3(t-\tau))\begin{bmatrix}1\\0\\\tau\end{bmatrix} \\
&\quad + \frac{\mathrm{e}^{2t}}{4}\boldsymbol{A}^2(\mathrm{e}^{2(t-\tau)}-1-2(t-\tau))\begin{bmatrix}1\\0\\\tau\end{bmatrix} \\
&= \mathrm{e}^{2t}\begin{bmatrix}\mathrm{e}^{2t}\mathrm{e}^{-2\tau}-4t+4\tau\\0\\\mathrm{e}^{2t}\tau\mathrm{e}^{-2\tau}-4t\tau+4\tau^2\end{bmatrix}+\mathrm{e}^{2t}\boldsymbol{A}\begin{bmatrix}-\mathrm{e}^{2t}\mathrm{e}^{-2\tau}+1+3t-3\tau\\0\\-\mathrm{e}^{2t}\tau\mathrm{e}^{-2\tau}+\tau+3t\tau-3\tau^2\end{bmatrix} \\
&\quad + \frac{\mathrm{e}^{2t}}{4}\boldsymbol{A}^2\begin{bmatrix}\mathrm{e}^{2t}\mathrm{e}^{-2\tau}-1-2t+2\tau\\0\\\mathrm{e}^{2t}\tau\mathrm{e}^{-2\tau}-\tau-2t\tau+2\tau^2\end{bmatrix}.
\end{aligned}
$$

积分得

$$
\begin{aligned}
\boldsymbol{x}(t) &= \int_0^t \mathrm{e}^{(t-\tau)\boldsymbol{A}}\boldsymbol{q}(\tau)\mathrm{d}\tau \\
&= \mathrm{e}^{2t}\begin{bmatrix}\frac{\mathrm{e}^{2t}}{2}-\frac{1}{2}-2t^2\\0\\\frac{\mathrm{e}^{2t}}{4}-\frac{1}{4}-\frac{t}{2}-\frac{2t^3}{3}\end{bmatrix}+\mathrm{e}^{2t}\boldsymbol{A}\begin{bmatrix}\frac{-\mathrm{e}^{2t}}{2}+\frac{1}{2}+t+\frac{3t^2}{2}\\0\\\frac{-\mathrm{e}^{2t}}{4}+\frac{1}{4}+\frac{t}{2}+\frac{t^2}{2}+\frac{t^3}{2}\end{bmatrix} \\
&\quad + \frac{\mathrm{e}^{2t}}{4}\boldsymbol{A}^2\begin{bmatrix}\frac{\mathrm{e}^{2t}}{2}-\frac{1}{2}-t-t^2\\0\\\frac{\mathrm{e}^{2t}}{4}-\frac{1}{4}-\frac{t}{2}-\frac{t^2}{2}-\frac{t^3}{2}\end{bmatrix}.
\end{aligned}
$$

将

$$A=\begin{bmatrix}2&-1&1\\0&3&-1\\2&1&3\end{bmatrix},\quad A^2=\begin{bmatrix}6&-4&6\\-2&8&-6\\10&4&10\end{bmatrix},$$

代入并化简得

$$\boldsymbol{x}(t)=\begin{bmatrix}x_1\\x_2\\x_3\end{bmatrix}=\mathrm{e}^{2t}\begin{bmatrix}\frac{3}{8}\mathrm{e}^{2t}-\frac{3}{8}+\frac{1}{4}t-\frac{3}{4}t^2\\-\frac{3}{8}\mathrm{e}^{2t}+\frac{3}{8}+\frac{3}{4}t+\frac{3}{4}t^2\\\frac{3}{8}\mathrm{e}^{2t}-\frac{3}{8}-\frac{3}{4}t+\frac{3}{4}t^2\end{bmatrix}.$$

# 习　题　4

1.设 $f(\boldsymbol{x})=f(x_1,x_2,x_3)=(x_1\mathrm{e}^{x_2},x_2+\sin x_3)^{\mathrm{T}}$，求 $f'(\boldsymbol{x})$.

2.设 $\boldsymbol{A}(t)=\begin{bmatrix}\cos t&\sin t\\-\sin t&\cos t\end{bmatrix}$，求 $\frac{\mathrm{d}\boldsymbol{A}(\mathrm{t})}{\mathrm{d}t}$，$\frac{\mathrm{d}}{\mathrm{d}t}(\det\boldsymbol{A}(\mathrm{t}))$，$\det\left(\frac{\mathrm{d}\boldsymbol{A}(\mathrm{t})}{\mathrm{d}t}\right)$.

3.设 $\boldsymbol{A}(t)=\begin{bmatrix}\mathrm{e}^t&t\mathrm{e}^t\\1&2t\\\sin t&\cos t\end{bmatrix}$，求 $\int_0^1\boldsymbol{A}(t)\mathrm{d}t$.

4.设 $\boldsymbol{x}=(x_1(t),x_2(t),\cdots,x_n(t))^{\mathrm{T}}\in\mathbb{R}^n$，$\boldsymbol{A}\in\mathbb{R}^{n\times n}$ 是对称矩阵，$f=\boldsymbol{x}^{\mathrm{T}}\boldsymbol{A}\boldsymbol{x}$.
试证：

(1) $\frac{\mathrm{d}f}{\mathrm{d}t}=2\boldsymbol{x}^{\mathrm{T}}\boldsymbol{A}\frac{\mathrm{d}\boldsymbol{x}}{\mathrm{d}t}$；　　(2) $\frac{\mathrm{d}}{\mathrm{d}t}(\langle\boldsymbol{x},\boldsymbol{x}\rangle)=2\boldsymbol{x}^{\mathrm{T}}\frac{\mathrm{d}\boldsymbol{x}}{\mathrm{d}t}$.

5.设 $\boldsymbol{B}$，$\boldsymbol{C}$ 是数字矩阵且下列所有运算都有意义，试证：

$$\int\boldsymbol{A}(t)\boldsymbol{B}\mathrm{d}t=\left(\int\boldsymbol{A}(t)\mathrm{d}t\right)\boldsymbol{B},\quad\int\boldsymbol{C}\boldsymbol{A}(t)\mathrm{d}t=\boldsymbol{C}\int\boldsymbol{A}(t)\mathrm{d}t.$$

6.设 $\boldsymbol{A}\in\mathbb{C}^{n\times n}$，$\boldsymbol{A}_m\in\mathbb{C}^{n\times n}$，$m=0,1,2,\cdots$. 试证：

(1)若 $\lim\limits_{m\to\infty}\boldsymbol{A}_m=\boldsymbol{A}$，则 $\lim\limits_{m\to\infty}\boldsymbol{A}_m^{\mathrm{T}}=\boldsymbol{A}^{\mathrm{T}}$；$\lim\limits_{m\to\infty}\overline{\boldsymbol{A}}_m=\overline{\boldsymbol{A}}$；$\lim\limits_{m\to\infty}\boldsymbol{A}_m^{\mathrm{H}}=\boldsymbol{A}^{\mathrm{H}}$；

(2)若 $\sum\limits_{m=0}^{\infty}c_m\boldsymbol{A}^m$ 收敛，则 $\sum\limits_{m=0}^{\infty}c_m(\boldsymbol{A}^{\mathrm{T}})^m=\left(\sum\limits_{m=0}^{\infty}c_m\boldsymbol{A}^m\right)^{\mathrm{T}}$.

7.设 $\boldsymbol{A}=\begin{bmatrix}2&0&0\\1&1&1\\1&-1&3\end{bmatrix}$，若 $\boldsymbol{B}=\frac{1}{3}\boldsymbol{A}$，则 $\lim\limits_{k\to\infty}\boldsymbol{B}^k=\boldsymbol{0}$.

8. 设 $A\in\mathbb{C}^{n\times n}$，则 $\lim\limits_{k\to\infty}A^k=0$ 的充要条件是，对任意的 $x\in\mathbb{C}^n$，$\lim\limits_{k\to\infty}(A^kx)=0$.

9. 设 $A_m\in\mathbb{C}^{n\times n}$，$m=0,1,2,\cdots$. 若 $\sum\limits_{m=0}^{\infty}A_m$ 绝对收敛，则

(1) $\sum\limits_{m=0}^{\infty}A_m$ 收敛，反之不真；

(2) 对任意的 $P,Q\in\mathbb{C}^{n\times n}$，$\sum\limits_{m=0}^{\infty}PA_mQ$ 绝对收敛.

10. 证明定理 4.6 的推论 2.

11. 试证对 $t\in\mathbb{C}$ 有

$$e^{t\begin{bmatrix}0&1\\-1&0\end{bmatrix}}=\begin{bmatrix}\cos t&\sin t\\-\sin t&\cos t\end{bmatrix}.$$

12. 设 $A=\begin{bmatrix}-2&1&0\\0&-2&1\\0&0&-2\end{bmatrix}$，求 $e^{tA}$.

13. 设 $A=\frac{\pi}{2}\begin{bmatrix}2&0&0\\0&1&1\\0&0&1\end{bmatrix}$，求 $\sin A$.

14. 求 $e^{tA}$，若

(1) $A=\begin{bmatrix}0&1\\-2&-3\end{bmatrix}$；　(2) $A=\begin{bmatrix}3&0&0&0\\0&-2&1&0\\0&0&-2&1\\0&0&0&-2\end{bmatrix}$.

15. 已知 $A=\begin{bmatrix}2&1&4\\0&2&0\\0&3&1\end{bmatrix}$，求 $e^{tA}$；$\sin(tA)$.

16. 证明：

(1) 若 $A$ 是反 Hermite 矩阵，则 $e^{A}$ 是酉矩阵；

(2) 若 $A$ 是 Hermite 矩阵，则 $e^{iA}$ 是酉矩阵.

17. 设 $A=\begin{bmatrix}2&-1&1\\0&3&-1\\2&1&3\end{bmatrix}$，求 $\det(e^{A})$.

18.求解初值问题：

$$\begin{cases}\dfrac{\mathrm{d}x_1}{\mathrm{d}t} = -7x_1 - 7x_2 + 5x_3, \\ \dfrac{\mathrm{d}x_2}{\mathrm{d}t} = -8x_1 - 8x_2 - 5x_3, \\ \dfrac{\mathrm{d}x_3}{\mathrm{d}t} = -5x_2, \\ x_1(0) = 3, \quad x_2(0) = -2, \quad x_3(0) = 1.\end{cases}$$

# 第 5 章　广义逆矩阵及其应用

我们知道，对于线性方程组

$$\boldsymbol{A}\boldsymbol{x}=\boldsymbol{b}, \tag{1}$$

其中 $\boldsymbol{A}=[a_{ij}]\in\mathbb{R}^{m\times n}$，$\boldsymbol{x}=(x_1,x_2,\cdots,x_n)^{\mathrm{T}}\in\mathbb{R}^n$，$\boldsymbol{b}=(b_1,b_2,\cdots,b_m)^{\mathrm{T}}\in\mathbb{R}^m$，有如下结论.

方程组(1)有解的充分必要条件是 $\operatorname{rank}\boldsymbol{A}=\operatorname{rank}(\boldsymbol{A}\vdots\boldsymbol{b})$；有解时可能有唯一解，也可能有无穷多解，并可根据线性方程组解的结构理论，逐步求出它的全部解. 一般说来，其解不能用一个简洁的公式表出，这给理论分析带来了不便. 但当 $\boldsymbol{A}$ 为 $n$ 阶可逆方阵时，方程组(1)有唯一解，且可表示为 $\boldsymbol{x}=\boldsymbol{A}^{-1}\boldsymbol{b}$；这里的关键是 $\boldsymbol{A}$ 的逆矩阵存在. 要想在一般情况下，得到类似的解的表达式，就必须推广逆矩阵的概念，使得在某种意义下，任意的 $\boldsymbol{A}\in\mathbb{R}^{m\times n}$ 的"逆矩阵"都存在. 这就引出了矩阵的"广义逆"问题.

此外，在很多情况下，求无解线性方程组的误差最小的近似解也是一件有意义的事，这也涉及广义逆矩阵.

广义逆矩阵概念是由 Moore 和 Penrose 提出的，并逐步在系统理论、优化计算及统计学等领域得到广泛应用.

## 5.1　广义逆矩阵 $\boldsymbol{A}^-$

**定义** 5.1　设 $\boldsymbol{A}\in\mathbb{C}^{m\times n}$，如果存在 $\boldsymbol{G}\in\mathbb{C}^{n\times m}$，使 $\boldsymbol{AGA}=\boldsymbol{A}$，则称 $\boldsymbol{G}$ 是 $\boldsymbol{A}$ 的一个$\{1\}$-逆，记为 $\boldsymbol{A}^{[1]}$，简记为 $\boldsymbol{A}^-$. 在不引起混淆时，也称 $\boldsymbol{A}^-$ 是 $\boldsymbol{A}$ 的**广义逆矩阵**. 所有满足等式 $\boldsymbol{AGA}=\boldsymbol{A}$ 的矩阵 $\boldsymbol{G}$ 构成的集合记为$\boldsymbol{A}\{1\}$.

显然，任意 $\boldsymbol{G}\in\mathbb{C}^{n\times m}$ 都是零矩阵 $\boldsymbol{0}\in\mathbb{C}^{m\times n}$ 的$\{1\}$-逆. 如果 $\boldsymbol{A}$ 是 $n$ 阶可逆矩阵，则有 $\boldsymbol{AA}^{-1}\boldsymbol{A}=\boldsymbol{A}$，即 $\boldsymbol{A}^-=\boldsymbol{A}^{-1}$，可见 $\boldsymbol{A}^-$ 是 $\boldsymbol{A}^{-1}$的推广.

**定理 5.1**　对任意 $\boldsymbol{A}\in\mathbb{C}^{m\times n}$，$\boldsymbol{A}^{-}$ 必定存在；且当 rank $\boldsymbol{A}=r$ 时，若可逆矩阵 $\boldsymbol{P}\in\mathbb{C}^{m\times m}$ 与 $\boldsymbol{Q}\in\mathbb{C}^{n\times n}$ 满足 $\boldsymbol{PAQ}=\begin{bmatrix}\boldsymbol{E}_r & \boldsymbol{0}\\ \boldsymbol{0} & \boldsymbol{0}\end{bmatrix}_{m\times n}$，则

$$\boldsymbol{A}^{-}=\boldsymbol{Q}\begin{bmatrix}\boldsymbol{E}_r & \boldsymbol{0}\\ \boldsymbol{0} & \boldsymbol{0}\end{bmatrix}_{n\times m}\boldsymbol{P}.$$

**证明**　只需验证 $\boldsymbol{A}^{-}=\boldsymbol{Q}\begin{bmatrix}\boldsymbol{E}_r & \boldsymbol{0}\\ \boldsymbol{0} & \boldsymbol{0}\end{bmatrix}_{n\times m}\boldsymbol{P}$ 满足 $\boldsymbol{AA}^{-}\boldsymbol{A}=\boldsymbol{A}$ 即可.

因为对任意 $\boldsymbol{A}\in\mathbb{C}^{m\times n}$，必有可逆矩阵 $\boldsymbol{P}\in\mathbb{C}^{m\times m}$，$\boldsymbol{Q}\in\mathbb{C}^{n\times n}$，使 $\boldsymbol{PAQ}=\begin{bmatrix}\boldsymbol{E}_r & \boldsymbol{0}\\ \boldsymbol{0} & \boldsymbol{0}\end{bmatrix}_{m\times n}$；于是 $\boldsymbol{A}=\boldsymbol{P}^{-1}\begin{bmatrix}\boldsymbol{E}_r & \boldsymbol{0}\\ \boldsymbol{0} & \boldsymbol{0}\end{bmatrix}_{m\times n}\boldsymbol{Q}^{-1}$，故

$$\begin{aligned}&\boldsymbol{AA}^{-}\boldsymbol{A}\\ &=\left(\boldsymbol{P}^{-1}\begin{bmatrix}\boldsymbol{E}_r & \boldsymbol{0}\\ \boldsymbol{0} & \boldsymbol{0}\end{bmatrix}_{m\times n}\boldsymbol{Q}^{-1}\right)\left(\boldsymbol{Q}\begin{bmatrix}\boldsymbol{E}_r & \boldsymbol{0}\\ \boldsymbol{0} & \boldsymbol{0}\end{bmatrix}_{n\times m}\boldsymbol{P}\right)\left(\boldsymbol{P}^{-1}\begin{bmatrix}\boldsymbol{E}_r & \boldsymbol{0}\\ \boldsymbol{0} & \boldsymbol{0}\end{bmatrix}_{m\times n}\boldsymbol{Q}^{-1}\right)\\ &=\boldsymbol{P}^{-1}\begin{bmatrix}\boldsymbol{E}_r & \boldsymbol{0}\\ \boldsymbol{0} & \boldsymbol{0}\end{bmatrix}_{m\times n}\boldsymbol{Q}^{-1}=\boldsymbol{A}.\end{aligned}$$

证毕.

根据定理 5.1，求 $\boldsymbol{A}^{-}$ 的关键在于求 $\boldsymbol{A}$ 的等价标准形（即在初等变换意义下的标准形）.

**例 5.1**　设 $\boldsymbol{A}=\begin{bmatrix}1 & 0 & -1\\ 0 & 2 & 4\\ -1 & 2 & 5\\ 1 & 2 & 3\end{bmatrix}$，求 $\boldsymbol{A}^{-}$.

**解**　对 $\boldsymbol{A}$ 进行初等变换求 $\boldsymbol{A}$ 的等价标准形，记录所做的初等行变换可得 $\boldsymbol{P}$，记录所作的初等列变换可得 $\boldsymbol{Q}$.

$$由\begin{bmatrix} \boldsymbol{A} & \boldsymbol{E}_4 \\ \boldsymbol{E}_3 & \boldsymbol{0} \end{bmatrix} = \left[\begin{array}{ccc:cccc} 1 & 0 & -1 & 1 & 0 & 0 & 0 \\ 0 & 2 & 4 & 0 & 1 & 0 & 0 \\ -1 & 2 & 5 & 0 & 0 & 1 & 0 \\ 1 & 2 & 3 & 0 & 0 & 0 & 1 \\ \hdashline 1 & 0 & 0 & 0 & 0 & 0 & 0 \\ 0 & 1 & 0 & 0 & 0 & 0 & 0 \\ 0 & 0 & 1 & 0 & 0 & 0 & 0 \end{array}\right]$$

$$\rightarrow \left[\begin{array}{ccc:cccc} 1 & 0 & 0 & 1 & 0 & 0 & 0 \\ 0 & 1 & 0 & 0 & \frac{1}{2} & 0 & 0 \\ 0 & 0 & 0 & 1 & -1 & 1 & 0 \\ 0 & 0 & 0 & -2 & 0 & -1 & 1 \\ \hdashline 1 & 0 & 1 & 0 & 0 & 0 & 0 \\ 0 & 1 & -2 & 0 & 0 & 0 & 0 \\ 0 & 0 & 1 & 0 & 0 & 0 & 0 \end{array}\right],$$

$$得\begin{bmatrix} \boldsymbol{E}_2 & \boldsymbol{0} \\ \boldsymbol{0} & \boldsymbol{0} \end{bmatrix}_{4\times 3} = \begin{bmatrix} 1 & 0 & 0 \\ 0 & 1 & 0 \\ 0 & 0 & 0 \\ 0 & 0 & 0 \end{bmatrix}, \boldsymbol{P} = \begin{bmatrix} 1 & 0 & 0 & 0 \\ 0 & \frac{1}{2} & 0 & 0 \\ 1 & -1 & 1 & 0 \\ -2 & 0 & -1 & 1 \end{bmatrix}, \boldsymbol{Q} = \begin{bmatrix} 1 & 0 & 1 \\ 0 & 1 & -2 \\ 0 & 0 & 1 \end{bmatrix},$$

$$故\quad \boldsymbol{A}^- = \boldsymbol{Q}\begin{bmatrix} \boldsymbol{E}_2 & \boldsymbol{0} \\ \boldsymbol{0} & \boldsymbol{0} \end{bmatrix}_{3\times 4} \boldsymbol{P}$$

$$= \begin{bmatrix} 1 & 0 & 1 \\ 0 & 1 & -2 \\ 0 & 0 & 1 \end{bmatrix} \begin{bmatrix} 1 & 0 & 0 & 0 \\ 0 & 1 & 0 & 0 \\ 0 & 0 & 0 & 0 \end{bmatrix} \begin{bmatrix} 1 & 0 & 0 & 0 \\ 0 & \frac{1}{2} & 0 & 0 \\ 1 & -1 & 1 & 0 \\ -2 & 0 & -1 & 1 \end{bmatrix}$$

$$= \begin{bmatrix} 1 & 0 & 0 & 0 \\ 0 & \frac{1}{2} & 0 & 0 \\ 0 & 0 & 0 & 0 \end{bmatrix}.$$

**注意** $A^-$不是唯一的.例如对$A=\begin{bmatrix}1&1\\0&0\end{bmatrix}$而言,$G_1=\begin{bmatrix}1&0\\0&0\end{bmatrix}$和$G_2=\begin{bmatrix}1&2\\0&0\end{bmatrix}$都是$A^-$.若无特别申明,则只需求出一个$A^-$即可.

**例 5.2** 设$A=\begin{bmatrix}1&1&1&0\\-1&-1&-1&0\\1&1&0&0\end{bmatrix}$,求$A^-$.

**解** 因为

$$\begin{bmatrix}A&E\\E&0\end{bmatrix}=\begin{bmatrix}1&1&1&0&1&0&0\\-1&-1&-1&0&0&1&0\\1&1&0&0&0&0&1\\1&0&0&0&0&0&0\\0&1&0&0&0&0&0\\0&0&1&0&0&0&0\\0&0&0&1&0&0&0\end{bmatrix}$$

$$\to\begin{bmatrix}1&0&0&0&0&0&1\\0&1&0&0&1&0&-1\\0&0&0&0&1&1&0\\1&0&-1&0&0&0&0\\0&0&1&0&0&0&0\\0&1&0&0&0&0&0\\0&0&0&1&0&0&0\end{bmatrix},$$

所以

$$A^-=\begin{bmatrix}1&0&-1&0\\0&0&1&0\\0&1&0&0\\0&0&0&1\end{bmatrix}\begin{bmatrix}1&0&0\\0&1&0\\0&0&0\\0&0&0\end{bmatrix}\begin{bmatrix}0&0&1\\1&0&-1\\1&1&0\end{bmatrix}$$

$$=\begin{bmatrix}0&0&1\\0&0&0\\1&0&-1\\0&0&0\end{bmatrix}.$$

## 5.2　矩阵的满秩分解

为了学习另一种重要的广义逆矩阵 $\boldsymbol{A}^{+}$,需要先了解矩阵分解的一些知识,本节介绍矩阵的满秩分解,下一节再介绍矩阵的奇异值分解.

### 5.2.1　矩阵的满秩分解

**定义** 5.2　设 $\boldsymbol{A}\in\mathbb{C}^{m\times n}$ 的秩 $\operatorname{rank}\boldsymbol{A}=r>0$,若存在 $\boldsymbol{B}\in\mathbb{C}^{m\times r}$ 及 $\boldsymbol{C}\in\mathbb{C}^{r\times n}$,且 $\operatorname{rank}\boldsymbol{B}=\operatorname{rank}\boldsymbol{C}=r$,使得 $\boldsymbol{A}=\boldsymbol{BC}$,则称 $\boldsymbol{A}=\boldsymbol{BC}$ 为 $\boldsymbol{A}$ 的**满秩分解**(或最大秩分解).

**定理** 5.2　任意非零矩阵 $\boldsymbol{A}\in\mathbb{C}^{m\times n}$,必存在满秩分解,但其满秩分解式不是唯一的.

**证明**　因为 $\operatorname{rank}\boldsymbol{A}=r>0$,故根据矩阵的等价标准形理论,存在 $m$ 阶可逆矩阵 $\boldsymbol{P}$ 和 $n$ 阶可逆矩阵 $\boldsymbol{Q}$,使得

$$\boldsymbol{A}=\boldsymbol{P}\begin{bmatrix}\boldsymbol{E}_r&\boldsymbol{0}\\\boldsymbol{0}&\boldsymbol{0}\end{bmatrix}_{m\times n}\boldsymbol{Q}=\left(\boldsymbol{P}\begin{bmatrix}\boldsymbol{E}_r\\\boldsymbol{0}\end{bmatrix}\right)([\boldsymbol{E}_r\quad\boldsymbol{0}]\boldsymbol{Q}).$$

若令 $\boldsymbol{B}=\boldsymbol{P}\begin{bmatrix}\boldsymbol{E}_r\\\boldsymbol{0}\end{bmatrix}$, $\boldsymbol{C}=[\boldsymbol{E}_r\quad\boldsymbol{0}]\boldsymbol{Q}$,则 $\boldsymbol{A}=\boldsymbol{BC}$,且 $\operatorname{rank}\boldsymbol{B}=\operatorname{rank}\boldsymbol{C}=r$,这就证明了满秩分解的存在性.满秩分解式的不唯一性是显而易见的.

事实上,对任意可逆的 $r$ 阶方阵 $\boldsymbol{T}$,令 $\boldsymbol{B}_1=\boldsymbol{BT}=\boldsymbol{P}\begin{bmatrix}\boldsymbol{E}_r\\\boldsymbol{0}\end{bmatrix}\boldsymbol{T}$, $\boldsymbol{C}_1=\boldsymbol{T}^{-1}\boldsymbol{C}=\boldsymbol{T}^{-1}[\boldsymbol{E}_r\quad\boldsymbol{0}]\boldsymbol{Q}$,则 $\boldsymbol{A}=\boldsymbol{B}_1\boldsymbol{C}_1$ 显然是 $\boldsymbol{A}$ 的满秩分解.　　证毕.

### 5.2.2　满秩分解的方法

下面介绍利用矩阵的最简行阶梯形求满秩分解的方法,为此先证明一个重要结论,然后举例说明满秩分解的求法.

**定理 5.3** 初等行变换不改变矩阵的列向量组的线性关系.

*证明 设 $\boldsymbol{A}\in\mathbb{C}^{m\times n}$ 经过有限次初等行变换化为 $\boldsymbol{B}\in\mathbb{C}^{m\times n}$,即存在 $m$ 阶可逆矩阵 $\boldsymbol{P}$,使得 $\boldsymbol{PA}=\boldsymbol{B}$.若记 $\boldsymbol{A}=[\boldsymbol{\alpha}_1\quad\cdots\quad\boldsymbol{\alpha}_n]$,$\boldsymbol{B}=[\boldsymbol{\beta}_1\quad\cdots\quad\boldsymbol{\beta}_n]$,则需证明:列向量组 $\boldsymbol{\alpha}_1,\cdots,\boldsymbol{\alpha}_n$ 和列向量组 $\boldsymbol{\beta}_1,\cdots,\boldsymbol{\beta}_n$ 有完全相同的线性关系.

先证 $\boldsymbol{\alpha}_1,\cdots,\boldsymbol{\alpha}_n$ 线性相关的充分必要条件是 $\boldsymbol{\beta}_1,\cdots,\boldsymbol{\beta}_n$ 线性相关.

如果 $\boldsymbol{\beta}_1,\cdots,\boldsymbol{\beta}_n$ 线性相关,则存在 $\boldsymbol{K}=(k_1,\cdots,k_n)^{\mathrm{T}}\neq\boldsymbol{0}$,使

$$\boldsymbol{BK}=[\boldsymbol{\beta}_1\quad\cdots\quad\boldsymbol{\beta}_n](k_1,\cdots,k_n)^{\mathrm{T}}=k_1\boldsymbol{\beta}_1+\cdots+k_n\boldsymbol{\beta}_n=\boldsymbol{0}.$$

于是有 $\boldsymbol{PAK}=\boldsymbol{BK}=\boldsymbol{0}$.而 $\boldsymbol{P}$ 是可逆矩阵,所以 $\boldsymbol{AK}=\boldsymbol{0}$,即

$$\boldsymbol{AK}=[\boldsymbol{\alpha}_1\quad\cdots\quad\boldsymbol{\alpha}_n](k_1,\cdots,k_n)^{\mathrm{T}}=k_1\boldsymbol{\alpha}_1+\cdots+k_n\boldsymbol{\alpha}_n=\boldsymbol{0}.$$

由 $\boldsymbol{K}=(k_1,\cdots,k_n)^{\mathrm{T}}\neq\boldsymbol{0}$ 知,$\boldsymbol{\alpha}_1,\cdots,\boldsymbol{\alpha}_n$ 线性相关.

因为 $\boldsymbol{A}=\boldsymbol{P}^{-1}\boldsymbol{B}$,所以若 $\boldsymbol{\alpha}_1,\cdots,\boldsymbol{\alpha}_n$ 线性相关,则 $\boldsymbol{\beta}_1,\cdots,\boldsymbol{\beta}_n$ 也线性相关.

又由于关系式

$$\boldsymbol{AK}=k_1\boldsymbol{\alpha}_1+\cdots+k_n\boldsymbol{\alpha}_n=\boldsymbol{0}\text{ 与 }\boldsymbol{BK}=k_1\boldsymbol{\beta}_1+\cdots+k_n\boldsymbol{\beta}_n=\boldsymbol{0}$$

中的 $\boldsymbol{K}$ 是相同的,所以列向量组 $\boldsymbol{\alpha}_1,\cdots,\boldsymbol{\alpha}_n$ 和列向量组 $\boldsymbol{\beta}_1,\cdots,\boldsymbol{\beta}_n$ 有完全相同的线性关系.

**定义 5.3** 设 $\boldsymbol{A}$ 是行阶梯形矩阵,如果 $\boldsymbol{A}$ 满足下列条件:

(1)$\boldsymbol{A}$ 的非零行的主元(即最左边的非零元素)为 1,

(2)$\boldsymbol{A}$ 的非零行的主元所在的列的其他元素均为零,

则称 $\boldsymbol{A}$ 是**最简行阶梯形矩阵**.

例如 $\boldsymbol{A}=\begin{bmatrix}1&3&0&-2&6\\0&0&1&5&-1\\0&0&0&0&0\end{bmatrix}$ 就是一个最简行阶梯形矩阵.

由最简行阶梯形矩阵,我们可以得到:

(1)非零行数等于该矩阵的秩;

(2)非零行的主元所在的列构成列向量组的极大无关组;

(3)非零行主元右边的元素是用极大无关组线性表示其余列向量的表出系数.

例如，对于最简行阶梯形矩阵

$$\boldsymbol{A}=\begin{bmatrix}1&3&0&-2&6\\0&0&1&5&-1\\0&0&0&0&0\end{bmatrix}=[\boldsymbol{\alpha}_1\quad\boldsymbol{\alpha}_2\quad\boldsymbol{\alpha}_3\quad\boldsymbol{\alpha}_4\quad\boldsymbol{\alpha}_5],$$

$\boldsymbol{\alpha}_1,\boldsymbol{\alpha}_3$ 是 $\boldsymbol{\alpha}_1,\boldsymbol{\alpha}_2,\boldsymbol{\alpha}_3,\boldsymbol{\alpha}_4,\boldsymbol{\alpha}_5$ 的极大无关组，且

$$\boldsymbol{\alpha}_2=3\boldsymbol{\alpha}_1+0\boldsymbol{\alpha}_3,\quad \boldsymbol{\alpha}_4=-2\boldsymbol{\alpha}_1+5\boldsymbol{\alpha}_3,\quad \boldsymbol{\alpha}_5=6\boldsymbol{\alpha}_1-\boldsymbol{\alpha}_3.$$

**例 5.3**　求 $\boldsymbol{A}=\begin{bmatrix}1&3&2&8&4\\-1&-3&1&7&-7\\1&3&-1&-7&7\end{bmatrix}$ 的满秩分解.

**解**　对 $\boldsymbol{A}$ 进行初等行变换，求其最简行阶梯形矩阵

$$\boldsymbol{A}=[\boldsymbol{\alpha}_1\quad\boldsymbol{\alpha}_2\quad\boldsymbol{\alpha}_3\quad\boldsymbol{\alpha}_4\quad\boldsymbol{\alpha}_5]=\begin{bmatrix}1&3&2&8&4\\-1&-3&1&7&-7\\1&3&-1&-7&7\end{bmatrix}$$

$$\to\begin{bmatrix}1&3&0&-2&6\\0&0&1&5&-1\\0&0&0&0&0\end{bmatrix}=[\boldsymbol{\beta}_1\quad\boldsymbol{\beta}_2\quad\boldsymbol{\beta}_3\quad\boldsymbol{\beta}_4\quad\boldsymbol{\beta}_5],$$

由此知 $\boldsymbol{\beta}_1,\boldsymbol{\beta}_3$ 是 $\boldsymbol{\beta}_1,\boldsymbol{\beta}_2,\boldsymbol{\beta}_3,\boldsymbol{\beta}_4,\boldsymbol{\beta}_5$ 的极大无关组，且

$$\boldsymbol{\beta}_2=3\boldsymbol{\beta}_1,\quad \boldsymbol{\beta}_4=-2\boldsymbol{\beta}_1+5\boldsymbol{\beta}_3,\quad \boldsymbol{\beta}_5=6\boldsymbol{\beta}_1-\boldsymbol{\beta}_3.$$

因为 $\boldsymbol{\alpha}_1,\boldsymbol{\alpha}_2,\boldsymbol{\alpha}_3,\boldsymbol{\alpha}_4,\boldsymbol{\alpha}_5$ 和 $\boldsymbol{\beta}_1,\boldsymbol{\beta}_2,\boldsymbol{\beta}_3,\boldsymbol{\beta}_4,\boldsymbol{\beta}_5$ 有完全相同的线性关系，故

$$\boldsymbol{\alpha}_1=\boldsymbol{\alpha}_1,\quad \boldsymbol{\alpha}_2=3\boldsymbol{\alpha}_1,\quad \boldsymbol{\alpha}_3=\boldsymbol{\alpha}_3,\quad \boldsymbol{\alpha}_4=-2\boldsymbol{\alpha}_1+5\boldsymbol{\alpha}_3,\quad \boldsymbol{\alpha}_5=6\boldsymbol{\alpha}_1-\boldsymbol{\alpha}_3.$$

把上式写成矩阵形式得

$$\begin{aligned}\boldsymbol{A}&=[\boldsymbol{\alpha}_1\quad\boldsymbol{\alpha}_2\quad\boldsymbol{\alpha}_3\quad\boldsymbol{\alpha}_4\quad\boldsymbol{\alpha}_5]\\&=[\boldsymbol{\alpha}_1\quad\boldsymbol{\alpha}_3]\begin{bmatrix}1&3&0&-2&6\\0&0&1&5&-1\end{bmatrix}=\boldsymbol{BC},\end{aligned}$$

其中　$$\boldsymbol{B}=[\boldsymbol{\alpha}_1\quad\boldsymbol{\alpha}_3]=\begin{bmatrix}1&2\\-1&1\\1&-1\end{bmatrix},\quad \boldsymbol{C}=\begin{bmatrix}1&3&0&-2&6\\0&0&1&5&-1\end{bmatrix}.$$

**注**　上例的做法表明，$\boldsymbol{A}$ 的列向量组的极大无关组可以构成满秩

分解式中的$\boldsymbol{B}$,而$\boldsymbol{A}$的最简行阶梯形的非零行可以构成$\boldsymbol{C}$.

**例 5.4** 求$\boldsymbol{A}=\begin{bmatrix}1&0&1\\-1&2&3\\2&3&8\end{bmatrix}$的满秩分解.

**解** 因为$\boldsymbol{A}=\begin{bmatrix}1&0&1\\-1&2&3\\2&3&8\end{bmatrix}\to\begin{bmatrix}1&0&1\\0&2&4\\0&3&6\end{bmatrix}\to\begin{bmatrix}1&0&1\\0&1&2\\0&0&0\end{bmatrix}$,

所以$\boldsymbol{A}=\begin{bmatrix}1&0\\-1&2\\2&3\end{bmatrix}\begin{bmatrix}1&0&1\\0&1&2\end{bmatrix}$即为$\boldsymbol{A}$的满秩分解.

## 5.3 矩阵的奇异值分解

**定理 5.4** 设$\boldsymbol{A}\in\mathbb{C}^{m\times n}$的秩 rank $\boldsymbol{A}=r$,则存在$m$阶酉矩阵$\boldsymbol{V}$和$n$阶酉矩阵$\boldsymbol{U}$,使$\boldsymbol{A}=\boldsymbol{V}\boldsymbol{S}_0\boldsymbol{U}^{\mathrm{H}}$,其中$\boldsymbol{S}_0=\begin{bmatrix}\boldsymbol{S}&\boldsymbol{0}\\\boldsymbol{0}&\boldsymbol{0}\end{bmatrix}_{m\times n}$,$\boldsymbol{S}=\mathrm{diag}(\mu_1,\mu_2,\cdots,\mu_r)$,$\mu_1\geqslant\cdots\geqslant\mu_r>0$.

*__证明__ (1)构造$\boldsymbol{U}$.

因为$\boldsymbol{A}$是$m\times n$矩阵,所以$\boldsymbol{A}^{\mathrm{H}}\boldsymbol{A}$是$n$阶正定或半正定的 Hermite 矩阵.又因为$\mathrm{rank}(\boldsymbol{A}^{\mathrm{H}}\boldsymbol{A})=\mathrm{rank}\,\boldsymbol{A}=r$①,所以$\boldsymbol{A}^{\mathrm{H}}\boldsymbol{A}$有$r$个正特征值,不妨设为$\lambda_1\geqslant\cdots\geqslant\lambda_r>0$,而$\lambda_{r+1}=\cdots=\lambda_n=0$是$\boldsymbol{A}^{\mathrm{H}}\boldsymbol{A}$的$n-r$个零特征值.又设$\boldsymbol{u}_1,\cdots,\boldsymbol{u}_n$分别是$\boldsymbol{A}^{\mathrm{H}}\boldsymbol{A}$的对应于特征值$\lambda_1,\cdots,\lambda_n$的标准正交特征向量,于是$\boldsymbol{U}=[\boldsymbol{u}_1\quad\cdots\quad\boldsymbol{u}_n]$是$n$阶酉矩阵.

若记$\boldsymbol{U}_1=[\boldsymbol{u}_1\quad\cdots\quad\boldsymbol{u}_r]$,$\boldsymbol{U}_2=[\boldsymbol{u}_{r+1}\quad\cdots\quad\boldsymbol{u}_n]$,则$\boldsymbol{U}=[\boldsymbol{U}_1\quad\boldsymbol{U}_2]$.

(2)构造$\boldsymbol{S}$.

---

① 只需证$\boldsymbol{Ax}=\boldsymbol{0}$与$\boldsymbol{A}^{\mathrm{H}}\boldsymbol{Ax}=\boldsymbol{0}$同解(从而解空间维数相同$n-r(\boldsymbol{A})=n-r(\boldsymbol{A}^{\mathrm{H}}\boldsymbol{A})$).显然,$\boldsymbol{Ax}=0$的解都是$\boldsymbol{A}^{\mathrm{H}}\boldsymbol{Ax}=\boldsymbol{0}$的解.反之,若$\boldsymbol{x}$是$\boldsymbol{A}^{\mathrm{H}}\boldsymbol{Ax}=\boldsymbol{0}$的任一解,则$<\boldsymbol{Ax},\boldsymbol{Ax}>=\boldsymbol{x}^{\mathrm{H}}\boldsymbol{A}^{\mathrm{H}}\boldsymbol{Ax}=0$,即$\boldsymbol{Ax}=\boldsymbol{0}$,所以$\boldsymbol{x}$也是$\boldsymbol{Ax}=\boldsymbol{0}$的解.

令 $\mu_1=\sqrt{\lambda_1},\cdots,\mu_r=\sqrt{\lambda_r}$, $\boldsymbol{S}=\mathrm{diag}(\mu_1,\mu_2,\cdots,\mu_r)$,则 $\boldsymbol{S}$ 可逆,且

$$\boldsymbol{U}_1^{\mathrm{H}}(\boldsymbol{A}^{\mathrm{H}}\boldsymbol{A})\boldsymbol{U}_1=\begin{bmatrix}\boldsymbol{u}_1^{\mathrm{H}}\\ \boldsymbol{u}_2^{\mathrm{H}}\\ \vdots\\ \boldsymbol{u}_r^{\mathrm{H}}\end{bmatrix}(\boldsymbol{A}^{\mathrm{H}}\boldsymbol{A})[\boldsymbol{u}_1 \quad \cdots \quad \boldsymbol{u}_r]$$

$$=\begin{bmatrix}\boldsymbol{u}_1^{\mathrm{H}}\\ \boldsymbol{u}_2^{\mathrm{H}}\\ \vdots\\ \boldsymbol{u}_r^{\mathrm{H}}\end{bmatrix}[\boldsymbol{A}^{\mathrm{H}}\boldsymbol{A}\boldsymbol{u}_1 \quad \cdots \quad \boldsymbol{A}^{\mathrm{H}}\boldsymbol{A}\boldsymbol{u}_r]=\begin{bmatrix}\boldsymbol{u}_1^{\mathrm{H}}\\ \boldsymbol{u}_2^{\mathrm{H}}\\ \vdots\\ \boldsymbol{u}_r^{\mathrm{H}}\end{bmatrix}[\lambda_1\boldsymbol{u}_1 \quad \cdots \quad \lambda_r\boldsymbol{u}_r]$$

$$=\begin{bmatrix}\lambda_1\boldsymbol{u}_1^{\mathrm{H}}\boldsymbol{u}_1 & \lambda_2\boldsymbol{u}_1^{\mathrm{H}}\boldsymbol{u}_2 & \cdots & \lambda_r\boldsymbol{u}_1^{\mathrm{H}}\boldsymbol{u}_r\\ \lambda_1\boldsymbol{u}_2^{\mathrm{H}}\boldsymbol{u}_1 & \lambda_2\boldsymbol{u}_2^{\mathrm{H}}\boldsymbol{u}_2 & \cdots & \lambda_r\boldsymbol{u}_2^{\mathrm{H}}\boldsymbol{u}_r\\ \vdots & \vdots & & \vdots\\ \lambda_1\boldsymbol{u}_r^{\mathrm{H}}\boldsymbol{u}_1 & \lambda_2\boldsymbol{u}_r^{\mathrm{H}}\boldsymbol{u}_2 & \cdots & \lambda_r\boldsymbol{u}_r^{\mathrm{H}}\boldsymbol{u}_r\end{bmatrix}$$

$$=\mathrm{diag}(\lambda_1,\lambda_2,\cdots,\lambda_r)=\mathrm{diag}(\mu_1^2,\mu_2^2,\cdots,\mu_r^2)=\boldsymbol{S}^2.$$

(3)构造 $\boldsymbol{V}$.

作矩阵 $\boldsymbol{V}_1=\boldsymbol{A}\boldsymbol{U}_1\boldsymbol{S}^{-1}\in\mathbb{C}^{m\times r}$,并将其按列分块为 $\boldsymbol{V}_1=[\boldsymbol{v}_1 \quad \boldsymbol{v}_2 \quad \cdots \quad \boldsymbol{v}_r]$.因为

$$\begin{aligned}\boldsymbol{V}_1^{\mathrm{H}}\boldsymbol{V}_1&=(\boldsymbol{A}\boldsymbol{U}_1\boldsymbol{S}^{-1})^{\mathrm{H}}(\boldsymbol{A}\boldsymbol{U}_1\boldsymbol{S}^{-1})=\boldsymbol{S}^{-1}\boldsymbol{U}_1^{\mathrm{H}}\boldsymbol{A}^{\mathrm{H}}\boldsymbol{A}\boldsymbol{U}_1\boldsymbol{S}^{-1}\\&=\boldsymbol{S}^{-1}\boldsymbol{S}^2\boldsymbol{S}^{-1}=\boldsymbol{E},\end{aligned}$$

故列向量组 $\boldsymbol{v}_1,\cdots,\boldsymbol{v}_r$ 是 $m$ 维标准正交向量组,于是可将其扩充成 $\mathbb{C}^m$ 的标准正交基 $\boldsymbol{v}_1,\cdots,\boldsymbol{v}_r,\boldsymbol{v}_{r+1},\cdots,\boldsymbol{v}_m$.

令 $\boldsymbol{V}=[\boldsymbol{v}_1 \quad \cdots \quad \boldsymbol{v}_r \quad \boldsymbol{v}_{r+1} \quad \cdots \quad \boldsymbol{v}_m]\xlongequal{\text{记为}}[\boldsymbol{V}_1 \quad \boldsymbol{V}_2]$,则 $\boldsymbol{V}$ 是 $m$ 阶酉矩阵.

(4)证明 $\boldsymbol{V}\boldsymbol{S}_0\boldsymbol{U}^{\mathrm{H}}=\boldsymbol{A}$.

因为 $\boldsymbol{u}_{r+1},\cdots,\boldsymbol{u}_n$ 是 $\boldsymbol{A}^{\mathrm{H}}\boldsymbol{A}$ 的对应于零特征值的特征向量,于是对于 $i=r+1,\cdots,n$,有

$$<\boldsymbol{A}\boldsymbol{u}_i,\boldsymbol{A}\boldsymbol{u}_i>=\boldsymbol{u}_i^{\mathrm{H}}\boldsymbol{A}^{\mathrm{H}}\boldsymbol{A}\boldsymbol{u}_i=\boldsymbol{0},$$

即 $\boldsymbol{Au}_i=\boldsymbol{0}$,故 $\boldsymbol{AU}_2=[\boldsymbol{Au}_{r+1}\quad\cdots\quad\boldsymbol{Au}_n]=\boldsymbol{0}$.
所以

$$\begin{aligned}\boldsymbol{VS}_0\boldsymbol{U}^{\mathrm{H}}&=[\boldsymbol{V}_1\quad\boldsymbol{V}_2]\begin{bmatrix}\boldsymbol{S}&\boldsymbol{0}\\\boldsymbol{0}&\boldsymbol{0}\end{bmatrix}[\boldsymbol{U}_1\quad\boldsymbol{U}_2]^{\mathrm{H}}=[\boldsymbol{V}_1\boldsymbol{S}\quad\boldsymbol{0}]\begin{bmatrix}\boldsymbol{U}_1^{\mathrm{H}}\\\boldsymbol{U}_2^{\mathrm{H}}\end{bmatrix}\\&=\boldsymbol{V}_1\boldsymbol{SU}_1^{\mathrm{H}}+\boldsymbol{0U}_2^{\mathrm{H}}=\boldsymbol{AU}_1\boldsymbol{S}^{-1}\boldsymbol{SU}_1^{\mathrm{H}}+\boldsymbol{AU}_2\boldsymbol{U}_2^{\mathrm{H}}=\boldsymbol{A}(\boldsymbol{U}_1\boldsymbol{U}_1^{\mathrm{H}}+\boldsymbol{U}_2\boldsymbol{U}_2^{\mathrm{H}})\\&=\boldsymbol{A}[\boldsymbol{U}_1\quad\boldsymbol{U}_2]\begin{bmatrix}\boldsymbol{U}_1^{\mathrm{H}}\\\boldsymbol{U}_2^{\mathrm{H}}\end{bmatrix}=\boldsymbol{AUU}^{\mathrm{H}}=\boldsymbol{A}.\end{aligned}$$

证毕.

**定义 5.4** 定理 5.4 中的 $\boldsymbol{A}=\boldsymbol{VS}_0\boldsymbol{U}^{\mathrm{H}}$ 称为矩阵 $\boldsymbol{A}$ 的奇异值分解,$\mu_1=\sqrt{\lambda_1},\cdots,\mu_r=\sqrt{\lambda_r}$ 称为 $\boldsymbol{A}$ 的奇异值.

由定理 5.4 的证明过程可知,在 $\boldsymbol{A}$ 的奇异值分解 $\boldsymbol{A}=\boldsymbol{VS}_0\boldsymbol{U}^{\mathrm{H}}$ 中,$\boldsymbol{U}=[\boldsymbol{u}_1\quad\cdots\quad\boldsymbol{u}_n]$,而 $\boldsymbol{u}_1,\cdots,\boldsymbol{u}_n$ 分别是 $\boldsymbol{A}^{\mathrm{H}}\boldsymbol{A}$ 的对应于特征值 $\lambda_1,\cdots,\lambda_n$ 的标准正交特征向量;$\boldsymbol{S}_0$ 可由 $\boldsymbol{A}$ 的奇异值 $\mu_1=\sqrt{\lambda_1},\cdots,\mu_r=\sqrt{\lambda_r}$ 构造而成;$\boldsymbol{V}=[\boldsymbol{v}_1\quad\cdots\quad\boldsymbol{v}_r\quad\boldsymbol{v}_{r+1}\quad\cdots\quad\boldsymbol{v}_m]=[\boldsymbol{V}_1\quad\boldsymbol{V}_2]$,其中 $\boldsymbol{V}_1=\boldsymbol{AU}_1\boldsymbol{S}^{-1}$,$\boldsymbol{V}_2=[\boldsymbol{v}_{r+1}\quad\cdots\quad\boldsymbol{v}_m]$,而 $\boldsymbol{v}_{r+1},\cdots,\boldsymbol{v}_m$ 可通过求解齐次线性方程组 $\boldsymbol{V}_1^{\mathrm{H}}\boldsymbol{x}=\boldsymbol{0}$ 的基础解系①,然后正交化、单位化得到.

**例 5.5** 求 $\boldsymbol{A}$ 的奇异值分解 $\boldsymbol{A}=\boldsymbol{VS}_0\boldsymbol{U}^{\mathrm{H}}$,其中 $\boldsymbol{A}=\begin{bmatrix}1&1&2\\1&-1&0\\1&1&2\\1&-1&0\end{bmatrix}$.

**解** 
$$\boldsymbol{A}^{\mathrm{H}}\boldsymbol{A}=\begin{bmatrix}1&1&1&1\\1&-1&1&-1\\2&0&2&0\end{bmatrix}\begin{bmatrix}1&1&2\\1&-1&0\\1&1&2\\1&-1&0\end{bmatrix}=\begin{bmatrix}4&0&4\\0&4&4\\4&4&8\end{bmatrix}.$$

---

① 因为 $\forall j=r+1,\cdots,m$,有

$$\begin{cases}\boldsymbol{v}_1^{\mathrm{H}}\boldsymbol{v}_j=0,\\\cdots\cdots\\\boldsymbol{v}_r^{\mathrm{H}}\boldsymbol{v}_j=0,\end{cases}\quad 即\ \boldsymbol{V}_1^{\mathrm{H}}\boldsymbol{v}_j=(\boldsymbol{v}_1^{\mathrm{H}}\boldsymbol{v}_j,\cdots,\boldsymbol{v}_r^{\mathrm{H}}\boldsymbol{v}_j)^{\mathrm{T}}=\boldsymbol{0},$$

所以 $\boldsymbol{v}_{r+1},\boldsymbol{v}_{r+2},\cdots,\boldsymbol{v}_m$ 是齐次线性方程组 $\boldsymbol{V}_1^{\mathrm{H}}\boldsymbol{x}=\boldsymbol{0}$ 的标准正交解向量.

$$\det(\lambda\boldsymbol{E}-\boldsymbol{A}^{\mathrm{H}}\boldsymbol{A})=\begin{vmatrix}\lambda-4 & 0 & -4\\ 0 & \lambda-4 & -4\\ -4 & -4 & \lambda-8\end{vmatrix}=(\lambda-12)(\lambda-4)\lambda,$$

$$\lambda_1=12,\quad \lambda_2=4,\quad \lambda_3=0.\quad \mu_1=\sqrt{12}=2\sqrt{3},\quad \mu_2=\sqrt{4}=2.$$

$$\boldsymbol{S}=\begin{bmatrix}2\sqrt{3} & 0\\ 0 & 2\end{bmatrix},\quad \boldsymbol{S}_0=\begin{bmatrix}\boldsymbol{S} & \boldsymbol{0}\\ \boldsymbol{0} & \boldsymbol{0}\end{bmatrix}_{4\times 3}=\begin{bmatrix}2\sqrt{3} & 0 & 0\\ 0 & 2 & 0\\ 0 & 0 & 0\\ 0 & 0 & 0\end{bmatrix}.$$

对 $\lambda_1=12$,解方程组$(12\boldsymbol{E}-\boldsymbol{A}^{\mathrm{H}}\boldsymbol{A})\boldsymbol{x}=\boldsymbol{0}$,得基础解系 $\boldsymbol{x}_1=(1,1,2)^{\mathrm{T}}$,单位化得

$$\boldsymbol{u}_1=\left(\frac{1}{\sqrt{6}},\frac{1}{\sqrt{6}},\frac{2}{\sqrt{6}}\right)^{\mathrm{T}};$$

对 $\lambda_2=4$,解方程组$(4\boldsymbol{E}-\boldsymbol{A}^{\mathrm{H}}\boldsymbol{A})\boldsymbol{x}=\boldsymbol{0}$,得基础解系 $\boldsymbol{x}_2=(1,-1,0)^{\mathrm{T}}$,单位化得

$$\boldsymbol{u}_2=\left(\frac{1}{\sqrt{2}},\frac{-1}{\sqrt{2}},0\right)^{\mathrm{T}};$$

对 $\lambda_3=0$,解方程组$(0\boldsymbol{E}-\boldsymbol{A}^{\mathrm{H}}\boldsymbol{A})\boldsymbol{x}=\boldsymbol{0}$,得基础解系 $\boldsymbol{x}_3=(1,1,-1)^{\mathrm{T}}$,单位化得

$$\boldsymbol{u}_3=\left(\frac{1}{\sqrt{3}},\frac{1}{\sqrt{3}},\frac{-1}{\sqrt{3}}\right)^{\mathrm{T}};$$

所以

$$\boldsymbol{U}=[\boldsymbol{u}_1\quad \boldsymbol{u}_2\quad \boldsymbol{u}_3]=\begin{bmatrix}\frac{1}{\sqrt{6}} & \frac{1}{\sqrt{2}} & \frac{1}{\sqrt{3}}\\ \frac{1}{\sqrt{6}} & \frac{-1}{\sqrt{2}} & \frac{1}{\sqrt{3}}\\ \frac{2}{\sqrt{6}} & 0 & \frac{-1}{\sqrt{3}}\end{bmatrix}.$$

$$V_1=AU_1S^{-1}=\begin{bmatrix}1&1&2\\1&-1&0\\1&1&2\\1&-1&0\end{bmatrix}\begin{bmatrix}\frac{1}{\sqrt{6}}&\frac{1}{\sqrt{2}}\\\frac{1}{\sqrt{6}}&\frac{-1}{\sqrt{2}}\\\frac{2}{\sqrt{6}}&0\end{bmatrix}\begin{bmatrix}\frac{1}{\sqrt{12}}&0\\0&\frac{1}{2}\end{bmatrix}=\begin{bmatrix}\frac{1}{\sqrt{2}}&0\\0&\frac{1}{\sqrt{2}}\\\frac{1}{\sqrt{2}}&0\\0&\frac{1}{\sqrt{2}}\end{bmatrix}$$

$$=[\boldsymbol{v}_1\quad\boldsymbol{v}_2];$$

解齐次线性方程组 $V_1^{\mathrm{H}}x=0$，即解 $\begin{bmatrix}\frac{1}{\sqrt{2}}&0&\frac{1}{\sqrt{2}}&0\\0&\frac{1}{\sqrt{2}}&0&\frac{1}{\sqrt{2}}\end{bmatrix}\begin{bmatrix}\xi_1\\\xi_2\\\xi_3\\\xi_4\end{bmatrix}=\begin{bmatrix}0\\0\end{bmatrix}$，

得

$$\boldsymbol{v}_3=\left(\frac{1}{\sqrt{2}},0,\frac{-1}{\sqrt{2}},0\right)^{\mathrm{T}},\quad \boldsymbol{v}_4=\left(0,\frac{1}{\sqrt{2}},0,\frac{-1}{\sqrt{2}}\right)^{\mathrm{T}};$$

即
$$V=[\boldsymbol{v}_1\quad\boldsymbol{v}_2\quad\boldsymbol{v}_3\quad\boldsymbol{v}_4]=\frac{1}{\sqrt{2}}\begin{bmatrix}1&0&1&0\\0&1&0&1\\1&0&-1&0\\0&1&0&-1\end{bmatrix}.$$

因此，$A=VS_0U^{\mathrm{H}}$ 是 $A$ 的奇异值分解.

**注**　注意到在定理 5.4 的证明中有 $V_1SU_1^{\mathrm{H}}=A$，若记 $B=V_1\in\mathbb{C}^{m\times r}$，$C=SU_1^{\mathrm{H}}\in\mathbb{C}^{r\times n}$，则 rank $B$ = rank $C=r$，且 $A=BC$. 这里得到了 $A$ 的一个与奇异值分解有关的满秩分解.

## 5.4　广义逆矩阵 $A^+$

**定义 5.5**　设有 $A\in\mathbb{C}^{m\times n}$，若存在 $G\in\mathbb{C}^{n\times m}$ 满足 Moore-Penrose 方程

(1) $AGA=A$，

(2) $GAG = G$,

(3) $(AG)^{H} = AG$,

(4) $(GA)^{H} = GA$,

则称 $G$ 是 $A$ 的 $\{1,2,3,4\}$-逆,或 $M$-$P$ 逆,记为 $A^{+}$.在不引起混淆时,简称 $A^{+}$ 为 $A$ 的广义逆矩阵.

如果 $G$ 满足(1) $AGA = A$ 和(3) $(AG)^{H} = AG$,则称 $G$ 为 $A$ 的 $\{1,3\}$-逆,记为 $A^{[1,3]}$.满足(1) $AGA = A$ 和(3) $(AG)^{H} = AG$ 的所有的 $A^{[1,3]}$ 构成的集合记为 $A\{1,3\}$.

如果 $G$ 满足(1) $AGA = A$ 和(4) $(GA)^{H} = GA$,则称 $G$ 为 $A$ 的 $\{1,4\}$-逆,记为 $A^{[1,4]}$.满足(1) $AGA = A$ 和(4) $(GA)^{H} = GA$ 的所有 $A^{[1,4]}$ 构成的集合记为 $A\{1,4\}$.

事实上,可以定义 $A$ 的满足 $M$-$P$ 方程中的任何一个、或任何两个、或任何三个的广义逆矩阵.例如 $A^{[3]}$, $A^{[2,3]}$, $A^{[1,2,4]}$,等等.

关系式 $A^{+} \in A\{1,3\} \subset A\{1\}$ 及 $A^{+} \in A\{1,4\} \subset A\{1\}$ 显然成立.

如果 $A$ 是 $n$ 阶可逆矩阵,则由定义不难看出, $A^{+} = A^{-1}$,可见 $A^{+}$ 也是 $A^{-1}$ 的推广.

**定理 5.5**　对任意 $A \in \mathbb{C}^{m \times n}$, $A^{+}$ 存在且唯一.

**证明**　如果 $A = 0$,则 $A^{+} = 0$.下设 $\operatorname{rank} A = r > 0$,且 $A = BC$ 是 $A$ 的满秩分解.

构造矩阵 $G = C^{H}(CC^{H})^{-1}(B^{H}B)^{-1}B^{H}$,则

(1) $AGA = BCC^{H}(CC^{H})^{-1}(B^{H}B)^{-1}B^{H}BC = BC = A$;

$$
\begin{aligned}
(2)\ GAG &= C^{H}(CC^{H})^{-1}(B^{H}B)^{-1}B^{H}BCC^{H}(CC^{H})^{-1}(B^{H}B)^{-1}B^{H} \\
&= C^{H}(CC^{H})^{-1}(B^{H}B)^{-1}B^{H} = G;
\end{aligned}
$$

$$
\begin{aligned}
(3)\ [AG]^{H} &= [BCC^{H}(CC^{H})^{-1}(B^{H}B)^{-1}B^{H}]^{H} = [B(B^{H}B)^{-1}B^{H}]^{H} \\
&= B(B^{H}B)^{-1}B^{H} = BCC^{H}(CC^{H})^{-1}(B^{H}B)^{-1}B^{H} = AG;
\end{aligned}
$$

$$
\begin{aligned}
(4)\ [GA]^{H} &= [C^{H}(CC^{H})^{-1}(B^{H}B)^{-1}B^{H}BC]^{H} \\
&= [C^{H}(CC^{H})^{-1}C]^{H} = C^{H}(CC^{H})^{-1}C \\
&= C^{H}(CC^{H})^{-1}(B^{H}B)^{-1}B^{H}BC = GA;
\end{aligned}
$$

因此 $A^{+}$ 存在,且 $A^{+} = G = C^{H}(CC^{H})^{-1}(B^{H}B)^{-1}B^{H}$.

下面证明唯一性.

设 $A^+ = X$,且 $A^+ = Y$,则

$$\begin{aligned}X &= XAX = X(AX)^H = XX^HA^H = XX^H(AYA)^H = XX^HA^H(AY)^H\\ &= X(AX)^H(AY)^H = XAXAY = XAY = (XA)^HYAY = (XA)^H(YA)^HY\\ &= A^HX^HA^HY^HY = (AXA)^HY^HY = A^HY^HY = (YA)^HY = YAY = Y.\end{aligned}$$

证毕.

在定理5.5的证明中,给出了求 $A^+$ 的一个公式

$$A^+ = C^H(CC^H)^{-1}(B^HB)^{-1}B^H,$$

其中 $A = BC$ 是 $A$ 的满秩分解.

**例5.6** 设 $A = \begin{bmatrix}1&0&3\\2&3&0\\1&1&1\end{bmatrix}$,求 $A^+$.

**解** $A = \begin{bmatrix}1&0&3\\2&3&0\\1&1&1\end{bmatrix} \to \begin{bmatrix}1&0&3\\0&3&-6\\0&1&-2\end{bmatrix} \to \begin{bmatrix}1&0&3\\0&1&-2\\0&0&0\end{bmatrix}$,

于是 $A = \begin{bmatrix}1&0\\2&3\\1&1\end{bmatrix}\begin{bmatrix}1&0&3\\0&1&-2\end{bmatrix}$,

$$\begin{aligned}A^+ &= \begin{bmatrix}1&0\\0&1\\3&-2\end{bmatrix}\left(\begin{bmatrix}1&0&3\\0&1&-2\end{bmatrix}\begin{bmatrix}1&0\\0&1\\3&-2\end{bmatrix}\right)^{-1}\\ &\quad\cdot\left(\begin{bmatrix}1&2&1\\0&3&1\end{bmatrix}\begin{bmatrix}1&0\\2&3\\1&1\end{bmatrix}\right)^{-1}\begin{bmatrix}1&2&1\\0&3&1\end{bmatrix}\\ &= \begin{bmatrix}1&0\\0&1\\3&-2\end{bmatrix}\frac{1}{14}\begin{bmatrix}5&6\\6&10\end{bmatrix}\frac{1}{11}\begin{bmatrix}10&-7\\-7&6\end{bmatrix}\begin{bmatrix}1&2&1\\0&3&1\end{bmatrix}\\ &= \frac{1}{154}\begin{bmatrix}8&19&9\\-10&34&8\\44&-11&11\end{bmatrix}.\end{aligned}$$

由公式 $A = C^H(CC^H)^{-1}(B^HB)^{-1}B^H$ 不难看出:

(1)当 $\boldsymbol{A}$ 是列满秩矩阵时,$\boldsymbol{A}=\boldsymbol{A}\boldsymbol{E}$ 是 $\boldsymbol{A}$ 满秩分解,故

$$\boldsymbol{A}^{+}=(\boldsymbol{A}^{\mathrm{H}}\boldsymbol{A})^{-1}\boldsymbol{A}^{\mathrm{H}};$$

(2)当 $\boldsymbol{A}$ 是行满秩矩阵时,$\boldsymbol{A}=\boldsymbol{E}\boldsymbol{A}$ 是 $\boldsymbol{A}$ 满秩分解,故

$$\boldsymbol{A}^{+}=\boldsymbol{A}^{\mathrm{H}}(\boldsymbol{A}\boldsymbol{A}^{\mathrm{H}})^{-1}.$$

**例** 5.7 设 $\boldsymbol{A}=\begin{bmatrix}1 & 0\\ 0 & 1\\ 1 & 0\end{bmatrix}$,求 $\boldsymbol{A}^{+}$.

**解** 因为 $\boldsymbol{A}$ 是列满秩的,故

$$\boldsymbol{A}^{+}=(\boldsymbol{A}^{\mathrm{H}}\boldsymbol{A})^{-1}\boldsymbol{A}^{\mathrm{H}}=\left(\begin{bmatrix}1 & 0 & 1\\ 0 & 1 & 0\end{bmatrix}\begin{bmatrix}1 & 0\\ 0 & 1\\ 1 & 0\end{bmatrix}\right)^{-1}\begin{bmatrix}1 & 0 & 1\\ 0 & 1 & 0\end{bmatrix}$$

$$=\begin{bmatrix}\frac{1}{2} & 0\\ 0 & 1\end{bmatrix}\begin{bmatrix}1 & 0 & 1\\ 0 & 1 & 0\end{bmatrix}=\begin{bmatrix}\frac{1}{2} & 0 & \frac{1}{2}\\ 0 & 1 & 0\end{bmatrix}.$$

**定理** 5.6 对任意 $\boldsymbol{A}\in\mathbb{C}^{m\times n}$,若 $\boldsymbol{A}$ 的奇异值分解为

$$\boldsymbol{A}=\boldsymbol{V}\begin{bmatrix}\boldsymbol{S} & \boldsymbol{0}\\ \boldsymbol{0} & \boldsymbol{0}\end{bmatrix}_{m\times n}\boldsymbol{U}^{\mathrm{H}},\text{则}$$

$$\boldsymbol{A}^{+}=\boldsymbol{U}\begin{bmatrix}\boldsymbol{S}^{-1} & \boldsymbol{0}\\ \boldsymbol{0} & \boldsymbol{0}\end{bmatrix}_{n\times m}\boldsymbol{V}^{\mathrm{H}}.$$

**证明** 为清楚起见,记 $\boldsymbol{U}\begin{bmatrix}\boldsymbol{S}^{-1} & \boldsymbol{0}\\ \boldsymbol{0} & \boldsymbol{0}\end{bmatrix}_{n\times m}\boldsymbol{V}^{\mathrm{H}}=\boldsymbol{G}$,于是

$$(1)\boldsymbol{AGA}=\boldsymbol{V}\begin{bmatrix}\boldsymbol{S} & \boldsymbol{0}\\ \boldsymbol{0} & \boldsymbol{0}\end{bmatrix}\boldsymbol{U}^{\mathrm{H}}\boldsymbol{U}\begin{bmatrix}\boldsymbol{S}^{-1} & \boldsymbol{0}\\ \boldsymbol{0} & \boldsymbol{0}\end{bmatrix}\boldsymbol{V}^{\mathrm{H}}\boldsymbol{V}\begin{bmatrix}\boldsymbol{S} & \boldsymbol{0}\\ \boldsymbol{0} & \boldsymbol{0}\end{bmatrix}\boldsymbol{U}^{\mathrm{H}}$$

$$=\boldsymbol{V}\begin{bmatrix}\boldsymbol{S} & \boldsymbol{0}\\ \boldsymbol{0} & \boldsymbol{0}\end{bmatrix}\boldsymbol{U}^{\mathrm{H}}=\boldsymbol{A};$$

$$(2)\boldsymbol{GAG}=\boldsymbol{U}\begin{bmatrix}\boldsymbol{S}^{-1} & \boldsymbol{0}\\ \boldsymbol{0} & \boldsymbol{0}\end{bmatrix}\boldsymbol{V}^{\mathrm{H}}\boldsymbol{V}\begin{bmatrix}\boldsymbol{S} & \boldsymbol{0}\\ \boldsymbol{0} & \boldsymbol{0}\end{bmatrix}\boldsymbol{U}^{\mathrm{H}}\boldsymbol{U}\begin{bmatrix}\boldsymbol{S}^{-1} & \boldsymbol{0}\\ \boldsymbol{0} & \boldsymbol{0}\end{bmatrix}\boldsymbol{V}^{\mathrm{H}}$$

$$=\boldsymbol{U}\begin{bmatrix}\boldsymbol{S}^{-1} & \boldsymbol{0}\\ \boldsymbol{0} & \boldsymbol{0}\end{bmatrix}\boldsymbol{V}^{\mathrm{H}}=\boldsymbol{G};$$

$$(3)(\boldsymbol{AG})^{\mathrm{H}}=\left(\boldsymbol{V}\begin{pmatrix}\boldsymbol{S}&\boldsymbol{0}\\\boldsymbol{0}&\boldsymbol{0}\end{pmatrix}\boldsymbol{U}^{\mathrm{H}}\boldsymbol{U}\begin{bmatrix}\boldsymbol{S}^{-1}&\boldsymbol{0}\\\boldsymbol{0}&\boldsymbol{0}\end{bmatrix}\boldsymbol{V}^{\mathrm{H}}\right)^{\mathrm{H}}=\left(\boldsymbol{V}\begin{bmatrix}\boldsymbol{E}&\boldsymbol{0}\\\boldsymbol{0}&\boldsymbol{0}\end{bmatrix}\boldsymbol{V}^{\mathrm{H}}\right)^{\mathrm{H}}$$

$$=\boldsymbol{V}\begin{bmatrix}\boldsymbol{E}&\boldsymbol{0}\\\boldsymbol{0}&\boldsymbol{0}\end{bmatrix}\boldsymbol{V}^{\mathrm{H}}=\boldsymbol{V}\begin{bmatrix}\boldsymbol{S}&\boldsymbol{0}\\\boldsymbol{0}&\boldsymbol{0}\end{bmatrix}\boldsymbol{U}^{\mathrm{H}}\boldsymbol{U}\begin{bmatrix}\boldsymbol{S}^{-1}&\boldsymbol{0}\\\boldsymbol{0}&\boldsymbol{0}\end{bmatrix}\boldsymbol{V}^{\mathrm{H}}=\boldsymbol{AG};$$

$$(4)(\boldsymbol{GA})^{\mathrm{H}}=\left(\boldsymbol{U}\begin{bmatrix}\boldsymbol{S}^{-1}&\boldsymbol{0}\\\boldsymbol{0}&\boldsymbol{0}\end{bmatrix}\boldsymbol{V}^{\mathrm{H}}\boldsymbol{V}\begin{bmatrix}\boldsymbol{S}&\boldsymbol{0}\\\boldsymbol{0}&\boldsymbol{0}\end{bmatrix}\boldsymbol{U}^{\mathrm{H}}\right)^{\mathrm{H}}=\left(\boldsymbol{U}\begin{bmatrix}\boldsymbol{E}&\boldsymbol{0}\\\boldsymbol{0}&\boldsymbol{0}\end{bmatrix}\boldsymbol{U}^{\mathrm{H}}\right)^{\mathrm{H}}$$

$$=\boldsymbol{U}\begin{bmatrix}\boldsymbol{E}&0\\0&0\end{bmatrix}\boldsymbol{U}^{\mathrm{H}}=\boldsymbol{U}\begin{bmatrix}\boldsymbol{S}^{-1}&\boldsymbol{0}\\\boldsymbol{0}&\boldsymbol{0}\end{bmatrix}\boldsymbol{V}^{\mathrm{H}}\boldsymbol{V}\begin{bmatrix}\boldsymbol{S}&\boldsymbol{0}\\\boldsymbol{0}&\boldsymbol{0}\end{bmatrix}\boldsymbol{U}^{\mathrm{H}}=\boldsymbol{GA};$$

由定义知，$\boldsymbol{A}^{+}=\boldsymbol{G}=\boldsymbol{U}\begin{bmatrix}\boldsymbol{S}^{-1}&\boldsymbol{0}\\\boldsymbol{0}&\boldsymbol{0}\end{bmatrix}_{n\times m}\boldsymbol{V}^{\mathrm{H}}$. 证毕.

**例 5.8** 对 $\boldsymbol{A}=\begin{bmatrix}1&0\\0&1\\1&0\end{bmatrix}$，利用 $\boldsymbol{A}$ 的奇异值分解求 $\boldsymbol{A}^{+}$.

**解** 此处 $m=3,n=2,\operatorname{rank}\boldsymbol{A}=2=n$.

$$\boldsymbol{A}^{\mathrm{H}}\boldsymbol{A}=\begin{bmatrix}1&0&1\\0&1&0\end{bmatrix}\begin{bmatrix}1&0\\0&1\\1&0\end{bmatrix}=\begin{bmatrix}2&0\\0&1\end{bmatrix},$$

$$\det(\lambda\boldsymbol{E}-\boldsymbol{A}^{\mathrm{H}}\boldsymbol{A})=\begin{vmatrix}\lambda-2&0\\0&\lambda-1\end{vmatrix}=(\lambda-2)(\lambda-1),\lambda_1=2,\lambda_2=1;$$

$$\mu_1=\sqrt{2},\mu_2=1,\boldsymbol{S}=\begin{bmatrix}\sqrt{2}&0\\0&1\end{bmatrix}.$$

解齐次线性方程组 $(2\boldsymbol{E}-\boldsymbol{A}^{\mathrm{H}}\boldsymbol{A})\boldsymbol{x}=\boldsymbol{0}$，得 $\boldsymbol{u}_1=(1,0)^{\mathrm{T}}$；
解齐次线性方程组 $(\boldsymbol{E}-\boldsymbol{A}^{\mathrm{H}}\boldsymbol{A})\boldsymbol{x}=\boldsymbol{0}$，得 $\boldsymbol{u}_2=(0,1)^{\mathrm{T}}$.

$\boldsymbol{A}^{\mathrm{H}}\boldsymbol{A}$ 无零特征值，$\boldsymbol{U}_2$ 不出现，故 $\boldsymbol{U}=\boldsymbol{U}_1=[\boldsymbol{u}_1\quad\boldsymbol{u}_2]=\begin{bmatrix}1&0\\0&1\end{bmatrix}$.

$$\boldsymbol{V}_1=\boldsymbol{A}\boldsymbol{U}_1\boldsymbol{S}^{-1}=\begin{bmatrix}1&0\\0&1\\1&0\end{bmatrix}\begin{bmatrix}1&0\\0&1\end{bmatrix}\begin{bmatrix}\frac{1}{\sqrt{2}}&0\\0&1\end{bmatrix}=\begin{bmatrix}\frac{1}{\sqrt{2}}&0\\0&1\\\frac{1}{\sqrt{2}}&0\end{bmatrix}=[\boldsymbol{v}_1\quad\boldsymbol{v}_2],$$

又 $m-r=3-2=1$,故解齐次线性方程组 $\boldsymbol{V}_1^{\mathrm{H}}\boldsymbol{x}=\boldsymbol{0}$,得

$$\boldsymbol{v}_3=\begin{pmatrix}\frac{1}{\sqrt{2}} & 0 & \frac{-1}{\sqrt{2}}\end{pmatrix}^{\mathrm{T}}=\boldsymbol{V}_2,$$

于是
$$\boldsymbol{V}=[\boldsymbol{V}_1\quad \boldsymbol{V}_2]=[\boldsymbol{v}_1\quad \boldsymbol{v}_2\quad \boldsymbol{v}_3]=\begin{bmatrix}\frac{1}{\sqrt{2}} & 0 & \frac{1}{\sqrt{2}}\\ 0 & 1 & 0\\ \frac{1}{\sqrt{2}} & 0 & \frac{-1}{\sqrt{2}}\end{bmatrix}.$$

所以
$$A^{+}=U\begin{bmatrix}S^{-1} & \boldsymbol{0}\\ \boldsymbol{0} & \boldsymbol{0}\end{bmatrix}_{2\times 3}V^{\mathrm{H}}=\begin{bmatrix}1 & 0\\ 0 & 1\end{bmatrix}\begin{bmatrix}\frac{1}{\sqrt{2}} & 0 & 0\\ 0 & 1 & 0\end{bmatrix}\begin{bmatrix}\frac{1}{\sqrt{2}} & 0 & \frac{1}{\sqrt{2}}\\ 0 & 1 & 0\\ \frac{1}{\sqrt{2}} & 0 & \frac{-1}{\sqrt{2}}\end{bmatrix}$$

$$=\begin{bmatrix}\frac{1}{2} & 0 & \frac{1}{2}\\ 0 & 1 & 0\end{bmatrix}.$$

**定理 5.7**　对任意 $\boldsymbol{A}\in\mathbb{C}^{m\times n}$,若 $\operatorname{rank}\boldsymbol{A}=r$,则

$$\boldsymbol{A}^{+}=\boldsymbol{U}_1\operatorname{diag}\left(\frac{1}{\lambda_1},\cdots,\frac{1}{\lambda_r}\right)\boldsymbol{U}_1^{\mathrm{H}}\boldsymbol{A}^{\mathrm{H}},$$

其中 $\lambda_1,\lambda_2,\cdots,\lambda_r$ 是 $\boldsymbol{A}^{\mathrm{H}}\boldsymbol{A}$ 的 $r$ 个正特征值,$\boldsymbol{U}_1=[\boldsymbol{u}_1\quad \boldsymbol{u}_2\quad \cdots\quad \boldsymbol{u}_r]$,而 $\boldsymbol{u}_1,\boldsymbol{u}_2,\cdots,\boldsymbol{u}_r$ 分别是 $\boldsymbol{A}^{\mathrm{H}}\boldsymbol{A}$ 的对应于 $\lambda_1,\lambda_2,\cdots,\lambda_r$ 的标准正交特征向量.

**证明**　在定理 5.4 的证明过程中,有等式

$$\begin{aligned}\boldsymbol{A}&=\boldsymbol{V}\boldsymbol{S}_0\boldsymbol{U}^{\mathrm{H}}=[\boldsymbol{V}_1\quad \boldsymbol{V}_2]\begin{bmatrix}\boldsymbol{S} & \boldsymbol{0}\\ \boldsymbol{0} & \boldsymbol{0}\end{bmatrix}[\boldsymbol{U}_1\quad \boldsymbol{U}_2]^{\mathrm{H}}=[\boldsymbol{V}_1\boldsymbol{S}\quad \boldsymbol{0}]\begin{bmatrix}\boldsymbol{U}_1^{\mathrm{H}}\\ \boldsymbol{U}_2^{\mathrm{H}}\end{bmatrix}\\ &=\boldsymbol{V}_1\boldsymbol{S}\boldsymbol{U}_1^{\mathrm{H}}+\boldsymbol{0}\boldsymbol{U}_2^{\mathrm{H}}=\boldsymbol{V}_1\boldsymbol{S}\boldsymbol{U}_1^{\mathrm{H}}.\end{aligned}$$

在上式中,令 $\boldsymbol{B}=\boldsymbol{V}_1$,$\boldsymbol{C}=\boldsymbol{S}\boldsymbol{U}_1^{\mathrm{H}}$,则 $\boldsymbol{A}=\boldsymbol{V}_1\boldsymbol{S}\boldsymbol{U}_1^{\mathrm{H}}=\boldsymbol{B}\boldsymbol{C}$ 是 $\boldsymbol{A}$ 的满秩分解.于是,考虑到 $\boldsymbol{V}_1=\boldsymbol{A}\boldsymbol{U}_1\boldsymbol{S}^{-1}$,有

$$\begin{aligned}\boldsymbol{A}^{+}&=(\boldsymbol{S}\boldsymbol{U}_1^{\mathrm{H}})^{\mathrm{H}}[\boldsymbol{S}\boldsymbol{U}_1^{\mathrm{H}}(\boldsymbol{S}\boldsymbol{U}_1^{\mathrm{H}})^{\mathrm{H}}]^{-1}(\boldsymbol{V}_1^{\mathrm{H}}\boldsymbol{V}_1)^{-1}\boldsymbol{V}_1^{\mathrm{H}}=\boldsymbol{U}_1\boldsymbol{S}[\boldsymbol{S}\boldsymbol{U}_1^{\mathrm{H}}\boldsymbol{U}_1\boldsymbol{S}]^{-1}\boldsymbol{V}_1^{\mathrm{H}}\\ &=\boldsymbol{U}_1\boldsymbol{S}[\boldsymbol{S}^2]^{-1}\boldsymbol{V}_1^{\mathrm{H}}=\boldsymbol{U}_1\boldsymbol{S}^{-1}(\boldsymbol{A}\boldsymbol{U}_1\boldsymbol{S}^{-1})^{\mathrm{H}}=\boldsymbol{U}_1(\boldsymbol{S}^2)^{-1}\boldsymbol{U}_1^{\mathrm{H}}\boldsymbol{A}^{\mathrm{H}}\end{aligned}$$

$$= \boldsymbol{U}_1 \operatorname{diag}\left(\frac{1}{\mu_1^2}, \cdots, \frac{1}{\mu_r^2}\right) \boldsymbol{U}_1^{\mathrm{H}} \boldsymbol{A}^{\mathrm{H}} = \boldsymbol{U}_1 \operatorname{diag}\left(\frac{1}{\lambda_1}, \cdots, \frac{1}{\lambda_r}\right) \boldsymbol{U}_1^{\mathrm{H}} \boldsymbol{A}^{\mathrm{H}}.$$

证毕.

利用公式 $\boldsymbol{A}^{+} = \boldsymbol{U}_1 \operatorname{diag}\left(\frac{1}{\lambda_1}, \cdots, \frac{1}{\lambda_r}\right) \boldsymbol{U}_1^{\mathrm{H}} \boldsymbol{A}^{\mathrm{H}}$ 计算 $\boldsymbol{A}^{+}$,只需求出 $\boldsymbol{A}^{\mathrm{H}}\boldsymbol{A}$ 的非零特征值及其相对应的标准正交特征向量,计算工作量较小.

**例 5.9** 对 $\boldsymbol{A} = \begin{bmatrix} 1 & 0 \\ 0 & 1 \\ 1 & 0 \end{bmatrix}$,利用公式 $\boldsymbol{A}^{+} = \boldsymbol{U}_1 \operatorname{diag}\left(\frac{1}{\lambda_1}, \cdots, \frac{1}{\lambda_r}\right) \boldsymbol{U}_1^{\mathrm{H}} \boldsymbol{A}^{\mathrm{H}}$ 计算 $\boldsymbol{A}^{+}$.

**解** 由例 5.8 知 $\boldsymbol{U}_1 = \begin{bmatrix} 1 & 0 \\ 0 & 1 \end{bmatrix}$, $\lambda_1 = 2, \lambda_2 = 1$,所以

$$\begin{aligned} \boldsymbol{A}^{+} &= \boldsymbol{U}_1 \operatorname{diag}\left(\frac{1}{\lambda_1}, \frac{1}{\lambda_2}\right) \boldsymbol{U}_1^{\mathrm{H}} \boldsymbol{A}^{\mathrm{H}} \\ &= \begin{bmatrix} 1 & 0 \\ 0 & 1 \end{bmatrix} \begin{bmatrix} \frac{1}{2} & 0 \\ 0 & 1 \end{bmatrix} \begin{bmatrix} 1 & 0 \\ 0 & 1 \end{bmatrix}^{\mathrm{H}} \begin{bmatrix} 1 & 0 & 1 \\ 0 & 1 & 0 \end{bmatrix} \\ &= \begin{bmatrix} \frac{1}{2} & 0 & \frac{1}{2} \\ 0 & 1 & 0 \end{bmatrix}. \end{aligned}$$

$\boldsymbol{A}^{+}$ 与 $\boldsymbol{A}^{-1}$ 有很多相类似的性质.

**定理 5.8** 设 $\boldsymbol{A}$ 是任意 $m \times n$ 矩阵,则

(1) $(\boldsymbol{A}^{+})^{+} = \boldsymbol{A}$;

(2) $(\boldsymbol{A}^{\mathrm{H}})^{+} = (\boldsymbol{A}^{+})^{\mathrm{H}}$;

(3) $(\boldsymbol{A}^{\mathrm{H}}\boldsymbol{A})^{+} = \boldsymbol{A}^{+}(\boldsymbol{A}^{\mathrm{H}})^{+}$, $(\boldsymbol{A}\boldsymbol{A}^{\mathrm{H}})^{+} = (\boldsymbol{A}^{\mathrm{H}})^{+}\boldsymbol{A}^{+}$;

(4) $\boldsymbol{A}^{+} = (\boldsymbol{A}^{\mathrm{H}}\boldsymbol{A})^{+}\boldsymbol{A}^{\mathrm{H}} = \boldsymbol{A}^{\mathrm{H}}(\boldsymbol{A}\boldsymbol{A}^{\mathrm{H}})^{+}$;

(5) 对任意 $\boldsymbol{D} \in \boldsymbol{A}\{1,4\}$, $\boldsymbol{G} \in \boldsymbol{A}\{1,3\}$, $\boldsymbol{A}^{+} = \boldsymbol{D}\boldsymbol{A}\boldsymbol{G}$.

**证明**

(1) 由定义 5.5 可知,$\boldsymbol{A}^{+}$ 和 $\boldsymbol{A}$ 的位置是对称的,所以 $(\boldsymbol{A}^{+})^{+} = \boldsymbol{A}$.

(2) $\boldsymbol{A}^{\mathrm{H}}(\boldsymbol{A}^{+})^{\mathrm{H}}\boldsymbol{A}^{\mathrm{H}} = (\boldsymbol{A}\boldsymbol{A}^{+}\boldsymbol{A})^{\mathrm{H}} = \boldsymbol{A}^{\mathrm{H}}$,

$(\boldsymbol{A}^{+})^{\mathrm{H}}\boldsymbol{A}^{\mathrm{H}}(\boldsymbol{A}^{+})^{\mathrm{H}} = (\boldsymbol{A}^{+}\boldsymbol{A}\boldsymbol{A}^{+})^{\mathrm{H}} = (\boldsymbol{A}^{+})^{\mathrm{H}}$,

$$[A^H(A^+)^H]^H=[(A^+A)^H]^H=[A^+A]^H=A^H(A^+)^H,$$

$$[(A^+)^HA^H]^H=[(AA^+)^H]^H=[AA^+]^H=(A^+)^HA^H,$$

由定义5.5可知，$(A^H)^+=(A^+)^H$.

(3)只证$(A^HA)^+=A^+(A^H)^+$.

$$A^HA[A^+(A^H)^+]A^HA=A^HAA^+(A^+)^HA^HA$$
$$=A^HAA^+(AA^+)^HA=A^HAA^+AA^+A=A^HAA^+A=A^HA;$$

$$[A^+(A^H)^+]A^HA[A^+(A^H)^+]=A^+(A^+)^HA^HAA^+(A^H)^+$$
$$=A^+(AA^+)^HAA^+(A^H)^+=A^+AA^+AA^+(A^H)^+$$
$$=A^+AA^+(A^H)^+=A^+(A^H)^+;$$

$$[A^HAA^+(A^H)^+]^H=[A^H(AA^+)^H(A^+)^H]^H$$
$$=A^+AA^+A=(A^+A)^H(A^+A)^H=A^H(A^+)^HA^H(A^+)^H$$
$$=A^H(AA^+)^H(A^+)^H=A^HAA^+(A^H)^+;$$

$$[A^+(A^H)^+A^HA]^H=[A^+(A^+)^HA^HA]^H=[A^+(AA^+)^HA]^H$$
$$=[A^+AA^+A]^H=[(A^+A)^H(A^+A)^H]^H=A^+AA^+A$$
$$=A^+(AA^+)^HA=A^+(A^+)^HA^HA=A^+(A^H)^+A^HA.$$

由定义5.5可知，$(A^HA)^+=A^+(A^H)^+$.

(4)只证$A^+=(A^HA)^+A^H$.

$$A[(A^HA)^+A^H]A=AA^+(A^H)^+A^HA=AA^+(A^+)^HA^HA$$
$$=AA^+(AA^+)^HA=AA^+(AA^+)A=AA^+AA^+A=AA^+A=A;$$

$$[(A^HA)^+A^H]A[(A^HA)^+A^H]=[(A^HA)^+A^HA(A^HA)^+]A^H$$
$$=(A^HA)^+A^H;$$

$$[A(A^HA)^+A^H]^H=A[(A^HA)^+]^HA^H=A[(A^HA)^H]^+A^H$$
$$=A(A^HA)^+A^H;$$

$$[(A^HA)^+A^HA]^H=A^HA[(A^HA)^+]^H=A^HA[(A^HA)^H]^+$$
$$=A^HA(A^HA)^+=[A^HA(A^HA)^+]^H=[(A^HA)^+]^HA^HA$$
$$=[(A^HA)^H]^+A^HA=(A^HA)^+A^HA.$$

由定义5.5可知，$A^+=(A^HA)^+A^H$.

(5)$A(DAG)A=ADAGA=AGA=A$;

$(DAG)A(DAG)=DAGADAG=DADAG=DAG$;

$[A(DAG)]^H=[(ADA)G)]^H=(AG)^H=AG=ADAG=A(DAG)$;

$$[(DAG)A]^{H}=[D(AGA)]^{H}=(DA)^{H}=DA=DAGA=(DAG)A.$$

由定义 5.5 可知，$A^{+}=DAG$.

## 5.5 有解方程组的通解及最小范数解

设 $A\in\mathbb{C}^{m\times n}$，$x=(x_1,\cdots,x_n)^{T}$，$b=(b_1,\cdots,b_m)^{T}$，$Ax=b$ 是非齐次线性方程组.本节利用广义逆矩阵研究 $Ax=b$ 的解.首先研究一个线性矩阵方程.

**定理 5.9** 设 $A\in\mathbb{C}^{m\times n}$，$B\in\mathbb{C}^{p\times q}$，$D\in\mathbb{C}^{m\times q}$，$X$ 是 $n\times p$ 未知矩阵，则矩阵方程

$$AXB=D$$

有解的充要条件是 $AA^{-}DB^{-}B=D$.

有解时，其通解为 $X=A^{-}DB^{-}+Y-A^{-}AYBB^{-}$，其中 $Y$ 是任意 $n\times p$ 矩阵.

**证明** 必要性.如果 $AXB=D$ 有解，设 $X_0$ 是其解，则 $AX_0B=D$，故有

$$D=AX_0B=AA^{-}AX_0BB^{-}B=AA^{-}DB^{-}B.$$

充分性.如果 $AA^{-}DB^{-}B=D$ 成立，则显然 $X_0=A^{-}DB^{-}$ 是 $AXB=D$ 的解.

因为当 $AXB=D$ 有解时，$AA^{-}DB^{-}B=D$，故对任意 $n\times p$ 矩阵 $Y$，有

$$\begin{aligned}A(A^{-}DB^{-}+Y-A^{-}AYBB^{-})B&=AA^{-}DB^{-}B+AYB-AA^{-}AYBB^{-}B\\&=AA^{-}DB^{-}B+AYB-AYB\\&=AA^{-}DB^{-}B=D.\end{aligned}$$

上式表明，对任意 $n\times p$ 矩阵 $Y$，$X=A^{-}DB^{-}+Y-A^{-}AYBB^{-}$ 是 $AXB=D$ 的解.

另一方面，设 $X$ 是 $AXB=D$ 的任意一个解，则

$$X=X+A^{-}DB^{-}-A^{-}DB^{-}=A^{-}DB^{-}+X-A^{-}AXBB^{-},$$

即 $X$ 可以表示成 $A^{-}DB^{-}+Y-A^{-}AYBB^{-}$ 的形式，故

$$X=A^{-}DB^{-}+Y-A^{-}AYBB^{-}$$

是 $\boldsymbol{AXB}=\boldsymbol{D}$ 的通解.　　证毕.

在定理5.9中,取 $p=q=1,\boldsymbol{B}=1$,就得到下面的关于线性方程组的解的定理.

**定理5.10**　线性方程组 $\boldsymbol{Ax}=\boldsymbol{b}$ 有解的充要条件是 $\boldsymbol{AA}^-\boldsymbol{b}=\boldsymbol{b}$.当 $\boldsymbol{Ax}=\boldsymbol{b}$ 有解时,其通解为 $\boldsymbol{x}=\boldsymbol{A}^-\boldsymbol{b}+(\boldsymbol{E}-\boldsymbol{A}^-\boldsymbol{A})\boldsymbol{y}$,其中 $\boldsymbol{y}$ 是任意的 $n$ 维列向量.

定理5.10表明,当 $\boldsymbol{Ax}=\boldsymbol{b}$ 有解时,$\boldsymbol{A}^-\boldsymbol{b}$ 是它的一个特解,而 $(\boldsymbol{E}-\boldsymbol{A}^-\boldsymbol{A})\boldsymbol{y}$ 是导出组 $\boldsymbol{Ax}=\boldsymbol{0}$ 的通解.

**例5.10**　利用定理5.10解线性方程组 $\begin{cases}x_1+3x_3=3,\\2x_1+3x_2=0,\\x_1+x_2+x_3=1.\end{cases}$

**解**　记 $\boldsymbol{A}=\begin{bmatrix}1&0&3\\2&3&0\\1&1&1\end{bmatrix},\boldsymbol{b}=\begin{bmatrix}3\\0\\1\end{bmatrix}$,则 $\boldsymbol{A}^-=\begin{bmatrix}1&0&0\\-\frac{2}{3}&\frac{1}{3}&0\\0&0&0\end{bmatrix}$,且 $\boldsymbol{AA}^-\boldsymbol{b}=\boldsymbol{b}$,故 $\boldsymbol{Ax}=\boldsymbol{b}$ 的通解为

$$\boldsymbol{x}=\boldsymbol{A}^-\boldsymbol{b}+(\boldsymbol{E}-\boldsymbol{A}^-\boldsymbol{A})\boldsymbol{y}$$

$$=\begin{bmatrix}1&0&0\\-\frac{2}{3}&\frac{1}{3}&0\\0&0&0\end{bmatrix}\begin{bmatrix}3\\0\\1\end{bmatrix}+\begin{bmatrix}0&0&-3\\0&0&2\\0&0&1\end{bmatrix}\begin{bmatrix}y_1\\y_2\\y_3\end{bmatrix}=\begin{bmatrix}3\\-2\\0\end{bmatrix}+y_3\begin{bmatrix}-3\\2\\1\end{bmatrix},$$

其中 $y_3$ 是任意常数.

**定义5.6**　在有解方程组 $\boldsymbol{Ax}=\boldsymbol{b}$ 的所有解中,2-范数最小的解称为最小范数解.

**定理5.11**　对任意的 $\boldsymbol{D}\in\boldsymbol{A}\{1,4\}$,$\boldsymbol{Db}$ 都是有解方程组 $\boldsymbol{Ax}=\boldsymbol{b}$ 的最小范数解,且最小范数解是唯一的.

**证明**　因为 $\boldsymbol{D}\in\boldsymbol{A}\{1,4\}\subset\boldsymbol{A}\{1\}$,所以由定理5.10可知,$\boldsymbol{Db}$ 是有解方程组 $\boldsymbol{Ax}=\boldsymbol{b}$ 的解,且 $\boldsymbol{Ax}=\boldsymbol{b}$ 的任一解可以表示为 $\boldsymbol{x}=\boldsymbol{Db}+(\boldsymbol{E}-$

$\boldsymbol{DA})\boldsymbol{y}$ 的形式.

令 $\boldsymbol{x}_0$ 是 $\boldsymbol{Ax}=\boldsymbol{b}$ 的解,即 $\boldsymbol{Ax}_0=\boldsymbol{b}$,则

$$\begin{aligned}(\boldsymbol{Db})^{\mathrm{H}}(\boldsymbol{E}-\boldsymbol{DA})\boldsymbol{y}&=(\boldsymbol{DAx}_0)^{\mathrm{H}}(\boldsymbol{E}-\boldsymbol{DA})\boldsymbol{y}=\boldsymbol{x}_0^{\mathrm{H}}(\boldsymbol{DA})^{\mathrm{H}}(\boldsymbol{E}-\boldsymbol{DA})\boldsymbol{y}\\&=\boldsymbol{x}_0^{\mathrm{H}}(\boldsymbol{DA})(\boldsymbol{E}-\boldsymbol{DA})\boldsymbol{y}=\boldsymbol{x}_0^{\mathrm{H}}(\boldsymbol{DA}-\boldsymbol{DADA})\boldsymbol{y}\\&=\boldsymbol{x}_0^{\mathrm{H}}(\boldsymbol{DA}-\boldsymbol{DA})\boldsymbol{y}=0.\end{aligned}$$

$$[(\boldsymbol{E}-\boldsymbol{DA})\boldsymbol{y}]^{\mathrm{H}}(\boldsymbol{Db})=[(\boldsymbol{Db})^{\mathrm{H}}(\boldsymbol{E}-\boldsymbol{DA})\boldsymbol{y}]^{\mathrm{H}}=[\boldsymbol{0}]^{\mathrm{H}}=0.$$

于是

$$\begin{aligned}\|\boldsymbol{x}\|_2^2&=\|\boldsymbol{Db}+(\boldsymbol{E}-\boldsymbol{DA})\boldsymbol{y}\|_2^2=\langle\boldsymbol{Db}+(\boldsymbol{E}-\boldsymbol{DA})\boldsymbol{y},\boldsymbol{Db}+(\boldsymbol{E}-\boldsymbol{DA})\boldsymbol{y}\rangle\\&=[\boldsymbol{Db}+(\boldsymbol{E}-\boldsymbol{DA})\boldsymbol{y}]^{\mathrm{H}}[\boldsymbol{Db}+(\boldsymbol{E}-\boldsymbol{DA})\boldsymbol{y}]\\&=(\boldsymbol{Db})^{\mathrm{H}}(\boldsymbol{Db})+[(\boldsymbol{E}-\boldsymbol{DA})\boldsymbol{y}]^{\mathrm{H}}[(\boldsymbol{E}-\boldsymbol{DA})\boldsymbol{y}]\\&\quad+(\boldsymbol{Db})^{\mathrm{H}}(\boldsymbol{E}-\boldsymbol{DA})\boldsymbol{y}+[(\boldsymbol{E}-\boldsymbol{DA})\boldsymbol{y}]^{\mathrm{H}}(\boldsymbol{Db})\\&=\|\boldsymbol{Db}\|_2^2+\|(\boldsymbol{E}-\boldsymbol{DA})\boldsymbol{y}\|_2^2\geqslant\|\boldsymbol{Db}\|_2^2.\end{aligned}$$

上式表明,$\boldsymbol{Db}$ 是方程组 $\boldsymbol{Ax}=\boldsymbol{b}$ 的最小范数解.

下面证明唯一性.

如果 $\boldsymbol{x}^*$ 也是 $\boldsymbol{Ax}=\boldsymbol{b}$ 的最小范数解,则必存在某个 $\boldsymbol{y}^*$,使 $\boldsymbol{x}^*=\boldsymbol{Db}+(\boldsymbol{E}-\boldsymbol{DA})\boldsymbol{y}^*$ 且 $\|\boldsymbol{x}^*\|_2^2=\|\boldsymbol{Db}\|_2^2$.

另一方面,仿照前面证明过程的计算可得

$$\|\boldsymbol{x}^*\|_2^2=\|\boldsymbol{Db}+(\boldsymbol{E}-\boldsymbol{DA})\boldsymbol{y}^*\|_2^2=\|\boldsymbol{Db}\|_2^2+\|(\boldsymbol{E}-\boldsymbol{DA})\boldsymbol{y}^*\|_2^2.$$

所以 $\|(\boldsymbol{E}-\boldsymbol{DA})\boldsymbol{y}^*\|_2^2=0,(\boldsymbol{E}-\boldsymbol{DA})\boldsymbol{y}^*=\boldsymbol{0}$,

即 $\boldsymbol{x}^*=\boldsymbol{Db}+(\boldsymbol{E}-\boldsymbol{DA})\boldsymbol{y}^*=\boldsymbol{Db}$. 证毕.

**定理 5.12** 设 $\boldsymbol{D}\in\mathbb{C}^{n\times m}$,若对于一切使得线性方程组 $\boldsymbol{Ax}=\boldsymbol{b}$ 有解的 $\boldsymbol{b}$,$\boldsymbol{Db}$ 都是 $\boldsymbol{Ax}=\boldsymbol{b}$ 的最小范数解,则 $\boldsymbol{D}\in\boldsymbol{A}\{1,4\}$.

**证明** 把 $\boldsymbol{A}$ 按列分块,记 $\boldsymbol{A}=[\boldsymbol{b}_1\ \ \cdots\ \ \boldsymbol{b}_n]$,则方程组 $\boldsymbol{Ax}=\boldsymbol{b}_1,\cdots,\boldsymbol{Ax}=\boldsymbol{b}_n$ 都是有解方程组.由题设条件,$\boldsymbol{Db}_i$ 是 $\boldsymbol{Ax}=\boldsymbol{b}_i(i=1,\cdots,n)$ 的最小范数解.

由定理 5.11 知,当 $\boldsymbol{G}\in\boldsymbol{A}\{1,4\}$ 时,$\boldsymbol{Gb}_i$ 是 $\boldsymbol{Ax}=\boldsymbol{b}_i(i=1,\cdots,n)$ 的唯一最小范数解,于是有 $\boldsymbol{Db}_1=\boldsymbol{Gb}_1,\cdots,\boldsymbol{Db}_n=\boldsymbol{Gb}_n$.

从而

$$\begin{aligned}\boldsymbol{DA}&=\boldsymbol{D}[\boldsymbol{b}_1\ \cdots\ \boldsymbol{b}_n]=[\boldsymbol{Db}_1\ \cdots\ \boldsymbol{Db}_n]\\&=[\boldsymbol{Gb}_1\ \cdots\ \boldsymbol{Gb}_n]=\boldsymbol{G}[\boldsymbol{b}_1\ \cdots\ \boldsymbol{b}_n]=\boldsymbol{GA};\end{aligned}$$

故 $\boldsymbol{ADA}=\boldsymbol{AGA}=\boldsymbol{A}$，$(\boldsymbol{DA})^{\mathrm{H}}=(\boldsymbol{GA})^{\mathrm{H}}=\boldsymbol{GA}=\boldsymbol{DA}$，即 $\boldsymbol{D}\in\boldsymbol{A}\{1,4\}$.

**例 5.11**　设 $\boldsymbol{A}=\begin{bmatrix}1&2\\0&0\\2&4\end{bmatrix}$，$\boldsymbol{b}=\begin{bmatrix}1\\0\\2\end{bmatrix}$，求 $\boldsymbol{Ax}=\boldsymbol{b}$ 的通解及最小范数解.

**解法 1**　$\begin{cases}x_1+2x_2=1\\2x_1+4x_2=2\end{cases}\Leftrightarrow x_1+2x_2=1$. 易知一个特解为 $\boldsymbol{x}=\begin{bmatrix}1\\0\end{bmatrix}$，其导出组的一个基础解系为 $\begin{bmatrix}-2\\1\end{bmatrix}$，故通解为

$$\boldsymbol{x}=\begin{bmatrix}1\\0\end{bmatrix}+k\begin{bmatrix}-2\\1\end{bmatrix}=(1-2k,k)^{\mathrm{T}},\ k\text{ 为任意常数}.$$

因为 $\|\boldsymbol{x}\|_2^2=(1-2k)^2+k^2=5k^2-4k+1=f(k)$，令 $f'(k)=10k-4=0$ 得唯一解 $k=\dfrac{2}{5}$，所以最小范数解为 $\boldsymbol{x}^*=\left(\dfrac{1}{5},\dfrac{2}{5}\right)^{\mathrm{T}}$.

**解法 2**　由

$$\begin{bmatrix}\boldsymbol{A}&\boldsymbol{E}\\\boldsymbol{E}&\boldsymbol{0}\end{bmatrix}=\begin{bmatrix}1&2&1&0&0\\0&0&0&1&0\\2&4&0&0&1\\1&0&0&0&0\\0&1&0&0&0\end{bmatrix}\rightarrow\begin{bmatrix}1&0&1&0&0\\0&0&0&1&0\\0&0&-2&0&1\\1&-2&0&0&0\\0&0&0&0&0\end{bmatrix},$$

得

$$\boldsymbol{A}^-=\begin{bmatrix}1&-2\\0&0\end{bmatrix}\begin{bmatrix}1&0&0\\0&0&0\end{bmatrix}\begin{bmatrix}1&0&0\\0&1&0\\-2&0&1\end{bmatrix}=\begin{bmatrix}1&0&0\\0&0&0\end{bmatrix},$$

$$\boldsymbol{A}^-\boldsymbol{A}=\begin{bmatrix}1&0&0\\0&0&0\end{bmatrix}\begin{bmatrix}1&2\\0&0\\2&4\end{bmatrix}=\begin{bmatrix}1&2\\0&0\end{bmatrix}.$$

设 $\boldsymbol{y}=(l,k)^{\mathrm{T}}$ 为任意 2 维向量，则通解为

$$x = A^- b + (E - A^- A)y = \begin{bmatrix}1 & 0 & 0\\0 & 0 & 0\end{bmatrix}\begin{bmatrix}1\\0\\2\end{bmatrix} + \begin{bmatrix}0 & -2\\0 & 1\end{bmatrix}\begin{bmatrix}l\\k\end{bmatrix}$$

$$= \begin{bmatrix}1\\0\end{bmatrix} + k\begin{bmatrix}-2\\1\end{bmatrix} = (1-2k, k)^{\mathrm T}\text{(其中 } k \text{ 为任意常数)}.$$

求 $x^*$ 同解法 1.

**解法 3** 因为 $A^+ \in A\{1,4\} \subset A\{1\}$,故 $Ax = b$ 的通解可写为

$$x = A^+ b + (E - A^+ A)y,$$

其中 $y$ 是任意的 $n$ 维列向量,而 $x^* = A^+ b$ 是最小范数解.

由 $A = \begin{bmatrix}1 & 2\\0 & 0\\2 & 4\end{bmatrix} \to \begin{bmatrix}1 & 2\\0 & 0\\0 & 0\end{bmatrix}$,得 $A = \begin{bmatrix}1\\0\\2\end{bmatrix}[1,2]$,于是

$$A^+ = \begin{bmatrix}1\\2\end{bmatrix}\left(\begin{bmatrix}1 & 2\end{bmatrix}\begin{bmatrix}1\\2\end{bmatrix}\right)^{-1}\left(\begin{bmatrix}1 & 0 & 2\end{bmatrix}\begin{bmatrix}1\\0\\2\end{bmatrix}\right)^{-1}\begin{bmatrix}1 & 0 & 2\end{bmatrix}$$

$$= \frac{1}{25}\begin{bmatrix}1 & 0 & 2\\2 & 0 & 4\end{bmatrix},$$

$$A^+ A = \frac{1}{25}\begin{bmatrix}1 & 0 & 2\\2 & 0 & 4\end{bmatrix}\begin{bmatrix}1 & 2\\0 & 0\\2 & 4\end{bmatrix} = \frac{1}{5}\begin{bmatrix}1 & 2\\2 & 4\end{bmatrix},$$

设 $y = (k_1, k_2)^{\mathrm T}$ 为任意 2 维向量,则

$$x = A^+ b + (E - A^+ A)y = \frac{1}{25}\begin{bmatrix}1 & 0 & 2\\2 & 0 & 4\end{bmatrix}\begin{bmatrix}1\\0\\2\end{bmatrix} + \frac{1}{5}\begin{bmatrix}4 & -2\\-2 & 1\end{bmatrix}\begin{bmatrix}k_1\\k_2\end{bmatrix}$$

$$= \frac{1}{5}\begin{bmatrix}1\\2\end{bmatrix} + \frac{1}{5}\begin{bmatrix}4k_1 - 2k_2\\-2k_1 + k_2\end{bmatrix} = \left(\frac{1}{5}, \frac{2}{5}\right)^{\mathrm T} + k\left(\frac{-2}{5}, \frac{1}{5}\right)^{\mathrm T},$$

其中 $k$ 为任意常数.

$$x^* = \left(\frac{1}{5}, \frac{2}{5}\right)^{\mathrm T}.$$

## 5.6　无解方程组的最小二乘解

**定义** 5.7　设 $A \in \mathbb{C}^{m\times n}$，$x=(x_1,\cdots,x_n)^{\mathrm{T}}$，$b \in \mathbb{C}^m$，$Ax=b$ 是无解线性方程组.寻找 $x \in \mathbb{C}^n$，使 $\|Ax-b\|_2$ 最小的问题，称为线性最小二乘问题.满足此要求的 $x$ 称为 $Ax=b$ 的最小二乘解.

**定理** 5.13　设 $Ax=b$ 是无解线性方程组，则对任何 $G \in A\{1,3\}$，$Gb$ 是 $Ax=b$ 的最小二乘解.

**证明**　因为 $G \in A\{1,3\}$，即 $AGA=A$，$(AG)^{\mathrm{H}}=AG$，故

$$
\begin{aligned}
&(AGb-b)^{\mathrm{H}}(Ax-AGb)=[b^{\mathrm{H}}(AG)^{\mathrm{H}}-b^{\mathrm{H}}][Ax-AGb]\\
&=b^{\mathrm{H}}(AG)^{\mathrm{H}}Ax-b^{\mathrm{H}}Ax-b^{\mathrm{H}}(AG)^{\mathrm{H}}AGb+b^{\mathrm{H}}AGb\\
&=b^{\mathrm{H}}AGAx-b^{\mathrm{H}}Ax-b^{\mathrm{H}}AGAGb+b^{\mathrm{H}}AGb\\
&=b^{\mathrm{H}}Ax-b^{\mathrm{H}}Ax-b^{\mathrm{H}}AGb+b^{\mathrm{H}}AGb=0.
\end{aligned}
$$

$$(Ax-AGb)^{\mathrm{H}}(AGb-b)=[(AGb-b)^{\mathrm{H}}(Ax-AGb)]^{\mathrm{H}}=[0]^{\mathrm{H}}=0.$$

于是 $\forall x \in \mathbb{C}^n$，有

$$
\begin{aligned}
\|Ax-b\|_2^2 &= \|AGb-b+Ax-AGb\|_2^2\\
&=\langle AGb-b+Ax-AGb,AGb-b+Ax-AGb\rangle\\
&=[AGb-b+Ax-AGb]^{\mathrm{H}}[AGb-b+Ax-AGb]\\
&=(AGb-b)^{\mathrm{H}}(AGb-b)+(Ax-AGb)^{\mathrm{H}}(Ax-AGb)\\
&\quad+(AGb-b)^{\mathrm{H}}(Ax-AGb)+(Ax-AGb)^{\mathrm{H}}(AGb-b)\\
&=\|AGb-b\|_2^2+\|Ax-AGb\|_2^2 \geqslant \|AGb-b\|_2^2,
\end{aligned}
$$

所以 $Gb$ 是 $Ax=b$ 的最小二乘解.　证毕.

**定理** 5.14　设 $Ax=b$ 是线性方程组，则

(1)当 $Ax=b$ 有解时，其通解为 $x=A^+b+(E-A^+A)y$，其中 $y$ 是任意 $n$ 维列向量，而 $A^+b$ 是 $Ax=b$ 的唯一最小范数解；

(2)当 $Ax=b$ 无解时，$x=A^+b+(E-A^+A)y$ 是 $Ax=b$ 的最小二乘解，其中 $y$ 是任意 $n$ 维列向量，而 $A^+b$ 是 $Ax=b$ 的唯一最小范数最小二乘解.

**证明**

(1)因为 $A^+ \in A\{1\}$，故根据定理 5.10 知，当 $Ax=b$ 有解时，其通

解为

$$\boldsymbol{x}=\boldsymbol{A}^{+}\boldsymbol{b}+(\boldsymbol{E}-\boldsymbol{A}^{+}\boldsymbol{A})\boldsymbol{y},\text{其中 } \boldsymbol{y} \text{ 是任意 } n \text{ 维列向量}.$$

又 $\boldsymbol{A}^{+}\in\boldsymbol{A}\{1,4\}$,于是根据定理 5.11,$\boldsymbol{A}^{+}\boldsymbol{b}$ 是 $\boldsymbol{Ax}=\boldsymbol{b}$ 的唯一最小范数解.

(2)在定理 5.13 的证明过程中有:$\forall\ \boldsymbol{G}\in\boldsymbol{A}\{1,3\}$,不等式

$$\|\boldsymbol{Ax}-\boldsymbol{b}\|_2^2=\|\boldsymbol{AGb}-\boldsymbol{b}\|_2^2+\|\boldsymbol{Ax}-\boldsymbol{AGb}\|_2^2\geqslant\|\boldsymbol{AGb}-\boldsymbol{b}\|_2^2$$

成立.此不等式表明,$n$ 维列向量 $\boldsymbol{x}$ 是无解线性方程组 $\boldsymbol{Ax}=\boldsymbol{b}$ 的最小二乘解的充要条件是:$\|\boldsymbol{Ax}-\boldsymbol{AGb}\|_2^2=0$ 即 $\boldsymbol{Ax}=\boldsymbol{AGb}$,亦即 $\boldsymbol{x}$ 是有解方程组 $\boldsymbol{Ax}=\boldsymbol{AGb}$ 的解.

根据定理 5.11,对于 $\boldsymbol{D}\in\boldsymbol{A}\{1,4\}$,$\boldsymbol{DAGb}$ 是 $\boldsymbol{Ax}=\boldsymbol{AGb}$ 的唯一最小范数解.考虑到 $\boldsymbol{A}^{+}=\boldsymbol{DAG}$,故 $\boldsymbol{A}^{+}\boldsymbol{b}$ 是 $\boldsymbol{Ax}=\boldsymbol{AGb}$ 的唯一最小范数解,也就是无解线性方程组 $\boldsymbol{Ax}=\boldsymbol{b}$ 的唯一最小范数最小二乘解.

若 $\boldsymbol{x}$ 是有解方程组 $\boldsymbol{Ax}=\boldsymbol{AGb}$ 的解,则 $\boldsymbol{x}$ 是齐次线性方程组 $\boldsymbol{A}(\boldsymbol{x}-\boldsymbol{Gb})=\boldsymbol{0}$ 的解.于是有 $\boldsymbol{x}-\boldsymbol{Gb}=(\boldsymbol{E}-\boldsymbol{A}^{-}\boldsymbol{A})\boldsymbol{y}$,即

$$\boldsymbol{x}=\boldsymbol{Gb}+(\boldsymbol{E}-\boldsymbol{A}^{-}\boldsymbol{A})\boldsymbol{y}\text{(其中 } \boldsymbol{y} \text{ 是任意 } n \text{ 维列向量)}.$$

考虑到 $\boldsymbol{A}^{+}\in\boldsymbol{A}\{1,3\}$,$\boldsymbol{A}^{+}\in\boldsymbol{A}\{1\}$,所以对于任意 $n$ 维列向量 $\boldsymbol{y}$,$\boldsymbol{x}=\boldsymbol{A}^{+}\boldsymbol{b}+(\boldsymbol{E}-\boldsymbol{A}^{+}\boldsymbol{A})\boldsymbol{y}$ 是无解线性方程组 $\boldsymbol{Ax}=\boldsymbol{b}$ 的最小二乘解.

证毕.

**例 5.12** 已知线性方程组

$$\begin{bmatrix}-1 & 1\\ 0 & -1\\ -1 & 0\end{bmatrix}\begin{bmatrix}x_1\\ x_2\end{bmatrix}=\begin{bmatrix}1\\ 1\\ 1\end{bmatrix}$$

无解,试求其最小范数最小二乘解.

**解** $\boldsymbol{A}=\begin{bmatrix}-1 & 1\\ 0 & -1\\ -1 & 0\end{bmatrix}\to\begin{bmatrix}1 & 0\\ 0 & 1\\ 0 & 0\end{bmatrix}$,$r(\boldsymbol{A})=2$,即 $\boldsymbol{A}$ 是列满秩的,故

$$\boldsymbol{A}^{+}=(\boldsymbol{A}^{\mathrm{H}}\boldsymbol{A})^{-1}\boldsymbol{A}^{\mathrm{H}}=\left(\begin{bmatrix}-1 & 0 & -1\\ 1 & -1 & 0\end{bmatrix}\begin{bmatrix}-1 & 1\\ 0 & -1\\ -1 & 0\end{bmatrix}\right)^{-1}\begin{bmatrix}-1 & 0 & -1\\ 1 & -1 & 0\end{bmatrix}$$

$$=\begin{bmatrix} 2 & -1 \\ -1 & 2 \end{bmatrix}^{-1}\begin{bmatrix} -1 & 0 & -1 \\ 1 & -1 & 0 \end{bmatrix}=\frac{1}{3}\begin{bmatrix} 2 & 1 \\ 1 & 2 \end{bmatrix}\begin{bmatrix} -1 & 0 & -1 \\ 1 & -1 & 0 \end{bmatrix}$$

$$=\frac{1}{3}\begin{bmatrix} -1 & -1 & -2 \\ 1 & -2 & -1 \end{bmatrix},$$

所以最小范数最小二乘解为

$$\boldsymbol{x}=\boldsymbol{A}^{+}\boldsymbol{b}=\frac{1}{3}\begin{bmatrix} -1 & -1 & -2 \\ 1 & -2 & -1 \end{bmatrix}\begin{bmatrix} 1 \\ 1 \\ 1 \end{bmatrix}=\frac{-1}{3}\begin{bmatrix} 4 \\ 2 \end{bmatrix}.$$

# 习　题　5

1.设 $\boldsymbol{A}$ 是 $n\times n$ 矩阵,证明存在可逆的 $\boldsymbol{A}^{-}$.

2.设 $\boldsymbol{A}$ 是 $m\times n$ 矩阵,证明 $(\boldsymbol{A}^{-})^{\mathrm{T}}\in\boldsymbol{A}^{\mathrm{T}}\{1\}$.

3.设 $\boldsymbol{A}=\begin{bmatrix} 1 & 1 & 1 & 0 \\ -1 & -1 & -1 & 0 \\ 1 & 1 & 0 & 0 \end{bmatrix}$,$\boldsymbol{B}=\begin{bmatrix} 0 & 0 & 2 \\ 1 & 1 & 0 \\ 0 & 0 & 1 \\ 1 & 1 & 1 \end{bmatrix}$,求 $\boldsymbol{A}^{-}$,$\boldsymbol{B}^{-}$.

4.设 $\boldsymbol{A}=\begin{bmatrix} 1 & 0 & 1 \\ -1 & 2 & 3 \\ 2 & 3 & 8 \end{bmatrix}$,$\boldsymbol{B}=\begin{bmatrix} 1 & -1 \\ 2 & -2 \\ 4 & -4 \end{bmatrix}$.求 $\boldsymbol{A}$,$\boldsymbol{B}$ 的满秩分解.

5.设 $\boldsymbol{A}=\begin{bmatrix} 1 & 2 & 1 \\ -1 & 0 & 1 \end{bmatrix}$,$\boldsymbol{B}=\begin{bmatrix} 1 & 1 \\ 1 & 1 \\ 0 & 0 \end{bmatrix}$,求 $\boldsymbol{A}$,$\boldsymbol{B}$ 的奇异值分解和 $\boldsymbol{A}^{+}$,$\boldsymbol{B}^{+}$.

6.设 $\boldsymbol{A}=\begin{bmatrix} -1 & 0 & 1 \\ 2 & 0 & -2 \end{bmatrix}$,利用公式 $\boldsymbol{A}^{+}=\boldsymbol{U}_1(\boldsymbol{S}^2)^{-1}\boldsymbol{U}_1^{\mathrm{H}}\boldsymbol{A}^{\mathrm{H}}$,计算 $\boldsymbol{A}^{+}$.

7.设 $\boldsymbol{A}^2=\boldsymbol{A}=\boldsymbol{A}^{\mathrm{H}}$,证明 $\boldsymbol{A}=\boldsymbol{A}^{+}$.

8.设 $\boldsymbol{A}=\boldsymbol{BC}$ 是 $\boldsymbol{A}$ 的满秩分解,试证:$\boldsymbol{A}^{+}=\boldsymbol{C}^{+}\boldsymbol{B}^{+}$.

9.设 $\boldsymbol{A}\in\mathbb{C}^{m\times n}$,$\boldsymbol{U}$ 是 $m$ 阶酉矩阵,$\boldsymbol{V}$ 是 $n$ 阶酉矩阵,证明:

$$(\boldsymbol{UAV}^{\mathrm{H}})^{+}=\boldsymbol{VA}^{+}\boldsymbol{U}^{\mathrm{H}}.$$

10.设 $\boldsymbol{A}$ 是 $m\times n$ 矩阵,$\boldsymbol{b}$ 是 $m$ 维列向量,证明线性方程组 $\boldsymbol{A}^{\mathrm{H}}\boldsymbol{Ax}=\boldsymbol{A}^{\mathrm{H}}\boldsymbol{b}$ 有解.

11.设 $\boldsymbol{A}=\begin{bmatrix} 1 & 0 \\ 1 & -1 \\ 0 & 1 \end{bmatrix}$,$\boldsymbol{b}=\begin{bmatrix} 1 \\ 1 \\ 1 \end{bmatrix}$,求无解线性方程组 $\boldsymbol{Ax}=\boldsymbol{b}$ 的最小范数最小二乘

解.

12.设 $\boldsymbol{A}=\begin{bmatrix} 1 & 0 & -1 & 1 \\ 0 & 2 & 2 & 2 \\ -1 & 4 & 5 & 3 \end{bmatrix}$, $\boldsymbol{b}=\begin{bmatrix} 4 \\ 1 \\ 2 \end{bmatrix}$,求无解线性方程组 $\boldsymbol{Ax}=\boldsymbol{b}$ 的最小范数最小二乘解.

# 第 6 章　广义 Fourier 级数与最佳平方逼近

本章在讨论内积空间和 Hilbert 空间的几何性质(如正交投影和正交分解)的基础上,着重研究在理论和应用中都非常重要的广义 Fourier 级数和最佳平方逼近.

在研究函数 $f\in L^2[a,b]$的广义 Fourier 级数展开的具体方法中,将介绍在实际应用中常用的 Legendre 正交多项式系和几种关于权函数的正交多项式系.另外再介绍在实际数据处理中常用的曲线拟合的最小二乘法.

## 6.1　正交投影和广义 Fourier 级数

在$\mathbb{R}^3$ 中,易知任一向量在任何过原点的平面(即$\mathbb{R}^3$ 的含零元素的子空间)上都有它的投影.类似地在 Hilbert 空间中也可以建立相应的正交投影和正交分解的理论.

1.3 讨论了内积空间的标准正交系.本节将介绍完全标准正交系的概念,研究标准正交系成为完全标准正交系的等价条件以及空间中任一向量在完全标准正交系下的广义 Fourier 级数.

### 6.1.1　正交投影与正交分解

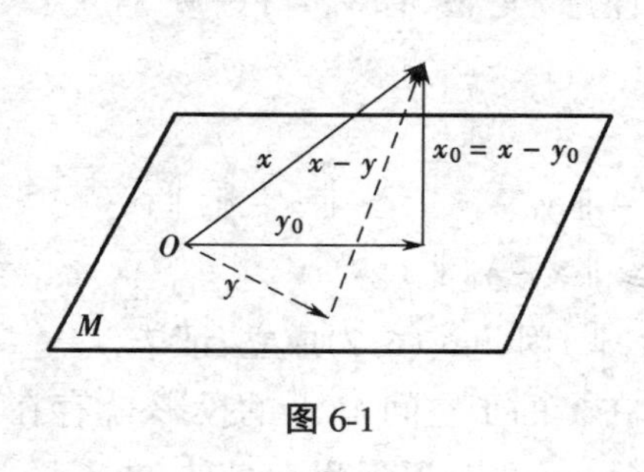

图 6-1

在$\mathbb{R}^3$ 中,设 $M$ 是$\mathbb{R}^3$ 中包含零元素的平面,则 $M$ 是$\mathbb{R}^3$ 的完备子空间.如图 6-1,若 $\boldsymbol{x}$ 是$\mathbb{R}^3$ 中任意一个向量,则必存在 $\boldsymbol{y}_0\in M$ 和$\boldsymbol{x}_0\perp M$,使得

$$\boldsymbol{x}=\boldsymbol{y}_0+\boldsymbol{x}_0,$$

其中 $\boldsymbol{y}_0$ 是 $\boldsymbol{x}$ 在 $M$ 上的投影,

$\|\boldsymbol{x}_0\|$是向量 $\boldsymbol{x}$ 到平面 $M$ 的距离,即

$$\|\boldsymbol{x}_0\| = d(\boldsymbol{x}, M) = \inf_{y\in M}\|\boldsymbol{x}-\boldsymbol{y}\|.$$

将上述很直观的投影概念推广到内积空间,有下面的定义.

**定义 6.1**　设 $X$ 是内积空间,$M$ 是 $X$ 的子空间,$x\in X$.若存在 $y_0\in M$ 和 $x_0\perp M$,使得

$$x = y_0 + x_0, \tag{6.1}$$

则称 $y_0$ 为 $x$ 在 $M$ 上的**正交投影**(简称为投影),式(6.1)称为 $x$ 的**正交分解**.

必须注意,当 $X$ 是内积空间时,并不能保证 $X$ 中每一个元素 $x$ 在 $X$ 的任意子空间 $M$ 上的投影都存在.但是可以断言,若 $x$ 在 $M$ 上的投影存在,则投影必定是唯一的.

**定理 6.1**　设 $X$ 是内积空间,$M$ 是 $X$ 的子空间,$x\in X$.若 $x$ 在 $M$ 上的投影 $y_0$ 存在,则 $x$ 在 $M$ 上的投影 $y_0$ 是唯一的,并且

$$\|x-y_0\| = d(x, M) = \inf_{y\in M}\|x-y\|. \tag{6.2}$$

**证明**　唯一性.假若 $y_0$ 和 $y_1$ 都是 $x$ 在 $M$ 上的投影,由定义知,$y_0, y_1\in M$ 且 $x-y_0\in M^{\perp}$,$x-y_1\in M^{\perp}$.由于 $M$ 和 $M^{\perp}$ 都是 $X$ 的子空间,故

$$y_0 - y_1\in M,$$

且
$$y_0 - y_1 = (x-y_1)-(x-y_0)\in M^{\perp}.$$

由引理 1.5(2)得到 $y_0-y_1=0$,即 $y_0=y_1$.唯一性得证.

由于 $y_0\in M$,$x-y_0\perp M$,则对任意 $y\in M$,有 $y_0-y\in M$,且

$$x-y_0\perp y_0-y.$$

应用勾股定理(引理 1.5(1)),有

$$\|x-y\|^2 = \|x-y_0\|^2 + \|y_0-y\|^2 \geqslant \|x-y_0\|^2.$$

所以
$$d(x, M) = \inf_{y\in M}\|x-y\| \geqslant \|x-y_0\|.$$

然而 $y_0\in M$,故 $d(x, M)\leqslant\|x-y_0\|$.因此式(6.2)成立.证毕.

此定理表明,若 $X$ 中的元素 $x$ 在 $X$ 的子空间 $M$ 上的投影 $y_0$ 存在,则用 $M$ 中元素 $y$ 来逼近 $x$ 时,仅当 $y=y_0$ 时逼近程度最佳,或者说 $y$

与 $x$ 的误差 $\|x-y\|$，仅当 $y=y_0$ 时达到最小值 $d(x,M)$.

在什么条件下，可保证 $X$ 的每一个元素 $x$ 在 $M$ 上的投影都存在？下面的定理回答了这一问题.

**定理** 6.2(投影定理)　若 $M$ 是内积空间 $X$ 的完备子空间，则 $X$ 的每一个元素 $x$ 在 $M$ 上的投影都唯一地存在，即存在唯一的 $y_0\in M$ 和 $x_0\perp M$，使得

$$x=y_0+x_0.$$

**证明**　(1)先证明对于每一个 $x\in X$，存在 $y_0\in M$，使得

$$\|x-y_0\|=d(x,M)=\inf_{y\in M}\|x-y\|.$$

令 $\delta=d(x,M)$，由下确界的定义，存在 $\{y_n\}\subset M$，使得

$$\lim_{n\to\infty}\|x-y_n\|=\delta.$$

现证 $\{y_n\}$ 是 Cauchy 序列. 由平行四边形公式(引理 1.4)，得

$$2\left\|\frac{y_n-y_m}{2}\right\|^2=\|y_n-x\|^2+\|y_m-x\|^2-2\left\|\frac{y_n+y_m}{2}-x\right\|^2.$$

注意到 $\frac{y_n+y_m}{2}\in M$，从而 $\left\|\frac{y_n+y_m}{2}-x\right\|\geqslant\delta$，代入上式得

$$0\leqslant 2\left\|\frac{y_n-y_m}{2}\right\|^2\leqslant\|y_n-x\|^2+\|y_m-x\|^2-2\delta^2.$$

当 $m,n\to\infty$ 时，必有 $\|y_n-y_m\|\to 0$，故 $\{y_n\}$ 是 Cauchy 序列.

由于 $M$ 是完备的，可设 $y_n\to y_0\in M$，于是

$$\|x-y_0\|=\lim_{n\to\infty}\|x-y_n\|=\delta.$$

(2)再证明 $x-y_0\perp M$.

令 $x_0=x-y_0$. 任取 $z\in M$ 且 $z\neq 0$，对任意 $\alpha\in\mathbb{K}$ 有 $y_0+\alpha z\in M$. 故

$$\begin{aligned}(d(x,M))^2&\leqslant\|x-(y_0+\alpha z)\|^2=\langle x_0-\alpha z,x_0-\alpha z\rangle\\&=\|x_0\|^2-\bar{\alpha}\langle x_0,z\rangle-\alpha\langle z,x_0\rangle+|\alpha|^2\|z\|^2.\end{aligned}$$

由(1)，$\|x_0\|=d(x,M)$，于是上式化为

$$\bar{\alpha}\langle x_0,z\rangle+\alpha[\langle z,x_0\rangle-\bar{\alpha}\|z\|^2]\leqslant 0.$$

为使方括号内的表示式为零，令

$$\bar{\alpha}=\frac{\langle z,x_0\rangle}{\|z\|^2},$$

则得到

$$\frac{\langle z,x_0\rangle}{\|z\|^2}\langle x_0,z\rangle=\frac{|\langle x_0,z\rangle|^2}{\|z\|^2}\leqslant 0.$$

因此,只有当$\langle x_0,z\rangle=0$时,上面的不等式才能成立.于是 $x_0\perp z$.由 $z$ 的任意性,得 $x-y_0\perp M$.

(3)令 $x_0=x-y_0$,由(1)和(2)知,存在 $y_0\in M$ 和 $x_0\perp M$ 满足 $x=y_0+x_0$,故 $y_0$ 是 $x$ 在 $M$ 上的投影.由定理 6.1,$x$ 在 $M$ 上的投影 $y_0$ 是唯一的. 证毕.

综合上述二定理可知,在定理 6.2 的条件下,$X$ 的每一个元素 $x$ 在 $M$ 上存在唯一的投影,而且

$$\|x-y_0\|=d(x,M).$$

利用线性空间的子空间的直和的定义(见定义 1.12(2)),定理 6.2 有如下推论.

**推论** 1　若 $M$ 是 Hilbert 空间 $H$ 的闭子空间,则

$$H=M\oplus M^{\perp}.$$

**推论** 2　若 $M$ 是 Hilbert 空间 $H$ 的闭子空间,则

$$M=M^{\perp\perp}.$$

特别地,当 $M^{\perp}=\{0\}$时,$M=H$.

**证明**　对任意 $x\in M$,有 $x\perp M^{\perp}$,即 $x\in M^{\perp\perp}$.因此 $M\subset M^{\perp\perp}$.另一方面,对任意 $x\in M^{\perp\perp}$,由推论 1 得到 $x=y_0+x_0$,其中 $y_0\in M$,$x_0=x-y_0\in M^{\perp}$.注意到 $y_0\in M\subset M^{\perp\perp}$,因此,由引理 1.5(2)得 $x-y_0=0$,即 $x=y_0\in M$.所以 $M^{\perp\perp}\subset M$.综上,$M=M^{\perp\perp}$得证.

由于内积空间的有限维子空间是完备的,因此对于这些子空间,定理 6.2 成立.在下一节,将专门说明定理 6.2 在最佳逼近理论中的应用.

### 6.1.2　Fourier 系数与 Bessel 不等式

由定义 1.23 知,内积空间 $X$ 的非空子集 $M$ 是 $X$ 的标准正交系,是

指对于任意 $x,y\in M$ 有

$$\langle x,y\rangle=\begin{cases}0, & 当\ x\neq y,\\ 1, & 当\ x=y.\end{cases}$$

**例 6.1**　若实内积空间 C[0,2π]中任意二元素 $x$ 和 $y$ 的内积定义为

$$\langle x,y\rangle=\int_0^{2\pi}x(t)y(t)\mathrm{d}t,$$

令 $u_0=\dfrac{1}{\sqrt{2\pi}},u_n(t)=\dfrac{1}{\sqrt{\pi}}\cos\ nt,v_n(t)=\dfrac{1}{\sqrt{\pi}}\sin\ nt\quad(n\in\mathbb{N})$,则

$$\{u_0,u_1,v_1,u_2,v_2,\cdots,u_n,v_n,\cdots\}$$

是 C[0,2π]的标准正交系.每一个 $x\in C[0,2\pi]$关于此标准正交系可以展开为 Fourier 级数

$$x(t)=\frac{a_0}{2}+\sum_{n=1}^{\infty}(a_n\cos\ nt+b_n\sin\ nt),$$

其中

$$a_0=\frac{1}{\pi}\int_0^{2\pi}x(t)\mathrm{d}t=\sqrt{\frac{2}{\pi}}\langle x,u_0\rangle,$$

$$a_n=\frac{1}{\pi}\int_0^{2\pi}x(t)\cos\ nt\mathrm{d}t=\sqrt{\frac{1}{\pi}}\langle x,u_n\rangle,$$

$$b_n=\frac{1}{\pi}\int_0^{2\pi}x(t)\sin\ nt\mathrm{d}t=\sqrt{\frac{1}{\pi}}\langle x,v_n\rangle\quad(n\in\mathbb{N}).$$

于是　$$x(t)=\langle x,u_0\rangle u_0+\sum_{n=1}^{\infty}(\langle x,u_n\rangle u_n(t))+\langle x,v_n\rangle v_n(t)),$$

其中$\langle x,u_0\rangle,\langle x,u_n\rangle,\langle x,v_n\rangle(n\in\mathbb{N})$称为 $x$ 关于此标准正交系的 Fourier 系数.

在内积空间中,可类似如下定义 Fourier 系数.

**定义 6.2**　设 $F=\{e_i\}$是内积空间 $X$ 中的标准正交系,$x\in X$,则内积$\langle x,e_i\rangle$称为 $x$ 关于 $F$ 的**广义** Fourier **系数**,或简称为 Fourier 系数.

利用广义 Fourier 系数,可以给出投影的表示式.

**定理 6.3**　设$\{e_i\}$是内积空间 $X$ 中的标准正交系,$x\in X$,$M=$

span$\{e_1,\cdots,e_n\}$,则有

(1)$x$ 在 $M$ 上的投影 $x_0$ 可表示为

$$x_0=\sum_{i=1}^{n}\langle x,e_i\rangle e_i;$$

(2) $\|x_0\|^2=\sum_{i=1}^{n}|\langle x,e_i\rangle|^2$;

(3) $\|x-x_0\|^2=\|x\|^2-\|x_0\|^2$.

**证明** (1)只要证 $x_0=\sum_{i=1}^{n}\langle x,e_i\rangle e_i$ 是 $x$ 在 $M$ 上的投影,从而由投影的唯一性,立即得证.

显然,$x_0\in M$.由于对每一个 $j=1,\cdots,n$,有

$$\begin{aligned}\langle x-x_0,e_j\rangle&=\langle x,e_j\rangle-\langle\sum_{i=1}^{n}\langle x,e_i\rangle e_i,e_j\rangle\\&=\langle x,e_j\rangle-\langle x,e_j\rangle=0.\end{aligned}$$

即 $x-x_0$ 与 $\{e_1,\cdots,e_n\}$ 正交,故 $x-x_0\perp M$.由定义 6.1 知,$x_0$ 是 $x$ 在 $M$ 上的投影.

(2)由勾股定理

$$\|x_0\|^2=\sum_{i=1}^{n}\|\langle x,e_i\rangle e_i\|^2=\sum_{i=1}^{n}|\langle x,e_i\rangle|^2.$$

(3)由于 $x=x_0+(x-x_0)$ 且 $x_0\perp x-x_0$,再应用勾股定理

$$\|x\|^2=\|x_0\|^2+\|x-x_0\|^2,$$

故
$$\|x-x_0\|^2=\|x\|^2-\|x_0\|^2.$$
证毕.

**定理 6.4** 设 $\{e_i\}$ 是内积空间 $X$ 中的标准正交系,则对于每一个 $x\in X$,有

$$\sum_{i=1}^{\infty}|\langle x,e_i\rangle|^2\leqslant\|x\|^2. \tag{6.3}$$

此不等式称为 Bessel **不等式**.

**证明** 由定理 6.3,对任意 $n\in\mathbb{N}$,都有

$$\sum_{i=1}^{n}|\langle x,e_i\rangle|^2\leqslant\|x\|^2.$$

令 $n\to\infty$,则 Bessel 不等式(6.3)得证.

**推论**　设$\{e_i\}$是内积空间 $X$ 中的标准正交系,则对于每一个 $x\in X$ 都有

$$\lim_{n\to\infty}\langle x,e_n\rangle=0.$$

### 6.1.3　完全标准正交系及其等价条件

当 $X$ 是 $n$ 维内积空间时,若 $X$ 的一个标准正交系 $F$ 选够了 $n$ 个元素,记 $F=\{e_1,\cdots,e_n\}$,则易知如下结论成立:

(1)$\mathrm{span}\ F=X$;

(2)每一个 $x\in X$ 皆可表示为

$$x=\sum_{i=1}^{n}\langle x,e_i\rangle e_i;$$

(3)对每一个 $x\in X$,$\|x\|^2=\sum_{i=1}^{n}|\langle x,e_i\rangle|^2$,即 Bessel 不等式成为等式.

若 $X$ 的标准正交系 $F$ 没有选够 $n$ 个元素,上述各个结论不再成立.

当考虑无限维内积空间时,空间中的一个标准正交系为无限集,其中的元素是否"选够"的含义表示在下述定义中.

**定义** 6.3　若 $F=\{e_i\}$是内积空间 $X$ 的正交系,并且满足

$$\overline{\mathrm{span}\ F}=X,$$

则称正交系 $F$ 为**完全系**,或者称 $F$ 为 $X$ 中的完全正交系.

若 $F=\{e_i\}$是内积空间 $X$ 的标准正交系,并且 $F$ 是完全系,则称 $F$ 为 $X$ 中的**完全标准正交系**.

在 Hilbert 空间中,根据完全标准正交系的定义,可以将上述对于有限维内积空间的结论推广到 Hilbert 空间.在下面的定理中,具体表达了完全标准正交系的几个等价条件.

**定理** 6.5　若 $F=\{e_i\}$是 Hilbert 空间 $H$ 中的标准正交系,则下列各条件等价:

(1)$F$ 是 $H$ 的完全标准正交系;

(2)$F^{\perp}=\{0\}$,即 $H$ 中不存在与 $F$ 中的所有元素正交的非零元素;

(3)对每一个 $x\in H$,有

$$x=\sum_{i=1}^{\infty}\langle x,e_i\rangle e_i,$$

(4)对每一个 $x\in H$,有

$$\|x\|^2=\sum_{i=1}^{\infty}|\langle x,e_i\rangle|^2,$$

此等式称为 Parseval **恒等式**.

**证明** (1)⇒(2) 对任意 $x\in F^{\perp}$,只需证明 $x=0$.由于 $F$ 是 $H$ 中的完全标准正交系,则 $x\in H=\overline{\text{span }F}$.于是存在序列 $\{x_n\}\subset\text{span }F$,使得 $x_n\to x$.因 $x\in F^{\perp}$,则对每一个 $n\in\mathbb{N}$有 $\langle x_n,x\rangle=0$.由内积的连续性

$$\langle x,x\rangle=\lim_{n\to\infty}\langle x_n,x\rangle=0,$$

故 $x=0$.

(2)⇒(1) 假设 $F^{\perp}=\{0\}$,由于 $F\subset\overline{\text{span }F}$,则

$$\{0\}\subset(\overline{\text{span }F})^{\perp}\subset F^{\perp}=\{0\},$$

故必有$(\overline{\text{span }F})^{\perp}=\{0\}$.应用定理 6.2 的推论 1,得到

$$H=\overline{\text{span }F}\oplus(\overline{\text{span }F})^{\perp}=\overline{\text{span }F}.$$

(2)⇒(3) 对每一个 $x\in H$,由 Bessel 不等式

$$\sum_{i=1}^{\infty}|\langle x,e_i\rangle|^2\leqslant\|x\|^2,$$

则可断言 $\sum_{i=1}^{\infty}\langle x,e_i\rangle e_i$ 收敛.即存在 $y\in H$,使得

$$\sum_{i=1}^{\infty}\langle x,e_i\rangle e_i=y.$$

现在只要证明 $x=y$,则(3)得证.对每一个 $e_j\in F$,由内积的连续性,有

$$\begin{aligned}\langle x-y,e_j\rangle&=\langle x,e_j\rangle-\Big\langle\sum_{i=1}^{\infty}\langle x,e_i\rangle e_i,e_j\Big\rangle\\&=\langle x,e_j\rangle-\sum_{i=1}^{\infty}(\langle x,e_i\rangle\langle e_i,e_j\rangle)\\&=\langle x,e_j\rangle-\langle x,e_j\rangle=0.\end{aligned}$$

由假设条件,得到 $x-y\in F^{\perp}=\{0\}$,即 $x=y$.

(3)⇒(4)　对每一个 $x\in H$,由(3)成立,则

$$\begin{aligned}\|x\|^2&=\left\langle\sum_{i=1}^{\infty}\langle x,e_i\rangle e_i,\sum_{j=1}^{\infty}\langle x,e_j\rangle e_j\right\rangle\\&=\sum_{i=1}^{\infty}\sum_{j=1}^{\infty}(\langle x,e_i\rangle\overline{\langle x,e_j\rangle}\langle e_i,e_j\rangle)\\&=\sum_{i=1}^{\infty}(\langle x,e_i\rangle\overline{\langle x,e_i\rangle})=\sum_{i=1}^{\infty}|\langle x,e_i\rangle|^2.\end{aligned}$$

(4)⇒(2)　对任意 $x\in F^{\perp}$,即对每一个 $e_i\in F$ 都有 $\langle x,e_i\rangle=0$,由于 Parseval 恒等式成立,则

$$\|x\|^2=\sum_{i=1}^{\infty}|\langle x,e_i\rangle|^2=0,$$

故 $x=0$,因此 $F^{\perp}=\{0\}$.　证毕.

由此定理关于(1)和(3)等价的结论,可给出如下定义.

**定义 6.4**　若 $F=\{e_i\}$是 Hilbert 空间 $H$ 的完全标准正交系,则每一个 $x\in H$ 可展开为无穷级数,即

$$x=\sum_{i=1}^{\infty}\langle x,e_i\rangle e_i.$$

此无穷级数 $\sum\limits_{i=1}^{\infty}\langle x,e_i\rangle e_i$ 称为 $x$ 关于 $F$ 的**广义 Fourier 级数**,或简称为 Fourier 级数.

值得注意的是,在此定义中的元素 $x$ 的广义 Fourier 级数的前 $n$ 项和

$$s_n=\sum_{i=1}^{n}\langle x,e_i\rangle e_i$$

正是 $x$ 在 span$\{e_i,\cdots,e_n\}$上的投影(见定理 6.3(1)),并且 $\|x-s_n\|$ 是 $x$ 到 span$\{e_1,\cdots,e_n\}$的距离.

## 6.2　函数的最佳平方逼近

实际应用中,常用的函数空间有 C$[a,b]$,L$^p[a,b]$($1\leqslant p\leqslant\infty$),其

中 $L^2[a,b]$是 Hilbert 空间.下面,在一般的赋范线性空间上,将最佳逼近问题用泛函分析的语言给一个准确的定义.

**定义** 6.5 设 $X$ 是赋范线性空间,$M$ 是 $X$ 的子空间,$x\in X$.若存在 $y_0\in M$,使得

$$\| x-y_0 \| = d(x,M) = \inf_{y\in M} \| x-y \|,$$

则称 $y_0$ 为 $x$ 在 $M$ 上的**最佳逼近**

当 $X$ 是内积空间,且 $M$ 是 $X$ 的完备子空间时(特别是,当 $M$ 是 $X$ 的有限维子空间时),由定理 6.1 和定理 6.2 知,$X$ 的每一个元素 $x$ 在 $M$ 上存在唯一的投影 $y_0$,并且 $y_0$ 正是 $x$ 在 $M$ 上的最佳逼近.因此在这种条件下,最佳逼近的存在唯一性问题得到了解决.

按照最佳逼近的定义,$y_0$ 是 $x$ 在 $M$ 上的最佳逼近,换言之,就是用 $M$ 中的任何元素逼近 $x$ 所产生的误差中,以 $y_0$ 逼近 $x$ 所产生的误差为最小,且最小误差为 $\| x-y_0 \| = d(x,M)$.

按照定义,最佳逼近与空间 $X$ 的范数(或内积)有关.在 Banach 空间($C[a,b]$, $\|\cdot\|_\infty$)中的最佳逼近,常称为**最佳一致逼近**,而 Hilbert 空间 $L^2[a,b]$中的最佳逼近,常称为**最佳平方逼近**.

本节讨论函数空间 $L^2[a,b]$中任一元素(或称为$[a,b]$上的平方可积函数)在$L^2[a,b]$的有限维子空间 $M$ 上的最佳平方逼近.介绍求最佳平方逼近的两种方法.经比较,显示出在 $M$ 中选用标准正交系为基时求最佳平方逼近方法的优点.

### 6.2.1 最佳平方逼近问题

**定义** 6.6 若 $M$ 是 Hilbert 空间 $L^2[a,b]$的有限维子空间,则 $L^2[a,b]$中的每一个元素 $f$ 在 $M$ 上的投影 $s^*$ 都唯一地存在(定理6.2),并且

$$\| f-s^* \| = d(f,M) = \inf_{s\in M}\left(\int_a^b |f(x)-s(x)|^2 \mathrm{d}x\right)^{\frac{1}{2}},$$

$s^*$ 称为 $f$ 在 $M$ 上的**最佳平方逼近**.

定义中,$L^2[a,b]$的范数(即由内积导出的范数)为 $\|\cdot\|_2$,在这一章,简记为 $\|\cdot\|$.

下面介绍两种求 $s^*$ 的方法.

**方法1**　设$\{e_1,\cdots,e_n\}$是 $M$ 的基(不必是 $M$ 的标准正交系),$s^*$ 在此基下的表示式为

$$s^* = \alpha_1 e_1 + \cdots + \alpha_n e_n. \tag{6.4}$$

于是,问题归结为如何求出这一组数 $\alpha_1,\cdots,\alpha_n$,使得 $s^*$ 是 $f$ 在 $M$ 上的最佳平方逼近,即 $s^*$ 是 $f$ 在 $M$ 上的投影.这时 $f = s^* + (f - s^*)$,其中 $s^* \in M$,$f - s^* \perp M$,并且

$$\| f - s^* \| = d(f, M).$$

因 $f - s^* \perp M$,故对每一个 $e_i \in M(i = 1,\cdots,n)$,有

$$\langle e_i, f - s^* \rangle = \langle e_i, f - \sum_{j=1}^{n} \alpha_j e_j \rangle = \langle e_i, f \rangle - \sum_{j=1}^{n} \bar{\alpha}_j \langle e_i, e_j \rangle = 0.$$

于是,得到一个线性方程组

$$\begin{cases} \langle e_1, e_1 \rangle \bar{\alpha}_1 + \langle e_1, e_2 \rangle \bar{\alpha}_2 + \cdots + \langle e_1, e_n \rangle \bar{\alpha}_n = \langle e_1, f \rangle, \\ \langle e_2, e_1 \rangle \bar{\alpha}_1 + \langle e_2, e_2 \rangle \bar{\alpha}_2 + \cdots + \langle e_2, e_n \rangle \bar{\alpha}_n = \langle e_2, f \rangle, \\ \cdots\cdots \\ \langle e_n, e_1 \rangle \bar{\alpha}_1 + \langle e_n, e_2 \rangle \bar{\alpha}_2 + \cdots + \langle e_n, e_n \rangle \bar{\alpha}_n = \langle e_n, f \rangle. \end{cases}$$

由于 $s^*$ 存在且唯一,因而 $\bar{\alpha}_1,\cdots,\bar{\alpha}_n$ 存在且唯一.因此线性方程组的 Gram 行列式

$$G(e_1,\cdots,e_n) = \begin{vmatrix} \langle e_1, e_1 \rangle & \cdots & \langle e_1, e_n \rangle \\ \vdots & & \vdots \\ \langle e_n, e_1 \rangle & \cdots & \langle e_n, e_n \rangle \end{vmatrix} \neq 0, \tag{6.5}$$

并且

$$\bar{\alpha}_j = \frac{G_j}{G(e_1,\cdots,e_n)} \quad (j = 1,\cdots,n), \tag{6.6}$$

其中 $G_j$ 是行列式 $G(e_1,\cdots,e_n)$的第 $j$ 列$(\langle e_1, e_j \rangle,\cdots,\langle e_n, e_j \rangle)^{\mathrm{T}}$ 换为$(\langle e_1, f \rangle,\cdots,\langle e_n, f \rangle)^{\mathrm{T}}$ 后得到的行列式.取 $\bar{\alpha}_j$ 的共轭复数便得到$\alpha_j(j = 1,\cdots,n)$,代入式(6.4),即可得到 $s^*$.

**注1**　如果空间 $L^2[a,b]$是实空间,那么 $\bar{\alpha}_j = \alpha_j$.这时式(6.6)成为

$$\alpha_j = \frac{G_j}{G(e_1,\cdots,e_n)} \quad (j = 1,\cdots,n). \tag{6.7}$$

**注 2**　最佳平方逼近的误差 $\|f-s^*\|$.

令 $\delta=\|f-s^*\|$.因 $f-s^*\perp s^*$,则

$$\begin{aligned}\delta^2&=\|f-s^*\|^2=\langle f-s^*,f-s^*\rangle\\&=\langle f-s^*,f\rangle-\langle f-s^*,s^*\rangle=\langle f-s^*,f\rangle\\&=\|f\|^2-\sum_{i=1}^{n}\alpha_i\langle e_i,f\rangle.\end{aligned}\tag{6.8}$$

**方法 2**　若 $M$ 的基 $\{e_1,\cdots,e_n\}$ 是 $M$ 的标准正交系,则 $G(e_1,\cdots,e_n)=1$, $G_i=\langle e_i,f\rangle$, $\alpha_i=\overline{\langle e_i,f\rangle}$.于是

$$s^*=\sum_{i=1}^{n}\langle f,e_i\rangle e_i.$$

最佳平方逼近的误差 $\delta$ 的平方,由式(6.8)得

$$\delta^2=\|f-s^*\|^2=\|f\|^2-\sum_{i=1}^{n}|\langle f,e_i\rangle|^2.$$

显然,上面两个式子可以从定理 6.3 直接得到,不必从方法 1 推出.此方法简洁清楚.

### 6.2.2　多项式逼近

当 $L^2[a,b]$ 的有限维子空间 $M=P_n[a,b]$(即 $[a,b]$ 上的所有次数小于或等于 $n$ 的多项式的全体组成的 $n+1$ 维空间)时, $L^2[a,b]$ 中的元素 $f$ 在 $P_n[a,b]$ 上的最佳平方逼近 $s_n^*$ 是一个次数小于或等于 $n$ 的多项式.此 $s_n^*$ 称为 $f$ 在 $P_n[a,b]$ 上的 $n$ **次最佳平方逼近**,简称为 $f$ 的 $n$ 次最佳平方逼近.

先按照前面介绍的方法 1,求 $f$ 的 $n$ 次最佳平方逼近的 $s_n^*$,举一例说明如下.

**例 6.2**　记 $e_i(x)=x^i\,(x\in[0,1],i=0,1,\cdots,n)$,则 $\{e_0,e_1,\cdots,e_n\}$ 是 $P_n[0,1]$ 的基.设 $f(x)=e^x\,(x\in[0,1])$,则 $f\in C[0,1]\subset L^2[0,1]$.

(1)求 $f$ 在 $P_n[0,1]$ 上的 $n$ 次最佳平方逼近 $s_n^*$;

(2)当 $n=2$ 时,求 $f$ 的二次最佳平方逼近.

**解**　(1)对 $i,j=0,1,\cdots,n$,

$$\langle e_i,e_j\rangle=\int_0^1 x^{i+j}\,dx=\frac{1}{i+j+1}.$$

记 $d_i = \langle e_i, f\rangle = \int_0^1 x^i f(x)\,dx \quad (i = 0,1,\cdots,n)$.

由式(6.7)得

$$\alpha_j = \frac{G_j}{G(e_0, e_1, \cdots, e_n)} \quad (j = 0,1,\cdots,n),$$

其中

$$G(e_0, e_1, \cdots, e_n) = \begin{vmatrix} 1 & \frac{1}{2} & \cdots & \frac{1}{n+1} \\ \frac{1}{2} & \frac{1}{3} & \cdots & \frac{1}{n+2} \\ \vdots & \vdots & & \vdots \\ \frac{1}{n+1} & \frac{1}{n+2} & \cdots & \frac{1}{2n+1} \end{vmatrix},$$

而 $G_j$ 是行列式 $G(e_0, e_1, \cdots, e_n)$ 的第 $j$ 列 $\left(\frac{1}{j}, \frac{1}{1+j}, \cdots, \frac{1}{n+j}\right)^{\mathrm{T}}$ 换为 $(d_0, d_1, \cdots, d_n)^{\mathrm{T}}$ 后得到的行列式.求出 $\alpha_0, \alpha_1, \cdots, \alpha_n$ 后,则

$$s_n^* = \alpha_0 e_0 + \alpha_1 e_1 + \cdots + \alpha_n e_n.$$

(2)当 $n = 2$ 时,

$$G(e_0, e_1, e_2) = \begin{vmatrix} 1 & \frac{1}{2} & \frac{1}{3} \\ \frac{1}{2} & \frac{1}{3} & \frac{1}{4} \\ \frac{1}{3} & \frac{1}{4} & \frac{1}{5} \end{vmatrix},$$

而 $\quad d_0 = \int_0^1 \mathrm{e}^x \mathrm{d}x = \mathrm{e} - 1,\ d_1 = \int_0^1 x\mathrm{e}^x \mathrm{d}x = 1,\ d_2 = \int_0^1 x^2 \mathrm{e}^x \mathrm{d}x = \mathrm{e} - 2,$

(这里 e≈2.71828),故

$$\alpha_0 = \frac{\begin{vmatrix} \mathrm{e}-1 & \frac{1}{2} & \frac{1}{3} \\ 1 & \frac{1}{3} & \frac{1}{4} \\ \mathrm{e}-2 & \frac{1}{4} & \frac{1}{5} \end{vmatrix}}{G(e_0, e_1, e_2)} = 1.01299,$$

$$\alpha_1 = 0.85113, \quad \alpha_2 = 0.83918,$$

所以 $$s_2^* = 1.01299 + 0.85113x + 0.83918x^2.$$

其误差的平方

$$\delta^2 = \| f - s_2^* \|^2 = \| f \|^2 - \sum_{i=0}^{2} \alpha_i \langle e_i, f \rangle$$
$$= \int_0^1 e^{2x} dx - \sum_{i=0}^{2} \alpha_i d_i = 0.00004.$$

**注** 3　由于上例中 $G(e_0, e_1, \cdots, e_n)$ 对应的矩阵是病态的，且 $n$ 越大病态越严重(见 7.1.3)，因此当原始数据有一个微小扰动时，按照方法 1 求出的 $s_n^*$ 与 $s_n^*$ 的真值相对误差很大. 按照方法 2 求 $s_n^*$ 则可避免病态的发生.

按照方法 2 求 $L^2[a,b]$ 的元素 $f$ 在 $P_n[a,b]$ 上的 $n$ 次最佳平方逼近 $s_n^*$ 时，必须先求出 $P_n[a,b]$ 的标准正交系. 具体作法如下.

记 $e_i(x) = x^i \quad (x \in [a,b], i = 0,1,2,\cdots)$，则 $\{e_0, e_1, e_2, \cdots\}$ 是 $L^2[a,b]$ 中的线性无关集，但不是正交系. 应用 Gram-Schmidt 标准正交化方法，可得到一个标准正交多项式系 $\{p_0, p_1, p_2, \cdots\}$，使得对每一个 $n \in \mathbb{N}$，有

$$P_n[a,b] = \text{span}\{e_0, e_1, \cdots, e_n\} = \text{span}\{p_0, p_1, \cdots, p_n\}, \tag{6.9}$$

并且容易证明

$$L^2[a,b] = \overline{\text{span}\{e_0, e_1, e_2, \cdots\}} = \overline{\text{span}\{p_0, p_1, p_2, \cdots\}},$$

即 $\{p_0, p_1, p_2, \cdots\}$ 是 $L^2[a,b]$ 的完全标准正交系.

这样，$L^2[a,b]$ 中的元素 $f$ 在 $P_n[a,b]$ 上的 $n$ 次最佳平方逼近

$$s_n^* = \sum_{i=0}^{n} \langle f, p_i \rangle p_i, \tag{6.10}$$

误差的平方

$$\delta^2 = \| f - s_n^* \|^2 = \| f \|^2 - \sum_{i=0}^{n} |\langle f, p_i \rangle|^2. \tag{6.11}$$

应指出，对于实空间 $L^2[a,b]$ 中的元素 $f$，表示内积的积分(例如 $\langle f, p_i \rangle = \int_a^b f(x) p_i(x) dx$ 中的积分)是 Lebesgue 积分. 当 $f \in C[a,b]$ 时，

此 Lebesgue 积分等于 Riemann 积分(即定积分).

**注 4**　若$\{p_0, p_1, p_2, \cdots\}$是 $L^2[a,b]$的完全正交系且满足式(6.9),但不是标准的,即每一个 $p_i$ 的范数 $\| p_i \|$ 并不都等于 1,则 $L^2[a,b]$中的元素 $f$ 在 $P_n[a,b]$上的 $n$ 次最佳平方逼近 $s_n^*$ 由式(6.10)可表示为

$$s_n^* = \sum_{i=0}^{n} \left\langle f, \frac{p_i}{\| p_i \|} \right\rangle \frac{p_i}{\| p_i \|} = \sum_{i=0}^{n} \frac{\langle f, p_i \rangle}{\langle p_i, p_i \rangle} p_i, \tag{6.12}$$

误差的平方由式(6.11)可表示为

$$\delta^2 = \| f \|^2 - \sum_{i=0}^{n} \left| \left\langle f, \frac{p_i}{\| p_i \|} \right\rangle \right|^2 = \| f \|^2 - \sum_{i=0}^{n} \frac{|\langle f, p_i \rangle|^2}{\langle p_i, p_i \rangle}. \tag{6.13}$$

## 6.3　几种重要的正交多项式

### 6.3.1　Legendre 多项式

考虑实 $L^2[-1,1]$空间.记 $e_i(x) = x^i (x \in [-1,1], i = 0,1,2,\cdots)$.现在应用 Gram-Schmidt 的方法,把$\{e_0, e_1, e_1, \cdots\}$化为标准正交系$\{u_0, u_1, u_2, \cdots\}$.

由于 $\| e_0 \| = \sqrt{2}$,令 $\mathrm{p}_0(x) = 1 (x \in [-1,1])$,则

$$u_0(x) = \frac{e_0(x)}{\| e_0 \|} = \sqrt{\frac{1}{2}} \mathrm{p}_0(x) = \sqrt{\frac{1}{2}}, \| u_0 \| = 1.$$

记 $v_1 = e_1 - \langle e_1, u_0 \rangle u_0$,则 $v_1 \perp u_0$,且

$$v_1(x) = x - \int_{-1}^{1} \sqrt{\frac{1}{2}} x \mathrm{d}x \cdot \sqrt{\frac{1}{2}} = x,$$

$$\| v_1 \| = \left( \int_{-1}^{1} x^2 \mathrm{d}x \right)^{\frac{1}{2}} = \sqrt{\frac{2}{3}}.$$

令 $\mathrm{p}_1(x) = x$,则

$$u_1(x) = \frac{v_1(x)}{\| v_1 \|} = \sqrt{\frac{3}{2}} x = \sqrt{\frac{3}{2}} \mathrm{p}_1(x), \| u_1 \| = 1.$$

记 $v_2 = e_2 - \langle e_2, u_0 \rangle u_0 - \langle e_2, u_1 \rangle u_1$,则 $v_2 \perp u_0, v_2 \perp u_1$,且

$$v_2(x)=x^2-\int_{-1}^{1}\sqrt{\frac{1}{2}}x^2\mathrm{d}x\cdot\sqrt{\frac{1}{2}}-\int_{-1}^{1}\sqrt{\frac{3}{2}}x^3\mathrm{d}x\cdot\sqrt{\frac{3}{2}}x$$
$$=x^2-\frac{1}{3},$$
$$\|v_2\|=\left(\int_{-1}^{1}\left(x^2-\frac{1}{3}\right)^2\mathrm{d}x\right)^{\frac{1}{2}}=\frac{2}{3}\sqrt{\frac{2}{5}}.$$

令 $\mathrm{p}_2(x)=\frac{1}{2}(3x^2-1)$,则

$$u_2(x)=\frac{v_2(x)}{\|v_2\|}=\frac{1}{2}\sqrt{\frac{5}{2}}(3x^2-1)=\sqrt{\frac{5}{2}}\mathrm{p}_2(x),\quad \|u_2\|=1.$$

依此方法继续下去,可以证明

$$u_n(x)=\sqrt{\frac{2n+1}{2}}\mathrm{p}_n(x),\ \|u_n\|=1,\ \|p_n\|=\sqrt{\frac{2}{2n+1}},\tag{6.14}$$

其中
$$\mathrm{p}_n(x)=\sum_{i=0}^{[\frac{n}{2}]}(-1)^i\frac{(2n-2i)!}{2^n i!\ (n-i)!\ (n-2i)!}x^{n-2i}.\tag{6.15}$$

$\mathrm{p}_n$ 称为区间$[-1,1]$上的 ***n* 阶 Legendre 多项式**.

$n$ 阶 Legendre 多项式 $\mathrm{p}_n$ 还可以表示为微分形式,即

$$\mathrm{p}_n(x)=\frac{1}{2^n n!}\ \frac{\mathrm{d}^n}{\mathrm{d}x^n}[(x^2-1)^n].\tag{6.16}$$

式(6.16)也称为 $n$ 阶 Legendre 多项式的 Rodrigues 表达式.应用二项式公式展开$(x^2-1)^n$,再进行 $n$ 次求导运算,便可从式(6.16)得到式(6.15).

用 Rodrigues 表示式,很容易写出前几个 Legendre 多项式.

$$\mathrm{p}_0(x)=1,\quad \mathrm{p}_1(x)=x,\quad \mathrm{p}_2(x)=\frac{1}{2}(3x^2-1),$$
$$\mathrm{p}_3(x)=\frac{1}{2}(5x^3-3x),\quad \mathrm{p}_4(x)=\frac{1}{8}(35x^4-30x^2+3),$$
$$\mathrm{p}_5(x)=\frac{1}{8}(63x^5-70x^3+15x),\quad \cdots.$$

由于$\{u_0,u_1,u_2,\cdots\}$是 $\mathrm{L}^2[-1,1]$的完全标准正交系,则空间

$L^2[-1,1]$中的每一个元素 $f$ 可以展开为广义 Fourier 级数,即

$$f=\sum_{n=0}^{\infty}\langle f,u_n\rangle u_n. \tag{6.17}$$

而 $n$ 阶 Legendre 多项式 $p_n$ 与 $u_n$ 之间仅相差一个常数,因此$\{p_0,p_1,p_2,\cdots\}$是 $L^2[-1,1]$的完全正交系,并且

$$L^2[-1,1]=\overline{\operatorname{span}\{u_0,u_1,u_2,\cdots\}}=\overline{\operatorname{span}\{p_0,p_1,p_2,\cdots\}}.$$

由式(6.14),Legendre 多项式系$\{p_0,p_1,p_2,\cdots\}$满足

$$\langle p_m,p_n\rangle=\begin{cases}0, & \text{当 } m\neq n,\\ \dfrac{2}{2n+1}, & \text{当 } m=n.\end{cases}$$

对于 $f\in L^2[-1,1]$,$f$ 的广义 Fourier 级数(6.17)可表示为

$$\begin{aligned} f&=\sum_{n=0}^{\infty}\left\langle f,\frac{p_n}{\|p_n\|}\right\rangle\frac{p_n}{\|p_n\|}\\ &=\sum_{n=0}^{\infty}\frac{\langle f,p_n\rangle}{\langle p_n,p_n\rangle}p_n=\sum_{n=0}^{\infty}\frac{2n+1}{2}\langle f,p_n\rangle p_n.\end{aligned}$$

注意,此等式表示无穷级数依 $L^2[-1,1]$的范数 $\|\cdot\|_2$(这里简记为 $\|\cdot\|$)收敛于 $f$,并称它在$[-1,1]$上**平均收敛**于 $f(x)$.

归纳以上讨论,实际上已证明了下面的定理.

**定理 6.6**　对于每一个 $f\in L^2[-1,1]$,关于 Legendre 多项式系$\{p_1,p_2,p_3,\cdots\}$,$f$ 可以展开成广义 Fourier 级数(称为 Fourier-Legendre 级数),即

$$f=\sum_{n=0}^{\infty}\frac{2n+1}{2}\langle f,p_n\rangle p_n, \tag{6.18}$$

其中　$\langle f,p_n\rangle=\int_{-1}^{1}f(x)p_n(x)\mathrm{d}x.$

需指出,广义 Fourier 级数在$[-1,1]$上平均收敛并不能推出此级数在$[-1,1]$上的一点处收敛或一致收敛.关于广义 Fourier 级数在点 $x_0$ 处收敛或一致收敛的条件,可见本节末的注 5.

**例 6.3**　将函数

$$f(x)=\begin{cases}-1, & 当 -1\leqslant x<0,\\ 0, & 当 x=0,\\ 1, & 当 0<x\leqslant 1\end{cases}$$

展开成 Fourier-Legendre 级数.

**解** 由定理 6.6,函数 $f$ 可以展开成形如式(6.18)的 Fourier-Legendre 级数.考虑

$$\langle f,\mathrm{p}_n\rangle=\int_{-1}^{1}f(x)\mathrm{p}_n(x)\mathrm{d}x.$$

易知当 $n$ 为偶数时,$\mathrm{p}_n(x)$为偶函数,而 $f(x)$是奇函数,故$\langle f,\mathrm{p}_n\rangle=0$.当 $n$ 为奇数时,$\mathrm{p}_n(x)$为奇函数,故

$$\langle f,\mathrm{p}_n\rangle=2\int_{0}^{1}\mathrm{p}_n(x)\mathrm{d}x.$$

因此,对于 $n=1,3,5,\cdots$,

$$\langle f,\mathrm{p}_1\rangle=2\int_{0}^{1}x\mathrm{d}x=1,$$

$$\langle f,\mathrm{p}_3\rangle=2\int_{0}^{1}\frac{1}{2}(5x^3-3x)\mathrm{d}x=-\frac{1}{4},$$

$$\langle f,\mathrm{p}_5\rangle=2\int_{0}^{1}\frac{1}{8}(63x^5-70x^3+15x)\mathrm{d}x=\frac{1}{8},$$

……

代入式(6.18),则得到 $f$ 的 Fourier-Legendre 级数展开式

$$f=\frac{3}{2}\mathrm{p}_1-\frac{7}{8}\mathrm{p}_3+\frac{11}{16}\mathrm{p}_5+\cdots.$$

根据上一节的注 3,可应用 Legendre 多项式系,求 $f\in \mathrm{L}^2[a,b]$的 $n$ 次最佳平方逼近.

由于 $n$ 阶 Legendre 多项式 $\mathrm{p}_n$ 是一个区间$[-1,1]$上的 $n$ 次多项式,而且

$$P_n[-1,1]=\mathrm{span}\{\mathrm{p}_0,\mathrm{p}_1,\cdots,\mathrm{p}_n\},$$

因此,对于任意 $f\in L^2[-1,1]$,由式(6.12)知,$f$ 在 $P_n[-1,1]$上的 $n$ 次最平方逼近 $s_n^*$ 可表示为

$$s_n^* = \sum_{i=0}^{n} \frac{\langle f, \mathrm{p}_i \rangle}{\langle \mathrm{p}_i, \mathrm{p}_i \rangle} \mathrm{p}_i = \sum_{i=0}^{n} \frac{2i+1}{2} \langle f, \mathrm{p}_i \rangle \mathrm{p}_i . \tag{6.19}$$

由式(6.13),误差的平方

$$\delta^2 = \| f - s_n^* \|^2 = \| f \|^2 - \sum_{i=0}^{n} \frac{2i+1}{2} |\langle f, \mathrm{p}_i \rangle|^2 . \tag{6.20}$$

对于 $f \in \mathrm{L}^2[a,b]$,进行变换

$$x = \frac{b-a}{2} t + \frac{b+a}{2} \quad (t \in [-1,1])$$

(或 $t = \frac{1}{b-a}(2x-a-b)$),则 $F(t) = f\left(\frac{b-a}{2}t + \frac{b+a}{2}\right)$ 变为$[-1,1]$上的函数.于是可用 Legendre 多项式系求出 $F(t)$的 $n$ 次最佳平方逼近 $s_n^*(t)$. 因此$[a, b]$上的函数$f(x)$的 $n$ 次最佳平方逼近就是 $s_n^*\left(\frac{1}{b-a}(2x-a-b)\right)$,误差的平方

$$\delta^2 = \frac{b-a}{2}\left[ \| F \|^2 - \sum_{i=0}^{n} \frac{2i+1}{2} |\langle F, \mathrm{p}_i \rangle|^2 \right].$$

下面举一例说明用 Legendre 多项式系求最佳平方逼近的方法.读者可将此方法与例 6.2 中的方法做一比较.

**例 6.4**　设 $f(x) = \mathrm{e}^x (x \in [0,1])$,求 $f$ 在 $P_2[0,1]$上的二次最佳平方逼近 $s_2^*$.

**解**　令 $x = \frac{1}{2}(t+1)$,则

$$F(t) = f\left(\frac{1}{2}(t+1)\right) = \mathrm{e}^{\frac{1}{2}(t+1)} (t \in [-1,1]).$$

$F$ 关于 Legendre 多项式系的二次最佳平方逼近为

$$s_2^* = \frac{1}{2}\langle F, \mathrm{p}_0 \rangle \mathrm{p}_0 + \frac{3}{2}\langle F, \mathrm{p}_1 \rangle \mathrm{p}_1 + \frac{5}{2}\langle F, \mathrm{p}_2 \rangle \mathrm{p}_2 .$$

由计算求出

$$\langle F, \mathrm{p}_0 \rangle = \int_{-1}^{1} \mathrm{e}^{\frac{1}{2}(t+1)} \mathrm{d}t = 2\mathrm{e} - 2,$$

$$\langle F, \mathrm{p}_1 \rangle = \int_{-1}^{1} t\mathrm{e}^{\frac{1}{2}(t+1)} \mathrm{d}t = 2(3 - \mathrm{e}),$$

$$\langle F, p_2\rangle = \int_{-1}^{1}\frac{1}{2}(3t^2-1)e^{\frac{1}{2}(t+1)}dt = 14e-38.$$

于是 $$s_2^*(t) = e-1+3(3-e)t+\frac{1}{2}(35e-95)(3t^2-1).$$

将 $t=2x-1$ 代入,则得 $f$ 在 $P_2[0,1]$上的二次最佳平方逼近

$$s_2^*(x) \approx 1.01299+0.85112x+0.83918x^2.$$

### 6.3.2 关于权函数的正交多项式系

**定义 6.7** 设实值函数 $\rho(x)$是开区间$(a,b)$内恒为正的 Lebesgue 可积函数,所有定义在闭区间$[a,b]$上且满足条件

$$\int_a^b \rho(x)[f(x)]^2 dx < +\infty$$

的实值函数 $f$ 的全体组成的线性空间记为 $L_\rho^2[a,b]$.其中任意两个元素 $f$ 和 $g$ 的内积定义为

$$\langle f, g\rangle_\rho = \int_a^b \rho(x)f(x)g(x)dx,$$

则不难验证$(L_\rho^2[a,b],\langle\cdot,\cdot\rangle_\rho)$是 Hilbert 空间,简记为 $L_\rho^2[a,b]$.$L_\rho^2[a,b]$称为以 $\rho(x)$为权函数的 Hilbert 空间,$\rho(x)$称为**权函数**.

对于 $f\in L_\rho^2[a,b]$,由内积导出的范数记为

$$\| f\|_{2,\rho} = \left(\int_a^b \rho(x)[f(x)]^2 dx\right)^{\frac{1}{2}}.$$

在不会引起混淆的情况下,以后将 $L_\rho^2[a,b]$的内积$\langle\cdot,\cdot\rangle_\rho$ 和范数$\|\cdot\|_{2,\rho}$分别简记为$\langle\cdot,\cdot\rangle$和$\|\cdot\|$.

$L_\rho^2[a,b]$的定义可类似地推广到 $a=-\infty$或 $b=+\infty$的情况.

$L^2[a,b]$是权函数为 1 的 Hilbert 空间.

对于 $f,g\in L_\rho^2[a,b]$,若$\langle f,g\rangle=0$,即 $f$ 和 $g$ 在 $L_\rho^2[a,b]$中是正交的,则 $f$ 和 $g$ 称为**关于权函数 $\rho$ 是正交的**.同样地,$L_\rho^2[a,b]$中的正交系(标准正交系、完全标准正交系)可以称为关于权函数 $\rho$ 的正交系(标准正交系、完全标准正交系).例如,$\{u_1,u_2,\cdots\}$是 $L_\rho^2[a,b]$中关于权函数 $\rho$ 的完全标准正交系,是指$\{u_1,u_2,\cdots\}$满足

$$\langle u_i, u_j\rangle = \int_a^b \rho(x) u_i(x) u_j(x)\, dx = \begin{cases} 0, & 当\ i \neq j, \\ 1, & 当\ i = j, \end{cases}$$

以及

$$\overline{\text{span}\{u_1, u_2, \cdots\}} = L_\rho^2[a, b].$$

在空间 $L_\rho^2[a,b]$ 中,应用 Gram-Schmidt 正交化方法,同样可以把一个 $L_\rho^2[a,b]$ 中的线性无关集正交化,得到关于权函数 $\rho$ 的完全标准正交系.

Legendre 多项式系是关于权函数 1 的完全正交系.

下面介绍三种常用的关于权函数的正交多项式.

1　**Hermite 多项式**

考虑以 $\rho(x) = e^{-x^2}$ 为权函数的实 Hilbert 空间 $L_\rho^2(-\infty, +\infty)$,其中任意二元素 $f$ 和 $g$ 的内积为

$$\langle f, g\rangle = \int_{-\infty}^{+\infty} e^{-x^2} f(x) g(x)\, dx.$$

记 $e_n(x) = x^n$ $(n = 0, 1, 2, \cdots)$. 对线性无关集 $\{e_0, e_1, e_2, \cdots\}$,应用 Gram-Schmidt 正交化方法,则可得到关于权函数 $e^{-x^2}$ 的完全标准正交系 $\{h_0, h_1, h_2, \cdots\}$,其中

$$h_n(x) = (2^n n!\sqrt{\pi})^{-\frac{1}{2}} H_n(x) \quad (n = 0,1,2,\cdots),$$

而

$$H_0(x) = 1,$$

$$H_n(x) = (-1)^n e^{x^2} \frac{d^n}{dx^n}(e^{-x^2}) \quad (n = 1,2,\cdots).$$

$H_n$ 称为 $n$ **阶 Hermite 多项式**. 前几个 Hermite 多项式为

$$H_0(x) = 1,$$

$$H_1(x) = 2x,$$

$$H_2(x) = 4x^2 - 2,$$

$$H_3(x) = 8x^3 - 12x,$$

$$H_4(x) = 16x^4 - 48x^2 + 12,$$

$$H_5(x) = 32x^5 - 160x^3 + 120x,$$

…….

一般地 $H_{2m}(x)=\sum_{i=0}^{m}(-1)^{i}\dfrac{(2m)!}{i!\,(2m-2i)!}(2x)^{2m-2i}$,

$$H_{2m+1}(x)=\sum_{i=0}^{m}(-1)^{i}\frac{(2m+1)!}{i!\,(2m+1-2i)!}(2x)^{2m+1-2i}.$$

由上可知,$\{H_0(x),H_1(x),\cdots,H_n(x),\cdots\}$是$(-\infty,+\infty)$上的、关于权函数$\rho(x)=e^{-x^2}$的完全正交多项式系,且$\|H_n\|=(2^n n!\sqrt{\pi})^{1/2}$,$n=0,1,2,\cdots$.关于它的正交性和范数,也可用分部积分法直接验证:

$$\langle H_m,H_n\rangle=\int_{-\infty}^{+\infty}e^{-x^2}H_m(x)H_n(x)\mathrm{d}x=\begin{cases}0, & 当\ m\neq n,\\ 2^n n!\sqrt{\pi}, & 当\ m=n.\end{cases}$$

2 Laguerre **多项式**

考虑以$\rho(x)=e^{-x}$为权函数的实 Hilbert 空间$L_\rho^2[0,+\infty)$,其中任意二元素$f$和$g$的内积为

$$\langle f,g\rangle=\int_0^{+\infty}e^{-x}f(x)g(x)\mathrm{d}x.$$

记$e_n(x)=x^n\ (n=0,1,2,\cdots)$.对线性无关集$\{e_0,e_1,e_2,\cdots\}$,应用 Gram-Schmidt 正交化方法,则可得到关于权函数$e^{-x}$的完全标准正交系$\{l_0,l_1,l_2,\cdots\}$,其中

$$l_n(x)=\frac{(-1)^n}{n!}L_n(x)\quad(n=0,1,2\cdots).$$

而 $L_0(x)=1,\quad L_n(x)=e^x\dfrac{\mathrm{d}^n}{\mathrm{d}x^n}(x^n e^{-x}),\quad(n=1,2,\cdots).$

称$L_n$为$n$**阶 Laguerre 多项式**.前几个 Laguerre 多项式为

$$L_0(x)=1,\quad L_1(x)=-x+1,\quad L_2(x)=x^2-4x+2,$$
$$L_3(x)=-x^3+9x^2-18x+6,$$
$$L_4(x)=x^4-16x^3+72x^2-96x+24,\quad\cdots.$$

一般地 $L_n(x)=\sum_{i=0}^{n}(-1)^{i}\dfrac{(n!)^2x^i}{(i!)^2(n-i)!}.$

可直接验证

$$\langle L_m,L_n\rangle=\int_0^{+\infty}e^{-x}L_m(x)L_n(x)\mathrm{d}x=\begin{cases}0, & 当\ m\neq n,\\ (n!)^2, & 当\ m=n.\end{cases}$$

### 3　Чебышев 多项式

考虑以 $\rho(x)=(1-x^2)^{-\frac{1}{2}}$ 为权函数的实 Hilbert 空间 $L_\rho^2[-1,1]$，其中任意二元素 $f$ 和 $g$ 的内积为

$$\langle f,g\rangle=\int_{-1}^{1}(1-x^2)^{-\frac{1}{2}}f(x)g(x)\,\mathrm{d}x.$$

对于 $n=0,1,2,\cdots$，令

$$\mathrm{T}_n(x)=\cos(n\arccos x)\quad(x\in[-1,1]),$$

则 $\mathrm{T}_n$ 称为 $n$ 阶**(第一类)Чебышев 多项式**.

令 $\theta=\arccos x$，由三角恒等式

$$\cos(n+1)\theta+\cos(n-1)\theta=2\cos n\theta\cos\theta,$$

可得到递推关系式

$$\mathrm{T}_{n+1}(x)=2x\mathrm{T}_n(x)-\mathrm{T}_{n-1}(x).$$

由 $\mathrm{T}_0(x)=1,\mathrm{T}_1(x)=x$ 及上述递推关系式可知，$\mathrm{T}_n(x)$是 $n$ 次多项式.

前几个 Чебышев 多项式为

$$\mathrm{T}_0(x)=1,\quad \mathrm{T}_1(x)=x,\quad \mathrm{T}_2(x)=2x^2-1,\quad \mathrm{T}_3(x)=4x^3-3x,$$

$$\mathrm{T}_4(x)=8x^4-8x^2+1,\quad \mathrm{T}_5(x)=16x^5-20x^3+5x,$$

$$\cdots\cdots.$$

一般地，

$$\mathrm{T}_{2m}(x)=m\sum_{i=0}^{m}(-1)^i\frac{(2m-i-1)!}{i!\,(2m-2i)!}(2x)^{2m-2i},$$

$$\mathrm{T}_{2m+1}(x)=\frac{2m+1}{2}\sum_{i=0}^{m}(-1)^i\frac{(2m-i)!}{i!\,(2m+1-2i)!}(2x)^{2m+1-2i}.$$

可直接验证(进行变量代换 $x=\cos\theta$)

$$\langle \mathrm{T}_m,\mathrm{T}_n\rangle=\int_{-1}^{1}(1-x^2)^{-\frac{1}{2}}\mathrm{T}_m(x)\mathrm{T}_n(x)\,\mathrm{d}x$$

$$=\begin{cases}0, & \text{当 } m\neq n,\\ \dfrac{\pi}{2}, & \text{当 } m=n\neq 0,\\ \pi, & \text{当 } m=n=0.\end{cases}\tag{6.21}$$

若令 $c_0=\pi^{-\frac{1}{2}}$，　$c_n=\left(\dfrac{\pi}{2}\right)^{-\frac{1}{2}}(n=1,2,\cdots)$，则

$$\{c_0\mathrm{T}_0, c_1\mathrm{T}_1, c_2\mathrm{T}_2, \cdots\}$$

是关于权函数 $(1-x^2)^{-\frac{1}{2}}$ 的完全标准正交系(因为它也可由 Gram-Schmidt 正交化方法得到).

### 6.3.3 正交多项式的主要性质

为了方便今后的应用,现将几种正交多项式的主要性质集中罗列如下,以备查阅.

设 $\mathrm{L}_\rho^2[a,b]$ 是以 $\rho(x)$ 为权函数的实 Hilbert 空间($a$ 为有限数或 $-\infty$, $b$ 为有限数或 $+\infty$),其中任意二元素 $f$ 和 $g$ 的内积为

$$\langle f, g\rangle = \int_a^b \rho(x) f(x) g(x) \mathrm{d}x.$$

设 $\{\Phi_0, \Phi_1, \Phi_2, \cdots\}$ 是关于权函数 $\rho(x)$ 的完全正交系,且每一个 $\Phi_n(x)$ 是 $x$ 的 $n$ 次多项式($n=0,1,2,\cdots$).令 $\varphi_n = \dfrac{\Phi_n}{\|\Phi_n\|}$,则 $\{\varphi_0, \varphi_1, \varphi_2, \cdots\}$ 是关于权函数 $\rho(x)$ 的完全标准正交系.

这样,Legendre 多项式系、Hermite 多项式系、Laguerre 多项式系和 Чебышев 多项式系皆满足上述假设.它们共有的性质用假设的记号表示如下:

(1) $P_n[a,b] = \mathrm{span}\{\varphi_0, \varphi_1, \cdots, \varphi_n\} = \mathrm{span}\{\Phi_0, \Phi_1, \cdots, \Phi_n\}$.因此,每一个 $n$ 次多项式 $Q_n$ 都可以表示为 $\Phi_0, \Phi_1, \cdots, \Phi_n$ 的线性组合,即

$$Q_n = \sum_{i=0}^{n} c_i \Phi_i.$$

(2)任何次数低于 $n$ 的多项式 $Q$ 关于权函数 $\rho$ 都与 $\Phi_n$ 正交,即

$$\langle Q, \Phi_n\rangle = \int_a^b \rho(x) Q(x) \Phi_n(x) \mathrm{d}x = 0,$$

其中多项式 $Q$ 的次数小于 $n$.这是因为

$$\langle Q, \Phi_n\rangle = \langle \sum_{i=0}^{n-1} c_i \Phi_i, \Phi_n\rangle = \sum_{i=0}^{n-1} c_i \langle \Phi_i, \Phi_n\rangle = 0.$$

(3)对于 $n\geqslant 1$, $\Phi_n(x)$ 在开区间 $(a,b)$ 内恰有 $n$ 个不同的零点.

事实上,当 $n\geqslant 1$ 时,由于 $\langle \Phi_0, \Phi_n\rangle = 0$,即

$$\int_a^b \rho(x)\Phi_n(x)\mathrm{d}x=0,$$

而 $\rho(x)>0(x\in(a,b))$,故 $\Phi_n(x)$ 在开区间 $(a,b)$ 内至少要改变符号一次,即有零点.设 $x_1,\cdots,x_m$ 是 $\Phi_n(x)$ 在 $(a,b)$ 内的 $m$ 个不同的奇数重零点.因为 $\Phi_n(x)$ 是 $n$ 次多项式,所以 $m\leqslant n$.

另一方面,若令 $R_m(x)=(x-x_1)(x-x_2)\cdots(x-x_m)$.由于 $R_m(x)\Phi_n(x)$ 在 $(a,b)$ 内只有偶数重零点,则 $R_m(x)\Phi_n(x)$ 在 $(a,b)$ 内不改变符号,故

$$\int_a^b \rho(x)R_m(x)\Phi_n(x)\mathrm{d}x\neq 0.$$

由性质(2),得 $m\geqslant n$,因此 $m=n$.

(4)关于权函数 $\rho(x)$ 的完全标准正交系 $\{\varphi_0,\varphi_1,\varphi_2,\cdots\}$,每一个 $f\in \mathrm{L}_\rho^2[a,b]$ 都可以展开成广义 Fourier 级数,即

$$f=\sum_{i=0}^{\infty}\langle f,\varphi_i\rangle\varphi_i, \tag{6.22}$$

或者

$$f=\sum_{i=0}^{\infty}\frac{\langle f,\Phi_i\rangle}{\langle \Phi_i,\Phi_i\rangle}\Phi_i. \tag{6.23}$$

(注意,以上级数依 $\mathrm{L}_\rho^2[a,b]$ 的范数收敛.)

证明完全类似于定理6.5.

(5)设 $M$ 是实 Hilbert 空间 $\mathrm{L}_\rho^2[a,b]$ 的有限维子空间,则每一个 $f\in \mathrm{L}_\rho^2[a,b]$ 在 $M$ 上的投影 $s^*$ 都唯一地存在,并且

$$\|f-s^*\|=\inf_{s\in M}\|f-s\|=\inf_{s\in M}\left(\int_a^b \rho(x)(f(x)-s(x))^2\mathrm{d}x\right)^{\frac{1}{2}},$$

$s^*$ 称为 $f$ 在 $M$ 上关于权函数 $\rho(x)$ 的最佳平方逼近.

当 $M=P_n[a,b]$ 时,$f\in \mathrm{L}_\rho^2[a,b]$ 在 $P_n[a,b]$ 上关于权函数 $\rho(x)$ 的最佳平方逼近,称为 $f$ 关于权函数 $\rho(x)$ 的 $n$ 次最佳平方逼近,记为 $s_n^*$.显然,$s_n^*$ 是一个次数小于或等于 $n$ 的多项式.

由于 $\{\varphi_0,\varphi_1,\cdots,\varphi_n\}$ 是 $P_n[a,b]$ 上关于权函数 $\rho(x)$ 的完全标准正交系,完全类似于6.2的讨论,可得到如下结论:

每一个 $f \in L_\rho^2[a,b]$ 在 $P_n[a,b]$ 上关于权函数 $\rho(x)$ 的 $n$ 次最佳平方逼近

$$s_n^* = \sum_{i=0}^{n} \langle f, \varphi_i \rangle \varphi_i,$$

误差的平方

$$\delta^2 = \| f - s_n^* \|^2 = \| f \|^2 - \sum_{i=0}^{n} |\langle f, \varphi_i \rangle|^2,$$

或者 $$s_n^* = \sum_{i=0}^{n} \frac{\langle f, \Phi_i \rangle}{\langle \Phi_i, \Phi_i \rangle} \Phi_i, \quad \delta^2 = \| f \|^2 - \sum_{i=0}^{n} \frac{|\langle f, \Phi_i \rangle|^2}{\langle \Phi_i, \Phi_i \rangle}.$$

此外,几种正交多项式系还具有各自的一些特殊的性质.

①Legendre 多项式系 $\{p_0, p_1, p_2, \cdots\}$. 它是关于权函数 $\rho(x) = 1$ 的完全正交多项式系. 这时, $L_\rho^2[-1,1]$ 就是 $L^2[-1,1]$. Legendre 多项式还具有如下性质:

(a)当 $n$ 为偶数时, $p_n(x)$ 为偶函数;当 $n$ 为奇数时, $p_n(x)$ 为奇函数,即

$$p_n(-x) = (-1)^n p_n(x).$$

(b) $$p_{2n+1}(0) = 0, \quad p_{2n}(0) = (-1)^n \frac{(2n)!}{2^{2n}(n!)^2},$$

$$p_n(1) = 1, \quad p_n(-1) = (-1)^n.$$

(c)对于 $n \geqslant 1$, 如下递推公式成立:

$$(n+1)p_{n+1}(x) = (2n+1)x p_n(x) - n p_{n-1}(x);$$

$$x\, p_n'(x) - p_{n-1}'(x) = n p_n(x);$$

$$p_n'(x) - x\, p_{n-1}'(x) = n p_{n-1}(x).$$

(d) $n$ 阶 Legendre 多项式 $p_n$ 满足如下 Legendre 微分方程

$$(1 - x^2) y'' - 2xy' + n(n+1) y = 0.$$

②Hermite 正交多项式系 $\{H_0, H_1, H_2, \cdots\}$. 它是关于权函数 $\rho(x) = e^{-x^2}$ 在 $L_\rho^2(-\infty, +\infty)$ 上的完全正交多项式系. Hermite 多项式还具有如下性质:

(a)当 $n$ 为偶数时, $H_n(x)$ 为偶函数;当 $n$ 为奇数时, $H_n(x)$ 为奇函

数.

(b)对于 $n\geqslant 1$,如下递推公式成立:

$$H_{n+1}(x)=2xH_n(x)-2nH_{n-1}(x),$$
$$H_n(x)=2xH_{n-1}(x)-H'_{n-1}(x),$$
$$H'_n(x)=2nH_{n-1}(x).$$

(c)$n$ 阶 Hermite 多项式 $H_n$ 满足如下 Hermite 微分方程

$$y''-2xy'+2ny=0.$$

③Laguerre 正交多项式系$\{L_0,L_1,L_2,\cdots\}$.它是关于权函数 $\rho(x)=e^{-x}$在 $L_\rho^2[0,+\infty)$上的完全正交多项式系. Laguerre 多项式还具有如下性质:

(a)对于 $n\geqslant 1$,如下递推公式成立:

$$L_{n+1}(x)=(2n+1-x)L_n(x)-n^2L_{n-1}(x),$$
$$L'_n(x)=L'_{n-1}(x)-L_{n-1}(x),$$
$$x\,L'_n(x)=nL_n(x)-nL_{n-1}(x).$$

(b)$n$ 阶 Laguerre 多项式 $L_n$ 满足如下 Laguerre 微分方程

$$x\,y''+(1-x)y'+ny=0.$$

④Чебышев 正交多项式系$\{T_0,T_1,T_2,\cdots\}$.它是关于权函数 $\rho(x)=(1-x^2)^{-\frac{1}{2}}$在$L_\rho^2[-1,1]$上的完全正交多项式系. Чебышев 多项式还具有如下性质:

(a)当 $n$ 为偶数时,$T_n(x)$为偶函数;当 $n$ 为奇数时,$T_n(x)$为奇函数.

(b)对于 $n\geqslant 1$,$T_n(x)$在开区间$(-1,1)$内的 $n$ 个不同的零点为

$$\cos\frac{2i-1}{2n}\pi\quad(i=1,\cdots,n).$$

(c)$T_n(x)$在$[-1,1]$上的 $n+1$ 个点

$$\cos\frac{i}{n}\pi\quad(i=0,1,\cdots,n)$$

处轮流取得最大值 1 和最小值 $-1$.

(d)对于 $n\geqslant 1$,如下递推公式成立:

$$T_{n+1}(x)=2xT_n(x)-T_{n-1}(x) \quad (T_0(x)=1,T_1(x)=x.).$$

(e) $n$ 阶 Чебышев 多项式 $T_n$ 满足如下 Чебышев 微分方程

$$(1-x^2)y''-xy'+n^2y=0.$$

**注 5** 每一个 $f\in L_\rho^2[a,b]$关于完全标准正交系$\{\varphi_0,\varphi_1,\varphi_2,\cdots\}$都可以展成广义 Fourier 级数

$$f=\sum_{i=0}^{\infty}\langle f,\varphi_i\rangle\varphi_i,$$

见式(6.22).上式右端的广义 Fourier 级数依 $L_\rho^2[a,b]$的范数收敛于 $f$. 需注意,级数依 $L_\rho^2[a,b]$的范数收敛不能推出级数在$[a,b]$上一点处收敛或一致收敛.若令

$$s_n(x)=\sum_{i=0}^{n}\langle f,\varphi_i\rangle\varphi_i(x) \quad (n=0,1,2,\cdots),$$

则广义 Fourier 级数$\sum\limits_{i=0}^{\infty}\langle f,\varphi_i\rangle\varphi_i(x)$在点 $x_0\in[a,b]$是否收敛的问题,就是数列$\{s_n(x_0)\}$是否收敛的问题;在$[a,b]$上是否一致收敛的问题,就是连续函数列$\{s_n(x)\}$是否一致收敛的问题(或者说,$\{s_n\}$依 $C[a,b]$的范数收敛的问题(见 3.1 末的附录)).下面的两个定理给出了关于这两种收敛的充分条件(参见[12]中 4.5 的定理 11 和定理 14 的推论 1).

**定理 6.7** 对于 $f\in L_\rho^2[a,b]$和 $x_0\in[a,b]$,记

$$F(x)=\frac{f(x)-f(x_0)}{x-x_0}.$$

若$\{\varphi_0,\varphi_1,\varphi_2,\cdots\}$在 $x_0$ 处有界(即$|\varphi_n(x_0)|\leqslant M, n=0,1,2,\cdots$)且 $F\in L_\rho^2[a,b]$,则在 $x_0$ 处

$$f(x_0)=\sum_{i=0}^{\infty}\langle f,\varphi_i\rangle\varphi_i(x_0).$$

**定理 6.8** 若权函数 $\rho(x)\geqslant c>0(x\in(a,b)), f\in C^1[a,b]$,则广义 Fourier 级数$\sum\limits_{i=0}^{\infty}\langle f,\varphi_i\rangle\varphi_i(x)$在$[a,b]$上一致收敛于 $f(x)$,即在一致收敛的意义下

$$f(x)=\sum_{i=0}^{\infty}\langle f,\varphi_i\rangle\varphi_i(x).$$

## 6.4　曲线拟合的最小二乘法

前面讨论了在函数空间 $L^2[a,b]$ 及 $L_\rho^2[a,b]$ 中的函数 $f$ 的最佳平方逼近问题.本节将联系实验数据处理提出的实际问题,对函数 $f$(一种要认识的客观规律),根据这些数据,用最小二乘法求 $f$ 的近似表示式.

通常是从一组实验数据 $(x_0,y_0),(x_1,y_1),\cdots,(x_m,y_m)$ 中(设 $x_i\in[a,b](i=0,1,\cdots,m)$),寻求反映客观事物变化规律的函数关系 $y=f(x)$ 的最佳近似表示式 $y=s^*(x)$,这里

$$s^*\in M=\operatorname{span}\{\varphi_0,\varphi_1,\cdots,\varphi_n\},$$

其中 $\{\varphi_0,\varphi_1,\cdots,\varphi_n\}$ 是 $[a,b]$ 上一组线性无关的函数(从而是 $M$ 的基),$n<m$.由于

(1)实验数据往往是由实测所得,本身并不精确;

(2)仅能在点 $x_i(i=0,1,\cdots,m)$ 处考虑 $s^*(x_i)$ 与 $f(x_i)$ 的误差,而无法在非节点处考虑它们的误差,因此,不必要求所求的函数 $y=s^*(x)$ 经过每一点 $(x_i,y_i)$,仅要求所求的

$$s^*=\sum_{k=0}^{n}\alpha_k^*\varphi_k\in\operatorname{span}\{\varphi_0,\varphi_1,\cdots,\varphi_n\}\tag{6.24}$$

满足

$$\begin{aligned}(\|\delta\|_2)^2&=\sum_{i=0}^{m}\delta_i^2=\sum_{i=0}^{m}(s^*(x_i)-f(x_i))^2\\&=\min_{s\in M}\sum_{i=0}^{m}(s(x_i)-f(x_i))^2,\end{aligned}\tag{6.25}$$

其中　$\delta=(\delta_0,\delta_1,\cdots,\delta_m),\quad\delta_i=s^*(x_i)-f(x_i)\quad(i=0,1,\cdots,m).$

满足上述要求,求逼近函数 $s^*$ 的方法称为曲线拟合的**最小二乘法**.此方法的几何意义是明显的.

在实际应用中,常取 $\varphi_k$ 为 $k$ 次多项式 $(k=0,1,\cdots,n)$,这时 $M$ 中

的 $s$ 和 $s^*$ 都是次数小于或等于 $n$ 的多项式.

最小二乘法有如下更一般的提法:求 $s^* \in M$ 使得加权平方和误差达到最小,即

$$(\| \delta \|_2)^2 = \sum_{i=0}^{m} \delta_i^2 = \sum_{i=0}^{m} \rho(x_i)(s^*(x_i) - f(x_i))^2$$

$$= \min_{s \in M} \sum_{i=0}^{m} \rho(x_i)(s(x_i) - f(x_i))^2, \tag{6.26}$$

其中 $\rho(x)$是$[a,b]$上的权函数,满足 $\rho(x_i) > 0(i = 0,1,\cdots,m)$.有许多选择权函数的方法,以表示每一个数据$(x_i, y_i)$的权重.例如,$\rho(x_i)$可表示数据$(x_i, y_i)$在实测中被重复得到的次数.

$M$ 中任意函数 $s$ 在基$\{\varphi_0, \varphi_1, \cdots, \varphi_n\}$下,可以表示为

$$s = \alpha_0 \varphi_0 + \alpha_1 \varphi_1 + \cdots + \alpha_n \varphi_n .$$

要求 $s^* = \alpha_0^* \varphi_0 + \alpha_1^* \varphi_1 + \cdots + \alpha_n^* \varphi_n$ 满足(6.26),可以化为求多元函数

$$F(\alpha_0, \alpha_1, \cdots, \alpha_n) = \sum_{i=0}^{m} \rho(x_i)\Big[\sum_{j=0}^{n} \alpha_j \varphi_j(x_i) - f(x_i)\Big]^2$$

的极小点$(\alpha_0^*, \alpha_1^*, \cdots, \alpha_n^*)$.

由多元函数极值存在的必要条件,有

$$\frac{\partial F}{\partial \alpha_k} = 2\sum_{i=0}^{m} \rho(x_i)\Big[\sum_{j=0}^{n} \alpha_j \varphi_j(x_i) - f(x_i)\Big]\varphi_k(x_i) = 0$$

$$(k = 0,1,\cdots,n).$$

若记

$$\langle \varphi_j, \varphi_k \rangle = \sum_{i=0}^{m} \rho(x_i)\varphi_j(x_i)\varphi_k(x_i),$$

$$\langle f, \varphi_k \rangle = \sum_{i=0}^{m} \rho(x_i) f(x_i)\varphi_k(x_i),$$

则得

$$\sum_{j=0}^{n} \langle \varphi_j, \varphi_k \rangle \alpha_j = \langle f, \varphi_k \rangle \quad (k = 0,1,\cdots,n). \tag{6.27}$$

线性方程组(6.27)称为**法方程**,其系数行列式为

$$G = \begin{vmatrix} \langle \varphi_0, \varphi_0 \rangle & \langle \varphi_0, \varphi_1 \rangle & \cdots & \langle \varphi_0, \varphi_n \rangle \\ \langle \varphi_1, \varphi_0 \rangle & \langle \varphi_1, \varphi_1 \rangle & \cdots & \langle \varphi_1, \varphi_n \rangle \\ \vdots & \vdots & & \vdots \\ \langle \varphi_n, \varphi_0 \rangle & \langle \varphi_n, \varphi_1 \rangle & \cdots & \langle \varphi_n, \varphi_n \rangle \end{vmatrix}.$$

由于$\{\varphi_0, \varphi_1, \cdots, \varphi_n\}$是线性无关的,容易证明 $G \neq 0$.所以线性方程组(6.27)有唯一解

$$\alpha_j = \alpha_j^* \quad (j = 0, 1, \cdots, n),$$

从而得到 $s^*(x) = \sum_{j=0}^{n} \alpha_j^* \varphi_j(x)$.显然,$s^*$ 满足(6.27).

**例 6.5**　设有一组实验数据如下:

| $x_i$ | 1 | 2 | 3 | 4 | 5 | 6 |
| --- | --- | --- | --- | --- | --- | --- |
| $y_i = f(x_i)$ | 14.2 | 12.5 | 10.4 | 9.5 | 10.0 | 14.8 |

记 $\varphi_0(x) = 1, \varphi_1(x) = x, \varphi_2(x) = x^2$.求 $y = f(x)$在 $M = \text{span}\{\varphi_0, \varphi_1, \varphi_2\}$上的拟合曲线 $y = s^*(x)$.

**解**　设 $s_2^*(x) = \alpha_0 + \alpha_1 x + \alpha_2 x^2$.在此问题中,$m = 5, n = 2, \rho(x) = 1$.由计算得

$$\langle \varphi_0, \varphi_0 \rangle = 6,$$

$$\langle \varphi_0, \varphi_1 \rangle = \langle \varphi_1, \varphi_0 \rangle = \sum_{i=0}^{5} x_i = 21,$$

$$\langle \varphi_0, \varphi_2 \rangle = \langle \varphi_1, \varphi_1 \rangle = \langle \varphi_2, \varphi_0 \rangle = \sum_{i=0}^{5} x_i^2 = 91,$$

$$\langle \varphi_1, \varphi_2 \rangle = \langle \varphi_2, \varphi_1 \rangle = \sum_{i=0}^{5} x_i^3 = 441,$$

$$\langle \varphi_2, \varphi_2 \rangle = \sum_{i=0}^{5} x_i^4 = 2275,$$

$$\langle f, \varphi_0 \rangle = \sum_{i=0}^{5} f(x_i) = 71.4,$$

$$\langle f, \varphi_1 \rangle = \sum_{i=0}^{5} f(x_i) x_i = 247.2,$$

$$\langle f,\varphi_2\rangle=\sum_{i=0}^{5}f(x_i)x_i^2=1092.6.$$

因此,法方程为

$$\begin{cases}6\alpha_0+21\alpha_1+91\alpha_2=71.4,\\21\alpha_0+91\alpha_1+441\alpha_2=247.2,\\91\alpha_0+441\alpha_1+2275\alpha_2=1092.6,\end{cases}$$

解得 $\alpha_0=19.59000,\quad \alpha_1=-5.51678,\quad \alpha_2=0.76607.$

因此 $s_2^*(x)=19.59000-5.51678x+0.76607x^2.$

对于一组已知的数据,如何选择拟合曲线的形式,这不单纯是数学问题,往往需要从所研究的实际问题中提供的数据来确定.可以先将所给的数据在坐标平面上描点,通过观察来确定.在此例中,用抛物线(二次多项式)作为拟合曲线较好.

**例 6.6** 试用经验公式

$$y=ae^{bx}\quad (a,b\text{ 为常数})$$

来拟合以下已知数据:

| $x_i$ | 1 | 2 | 3 | 4 | 5 | 6 | 7 | 8 |
|---|---|---|---|---|---|---|---|---|
| $y_i$ | 15.3 | 20.5 | 27.4 | 36.6 | 49.1 | 65.6 | 87.8 | 117.6 |

**解** 对经验公式 $y=ae^{bx}$ 两边取对数得

$$\ln y=\ln a+bx.$$

令 $u=\ln y, A=\ln a$,则得

$$u=A+bx.$$

由数据$(x_i,y_i)$计算出$(x_i,u_i)$,列表如下:

| $x_i$ | 1 | 2 | 3 | 4 | 5 | 6 | 7 | 8 |
|---|---|---|---|---|---|---|---|---|
| $u_i$ | 2.72785 | 3.02042 | 3.31054 | 3.60004 | 3.89385 | 4.18357 | 4.47506 | 4.76728 |

现在可以用直线 $s_1(x)=A+bx$ 拟合上述数据,解得

$$A=2.43685,\quad b=0.29121.$$

于是,$a=11.437$.因此用最小二乘法求得的经验公式为

$$y = 11.437e^{0.29121x}.$$

上面介绍的曲线拟合的最小二乘法与前面讨论过的函数的最佳平方逼近，虽然形式上有所不同，但是在实质上有很多类似之处．若 $\varphi_i(x)=x^i(i=0,1,\cdots,n)$，在以$\{\varphi_0,\varphi_1,\cdots,\varphi_n\}$为基所张成的子空间 $\text{span}\{\varphi_0,\varphi_1,\cdots,\varphi_n\}$中求拟合曲线，则当 $n$ 较大时，线性方程组(6.27)的系数矩阵往往是病态的．为了避免病态的发生，应选用在点集$\{x_i \mid i=0,1,\cdots,m\}$上的正交多项式(或关于权函数的正交多项式)组$\{\varphi_0,\varphi_1,\cdots,\varphi_n\}$为基来求拟合曲线(参见[15])．

# 习　题　6

1．设 $A$ 和 $B$ 是内积空间 $X$ 的子集，证明：

(1)若 $x\perp A$，则 $x\perp \bar{A}$；

(2)$A^{\perp}=(\overline{\text{span}\,A})^{\perp}$．

2．设 $A$ 是 Hilbert 空间 $H$ 的子空间，证明 $A^{\perp}=(\bar{A})^{\perp}$，$\bar{A}=(A^{\perp})^{\perp}$．

3．设$\{e_i\}$是 Hilbert 空间 $H$ 的标准正交系，$M=\text{span}\{e_i\}$，$x\in H$．证明 $x\in\bar{M}$ 的充分必要条件是 $x$ 可以表示为

$$x=\sum_{i=0}^{\infty}\langle x,e_i\rangle e_i.$$

4．设$\{e_i\}$是 Hilbert 空间 $H$ 的标准正交系．证明$\{e_i\}$是完全标准正交系的充分必要条件是对于任意 $x,y\in H$，皆有

$$\langle x,y\rangle=\sum_{i=0}^{\infty}\langle x,e_i\rangle\overline{\langle y,e_i\rangle}.$$

5．将下列函数关于 Legendre 多项式系展开成广义 Fourier 级数．

(1)$f(x)=x^3$；

(2)$f(x)=\begin{cases}0, & \text{当}-1\leqslant x<\alpha,\\ 1, & \text{当}\ \alpha\leqslant x\leqslant 1.\end{cases}$

6．在$[-1,1]$上，求函数 $f(x)=|x|$在 $\text{span}\{1,x^2,x^4\}$中的最佳平方逼近．

7．求函数 $f(x)=\dfrac{1}{x}$在区间$[1,2]$上的二次最佳平方逼近 $s_2^*(x)$，并求误差的平方$(\|f-s_2^*\|_2)^2$．

8.利用 Legendre 多项式,在区间$[-1,1]$上,求函数$f(x)=\sin\frac{\pi}{2}x$的三次最佳平方逼近$s_3^*(x)$,并计算误差的平方$(\|f-s_3^*\|_2)^2$.

9.已知一组数据为

| $x_i$ | -2 | -1 | 0 | 1 | 2 |
| --- | --- | --- | --- | --- | --- |
| $y_i$ | -1 | -1 | 0 | 1 | 1 |

分别用一次、二次和三次多项式拟合以上数据.

10.已知一组实验数据为

| $x_i$ | 1 | 2 | 3 | 4 | 5 | 6 | 7 |
| --- | --- | --- | --- | --- | --- | --- | --- |
| $y_i$ | 4 | 3 | 2 | 0 | -1 | -2 | -5 |

用二次多项式拟合以上数据,并计算$(\|\delta\|_2)^2$.